Peter Kürble
Marc Helmold
Olaf H. Bode
Ulrich Scholz

Beschaffung, Produktion, Marketing

Peter Kürble
Marc Helmold
Olaf H. Bode
Ulrich Scholz

Beschaffung, Produktion, Marketing

Tectum Verlag

Peter Kürble, Marc Helmold, Olaf H. Bode, Ulrich Scholz
Beschaffung, Produktion, Marketing
© Tectum Verlag Marburg, 2016

ISBN: 978-3-8288-3627-3
Umschlagabbildung: istockphoto.com © Jamie Farrant
Umschlaggestaltung und Satz: Norman Rinkenberger | Tectum Verlag

Druck und Bindung: CPI buchbücher.de, Birkach
Printed in Germany
Alle Rechte vorbehalten

Besuchen Sie uns im Internet
www.tectum-verlag.de

Bibliografische Informationen der Deutschen Nationalbibliothek
Die Deutsche Nationalbibliothek verzeichnet diese Publikation in der
Deutschen Nationalbibliografie; detaillierte bibliografische Angaben sind
im Internet über http://dnb.ddb.de abrufbar.

VORWORT

Dieses Lehrbuch *Beschaffung, Produktion und Marketing* ist entstanden aus der Zusammenarbeit von Akademikern und Praktikern in den jeweiligen Bereichen. Anlass des Lehrbuches war der Bedarf von Studierenden und Praktikern ein integriertes Gesamtwerk aus praktischen und theoretischen Elementen innerhalb der Hochschule für Oekonomie und Management (FOM) anzubieten. Das Buch verfolgt die grundsätzliche Idee der unternehmensinternen Wertschöpfungskette nach Porter und ist damit in dieser Kombination einzigartig im deutschen Markt. Die Einflüsse, welche die ökonomischen Teilbereiche aufeinander ausüben, sind insbesondere vor dem Hintergrund einer marktorientierten Unternehmensführung allgegenwärtig. Auch wenn den betriebswirtschaftlichen Bereichen der besseren Orientierung wegen jeweils einzelne Kapitel zugeordnet sind, so wird an vielen Stellen des Buches die Verzahnung der verschiedenen Disziplinen immer wieder deutlich. In Übergangskapiteln wird zusätzlich explizit auf die Verknüpfung eingegangen.

Die Herausgeber, Prof. Dr. Dr. Peter Kürble, Dr. Marc Helmold (M.B.A.), Olaf H. Bode und Dr. Ulrich Scholz, haben ihre Erfahrungen aus der Industrie und Wirtschaft mit theoretischen Aspekten aus den Bereichen Beschaffung, Produktion und Marketing verknüpft und dabei der realen Entwicklung Rechnung getragen, die eine getrennte Betrachtung der drei wirtschaftlichen Fachbereiche nicht mehr als sinnvoll erscheinen lässt. So fokussiert dieses Buch eher auf die praktische Relevanz denn auf die theoretische Tiefe. Manche Aspekte müssen deswegen aus akademischer Sicht zu kurz kommen oder ganz entfallen, die Konzentration auf die herausgearbeiteten Punkte ist sicherlich subjektiv und kann mitunter kritisiert werden. Sie verfolgt aber das Ziel eines Übersichtswerkes, die für alle Bereiche aus Sicht der Autoren entscheidenden Elemente herauszugreifen und so darzustellen, dass der Leser in der Lage ist, die Zusammenhänge zu verstehen und in der realen Umgebung umzusetzen.

Die Autoren danken all den Personen, die weder Zeit noch Mühe gescheut haben indirekt an der Erstellung des Buches beteiligt zu sein. Alle Fehler gehen natürlich zu Lasten der Autoren und Kritik ist an dieser Stelle explizit erwünscht.

Zielgruppen sind Studierende der unteren Semester sowie Praxiseinsteiger, die in den Bereichen Beschaffung, Produktion oder Marketing tätig sind und einen ersten fundierten Einstieg zur Orientierung benötigen. Das umfassende Literaturverzeichnis dient somit bei stärkerem Interesse der weiteren akademischen Befassung mit den einzelnen Bereichen.

INHALT

ABBILDUNGEN

Olaf H. Bode und Ulrich Scholz

TEIL 1: BESCHAFFUNG

Die Beschaffung ist die erste Funktion im Betriebsprozess. Sie bildet somit die Schnittstelle des Unternehmens zu seinen Beschaffungs-märkten (s. **Abbildung 1.1**). Zudem verbindet sie die Produktion des eigenen Unternehmens mit der Absatzfunktion der Lieferanten, denn letztlich ist jeder Gütertausch sowohl Gegenstand der Absatzwirtschaft als auch der Beschaffungswirtschaft.

Abbildung 1.1 Beschaffung als Teilfunktion im Betriebsprozess

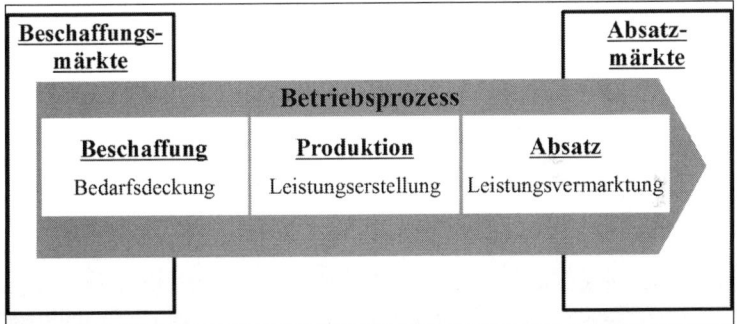

Aufgabe der Beschaffung ist es, den Bedarf des Unternehmens unter wirtschaftlichen Gesichtspunkten im Hinblick auf Quantität und Qua-lität zum richtigen Zeitpunkt zu sichern. Dabei gibt es unterschiedlich weit gefasste Begriffe des Unternehmensbedarfs. Im weitesten Sinn wird hierunter jeglicher Bedarf des Unternehmens verstanden, dies bedeutet, dass neben dem Bedarf an originären Gütern auch der Fi-nanzbedarf und der Personalbedarf Teil der Beschaffungsfunktion ei-nes Unternehmens sind. Eine engere Begriffsverwendung beschränkt sich auf den Bedarf an originären Gütern, also den Bedarf an Einsatzgütern, an fremden Dienstleistungen und an Handelswaren. Eine noch enger gefasste Bedarfsdefinition beschränkt sich auf den Unternehmensbedarf von originären Einsatzgütern. Hierzu zählen Betriebsmittel und Werkstoffe. Die engste Begriffsverwendung ist die rein materialwirtschaftliche. Hier beschränkt sich der Bedarfsbegriff lediglich auf die Werkstoffe, d. h. auf Roh-, Hilfs- und Betriebsstoffe sowie auf Zulieferteile. Die Deckung des materialwirtschaftlichen Unternehmensbedarfs liegt auch im Fokus dieses Kapitels.

Wie schon erwähnt, bildet die Beschaffungsfunktion die Schnittstelle des Unternehmens zu seinen vorgelagerten Märkten. Dabei nimmt das Unternehmen die Rolle eines Nachfragers ein, während die Zulieferer ihre Leistung vermarkten bzw. anbieten. Das Unternehmen steht somit mit den anderen Nachfragern auf einem Beschaffungsmarkt in einem nachfrageseitigen Wettbewerb. In der wettbewerbstheoretischen Literatur steht der angebotsseitige Wettbewerb auf Endkundenmärkten im Vordergrund. Zu berücksichtigen gilt, dass nicht alle Erkenntnisse eins zu eins auf einen nachfrageseitigen Wettbewerb übertragen werden können.

Ferner kann das Unternehmen auf den Beschaffungsmärkten auf andere Konkurrenten als auf den Absatzmärkten treffen. So tritt ein Fahrradhersteller, der verstärkt Karbonteile in seinen Fahrrädern verbauen möchte, nicht alleine in Konkurrenz zu anderen Fahrradherstellern, die das gleiche Vorhaben verfolgen. Konkurrenten auf den Beschaffungsmärkten sind auch Unternehmen anderer Branchen, die ebenfalls Karbon oder Karbonteile verbauen möchten. Dies können bspw. Hersteller von Badmintonschlägern, aber auch Systemlieferanten von Automobilherstellern sein. Somit ergeben sich auf den Beschaffungsmärkten zum Teil völlig abweichende Wettbewerbskonstellationen als auf den Absatzmärkten.

Auch die Erkenntnisse des Marketings, das in der Regel Absatzmarketing ist, können nicht uneingeschränkt übernommen werden. Absatzmarketing ist in der Regel auf den Bereich Business-to-Consumer (B2C) fokussiert. Beschaffungsmarketing wird aber von der Nachfrageseite her betrieben und findet im Bereich Business-to-Business (B2B) statt. Beschaffungsmarketing ist daher weniger emotional als Absatzmarketing. Zwei Hauptziele des Beschaffungsmarketings sind der Aufbau langfristiger partnerschaftlicher Beziehungen zu den Lieferanten und die Sicherung von Bezugsquellen. Wie relevant die Sicherung von Bezugsquellen sein kann, zeigt sich an der Tatsache, dass zehn wichtige deutsche Industrieunternehmen am 24. April 2012 die Rohstoffallianz GmbH gründeten. Zu den Gründungsmitgliedern zählen etwa die Bayer AG, BASF, Bosch und die ThyssenKrupp AG. Ziel ist es, durch Kooperation den Zugriff auf Rohstoffquellen abzusichern.

Hier zeigt sich, dass die Globalisierung auch ein wichtiger Aspekt für die Beschaffungsfunktion eines Unternehmens ist. Einerseits ergeben sich hierdurch neue Optionen und Chancen. Andererseits erhöht sich die Komplexität und es treten neue Konkurrenten bspw. aus den BRIC[1]-Staaten auf. Ein gutes Beispiel, wie globalisiert und komplex die Beschaffung in der heutigen Zeit ist, ist die elektrische Zahnbürste Sonicare Elite 7000. **Abbildung 1.2** zeigt, wie diese Weltbürste durch internationale Arbeitsteilung hergestellt wurde.

Abbildung 1.2 Internationale Arbeitsteilung

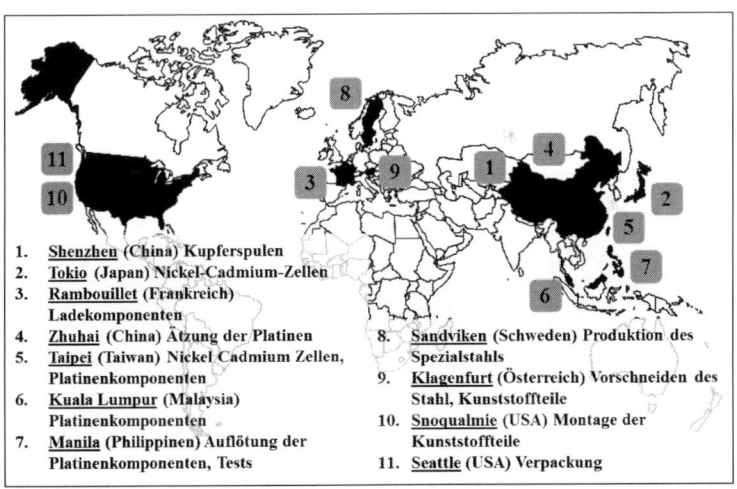

1. Shenzhen (China) Kupferspulen
2. Tokio (Japan) Nickel-Cadmium-Zellen
3. Rambouillet (Frankreich) Ladekomponenten
4. Zhuhai (China) Ätzung der Platinen
5. Taipei (Taiwan) Nickel-Cadmium Zellen, Platinenkomponenten
6. Kuala Lumpur (Malaysia) Platinenkomponenten
7. Manila (Philippinen) Auflötung der Platinenkomponenten, Tests
8. Sandviken (Schweden) Produktion des Spezialstahls
9. Klagenfurt (Österreich) Vorschneiden des Stahl, Kunststoffteile
10. Snoqualmie (USA) Montage der Kunststoffteile
11. Seattle (USA) Verpackung

Quelle: In Anlehnung an Der Spiegel 26/2005, S. 109

---

1   BRIC-Staaten: Brasilien, Russland, Indien, China.

Zwar findet die Bedarfsdeckung auf den Beschaffungsmärkten statt, trotzdem darf die Beschaffungsfunktion nicht losgelöst von der Produktion und der Absatzfunktion gesehen werden. Da die Beschaffung die unternehmenseigene Produktion mit den Beschaffungsmärkten verbindet, ist es leicht ersichtlich, dass die Produktionsweise sehr starken Einfluss auf den Bedarf, die Bedarfsermittlung und damit die Bedarfsdeckung hat. Eine Produktion, die dem Push-Prinzip folgt, hat daher andere Anforderungen an die Beschaffung als eine, die nach dem Pull-Prinzip aufgebaut ist.

Auch die Positionierung eines Unternehmens auf den Absatzmärkten sowie die Marktsituation auf diesen Märkten spielen für die Beschaffung eine bedeutende Rolle. Michael Porter sieht in seinem Wertkettenmodell die Beschaffung als eine von vier Unterstützungsaktivitäten (vgl. **Abbildung 1.3**).

Abbildung 1.3 Wertkette nach Porter

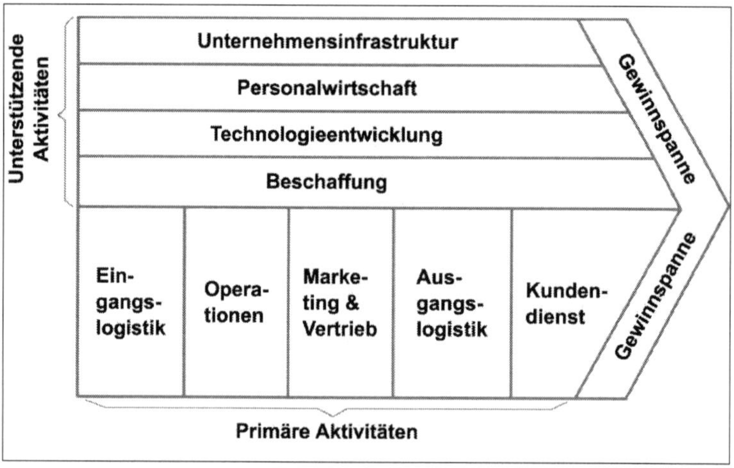

Quelle: Porter 1999, S. 90

Porter unterteilt die Aktivitäten in einem Unternehmen in fünf Primäraktivitäten und vier Unterstützungsaktivitäten. Die fünf Primäraktivitäten sollen so ausgerichtet sein, dass das Unternehmen auf den Absatzmärkten einen größtmöglichen Erfolg erzielen kann. Damit werden diese Aktivitäten letztlich an den Kundenbedürfnissen ausgerichtet. Die vier Unterstützungsaktivitäten, also auch die Beschaffung, sollen dazu beitragen, dass die Primäraktivitäten ihre Funktionen optimal erfüllen können.

Nach Porter ist die Beschaffung eine Unterstützungsfunktion, sie kann zu den Primärfunktionen auch in Konkurrenz treten. Letztlich können alle Unternehmensfunktionen ausgelagert werden. Dies gilt auch für die Produktion. So wurde „Hannen Alt", ein Altbier der Hannen-Brauerei, die seit 1988 zur dänischen Carlsberg-Gruppe gehört, über Jahre vom Discountbier-Hersteller Oettinger produziert und abgefüllt, ohne dass es den Kunden bewusst war. 2006 wurde der Vertrag nicht verlängert, weil Oettinger die Kapazitäten für die eigenen Biere benötigte.

In einer Zeit, in der die Endkundenmärkte gesättigt sind, muss auch die Beschaffung die Endkundeninteressen mit einbeziehen. **Abbildung 1.4** fasst die bisherigen Erkenntnisse zum Thema Beschaffung noch einmal zusammen. Sie stellt den Versuch dar, das Wertkettenkonzept von Porter mit seinem „Modell der fünf Wettbewerbskräfte" aus Sicht der Unternehmensfunktion Beschaffung zu verbinden.

Abbildung 1.4 Beschaffungsfunktion im Unternehmensumfeld

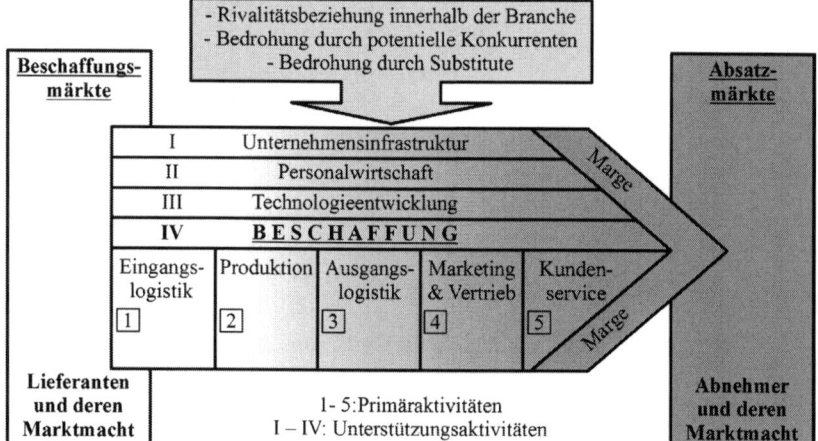

- Beschaffung ist die erste Funktion im Betriebsprozess und stellt die Schnittstelle zu den Beschaffungsmärkten her. Sie verbindet die Absatzfunktion der Lieferanten mit der eigenen Produktion.

- Auf den Beschaffungsmärkten nimmt das Unternehmen die Rolle eines Nachfragers ein. Es steht mit anderen Unternehmen als auf den Absatzmärkten in Konkurrenz. Die meisten Erkenntnisse aus der Wettbewerbstheorie und dem Marketing beziehen sich auf B2C-Bereiche und lassen sich für den Beschaffungsmarkt nicht eins zu eins übernehmen. Sie müssen entsprechend angepasst werden.

- Innerhalb der Wertkette nimmt die Beschaffung eine Unterstützungsfunktion ein. Da die Primäraktivitäten an den Kundenbedürfnissen ausgerichtet werden sollen, spielen die Kundenbedürfnisse für die Beschaffung ebenfalls eine wichtige Rolle.

- Die Beschaffungsfunktion kann auch zu den anderen Funktionen in Konkurrenz treten. Dies geschieht immer dann, wenn ein Unternehmen sich für Outsourcing entscheidet.

- Die konkrete Ausgestaltung der Wertkette – bspw. die Entscheidung für eine Produktion nach dem Pull- bzw. dem Push-Prinzip – hat Auswirkungen auf die Beschaffung. Die konkrete Ausgestaltung der Wertkette wird auch durch die jeweilige Wettbewerbssituation mitbestimmt. Hier spielen folgende Fragen eine Rolle: Welche Marktmacht haben die Lieferanten? Welche Marktmacht haben die Abnehmer? Welche Rivalitätsbeziehung liegt innerhalb der Branche vor? Gibt es eine Bedrohung durch potentielle Konkurrenten? Gibt es eine Bedrohung durch Substitute?

- Unter den vorher genannten Gesichtspunkten soll die Beschaffung den Bedarf des Unternehmens unter wirtschaftlichen Gesichtspunkten im Hinblick auf Quantität und Qualität zum richtigen Zeitpunkt sichern.

Im Kapitel Beschaffung werden zunächst die klassischen Funktionen der Beschaffung erläutert. Anschließend werden die unterstützenden Funktonen dargestellt. Im zweiten Teil des Kapitels wird auf neue Aspekte wie das Supply-Chain-Management und Supplier-Relationship-Management eingegangen. Den Abschluss dieses Kapitels bildet der Aspekt Qualität.

1.1 Klassische Funktionen der Beschaffung

1.1.1 Sourcing-Strategien

Eine besondere Herausforderung für jedes Unternehmen ist es, die Komplexität der Beschaffung zu beherrschen. Es gilt für die Vielzahl der zu beschaffenden Güter und Dienstleistungen die jeweils beste Lösung unter mehreren Optionen zu finden. Dies erfordert heutzutage vernetztes Denken, wirtschaftliches Handeln unter Unsicherheit in einer komplexen Umwelt sowie die Suche und Realisierung von Synergieeffekten. So ist die Beziehung zu den Zulieferern oft ambivalent. Denn sie stellen einerseits die Marktgegenseite dar und können, wenn sie über eine große Verhandlungsmacht verfügen, eine Bedrohung für den eigenen wirtschaftlichen Erfolg darstellen. Andererseits sind sie auch Partner innerhalb der Wertschöpfungskette und können so den Unternehmenserfolg positiv beeinflussen.

Es ist völlig klar, dass die Optimierung in einem hoch komplexen Umfeld nicht für jeden konkreten Beschaffungsprozess gesondert bestimmt werden kann. Aus diesem Grund formulieren die Unternehmen längerfristig angelegte Strategien bzw. zweckgebundene Handlungsweisen, um die Versorgungsziele zu erreichen. Diese unterschiedlichen **Sourcing-Strategien** werden oft auch als **Versorgungskonzepte** oder als **Beschaffungsformen** bezeichnet. Sie bilden den Rahmen für die spätere operative Durchführung der jeweiligen Beschaffung.[2]

Die Sourcing-Strategien können in verschiedene Kategorien unterteilt werden. Üblich ist die Differenzierung, wie sie in **Abbildung 1.5** dargestellt ist.

---

2   Heiserich et al. 2011, S. 177.

Abbildung 1.5 Sourcing-Strategien

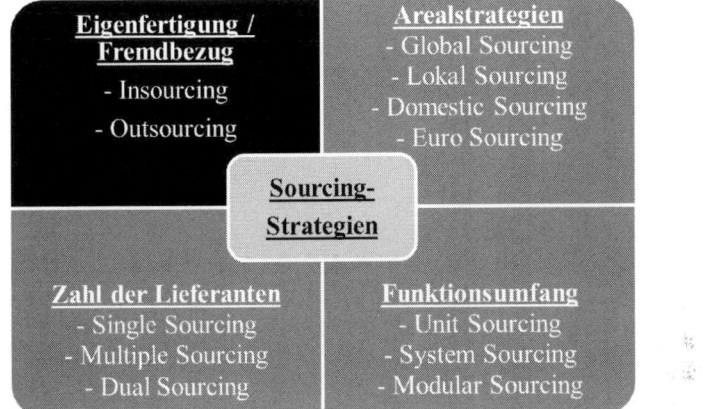

Quelle: In Anlehnung an Arnold 1997, S. 97f.

Von den vier Differenzierungsarten des Sourcings ist das Feld „*Eigenfertigung/Fremdbezug*" aus zwei Gründen hervorgehoben. 1. Die erste Entscheidung, die getroffen werden muss, ist, ob die Inputfaktoren im eigenen Unternehmen erstellt oder von anderen Unternehmen bezogen werden sollen. Dies ist eine sog. „Make-or-Buy-Entscheidung". 2. Die anderen Differenzierungsmöglichkeiten stellen lediglich unterschiedliche **Outsourcing-Strategien** dar und blenden das Insourcing aus. D. h. sie befassen sich mit der konkreten Ausgestaltung der Bezugsart, wenn die grundlegende Entscheidung für einen Fremdbezug gefallen ist.

1.1.1.1 Make-or-Buy-Entscheidung

Für die **Make-or-Buy-Entscheidung**, die im Grunde nichts anderes ist als die grundlegende Frage nach der optimalen Koordinationsform von (meist) geschäftlichen Beziehungen zwischen Marktteilnehmern, sind insbesondere die sog. **Transaktionskosten** relevant. Sie werden definiert als „*...costs of running the economic system*"[3] und stellen Kos-

---

3   Arrow 1969, S. 48.

ten dar, die mit der beabsichtigten Transaktion zusammenhängen. Dabei wird zwischen Kosten, die bei der Nutzung von Verwaltung entstehen (betriebsinterne Transaktionen, Insourcing) und Kosten, die bei der Nutzung des Marktes entstehen (marktliche Transaktionen, Outsourcing), differenziert. Die Transaktionskostentheorie (TKT) *„untersucht 1. alternative Formen von Organisationen, die der Art nach verschieden sind (d. h. verschieden in Bezug auf spezifische Struktureigenheiten, nicht nur marginal verschieden); sie schreibt 2. den Wirtschaftssubjekten Weitsicht, nur nicht Hyperrationalität, zu und arbeitet mit Selektion der schwachen Form; und sie untersucht 3. nur realisierbare Organisationsformen, wobei die Wirksamkeit dieser Unternehmen vergleichend beurteilt wird ...“*[4]

Ohne auf die einzelnen Aspekte der Definition näher einzugehen,[5] wird im Folgenden kurz erläutert, wann es aus transaktionskostentheoretischer Sicht sinnvoll sein kann, die Koordination dem Markt zu überlassen (buy), wann die Einbindung in ein Unternehmen angemessen ist (make) und wann Zwischenformen die effiziente Lösung sind?

„Bei einer durchschnittlichen Transaktionsmenge und einer gegebenen transaktionalen Umwelt wird jenes Organisationsdesign zur Koordination der Transaktionen auf dem Markt und im Unternehmen gewählt, das die geringsten Transaktionskosten verursacht, bei gleichen Produktionskosten.“[6] Die TKT nennt fünf entscheidende Einflussfaktoren, welche die effiziente Lösung identifizieren:

1. die Spezifität,

2. die Unsicherheit,

3. die Transaktionskostenatmosphäre,

4. die Transaktionshäufigkeit und

5. die Verfügbarkeit von Know-how und Kapital.

---

4   Richter und Furubotn 1996, S. 181.

5   Siehe hierzu u. a. Kürble 2005, S. 23ff.

6   Windsperger 1983, S. 896.

Die **Spezifität** von Leistungen schränkt die Transaktionspartner in ihrer Handlungsfreiheit durch einen Lock-in-Effekt ein und bewirkt eine ggf. beidseitige Abhängigkeit. In diesem Zusammenhang wird auch der Opportunismus zu einem Problem, wenn durch die Spezifität eine fundamentale Transformation stattfindet. Hiermit ist gemeint, dass beispielsweise einer der Transaktionspartner Investitionen in Maschinen tätigt, die nur zur Produktion von Gütern geeignet sind, die als Vorprodukte für den Vertragspartner nutzbar sind. In diesem Fall hätte dieser Vertragspartner als Abnehmer eine monopolartige Stellung und könnte diesen Vorteil ausnutzen.

Der Marktmechanismus wird weiter eingeschränkt, wenn zusätzlich zur Spezifität der Leistung auch noch eine gewisse **Unsicherheit** bzw. **Komplexität** hinzukommt. Da den Beteiligten in der Transaktionskostentheorie beschränkte Rationalität bescheinigt wird, würden Spezifität, Unsicherheit und Komplexität dazu führen, dass bei einer Koordination über den Markt hohe Informationskosten notwendig wären. In solchen Fällen ist dann eine andere Form der Koordination, im Allgemeinen als hierarchische Koordination bezeichnet, ggf. sinnvoller. Schließlich führt die **Häufigkeit** der potenziellen Leistung zusätzlich zur Kostensteigerung, so dass auch aus diesem Grund die Koordination in bestimmten Fällen ebenfalls verstärkt innerbetrieblich erfolgen würde und nicht über den Markt.

Aus transaktionskostentheoretischer Sicht ist der Markt also dann der effizientere Koordinationsmechanismus, wenn

- *„die Umweltkomplexität/-unsicherheit – bei gegebener Verarbeitungskapazität – gering ist,*

- *das Problem der kleinen Zahl – bei gegebenem Ausmaß opportunistischen Verhaltens – wegen polypolistischer Angebots- bzw. Nachfragestruktur nicht auftritt,*

- *die vorzunehmenden bzw. vorgenommenen Investitionen nicht an bestimmte Transaktionen gebunden sind,*

- *die Informationsniveaus der beteiligten Transaktionspartner in etwa gleich sind und*

- *die Transaktionshäufigkeit und die Transaktionsatmosphäre einer Markttransaktion insgesamt förderlich sind und gegenseitiges Vertrauen unvollständige Verträge für Markttransaktionen als hinreichend erscheinen lässt.*[7]

Entsprechend gilt umgekehrt, dass nur bei sehr hoher Spezifität, großer Unsicherheit und häufig anfallenden Leistungen die Einbindung in ein Unternehmen bzw. die Eigenfertigung sinnvoll ist, da insbesondere hochspezifische Güter bei externer Produktion keine Kostenvorteile gegenüber interner Herstellung aufweisen, zusätzlich aber Transaktionskosten generieren.

Neben den beiden extremen Varianten des Make-or-Buy sind in der Realität viele verschiedene, sog. hybride, weil gemischte Formen der Koordination, wie bspw. das Joint-Venture, zu finden.

Gegenüber langfristigen Verträgen sind Joint Ventures aus Transaktionskostengesichtspunkten zum Beispiel dann zu bevorzugen, wenn einerseits große Unsicherheit darüber besteht, welche Ereignisse erzielt werden können, andererseits aber von vornehrein ein Einverständnis über die Führung der Gemeinschaftsunternehmung und die Verteilung überschüssiger Gewinne erzielt werden kann.

Kooperationen wie langfristige Lieferverträge und Lizenzen sind aus transaktionskostentheoretischer Sicht dann effizient, wenn z.B. die Spezifität zwar gering, die strategische Bedeutung der Leistungen aber hoch ist und bei häufig anfallenden und unsicheren Leistungen das unternehmensexterne Know-how deutlich überlegen ist.

Ergänzend kann auch berücksichtigt werden, dass bei einer Kooperation auch immer der Aspekt des Know-how-Transfers eine Rolle spielt. **Abbildung 1.6** gibt einen Überblick über die entsprechenden Strategieempfehlungen.

---

7   Sydow 1992, S. 135.

Abbildung 1.6 Strategieempfehlungen für fremdbezogene Leistungen

	hoch	Aufbau von weiteren Lieferanten Pozentrahmen-bestellungen ggf. quasi-vertikale oder vertikale quasi-Integration	Langfristverträge hoher Integrationsgrad in der Entwicklung Joint Venture Kooperationen mit Wettbewerbern implizite Verträge	Kapitalbeteiligung strategisches Netzwerk sehr enge vertragliche Anbindung der Lieferanten (z. B. Ansiedlungsvertrag) sehr hoher Integrationsgrad in der Entwicklung
	gering	Aufbau von weiteren Lieferanten Pozentrahmen-bestellungen ggf. quasi-vertikale oder vertikale quasi-Integration	partielle Integration Langfristverträge implizite Verträge Kooperation mit Wettbewerbern ggf. quasi-vertikale oder vertikale quasi-Integration	Eigenerstellung und Eigenentwicklung Anderer Barrieren prüfen: Größendegressionsvorteile Unternehmensstruktur Technologiesprünge
		gering	mittel	hoch

Knwo-how-Barriere für die Eigenfertigung

Spezifität - strategische Bedeutung - Unsicherheit

Quelle: In Anlehnung an Picot 1991, S. 350

1.1.1.2 Outsourcing-Strategien

Sollte ein Fremdbezug sinnvoll sein, so ergeben sich, wie bereits angesprochen, verschiedene Möglichkeiten der Koordination, wobei die Übergänge vom Insourcing zum Outsourcing fließend sind. **Abbildung 1.7** gibt hier einen Überblick.

Abbildung 1.7 Einordnung des Outsourcings
in das Markt-Hierarchie-Kontinuum

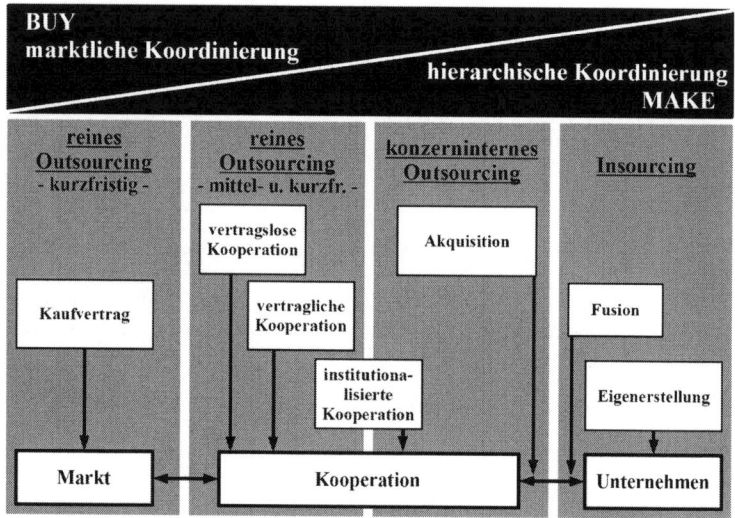

Quelle: In Anlehnung an Kürble und Wörmann, S. 43

Die Grundannahme ist, dass, wird von Transaktionskosten abgesehen, ein Unternehmen (Outsourcing-Kunde) seine Aktivitäten auf externe Anbieter (Outsourcing-Anbieter) verlagert, wenn der Marktpreis der ausgelagerten Aktivitäten niedriger ist, als die internen Grenzkosten dieser Aktivitäten. Die Kostenersparnis soll durch das der Eigenerstellung gegenüber aufgrund von Größenvorteilen und geringeren Löhnen günstigere Angebot des Anbieters erzielt werden, der darüber hinaus durch seine inhaltliche Fokussierung und dem damit erhofften Aufbau von Know-how dieses günstigere Angebot idealerweise mit einer vergleichsweise besseren Qualität erfüllen kann. Schließlich wird als drittes Argument oft der Ausgleich von Produktionsschwankungen genannt.

Neben der Frage der betroffenen Unternehmensbereiche spielt auch die Form des Outsourcings eine wesentliche Rolle bei der Entscheidung für oder gegen Outsourcing (vgl. **Abbildung 1.8**).

Abbildung 1.8 Outsourcing-Formen

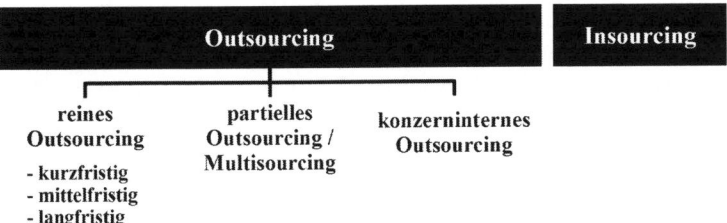

| Outsourcing | Insourcing |

| reines Outsourcing
- kurzfristig
- mittelfristig
- langfristig | partielles Outsourcing /
Multisourcing | konzerninternes Outsourcing |

Quelle: In Anlehnung an Kürble und Wörmann, S. 44

Das **partielle Outsourcing** steht eher für **Outtasking**, also die Fremdvergabe von Teilaufgaben oder Teilbereichen. Die Grundidee und -annahme besteht darin, eine Gesamtaufgabe in Teilaufgaben bzw. Tasks zu unterteilen, da mitunter bei sehr komplexen Aufgaben eine Gesamtkompetenz eines Outsourcing-Anbieters eher angezweifelt wird. Das **reine Outsourcing** bezeichnet die vollständige Auslagerung einer Aufgabe oder eines Unternehmensbereichs an einen Outsourcing-Anbieter, wie dies etwa im Bereich des Mobilfunks in Bezug auf Callcenter zu beobachten ist. Beim reinen Outsourcing lassen sich verschiedene Fristigkeiten unterscheiden. Das **kurzfristige reine Outsourcing** bezieht sich auf die reine Markttransaktion, also die Leistungserstellung durch Externe und die Nachfrage dieser Leistung im Sinne einer klassischen Marktnachfrage. So kann es beispielsweise bei einer vorangegangenen Auslagerung von Kantinenleistungen im Rahmen eines besonderen Festaktes dazu kommen, dass eben dieser Outsourcing-Anbieter für den Festakt einen eigenständigen Gestaltungsauftrag erhält. Da der Outsourcing-Anbieter in diesem Moment aber mit anderen Anbietern im Markt konkurriert und die zu erbringende Leistung vertraglich unabhängig von der sonstigen Leistungserbringung im Rahmen der Kantinenleistungen sein kann, tritt hier der Markt als Koordinationsmechanismus auf.

Bei den **mittelfristigen** ebenso wie bei den **langfristigen Formen** des Outsourcings handelt es sich um verschiedene Möglichkeiten der vertraglich fixierten Zusammenarbeit. Denn obwohl Outsourcing in der

Theorie gewöhnlich als langfristig ausgelegte Vereinbarung beschrieben wird, finden in der Realität oft kurz- und mittelfristige Auslagerungen statt. Dies hängt u. a. damit zusammen, dass zum einen die Transaktionskosten einer Auslagerung häufig von den beteiligten Unternehmen unterschätzt sowie die Kosteneinsparungen nicht realisiert werden und damit Unternehmen die vormals ausgelagerte Leistung wieder in das Unternehmen verlagern, oder Unternehmen zum anderen Outsourcing nur betreiben, um Produktionsspitzen abzudecken bzw. die Kompetenz der Outsourcing-Anbieter und Qualität der gelieferten Leistungen hinter den Erwartungen zurückbleiben.[8]

Darüber hinaus erscheint es logisch, dass mit zunehmender Auslagerung von Prozessen und damit ggf. einer gestiegenen Effizienz, die Profit Margins aufgrund eines geringeren Anteils am Wertschöpfungsprozess sinken. Der eventuell erzielte Kostenvorteil muss also unter Umständen durch sinkende Profit Margins erkauft werden und ist dann nicht zwingend von langfristigem Wettbewerbsvorteil. Zudem kann der Wettbewerbsvorteil aufgrund von Imitation durch Wettbewerber von nur temporärer Natur sein.

Innerhalb des langfristigen reinen Outsourcings haben sich viele verschiedene **Sourcing-Strategien** herausgebildet. Diese Sourcing-Strategien bilden den Rahmen für die operativen Tätigkeiten im Beschaffungsprozess und werden im Folgenden näher erläutert.

Unter **Single Sourcing** wird die freiwillige Festlegung auf nur eine Bezugsquelle verstanden. Es ist daher vom sog. **Sole Sourcing** abzugrenzen. Auch hier liegt ein Einzelquellenbezug vor, der aber nicht freiwillig geschieht. Vielmehr hat hier ein Lieferant eine Monopolstellung.

Im Fokus des Single Sourcings stehen Kostensenkungspotentiale und die Möglichkeit, eine langfristige Beziehung zum Lieferanten aufzubauen. Die Kostensenkungspotentiale ergeben sich einerseits durch günstigere Preise wegen der Abnahme von Großmengen. Andererseits werden die Transaktionskosten erheblich gesenkt. Zudem ist es möglich, durch Rahmenverträge den Bezug von Materialien langfristig ab-

---

8   Kinkel und Lay 2003, S. 4.

zusichern. Ferner kann mit einer bevorzugten Behandlung bspw. bei Sonderanfertigungen oder Lieferengpässen gerechnet werden, da das eigene Unternehmen aus Sicht des Lieferanten ein wertiger Kunde ist.

Diesen Vorteilen stehen aber auch gewisse Nachteile gegenüber. So ist die Abhängigkeit von der einzigen Bezugsquelle sehr groß. Hat der Lieferant Probleme, die bestellten Materialien in der gewünschten Quantität, Qualität und/oder Zeit zur Verfügung zu stellen, hat dies direkte Auswirkungen auf die eigene Situation. Ein schnelles Ausweichen auf eine andere Bezugsquelle erweist sich besonders dann als schwierig, wenn wegen der engen Geschäftsbindung zum Lieferanten die Beschaffungsmarktforschung vernachlässigt worden ist.

Die Vernachlässigung der Beschaffungsmarktforschung aufgrund von Single Sourcing kann zudem dazu führen, dass ein Unternehmen nicht erkennt, dass trotz Preisnachlässen wegen großer Bestellmengen die Materialpreise zu hoch sind. Gleiches gilt bei qualitativen Materialeigenschaften oder bei der Servicequalität des Lieferanten.

Beim Multiplen Sourcing werden die Materialien bei unterschiedlichen Lieferanten bezogen. Sinn dieser Strategie ist es, die Abhängigkeit von einzelnen Lieferanten zu vermeiden und so die Risiken des Single Sourcings auszuschalten. Ferner kann das eigene Unternehmen den Wettbewerb unter den Lieferanten ausnutzen. Der Lieferantenwettbewerb kann sich auf mehrere Parameter beziehen. Wettbewerbsparameter sind bspw. der Preis, die Lieferbedingungen, die Produktqualität, Garantien, der Service etc.

Als Nachteile des Multiple Sourcings können die schon genannten Vorteile des Single Sourcings angesehen werden. Die Möglichkeit z. B. von Mengenrabatten wird durch Multiple Sourcing stark eingeschränkt.

Beim Dual Sourcing werden die Materialien bei zwei Lieferanten bezogen. Die Art der Aufteilung zwischen den beiden Bezugsquellen kann auf unterschiedlichste Art und Weise erfolgen. Möglich wären fallweise Entscheidungen, das Bilden von Quoten oder das Aufteilen der Bestellungen nach Regionen. Letzteres wird häufig durchgeführt, wenn das Unternehmen mehrere Produktionsstandorte hat.

Das Dual Sourcing stellt den Versuch dar, die Vorteile von Single Sourcing und Multiple Sourcing zu verbinden. So bestehen weiterhin die Möglichkeiten durch Großmengen günstige Preise zu erzielen, die Transaktionskosten zu senken und eine partnerschaftliche Beziehung zu den beiden Lieferanten aufzubauen. Zudem wird die hohe Lieferantenabhängigkeit reduziert. Hat ein Lieferant Lieferprobleme, ist es möglich auf den anderen Lieferanten umzusteigen. Auch ein gewisser Wettbewerb bleibt zwischen den Lieferanten bestehen.

Die **Arealstrategien** unterscheiden sich nach der räumlichen Ausdehnung der Beschaffungsaktivitäten. Die größte räumliche Ausdehnung hat das **Global Sourcing**. Die wachsende Globalisierung der Wirtschaft, fallende Handelsbeschränkungen und die Möglichkeiten moderner Kommunikationstechnologien machen das Global Sourcing heutzutage auch für kleine und mittelständische Unternehmen interessant.

Der Begriff *„Globalisierung"* wird in den Medien und in politischen Diskussionen meist auf Aspekte der Kostensenkung reduziert. Dies ist ein Hauptgrund, weshalb dieser Begriff negativ belegt ist. Auch Global Sourcing beschränkt sich nicht nur auf die Kostensituation. Trotzdem spielt die Kostensenkung häufig eine wichtige Rolle bei der Entscheidung, den Inputbedarf auf dem Weltmarkt zu decken. In diesem Fall wird auch von **Low Cost Country Sourcing** gesprochen.[9]

Weiter gefasst ist das **Best Cost Country Sourcing**, das im Sinne eines Total-Cost-Ansatzes neben dem Bezugspreis fünf weitere Aspekte berücksichtigt. Diese Aspekte sind: Qualität, Koordinationsaufwand, Innovationskosten, Kundensensibilität und auch der Know-how-Schutz.[10]
Noch weiter geht das **Best Value Country Sourcing**. Es trägt auch ethischen Aspekten, der Flexibilität, der Verfügbarkeit von Arbeitskräften und dem Nachhaltigkeitsgedanken Rechnung.[11]

---

9   Vgl. Nowosel und Rodriguez 2008, S. 36f.

10   Vgl. Voigt und Römer 2007, S. 58f.

11   Vgl. Moser 2009, S. 14.

Die Vorteile des Global Sourcings liegen auf der Hand. Das eigene Unternehmen ist so in der Lage, die meisten Optionen zu nutzen, um den eigenen Bedarf optimal zu befriedigen, wobei hier nochmals darauf hingewiesen werden soll, dass optimale Bedarfsbefriedigung nicht mit der bloßen Kostenreduktion gleichzusetzen ist. Allerdings ergeben sich beim Global Sourcing auch eine Reihe von Nachteilen und Risiken. Beispielhaft seien genannt: hoher Informationsbedarf und damit steigende Informationskosten, gesteigerter Koordinierungsaufwand, kulturelle Verständigungsprobleme, Rechtsunsicherheit (auch beim Schutz von geistigem Eigentum) und Währungsrisiken. Zudem ist Global Sourcing für eine Just-in-time-Produktion nicht geeignet.

Das Gegenteil zu Global Sourcing ist das **Local Sourcing**. Hier liegen die Beschaffungsquellen in räumlicher Nähe zum eigenen Unternehmen. Allerdings ist die Bezeichnung *„in räumlicher Nähe"* nicht definiert, so dass mitunter recht unterschiedliche räumliche Beschaffungsformen als *„Local Sourcing"* bezeichnet werden. Gemeint können eine Beschaffung in der unmittelbaren Nähe (bspw. in sog. Lieferantenparks), in der Region oder auf dem nationalen Heimatmarkt sein. Letztere Variante wird auch als **Domestic Sourcing** bezeichnet.[12]

Local Sourcing ist für eine JIT-Anlieferung und JIT-Produktion sehr gut geeignet, so dass schon die Art der Produktion die Art des Sourcing vorwegnehmen kann. Weitere Aspekte, die für diese Art der Beschaffung sprechen, sind Logistikkosten, die im Verhältnis zum reinen Materialwert sehr hoch sind, eine hohe Lieferantenflexibilität aufgrund von schlecht kalkulierbarem Bedarf, eine Risikoreduktion aufgrund von höherer Rechtssicherheit und der Wegfall von Währungsrisiken.[13]

Daneben spielen auch Imagegründe und Kundensensibilität eine Rolle. Ein Unternehmen, das mit der Herkunftsbezeichnung und dem Qualitätssiegel „Made in Germany" wirbt, setzt seine Glaubwürdigkeit aufs Spiel, würde es Global Sourcing betreiben. Auch wegen Nachhaltig-

---

12   Vgl. Appelfeller und Buchholz 2011, S. 117.

13   Vgl. ebenda.

keitsaspekten und aus ökologischen Gründen kann die Wahl bewusst auf Bezugsquellen in räumlicher Nähe fallen.[14]

Euro Sourcing ist eine Zwischenform von Global Sourcing und Local Sourcing. Der EU-Binnenmarkt stellt quasi eine Globalisierung im europäischen Rahmen dar, wobei die Integration der nationalen Märkte sehr weit fortgeschritten ist und die Rechtssicherheit im Vergleich zur Rechtsicherheit auf dem globalen Markt wesentlich höher ist. Im Euroraum ist zudem das Wechselkursrisiko ausgeschlossen. Die Optionen zur Bedarfsoptimierung sind im Vergleich zum Local Sourcing um ein Vielfaches höher.

Bezogen auf den **Funktionsumfang** der Lieferanten wird zwischen Unit, System und Modular Sourcing unterschieden. Unter Funktionsumfang wird die Wertschöpfungsleistung verstanden, die ein Unternehmen auf seine Lieferanten überträgt.[15]

Die Lieferanten im **Unit Sourcing** haben den geringsten Funktionsumfang. Sie liefern einfache Teile und Komponenten mit geringem Komplexitätsgrad. Meist handelt es sich hier um Standardprodukte. Somit haben diese Lieferanten nur geringe Differenzierungspotenziale und sind häufig Sublieferanten von System- oder Modullieferanten.[16]

Die Differenzierung zwischen Systemlieferant und Modullieferant ist in der Literatur nicht einheitlich. Die Begriffe Systeme und Module werden teilweise synonym verwendet, zum Teil werden Systeme als komplexer angesehen als Module, meist ist es aber genau entgegengesetzt. Im Folgenden werden **Module** als vormontierte, komplexe und einbaufertige Einheiten definiert. Beispiele für Module sind die Instrumententafel eines Autos und die Nasszellen beim Bau eines Hotels. **Systeme** bestehen hingegen aus mehreren Teilen. Sie sind häufig physisch zusammenhängend und oft vormontiert (bspw. Fahrradbremsen), stehen in einem funktional-logischen Zusammenhang (bspw. un-

---

14   Vgl. Voigt und Römer 2007, S. 58f.

15   Vgl. Appelfeller und Buchholz 2011, S. 123.

16   Vgl. Appelfeller und Buchholz 2011, S. 123

terschiedliche Korrosionsschutzmittel) oder stellen eine Kombination aus physischen und funktionalen Zusammenhängen dar.[17]

Abbildung 1.9 Zulieferer unterschiedlicher Ränge

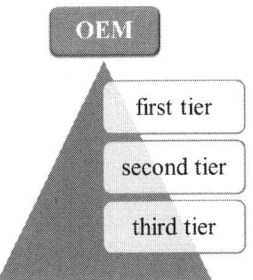

OEM = Original Equipment Manufacturer = Hersteller des Originalerzeugnisses; **tier** = Rang, **1st tier** = Modullieferant; **2nd tier** = Systemlieferant; **3rd tier** = Teile- und Komponentenlieferant

In den Produktionsprozess eines **Original Equipment Manufacturer** (= OEM[18]) sind die 1st-Tier-Lieferanten am tiefsten integriert vgl. **Abbildung 1.9**). Es wird hier von der verlängerten Werkbank gesprochen. Vorteile für den OEM sind die geringe Produktionstiefe und die Nutzung von Kompetenzen und des Know-hows der Modullieferanten. Nachteilig sind der hohe Koordinationsaufwand, das Risiko des Knowhow-Transfers zum Lieferanten und die gegenseitige Abhängigkeit.[19]

Arbeitet ein OEM in der Regel mit relativ wenigen 1st-Tier-Lieferanten zusammen, erhöht sich die Zahl der Zulieferer in den folgenden Rangstufen deutlich. Als Ergebnis entwickeln sich ganze Lieferantennetzwerke (s. **Abbildung 1.10**). Bei den Lieferantennetzwerken übernahm

---

17   Vgl. Camphausen 2011, S. 426.

18   Beim Kauf von Computern und Smartphones steht der Begriff „OEM-Software" für vorinstallierte Software. Häufig bekommt der Konsument dann keine Installationssoftware auf Datenträgern mitgeliefert. Auch hier steht die Abkürzung OEM für Original Equipment Manufacturer.

19   Vgl. Appelfeller und Buchholz 2011, S. 124.

die Automobilindustrie eine Pionierfunktion. In den 1990er-Jahren wurde die Zahl der direkten Zulieferer von 30.000 auf 8.000 reduziert.[20]

Abbildung 1.10 Struktur von Lieferantennetzwerken

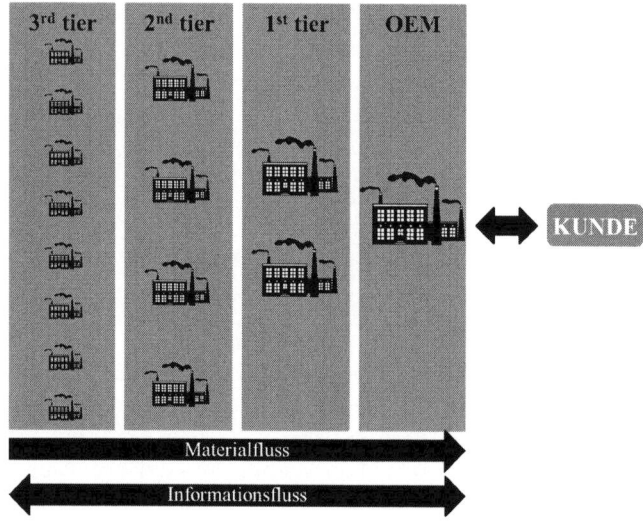

Es sei darauf hingewiesen, dass die beschriebenen Sourcing-Strategien zu einem gewissen Grad kombinierbar sind. **Abbildung 1.11** stellt zwei unterschiedliche Kombinationsmöglichkeiten exemplarisch dar. So ist es denkbar, dass ein Unternehmen Multiple, Unit und Euro Sourcing zu einer Strategie für bestimmte Materialien zusammenführt.

---

20   Vgl. ebenda.

Abbildung 1.11 Kombinierte Outsourcing-Strategien

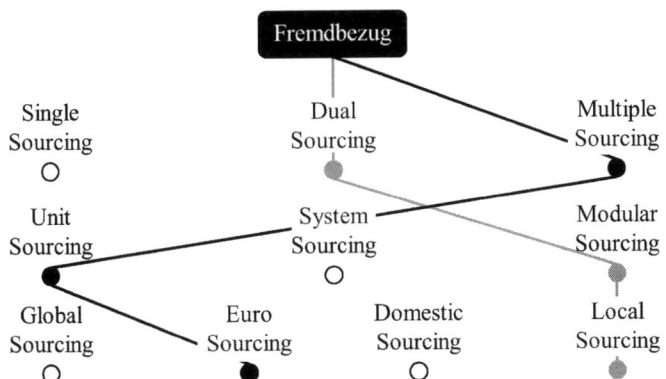

1.1.2 Bedarfsermittlung

Im vorherigen Kapitel standen die Sourcing-Strategien im Mittelpunkt der Betrachtung. Nun liegt der Fokus auf dem Aspekt der Bedarfsermittlung auf der Basis einer gegebenen Sourcing-Strategie. Die Bedarfsermittlung erfolgt nicht nur hinsichtlich quantitativer und qualitativer Gesichtspunkte der zu beschaffenden Inputfaktoren, Güter und Dienstleistungen, auch die Bedarfsterminierung ist von Belang.

Unproblematisch gestaltet sich die Bedarfsermittlung bei einem Unternehmen mit konstanten Ausbringungs- und Abverkaufsmengen. Dies gilt insbesondere dann, wenn die Versorgung just in time organisiert ist. Weichen die Gegebenheiten aber davon ab, sind zum Teil sehr umfangreiche Berechnungen nötig, um den Bedarf zu ermitteln und zu planen. Erfolgt die Fertigung nach dem Push-Prinzip, dies bedeutet, dass die Nachfrage vorausberechnet bzw. geschätzt wird, sind auch die Bedarfsermittlung und -planung von der Güte des angewandten Schätzverfahrens abhängig. Hier kann es durchaus zu einer Über- oder Unterversorgung des Unternehmens kommen.

Unabhängig davon ob der Bedarf exakt ermittelt oder geschätzt wird, der Ausgangspunkt der Bedarfsermittlung ist der Primärbedarf. Unter dem Primärbedarf werden bei der Pull-Produktion die Kundenaufträge und bei der Push-Produktion die vorausberechneten Absatzmengen verstanden. Dieser Primärbedarf wird in Sekundärbedarf, das ist der abgeleitete Bedarf an Rohstoffen, Zulieferteilen, Zwischenprodukten etc., und in Tertiärbedarf, das ist der abgeleitete Bedarf an Hilfs- und Betriebsstoffen, umgerechnet. Zudem wird noch zwischen dem Bruttobedarf und dem Nettobedarf differenziert. Der Bruttobedarf stellt den Gesamtbedarf dar, der nötig ist, um den Primärbedarf zu decken. Dagegen ist der Nettobedarf der Bedarf, der tatsächlich noch bei den Lieferanten beschafft werden muss. Lagerbestände, aber auch auf dem Weg befindliche Lieferungen werden in die Nettobetrachtung mit einbezogen.

Ferner wird die Bedarfsplanung in die laufende Bedarfsplanung und die Planung des Bedarfssortiments unterteilt (vgl. **Abbildung 1.12**). Dabei ist die Planung des Bedarfssortiments längerfristig angelegt. Sie kann sich unter dem Gesichtspunkt gegebener Produktionsverfahren auf die generelle Ausgestaltung des Bedarfs nach Qualität und Quantität beziehen, wobei vom konkreten, aktuellen Geschehen im Unternehmen abstrahiert wird. Die Bedarfssortimentsplanung kann sich aber auch mit der Frage auseinandersetzen, wie sich das Bedarfssortiment verändert, wenn auf andere Produktionsverfahren umgestellt wird bzw. weitere Produktionsverfahren eingeführt werden.

Die Bedarfssortimentsplanung schafft somit den Rahmen für die laufende Bedarfsplanung. Hier wird die laufende, konkrete Bedarfsermittlung nach quantitativen, qualitativen und zeitlichen Gesichtspunkten übernommen.

Abbildung 1.12 Bedarfsermittlung und -planung

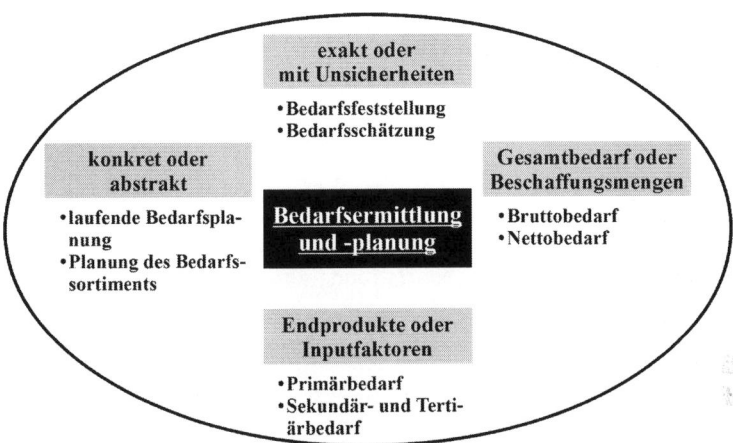

1.1.2.1 Bedarfssortimentsplanung und Bedarfsrationalisierung

Ausgangspunkt der Überlegungen sind die Abnehmergruppen, die ein Unternehmen bedient. Ziel ist es, jene Inputfaktoren zu beschaffen, mit denen einerseits die Bedürfnisse dieser Abnehmer befriedigt werden können, andererseits soll die Beschaffung kostengünstig sein und auch den Gegebenheiten im Unternehmen Rechnung tragen. Somit umfasst die Bedarfssortimentsplanung sowohl technische als auch wirtschaftliche Aspekte. Um dieser Aufgabe gerecht zu werden, hat sich eine Reihe von Instrumenten herausgebildet, die im Folgenden näher erläutert werden (s. **Abbildung 1.13**).

Abbildung 1.13 Bedarfssortimentsplanung

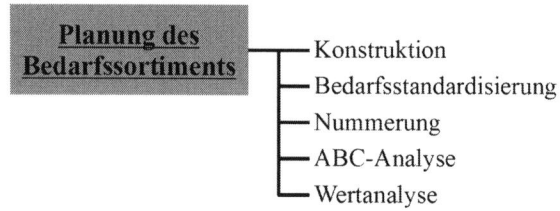

1.1.2.1.1 Konstruktion und Bedarfsstandardisierung

Bei der **Konstruktion** wird ein Produkt eines Unternehmens designt. Dabei fließen gesetzliche Vorgaben, Kundenwünsche, technische Vorgaben, finanzielle Aspekte, Gesichtspunkte bzgl. Lagerung und Logistik etc. mit ein. Die Konstruktion beinhaltet das größte Potenzial, Inputfaktoren effizient und kostengünstig einzusetzen.

Neben den technischen und wirtschaftlichen Anforderungen an ein Produkt werden auch ökologische Gesichtspunkte immer wichtiger und werden bereits bei der Konstruktion aufgenommen. Sie beziehen sich auf die Produktionsweise, auf die eingesetzten Materialien sowie auf die spätere Recycelbarkeit des Produkts. Der gesellschaftliche ökologische Megatrend zwingt die Hersteller geradezu, nachhaltig und ressourcenschonend zu produzieren. Aber auch der Gesetzgeber wird hier aktiv. So wurde mit der Richtlinie über Altfahrzeuge (2000/53/EG) vom 18. September 2000 die Grundlage für EU-einheitliche Bedingungen zur Verwertung von Altfahrzeugen geschaffen. Diese Richtlinie verpflichtete die Automobilhersteller bspw. zum Aufbau von Systemen zur Rücknahme, Behandlung und Verwertung von Altfahrzeugen.

Die Nutzung von **Standards** hilft, die wirtschaftlichen Potenziale, die sich schon bei der Konstruktion ergeben, auszuschöpfen. Standardisierung bedeutet, die Vielfalt von Möglichkeiten zu reduzieren und zu strukturieren. Es werden Normen und Typen geschaffen, wobei sich die Normung auf den Produktionsbereich bezieht, während die Typung die Standardisierung von Fertigprodukten beinhaltet (vgl. **Abbildung 1.14**). Sowohl durch die Normung als auch durch die Typung konnten in der Wirtschaft erhebliche Einsparungspotentiale erschlossen werden.

Abbildung 1.14 Ausprägungen der Standardisierung

Neben ihren positiven Effekten auf die Konstruktion hat die Normung positiven Einfluss auf die Beschaffung, die Lagerhaltung und die Materialdistribution:

- Die Beschaffung wird vereinfacht, beschleunigt und vergünstigt.

- Materialeingang und Lagerhaltung können, da die Eigenschaften der Materialien genau bekannt sind, effizienter ausgestaltet werden.

- Die unternehmensübergreifende und die innerbetriebliche Materialdistribution werden erleichtert und verbilligt.

Die in einem Unternehmen verwendeten Normen unterscheiden sich hinsichtlich ihrer Geltungsbereiche. Grundsätzlich werden die Geltungsbereiche wie in **Abbildung 1.15** dargestellt unterschieden.

Abbildung 1.15 Verschiedene Geltungsbereiche von Normen

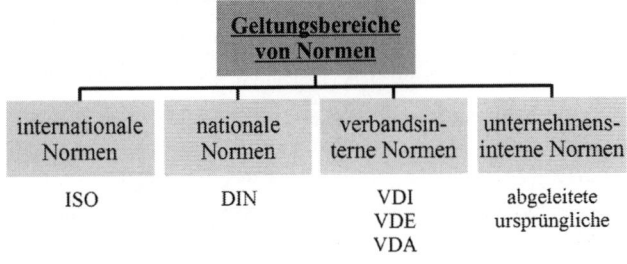

Quelle: In Anlehnung an Oeldorf und Olfert 2008, S. 92

Internationale Normen dienen dazu, den globalisierten Handel zu erleichtern. Die bedeutendste Institution, die sich mit diesem Anliegen befasst, ist die **International Organization for Standardization** (ISO). Die ISO hat ihren Ursprung im Jahre 1946, als sich Delegierte aus 25 Staaten in London trafen, um eine Institution zu gründen, die die internationale Vereinheitlichung industrieller Standards koordinieren sollte. Am 23. Februar 1947 nahm die ISO ihre Tätigkeit auf. Ihren Sitz hat sie in Genf. 1951 trat Deutschland der ISO bei. Vertreten wird Deutschland durch das **Deutsche Institut für Normung** (DIN). Ausführliche Informationen zur ISO können unter http://www.iso.org abgerufen werden.

Die europäische Norm (EN) wird gleich von drei Institutionen vergeben. Diese drei Institutionen sind das **Europäische Komitee für Normung** (CEN), das **Europäische Komitee für elektrotechnische Normung** (CENELEC) und das **Europäische Institut für Telekommunikationsnormen** (ETSI), wobei das CEN das größte dieser drei Organisationen ist. Stand Juli 2014 sind 33 europäische Staaten Mitglied im CEN. Das CEN trat 1991 seinerseits der ISO bei. Mehr Informationen zur EN sind unter http://www.cen.eu erhältlich (s. auch **Abbildung 1.16**).

Die wirtschaftliche Bedeutung von Normen wurde in Deutschland schon früh erkannt, noch während des Ersten Weltkriegs wurde am 22. Dezember 1917 in Berlin der **Normenausschuss der deutschen Industrie** (NADI) ins Leben gerufen. 1926 wurde der Name in **Deutscher Normenausschuss** (DNA) und im Mai 1975 in **DIN Deutsches Institut für Normung e.V.** geändert. Die Organisation wird seitdem in der Rechtsform eines privaten, gemeinnützigen Vereins geführt. Stand Juli 2014 hat das DIN 1.978 Mitglieder, wobei Fachverbände, Unternehmen und Einzelpersonen Vereinsmitglied werden können. Weitere Informationen zum DIN sind unter http://www.din.de abrufbar.

Die wohl bekannteste Norm ist sicherlich die DIN-Norm 476 für Papierformate, aber auch die **DIN 15 146** hat unter ihrer Bezeichnung **Europalette** einen sehr hohen Bekanntheitsgrad. Die DIN-Norm **DIN 820** ist eine Norm zur Erstellung von Normen. Diese Norm formuliert Grundsätze, die bei der Normenarbeit beachtet werden müssen. Dabei werden auch unterschiedliche Arten von Normen unterschieden. Die DIN 820 differenziert Normen nach ihrem Inhalt (Abmessungsnormen, Liefernormen, Verhaltensnormen etc.), ihrer Reichweite (Grund- und Fachnormen) und ihrem Grad (Normenbreite, -tiefe und -umfang).

Die reinen DIN-Bezeichnungen werden wegen der zunehmenden internationalen Verflechtung der nationalen Märkte und dem globalen Handel zunehmend durch DIN EN ISO ersetzt. So wurde in Deutschland für eine lange Zeit die DIN 1904 zur Klassifizierung der Lichtempfindlichkeit von Filmen benutzt. In den USA galt hingegen eine Norm der **American Standards Association** (ASA). Beide Standards benutzten zur Klassifikation allerdings vollkommen unterschiedliche Skalen. In Deutschland wurde ein Film, der eine Lichtempfindlichkeit nach der DIN 1904 von 21 aufwies, der Einfachheit halber mit der Kennzeichnung ‚21 DIN‘ versehen. Ein Film mit der Kennzeichnung ‚24 DIN‘ war entsprechend lichtempfindlicher. In den USA wären diese Filme mit ‚ASA 100‘ (beim 21-DIN-Film) und mit ‚ASA 200‘ (beim 24-DIN-Film) gekennzeichnet worden. Heute sind beide in eine ISO überführt worden. So steht die ISO 200/24° für einen Film, der eine Lichtempfindlichkeit von 24 nach der DIN 1904 und von 200 nach der entsprechenden US-amerikanischen Norm aufweist.

Abbildung 1.16 Internationale und nationale Normen

Der **Verband Deutscher Ingenieure** (VDI), der **Verband Deutscher Elektrotechniker** (VDE) und der **Verband der Automobilindustrie** (VDA) haben jeweils verbandseigene Normen entwickelt. Auch bei

Privatpersonen weithin bekannt ist das VDE-Prüfsiegel. Der hohe Bekanntheitsgrad des Prüfsiegels und das hohe Vertrauen, das ihm entgegengebracht wird, führen dazu, dass die VDE-Normen für die Hersteller de facto bindend sind. Um die Normung und die Normengebung im Elektrotechnikbereich deutschlandweit zu vereinheitlichen, gründeten der VDE und das DIN die **Deutsche Kommission Elektrotechnik Elektronik Informationstechnik** (DKE). Die von der DKE erarbeiteten Normen tragen die Bezeichnung DIN-VDE. VDE und VDI unterhalten zudem eine Vielzahl von gemeinsamen Arbeitsgruppen. Ein Praxisbeispiel unterschiedlicher und kombinierter Normen ist in **Abbildung 1.17** zu sehen.

Abbildung 1.17 Unterschiedliche und kombinierte Normen

Drahtseilschutz für Krane und Baggeranlagen, für den Bergbau und die Schifffahrt

Drahtseilnach-konservierung	Norm	NYROSTEN 113 FS	NYROSTEN Seilöl Compound	NYROSTEN Ropeoil	NYROSTEN A 19/200-Paste	NYROSTEN Fluid A/S
Farbe		grün-transparent	grün-transparent	farblos	gelb-transparent	schwarz
Flammpunkt	DIN EN 22719	68°C	65°C	65°C	85°C	40°C
Konsistenz		flüssig	flüssig	flüssig	fettartig	flüssig
		Beschaffenheit nach Verdunsten des Lösungsmittels				
Konsistenz		fest-elastisch	ölig	elastisch	fettartig	fest
Tropfpunkt	ISO 2176	-	-	-	>110°C	90°C
	DIN 51801/2	> 90°C	-	-	-	-
Penetration	ISO 2137	50-70 1/10 mm	-	-	110-140 1/10 mm	-
Flammpunkt	DIN 51584	>200°C	220°C	160°C	>220°C	240°C
Brechpunkt	DIN 52012	-30°C	-30°C	-50°C	-55°C	-25°C
Preis/kg in Euro	25 kg Hobblock	▨	▨	▨	▨	Preis auf Anfrage!
Preis/kg in Euro	5 kg Kanne	▨	▨	▨	▨	
Besonders geeignet für Einsatz der Drahtseile auf folgenden Gebieten:		Bergbau Seilbahnen Krananlagen	Berbau Krananlagen Kranbau Schifffahrt Aufzugseile	Seilbahnen Krananlagen Kranbau Aufzugseile	Schifffahrt Bohrseile Baggerseile	Schifffahrt Bohrseile

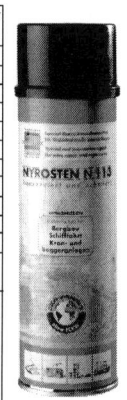

Mit freundlicher Genehmigung der NYROSTEN Korrosionsschutzmittel GmbH + Co.

Die **Werksnormen** werden in abgeleitete und ursprüngliche unterteilt. Bei den abgeleiteten Werksnormen werden internationale, nationale oder verbandseigene Normen an die speziellen Bedürfnisse eines Unternehmens angepasst. Solchen adaptierten Normen stehen die ursprünglichen Werksnormen gegenüber. Sie sind in einem Unternehmen eigens entwickelt worden. Die Gründe hierfür können vielfältiger Art sein. Beispielsweise könnte es sein, dass es für bestimmte Bereiche (noch) keine allgemeineren Normen gibt, dass die bestehenden, allgemeinen Normen für ein Unternehmen nicht zweckdienlich sind oder, dass aus Marketinggründen bewusst von einer Norm abgewichen wird. Letzteres ist etwa bei der Apple Inc. der Fall, die anstelle des MP3-Formats für Musikdateien das eigene M4P-Format nutzt.

Bezieht sich die Normung auf Einzelteile, die verbaut werden, so stellt die **Typung** die Standardisierung des Angebotsprogramms dar. Die Straffung des Angebotsprogramms kann wie die Normung von Einzelteilen zu enormen Kosteneinsparungen führen. Dabei wird zwischen **innerbetrieblichen und überbetrieblichen Typen** differenziert. Heutzutage sehen sich die Produzenten mit dem Kundenwunsch der individuellen Bedürfnisbefriedigung konfrontiert. Die Kundenwünsche stehen somit konträr zu dem Bestreben der Unternehmen, standardisierte Produkte anzubieten. Um den Kundenwünschen entsprechen zu können und trotzdem Kostendegressionseffekte zu realisieren, wurden in vielen Bereichen sog. **Baukastensysteme** entwickelt.

Ein sehr bekanntes Beispiel für ein Baukastensystem ist die **Plattform PQ35/A5 von Volkswagen.** Ziel war es, eine Stückkostendegression über mehrere Modelle verschiedener Konzernmarken zu generieren. Folgende PKW basierten auf dieser Plattform: VW Golf (fünfte Generation), VW Jetta (fünfte Generation), Audi A3 (zweite Generation), Škoda Octavia (zweite Generation), Seat León (zweite Generation), Seat Toledo (dritte Generation) und Seat Altea. Derartige Baukastensysteme werden heutzutage von allen Automobilkonzernen, die Massenhersteller sind, verwendet.[21] Das Baukastensystem, das 2014 vom VW-Konzern genutzt wird, heißt MQK (Modularer Querbaukasten). Zur gleichen Zeit setzt Toyota das TNGA-System (Toyota New Global Architecture) ein. Die Plattform TNGA-C wird bspw. sowohl bei Toyota-Modellen Corolla, Prius und Auris als auch beim Lexus CT 200h verbaut.

---

21   Vgl. Roventa und Weber 2006, S. 3f.

Dieser Ansatz wurde zum sog. **„Komponenten-Sharing"** weiterentwickelt, das konzernübergreifend praktiziert wird. Dies ist bei der Kooperation zwischen Toyota und dem PSA-Konzern der Fall. Diese beiden Automobilkonzerne gründeten 2002 ein Gemeinschaftsunternehmen, das in Kolín (Tschechien) die baugleichen Kleinwagen Toyota Aygo, Peugeot 107 und Citroën C1 produzierte.[22] Ab Sommer 2014 läuft in Kolín die zweite Generation der technischen Drillinge vom Band, wobei der Toyota und der Citroën ihre Bezeichnungen beibehielten, während das Peugeot-Modell nun Peugeot 108 heißt.

Die großen **Rückrufaktionen von Toyota** in den Jahren 2009 und 2010 wegen ungewollter Beschleunigung bzw. wegen klemmender Gaspedale zeigen die Gefahren solcher Rationalisierungen durch Typung und Normung zur Kostenreduzierung auf. Da das Gaspedal, das ein fehlerhaftes Teil des US-amerikanischen Zulieferers CTS enthielt, in mehrere Modelle verbaut worden war, waren eine Vielzahl von PKW von dem Problem potenziell klemmender Gaspedale betroffen. Insgesamt musste Toyota bis zu 9,5 Millionen Fahrzeuge der Marken Toyota und Lexus zurückrufen. Zudem ruhte in den USA zeitweise die Produktion.[23]

Passat bringt VW auf Sparkurs voran

Von Guido Reinking, Hamburg

17.02.05

Autohersteller vermeidet Entwicklungskosten in Höhe von 100 Mio. Euro •
Vorstandschef Pischetsrieder bleibt Absatzprognose schuldig

Volkswagen hat bei der Entwicklung des neuen Passat einen dreistelligen Millionenbetrag eingespart. „Hätten wir das Modell wie den Vorgänger entwickelt", sagte VW-Vorstandschef Bernd Pischetsrieder am Rande der Passat-Präsentation der FTD, „wären die Entwicklungskosten um zehn Prozent höher gewesen." Während der alte Passat auf teurer Audi-Technik basiert, verwendet der Nachfolger zahlreiche Bauteile, die bereits für den kleineren Golf entwickelt wurden – zum Beispiel dessen Hinterachse.

---

22   Vgl. ebenda.

23   Vgl. Rother und Klesse 2010.

Da die Entwicklungskosten für ein neues Auto gemeinhin im Bereich von 1 Mrd. Euro liegen, hat VW allein dadurch rund 100 Mio. Euro eingespart. Der Passat, nach dem Golf zweitwichtigstes Modell für VW, bringt das Unternehmen auf seinem Sparkurs einen großen Schritt weiter. Weil Komponenten wie Elektronik, Motoren und Getriebe ebenfalls größtenteils vom Golf der fünften Generation stammen, intern PQ35 genannt, spart VW zudem im Einkauf. „Wir bauen auf der PQ35-Plattform drei Millionen Autos im Jahr", sagte Pischetsrieder. Ein Volumen, das nun auch dem Passat hilft, von dem in Spitzenzeiten in Europa knapp 500 000 Stück produziert wurden.

Ob der neue Passat diese Stückzahlen jemals erreichen wird, ist eher unwahrscheinlich. „Wir nennen keine Absatzziele mehr", sagte ein VW-Sprecher. Aus guten Grund: Beim Golf V hatte VW noch ein Ziel von 600 000 Stück pro Jahr genannt und verfehlt.

VW hat dem nun deutlich dynamischer wirkenden Passat zwar mehr Platz und Ausstattung mitgegeben. Auch der Einstiegspreis bleibt mit 21 800 Euro unverändert. Dennoch dürfte es das Auto schwer haben, an die Erfolge der Vorgänger anzuknüpfen. Denn das Segment, in dem der Passat gegen Konkurrenten von Opel, Ford und Toyota um Kunden kämpft, schrumpft seit Jahren: Gehörten 1993 in Westeuropa noch 32,5 Prozent aller Neuwagen zur oberen Mittelklasse, waren es zehn Jahre später nur noch 13,7 Prozent. Wurden in der Passat-Klasse hier einmal 3,6 Millionen Autos im Jahr verkauft, sind es nun keine zwei Millionen mehr.

Ein Grund: Immer mehr Kunden, die für Familie oder Geschäft den Platz eines Mittelklasse-Autos brauchen, greifen auf Kompaktvans wie VW Touran oder Großraumlimousinen wie Renault Espace zurück. Zwischen diesen Segmenten wird die klassische Mittelklasse-Limousine aufgerieben. Ein Phänomen, das schon Opel mit dem Vectra erleben musste. Der Absatz der jüngsten Generation des Passat-Konkurrenten aus Rüsselsheim blieb 40 Prozent hinter den Erwartungen zurück.

„Ich bin zuversichtlich, die Produktionskapazitäten in Emden und Mosel auslasten zu können", sagte VW-Personalvorstand Peter Hartz. Das muss er auch, denn ein Personalabbau, wie ihn Opel wegen der schwachen Vectra-Nachfrage in Rüsselsheim vornimmt, geht bei VW nicht. Hartz hat der Belegschaft mit dem neuen Tarifvertrag eine Beschäftigungsgarantie bis zum Jahr 2011 gegeben. Vorteil für VW: Durch die Verwendung der Golf-Teile kann der Passat auch in geringeren Stückzahlen profitabel gebaut werden. Er sei sogar deutlich profitabler als das Vorgängermodell, hieß es bei VW.

Zudem kommt der Konzern mit seinem Einsparungsprogramm „Formotion" schneller voran als erwartet: Eigentlich wollte Volkswagen bis Ende dieses Jahres dadurch den Ertrag um rund 4 Mrd. Euro steigern. Weil 2004 jedoch bereits 1,6 Mrd. Euro eingefahren wurden, 600 Mio. Euro mehr als geplant, wird das Ziel voraussichtlich übererfüllt. „2005 soll Formotion nochmals 3,1 Mrd. Euro bringen", sagte VW-Finanzchef Hans Dieter Pötsch. Damit hätte das Programm am Ende 4,7 Mrd. Euro eingespart. Pötsch kündigte an, den Sparkurs 2006 mit einem neuen Programm fortzusetzen: „Langfristig wollen wir eine Unternehmenskultur, in der jeder Manager das Sparen verinnerlicht hat." Sparprogramme würden dann überflüssig.

Quelle: Reinking 2005, S. 8

1.1.2.1.2 Nummerung

Die Namen der zu beschaffenden Faktoren sind nicht immer eindeutig. Auf der einen Seite führt ein Zulieferer für sein Angebot eigene Bezeichnungen, so dass derselbe Inputfaktor bei unterschiedlichen Lieferanten unterschiedlich benannt wird. Auf der anderen Seite kommt es aber auch vor, dass die gleiche Bezeichnung für unterschiedliche Inputfaktoren verwandt wird, so dass Verwechslungen nicht ausgeschlossen werden können. Um die Unzulänglichkeiten dieser Namen und Bezeichnungen zu vermeiden, kreieren Unternehmen Nummernsysteme.

Der Begriff der *Nummerung* umfasst das Entwickeln, Zuteilen, Führen, Pflegen, Handhaben und Managen von Nummern und Nummernsystemen. Die primäre Aufgabe der Nummerung innerhalb der Beschaffung ist es, Inputfaktoren eindeutig **identifizierbar** zu machen. Eindeutig zugewiesene Nummern sind sog. *„Identnummern"*. Die Aufgabe, ein solches Nummernsystem zu konzipieren, erscheint zunächst als trivial. In der Praxis gestaltet sich dies aber als sehr komplex, was an der

Vielzahl von unterschiedlichen Inputfaktoren, die für die Beschaffung exakt bestimmbar sein müssen, liegt. In der Regel soll neben der reinen Identifizierung zudem eine **Klassifizierung** des Inputs nach bestimmten Merkmalen möglich sein.

Ein klassifizierendes Nummernsystem erleichtert den beteiligten Mitarbeitern den täglichen Umgang mit den Inputfaktoren, bietet darüber hinaus aber auch weitere Vorteile etwa bei der Bereinigung und Straffung des Beschaffungssortiments. Eine simple Durchnummerierung des Inputs erlaubt zwar eine zweifelsfreie Identifizierbarkeit, läuft dem Bestreben nach einer Klassifizierung aber zuwider.

Ein klassifizierendes Nummernsystem, so wie es in **Abbildung 1.18** vorgegeben ist, ermöglicht einem Unternehmen eine Vielzahl von Analysen durchzuführen. Das jeweilige System muss dabei an den speziellen Anforderungen der Unternehmung ausgerichtet werden. Eine Blaupause im Sinne eines „one fits all" kann es daher nicht geben. Die vergebenen Nummern können, so wie im Beispiel dargestellt, nur aus Ziffern gebildet werden (= **numerische Nummerung**), Kombinationen aus Ziffern und Buchstaben sind auch möglich (= **alphanumerische Nummerung**).

Abbildung 1.18 Beispiel einer klassifizierenden Nummerung

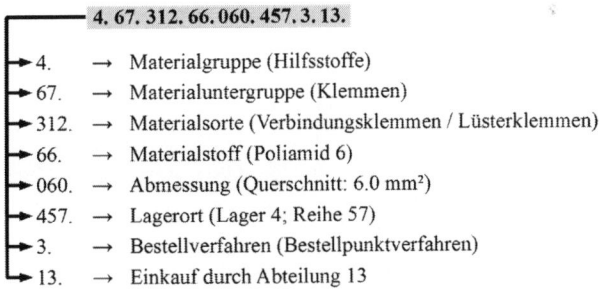

4. 67. 312. 66. 060. 457. 3. 13.		
4.	→	Materialgruppe (Hilfsstoffe)
67.	→	Materialuntergruppe (Klemmen)
312.	→	Materialsorte (Verbindungsklemmen / Lüsterklemmen)
66.	→	Materialstoff (Poliamid 6)
060.	→	Abmessung (Querschnitt: 6.0 mm²)
457.	→	Lagerort (Lager 4; Reihe 57)
3.	→	Bestellverfahren (Bestellpunktverfahren)
13.	→	Einkauf durch Abteilung 13

Eine Spielart der alphanumerischen Nummerung sind Systeme mit sog. „**sprechenden Nummern**". Sprechende Schlüssel enthalten mindestens eine verständliche Information. Die Fontys International Business School in Venlo benutzt einen solchen Schlüssel, um Unterrichtseinheiten und die entsprechenden Klausuren zu klassifizieren. So steht die Bezeichnung „*P05MD14-A*" für folgende Klausur:

P = Klausur im **Pro**pädeutikum; 05 = 5. Fach (= Mathematik); **M** = Studiengang „International **M**arketing"; **D** = **d**eutschsprachig; 11 = Kohorte 20**11**; **A** = erste Teilklausur.

Sehr komplexe Nummernsysteme bergen auch immer die Gefahr, dass eine Nummer falsch erfasst wird. Eingabefehler, manuelle und maschinelle Lesefehler führen zu falschen Objektdaten und entsprechenden Folgefehlern, wie Fehlmengen und Überbeständen. Prüfziffern, die den Nummern angehängt werden, helfen, die genannten Fehler zu vermeiden. Prüfziffern werden in der Literatur als **„Modulo"** bezeichnet. Die Modulo-11-Verfahren sind in der Praxis weit verbreitet, um eine Prüfziffer zu kreieren.

Ein Beispiel für eine Prüfziffer, die mittels eines Modulo-11-Verfahrens vergeben wurde, sind die alten zehnstelligen ISBN (vgl. **Abbildung 1.19**).

Abbildung 1.19 Vergabe einer zehnstelligen ISBN

Nummer (= n)	3	8	2	8	8	2	5	6	5	
Faktor (= α)	1	2	3	4	5	6	7	8	9	
Ergebnis (= n · α)	3	16	6	32	40	12	35	48	45	237

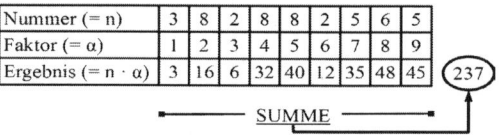

SUMME

Berechnung der 10. Ziffer (= x):

(237 + 10 · x) : 11 = glatte Zahl

⇨ x = 6   weil: (237 + 10 · 6) : 11 = 297 : 11 = 27

⇨ ISBN = 382882565**6**

Volkswirtschaftslehre: Eine Einführung in ein oft verkanntes Fachgebiet
Tectum, 2011, ISBN: 3828825656

Zunächst werden die ersten 9 Ziffern vergeben und im Anschluss die Prüfziffer ermittelt. Im vorangegangenen Beispiel sind die ersten neun Ziffern 382882565. Diesen Ziffern wird ein Gewichtungsfaktor zugewiesen. Die linke Ziffer erhält den Gewichtungsfaktor 1, die zweite den Gewichtungsfaktor 2, die dritte den Gewichtungsfaktor 3 usw. Danach wird jede Ziffer mit dem Gewichtungsfaktor multipliziert. Werden die Produkte aus Ziffer und Gewichtungsfaktor addiert, ergibt sich der Wert 237. Zu der Zahl 237 wird nun der zehnfache Wert einer Prüfziffer addiert, so dass das Resultat glatt durch elf teilbar ist. Im obigen Fall ist dies die Prüfziffer 6, da gilt:

$$237 + 6 \cdot 10 = 297 \text{ und } 297 : 11 = 27$$

Somit ergibt sich die vollständige ISBN: 3828825656. Würde sich für die Prüfziffer der Wert 10 ergeben, wird im alten ISBN-System ein X anstelle einer Ziffer verwendet. Schon mit einer einzigen Prüfziffer kann bei zehnstelligen Nummern eine Fehlererkennungsrate von über 98 Prozent erreicht werden. Mit einer zweiten Prüfziffer kann dieser Wert auf bis zu 99,8 Prozent angehoben werden.[24]

Parallelverschlüsselungen kombinieren die Vorteile von eindeutigen, fortlaufenden Nummernsystemen und klassifizierenden Nummernsystemen. Allerdings produzieren sie extrem lange Nummern, die wiederum die Gefahr der fehlerhaften Erfassung vergrößern (vgl. **Abbildung 1.20**).

Abbildung 1.20 Beispiel einer Parallelverschlüsselung

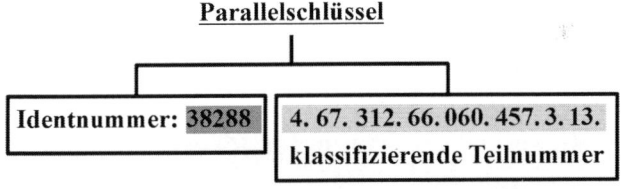

1.1.2.1.3 ABC-Analyse und XYZ-Analyse

„Mit Hilfe der ABC-Analyse, die ganz allgemein als eine Methode zur Klassifizierung von bestimmten Objekten nach ihrer Wichtigkeit interpretiert werden kann, wird in erster Linie überprüft, welchen mehr oder

---

24   Vgl. Jahnke, 1979, S. 164.

weniger großen prozentualen Wertanteil die einzelnen Materialarten am Gesamtverbrauch ... haben."[25]

Die ABC-Analyse kann dazu dienen, Inputfaktoren zu klassifizieren. Hierbei kann noch einmal zwischen einer ABC-Analyse für die Beschaffungsobjekte und einer ABC-Analyse für die Lieferanten unterschieden werden. Die Vorgehensweise ist allerdings in beiden Fällen identisch. ABC-Analysen dienen immer der Trennung des Wesentlichen vom Unwesentlichen, wodurch das Unternehmen in die Lage versetzt wird, Schwerpunkte festzulegen. Dies beinhaltet die Vermeidung von wirtschaftlich nicht wirkungsvollen Anstrengungen und steigert die Wirtschaftlichkeit. Zudem soll die ABC-Analyse helfen, die Komplexität von Sachverhalten zu verringern.

Ausgangspunkt einer ABC-Analyse für die Beschaffungsobjekte bildet folgende Faustformel:

- **A-Güter** machen ca. 80 Prozent vom Gesamtwert aus.

- **B-Güter** machen ca. 15 Prozent vom Gesamtwert aus.

- **C-Güter** machen ca. 5 Prozent vom Gesamtwert aus.

Häufig wird der Wertverteilung die Mengenverteilung gegenübergestellt. Als idealtypisch gilt das Mengen-Wert-Verhältnis, das sich an die **Pareto-Regel** (80/20-Regel) anlehnt:

- Ca. 20 Prozent der Bedarfsgüter machen ca. 80 Prozent vom Gesamtwert aus. →**A-Güter**

- Ca. 30 Prozent der Bedarfsgüter machen ca. 15 Prozent vom Gesamtwert aus. →**B-Güter**

- Ca. 50 Prozent der Bedarfsgüter machen ca. 5 Prozent vom Gesamtwert aus. →**C-Güter**

---

25   Grochla 1988, S. 208.

Die wertmäßig besondere Bedeutung der A-Güter rechtfertigt, dass diese innerhalb der Beschaffung besonders im Fokus stehen. Die Lagerbestände der A-Güter sollten so gering wie möglich gehalten werden, da ein hoher Bestand an diesen Gütern zu hohen Kapitalbindungskosten führt. Ein bestandsvermeidendes Bestellwesen, exakte und niedrige Sicherheitsbestände und eine Anlieferung just in time sollten daher angestrebt werden.

Auch das Beschaffungsmarketing für **A-Güter** sollte intensiv betrieben werden. So müssen besonders in Zeiten von stark schwankenden Preisen auf den Rohstoffmärkten Bezugsquellen gesichert und die Kontakte zu den Lieferanten von A-Gütern gepflegt werden. A-Güter sind Gegenstand der Beschaffungsmarktforschung sowie von Markt-, Preis- und Wertanalysen. Skontofristen sollten unbedingt eingehalten werden. Intensive Preisverhandlungen sind zu führen, da günstigere Beschaffungskosten bei A-Gütern einen unmittelbaren Einfluss auf die Gewinnmarge des eigenen Unternehmens bzw. die Preisgestaltung der eigenen Produkte haben. Die Bestandsführung muss exakt sein, Handläger in der Produktion sind daher zu vermeiden.

Der Aufwand, der für die **B-Güter** betrieben werden sollte, ist um ein Vielfaches geringer als bei den A-Gütern. Eine programmgesteuerte Disposition ist zu bevorzugen. **C-Güter** werden auf Vorrat gekauft, wobei der Lieferumfang der kostenoptimalen Bestellmenge entsprechen sollte. Ein einfaches Bestellverfahren und eine auf das Nötigste beschränkte Bestandsführung sollten implementiert werden. Durch Ausgabe von großen Mengeneinheiten und die Unterhaltung von Handlägern in der Produktion wird eine ausreichende Versorgung im Produktionsprozess sichergestellt.

Abbildung 1.21 Lorenzkurve einer ABC-
Analyse mit idealtypischer Verteilung

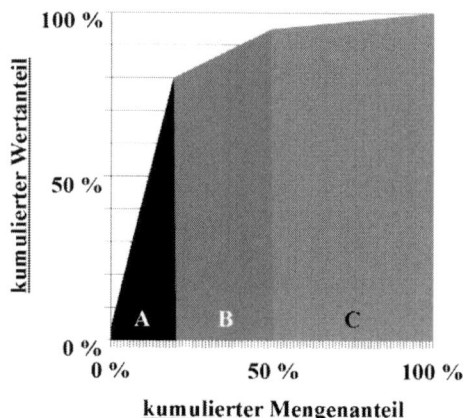

Zur Visualisierung der Verteilung zwischen A-, B- und C-Gütern, wird in vielen Fällen eine sog. *„Lorenzkurve"* genutzt (s. **Abbildung 1.21**). Bei der Lorenzkurve kann auf der Ordinate der kumulierte Anteilswert am Merkmal – in diesem Fall am Gesamtwert – abgelesen werden. Auf der Abszisse wird der kumulierte Anteil der Merkmalsträger – in diesem Fall der Beschaffungsobjekte – abgetragen, wobei mit dem A-Gut mit dem höchsten Wertanteil begonnen wird. Das C-Gut mit dem geringsten Anteilswert wird als letztes Beschaffungsgut in die Darstellung aufgenommen. Durch diese Anordnung hat die Lorenzkurve zunächst eine sehr starke Steigung, die dann später immer weiter abflacht.

Es sei noch darauf hingewiesen, dass wegen der Heterogenität der Beschaffungsobjekte, die zudem in unterschiedlichen Mengeneinheiten (kg, l, Stück etc.) erfasst werden, in vielen Fällen von einer prozentualen Einteilung der Mengenachse abgesehen wird. Bezogen auf die Wertachse ist zu sagen, dass die Übergänge zwischen den Kategorien fließend sind, eine exakte Zuordnung ist häufig nicht möglich. Dies führt dazu, dass die ABC-Analyse als Instrument in der Praxis nicht selten den individuellen Gegebenheiten des jeweiligen Unternehmens angepasst werden muss.

Eine sinnvolle Ergänzung der ABC-Analyse ist die XYZ-Analyse, welche die Beschaffungsobjekte danach unterscheidet, ob der Bedarf konstant, schwankend oder sporadisch ist und, ob die daraus resultierende Vorhersagegenauigkeit hoch, mittel oder gering ist. Um eine XYZ-Analyse durchzuführen, ist daher ein längerer Betrachtungszeitraum erforderlich.

- **X-Beschaffungsobjekte:** Der Verbrauch ist konstant, es kommt nur gelegentlich zu Schwankungen. Die Vorhersagegenauigkeit bzgl. der Verbräuche ist dementsprechend hoch.

- **Y-Beschaffungsobjekte:** Sie unterliegen stärkeren Schwankungen im Verbrauch. Allerdings sind hier gewisse Regelmäßigkeiten (fallender oder steigender Trend, saisonale Schwankungen) festzustellen. Die Vorhersagegenauigkeit der Verbräuche bei den Y-Beschaffungsobjekten ist somit mittel.

- **Z-Beschaffungsobjekte:** Ihr Verbrauch ist völlig unregelmäßig, die Vorhersagegenauigkeit ist bei diesen Gütern also gering.

Ähnlich wie bei der ABC-Analyse sind die Übergänge zwischen den einzelnen Kategorien fließend. Allerdings existiert hier eine Kennzahl. In Fällen, die auf dem ersten Blick nicht eindeutig sind, kann eine Zuweisung zu einer der Kategorien erfolgen. Diese Kennzahl ist der sog. *„Schwankungskoeffizient"*, der wie folgt berechnet wird:

$$SQ_t = \frac{n \cdot SQ_{t-1} + SF \cdot \left|1 - \frac{X_t}{\overline{X}_t}\right|}{n+1}$$

n = Intervalle innerhalb einer Periode (meist n =1); SF = Sicherheitsfaktor; X = tatsächlicher Verbrauch; $\overline{X}$ = Vorhersagewert; t = laufende Periode.

Der **Sicherheitsfaktor** ist vom Servicegrad abhängig, den das Unternehmen für die eigenen Produkte veranschlagt. Je höher der angestrebte Servicegrad ist, desto höher ist auch der Sicherheitsfaktor (vgl. **Tabelle 1.1**).

Tabelle 1.1 Sicherheitsfaktor

Sicherheitsfaktor	Servicegrad
0	50
1	78,81
1,25	84,13
2	94,52
2,5	97,72
3	99,18
3,75	99,87

Je höher der Servicegrad und je höher der damit einhergehende Sicherheitsfaktor, desto geringer ist die Wahrscheinlichkeit, dass ein Beschaffungsobjekt in die Kategorie- „X" eingestuft wird. Es gelten die in **Tabelle 1.2** dargestellten Richtwerte für die Einteilung in die einzelnen Kategorien.

Tabelle 1.2 Richtwerte

Kategorie	Schwankungskoeffizient
X	$> 0 \leq 1$
Y	$> 1 \leq 5$
Z	> 5

Sind die Beschaffungsobjekte in die Kategorien eingeteilt, können die XYZ- und die ABC-Analyse in einer Matrix zusammengeführt werden. Das Ergebnis ist dann ein ABC-XYZ-Diagramm (vgl. **Abbildung 1.22**). Es identifiziert Beschaffungsobjekte, die bspw. einen hohen Wertanteil haben und gleichzeitig einen konstanten Bedarf erfüllen und damit eine hohe Vorhersagegenauigkeit haben (AX-Güter) oder bspw. einen geringen Wertanteil und einen sporadischen Bedarf bzw. eine geringe Vorhersagegenauigkeit aufweisen (CZ-Güter).

Abbildung 1.22 ABC-XYZ-Diagramm

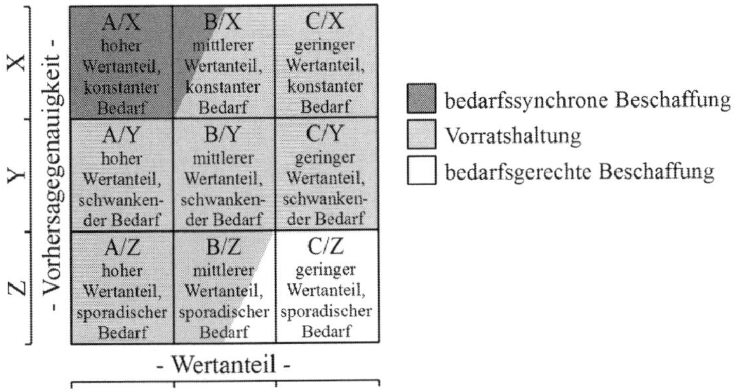

		A/X hoher Wertanteil, konstanter Bedarf	B/X mittlerer Wertanteil, konstanter Bedarf	C/X geringer Wertanteil, konstanter Bedarf
X	← Vorhersagegenauigkeit →	A/Y hoher Wertanteil, schwanken- der Bedarf	B/Y mittlerer Wertanteil, schwanken- der Bedarf	C/Y geringer Wertanteil, schwanken- der Bedarf
Y		A/Z hoher Wertanteil, sporadischer Bedarf	B/Z mittlerer Wertanteil, sporadischer Bedarf	C/Z geringer Wertanteil, sporadischer Bedarf

- Wertanteil -

■ bedarfssynchrone Beschaffung

□ Vorratshaltung

□ bedarfsgerechte Beschaffung

Die Ergänzung der ABC-Analyse um eine XYZ-Analyse ist deswegen sinnvoll, weil sich aus der Zuordnung, z. B. bei AX-Objekten, eine problemorientiertere Identifikation von Lieferanten ergibt als bei der einfachen ABC-Analyse. Lieferanten von AX-Leistungen sollten aufgrund der hohen Bedeutung ihrer Leistungen und des vorhersehbaren Bedarfs über langfristige Partnerschaftsverträge an das Unternehmen gebunden werden. Mit den Zulieferern, die lediglich CZ-Teile bereitstellen, könnte bspw. auf der Basis von Abrufverträgen auf Jahresbasis kooperiert werden, um den Produktionsfluss nicht zu gefährden.

Die Bedarfsermittlung des produzierenden Gewerbes unterscheidet sich deutlich von der des Handels. So kommt es eher selten vor, dass Lieferanten die Regale der produzierenden Unternehmen selber befüllen und wenn, dann eher mit den bereits beschriebenen C-Gütern, wie Schrauben oder Nägeln. Die Koordination im Handel wird im Wesentlichen im Category Management und im Rahmen der ECR-Betrachtung (ECR = Efficient Consumer Response) problematisiert.

1.1.2.1.4 Wertanalyse

Die Wertanalyse geht auf *Lawrence D. Miles* (1904–1985) zurück. Er entwickelte dieses Instrument 1947 während seiner Zeit als Chefeinkäufer bei General Electric, um Kostensenkungspotentiale beim Einkauf von Massenteile zu generieren. Gemäß der alten DIN 69910 wird unter einer Wertanalyse *„das systematische analytische Durchdringen von Funktionsstrukturen mit dem Ziel einer abgestimmten Beeinflussung von deren Elementen (z. B. Kosten, Nutzen) in Richtung einer Wertsteigerung"* verstanden.

Die Wertanalyse ist also die systematische Anwendung bewährter Techniken zur Ermittlung der Funktionen eines Erzeugnisses oder einer Arbeit, zur Bewertung der Funktionen und zum Auffinden von Wegen, die notwendigen Funktionen mit den geringsten Gesamtkosten verlässlich zu erfüllen. Es entstehen Einsparpotenziale, indem tunlichst nur die Beschaffungsobjekte eingesetzt werden, die den Anforderungen möglichst exakt genügen. Daher ist es wichtig die Inputfaktoren zu identifizieren, die mit überflüssigen und nicht ausreichenden Funktionen ausgestattet sind.

Die begleitenden Normen sind heute auf europäischer Ebene die DIN EN 1325-1 (Wertanalyse und Funktionenanalyse), DIN EN 1325-2 (Value Management) und **DIN EN 12973** (Value Management). Zudem hat der VDI in seiner **Richtlinie VDI 2800** Grundschritte und Teilschritte für die Wertanalyse definiert, die sich an der alten Einteilung nach DIN 69910 orientieren. Der VDI formuliert den Prozess einer Wertanalyse wie in **Tabelle 1.3** erläutert.

Tabelle 1.3 Prozess einer Wertanalyse

Grundschritt	Teilschritt
1. Projekt vorbereiten	1.1 Objekt auswählen
	1.2 Grobziel mit Bedingungen festlegen, Untersuchungsrahmen abgrenzen
	1.3 Projektorganisation festlegen
	1.4 Einzelziele aus Grobzielen herleiten
	1.5 Projektablauf planen
2. Objektsituation analysieren	2.1 Objekt- und Umfeldinformationen beschaffen
	2.2 Kosteninformationen beschaffen
	2.3 Funktionen ermitteln
	2.4 Lösungsbedingende Vorgaben ermitteln
	2.5 Kosten den Funktionen zuordnen
3. Soll-Zustand beschreiben	3.1 Informationen auswerten
	3.2 Soll-Funktionen festlegen
	3.3 Lösungsbedingende Vorgaben festlegen
	3.4 Kostenziele den Soll-Funktionen zuordnen
4. Lösungsideen entwickeln	4.1 Vorhandene Ideen sammeln
	4.2 Neue Ideen entwickeln
5. Lösungen festlegen	5.1 Bewertungskriterien festlegen
	5.2 Lösungsideen bewerten
	5.3 Ideen zu Lösungsansätzen verdichten und darstellen
	5.4 Lösungsansätze bewerten
	5.5 Lösungen ausarbeiten
	5.6 Lösungen bewerten
	5.7 Entscheidungsvorlage erstellen
	5.8 Entscheidung herbeiführen
6. Lösungen verwirklichen	6.1 Realisierung im Detail planen
	6.2 Realisierung einleiten
	6.3 Realisierung überwachen
	6.4 Projekt abschließen

Da die Durchführung einer Wertanalyse ein sehr komplexes Unterfangen darstellt, empfiehlt es sich, ein Wertanalysen-Team mit Mitgliedern aus unterschiedlichen Abteilungen (bspw. Mitarbeiter der Produktion, der Konstruktion, der Arbeitsvorbereitung, des Rechnungswesens, des Verkaufs und des Einkaufs) einzurichten. Weitere Einsparpotentiale sind möglich, indem die Ergebnisse der Wertanalyse durch die üblichen Instrumente zur Standardisierung weiter optimiert werden.

1.1.2.2 Laufende Bedarfsplanung

Während die Bedarfssortimentsplanung und die Bedarfsrationalisierung vom konkreten betrieblichen Geschehen einer Periode abstrahieren, ist die laufende Bedarfsplanung daran gebunden. Der Bedarf wird nach **Art, Menge und Zeitpunkt** bestimmt bzw. abgeleitet. Dabei werden unterschiedliche Planungshorizonte (lang-, mittel- und kurzfristig) unterschieden.

Wie schon erwähnt, unterscheidet sich die Bedarfsermittlung im Handel von der im produzierenden Gewerbe grundlegend. Aus diesem Grund wird im Folgenden nur die laufende **Bedarfsermittlung für das produzierende Gewerbe** dargestellt. Im Rahmen der laufenden Bedarfsermittlung kann zwischen den **verbrauchsorientierten Verfahren** und den **programmorientierten Verfahren** unterschieden werden.

1.1.2.2.1 Programmorientierte Bedarfsermittlung

Die **programmorientierte Bedarfsermittlung** wird in der Literatur auch als **auftragsbezogene oder deterministische Bedarfsermittlung** bezeichnet. Die konkrete Bedarfsermittlung erfolgt mittels Auflösung von **Stücklisten**, durch Anwendung des **Gozinto-Verfahrens** oder mithilfe von **Matrizen**. Allen Rechnungen ist gemein, dass der Primärbedarf, also der Bedarf an zu erstellenden Endprodukten, in Sekundärbedarf und Tertiärbedarf umgerechnet wird. Für die Bruttosekundär- und die Bruttotertiärbedarfe müssen ferner die entsprechenden Nettobedarfe bestimmt werden, wobei gilt:

Nettobedarf = Bruttobedarf – Bestände.

Ausgangspunkt der nun folgenden Überlegungen sollen die Baukasten-stücklisten in **Tabelle 1.4**, **Tabelle 1.5** und **Tabelle 1.6** (mit: X1 = End-produkt 1; V1 = Baugruppe bzw. Zwischenprodukt 1; v1 = Beschaf-fungsgut 1) sein:[26]

Tabelle 1.4 Baukastenstückliste X1

Materialnummer	Menge
V1	2
v1	5
V2	3

Tabelle 1.5 Baukastenstückliste V1

Materialnummer	Menge
v1	1
v2	4

Tabelle 1.6 Baukastenstückliste V2

Materialnummer	Menge
v3	2
v4	4

Aus den dargestellten **Baukastenstücklisten** geht hervor, dass das End-produkt X1 in zwei Fertigungsschritten erstellt wird. Bei der Endmon-tage, der ersten Fertigungsstufe, werden zwei Zwischenprodukte und ein Beschaffungsgut zu dem Endprodukt (das Endprodukt hat die Fer-tigungsstufe null) zusammengefügt. Auf der zweiten Fertigungsstufe werden unterschiedliche Beschaffungsgüter benutzt, um die beiden Zwischenprodukte herzustellen. Als problematisch erweist sich, dass der Gesamtbedarf an Inputfaktoren, der zur Herstellung eines Endpro-duktes benötigt wird, nur durch die Auflösung aller seiner Baukasten-stücklisten erfolgen kann.

---

26   Zahlenbeispiele entnommen aus Kopsidis 1997, S. 45ff.

Die sog. *„Mengenübersichtsstücklisten"* stellen quasi die zusammen-geführten Baukastenlisten für ein Produkt dar. In **Tabelle 1.7** weist die Mengenübersichtsstückliste den Bruttobedarf zur Herstellung eines Endprodukts X1 aus. Die angegebenen Mengen entsprechen den jeweiligen **Produktionskoeffizienten** der Inputfaktoren. Beim Bruttobedarf, so wie er hier dargestellt wird, ist zu beachten, dass die ausgewiesenen Bedarfsmengen nicht additiv zu sehen sind. So hat der Produktionskoeffizient für das Beschaffungsgut v1 den Wert 7, der für das Zwischenprodukt V1 den Wert 2. Zwei der Beschaffungsgüter v1 werden aber verwendet, um die zwei Zwischenprodukte V1 anzufertigen.

Tabelle 1.7 Mengenübersichtsstückliste X1

Materialnummer	Menge
V1	2
v1	7
v2	8
V2	3
v3	6
v4	12

Quelle: In Anlehnung an Kopsidis 1997, S. 51

Die Mengenübersichtsstückliste zeigt zwar den Bruttobedarf an, es fehlen aber Informationen, wann dieser Bedarf anfällt. Darüber geben die Strukturstücklisten Auskunft, die es in unterschiedlichen Variationen gibt.

Einige Strukturstücklisten geben Informationen, in welcher Fertigungsstufe der Bedarf anfällt, andere stellen den Bedarf nach Dispositionsstufen dar (vgl. **Tabelle 1.8** und **Tabelle 1.9**).

Tabelle 1.8 Strukturstückliste X1 mit Fertigungsstufe

Materialnummer	Menge	Fertigungsstufe
V1	2	1
v1	1	2
v2	4	2
v1	5	1
V2	3	1
v3	2	2
v4	4	2

Quelle: In Anlehnung an Kopsidis 1997, S. 51

Tabelle 1.9 Strukturstückliste X1 mit Dispositionsstufe

Materialnummer	Menge	Dispositionsstufe
V1	2	1
V1.	7	2
V2.	8	2
V2	3	1
V3.	6	2
V4.	12	2

Quelle: In Anlehnung an Kopsidis 1997, S. 52

Abschließend wird mithilfe der Strukturstückliste für das Endprodukt X1 der Sekundär- und der Tertiärbedarf abgeleitet. Ausgangspunkt der folgenden Rechnung sind zwei Aufträge, die von Kunden für die Woche 10 (W10) und die Woche 12 (W12) eingegangen sind. Der Primärbedarf beträgt danach in W10 30 Mengeneinheiten und in W12 40 Mengeneinheiten von X1. Ferner wird davon ausgegangen, dass die Endmontage eine Woche in Anspruch nehmen wird. Die Erstellung der Zwischenprodukte benötigt eine Vorlaufzeit von jeweils zwei Wochen, wobei die Montage parallel erfolgen kann.

Abbildung 1.23 Bruttobedarfsrechnung

Disp.-stufe	Nr.	Vorlauf	W7	W8	W9	W10	W11	W12
0	X1	1				30		40
1	V1	2			60		80	
1	V2	2			90		120	
2	v1				150		200	
2	v1		60		80			
2	v2		240		320			
2	v3		180		240			
2	v4		360		480			

Quelle: In Anlehnung an Kopsidis 1997, S. 53

In **Abbildung 1.23** wird der Sekundärbedarf ermittelt, indem der Primärbedarf mit den Produktionskoeffizienten pro Fertigungsstufe multipliziert wird. In der neunten Woche treffen zwei abgeleitete Verbräuche für das Beschaffungsgut v1 zusammen. 150 Mengeneinheiten werden für die Endmontage der 30 bestellten Endprodukte für die Woche 10 benötigt, während weitere 80 Mengeneinheiten zur Erstellung von V1 Zwischenprodukten erforderlich sind, wobei diese Zwischenprodukte in den Primärbedarf der Woche 12 aufgehen werden.

Obwohl das Beispiel recht simpel strukturiert ist, zeigt es doch, dass die Bedarfsrechnungen relativ leicht sehr umfangreich werden können. In einem weiteren Schritt müssten die Bruttobedarfe in Nettobedarfe, also die Mengen, die bei den Lieferanten geordert werden müssen, umgerechnet werden. Dazu werden die Bestände im Materiallager, in der Produktion und bereits bestellte Ware, die im Betrachtungszeitraum angeliefert wird, in die Rechnung mit einbezogen. Auf die Darstellung einer **Nettobedarfsrechnung** wird an dieser Stelle verzichtet.

Das **Gozinto-Verfahren** zeichnet sich dadurch aus, dass der Bedarf einer vorab grafisch über eine Art Flussdiagramm aufgezeigten Beziehung zwischen dem Endprodukt sowie seinen Vorprodukten und Beschaffungsobjekten auf jeder Bedarfsstufe berechnet werden kann. Es stellt eine alternative Darstellungsform zu den Baukasten-, Mengenübersichts- und Strukturstücklisten dar.

Je nach Quelle hat die Bezeichnung „Gozinto" überhaupt keine Bedeutung oder geht auf das Englische „goes into" zurück. Eine unter Wirtschaftswissenschaftlern verbreitete Anekdote zur Entstehung dieser Bezeichnung darf aber in keinem Lehrbuch fehlen. Sie besagt, dass *Andrew Vazsonyi*, ein Mathematiker, der dieses Verfahren entwickelte, scherzhaft behauptete, dass diese Methode ursprünglich auf den berühmten italienischen Mathematiker *Zepartzat Gozinto* zurückzuführen sei. Der fiktive Name Zepartzat Gozinto steht allerdings für die gewählte Darstellungsform und bedeutet „*the path that goes into*".

Gozintographen können in unterschiedlichen Arten dargestellt werden, die Beispiele in **Abbildung 1.24** stellen Gozintographen für das Endprodukt X1 dar und wurden aus den vorangegangenen Listen abgeleitet. Die Ziffern an den Pfaden stellen die Produktionskoeffizienten der einzelnen Fertigungsschritte dar, wobei die Fertigung einmal nach Dispositionsstufen und einmal nach Fertigungsstufen eingeteilt wurde. In der Praxis kommen noch weitere Darstellungsformen vor, so ist auch die Darstellung in Auflösungsstufen verbreitet, dabei wird nach Endprodukten, Zwischenprodukten, Teilen und Rohstoffen unterschieden.

Abbildung 1.24 Gozintograph nach Dispositionsstufen und nach Fertigungsstufen

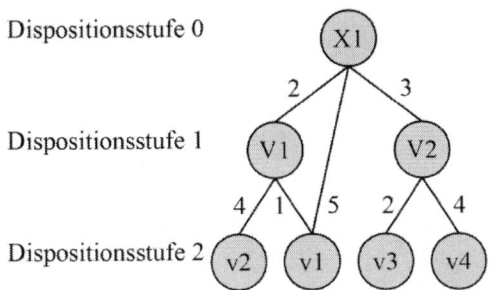

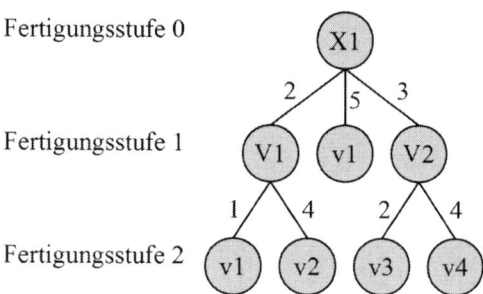

Fertigungsstufe 0

Fertigungsstufe 1

Fertigungsstufe 2

Quelle: In Anlehnung an Kopsidis 1997, S. 48

Um nun den Sekundär- und Tertiärbedarf zu ermitteln, werden, wie dies schon bei der Auflösung der Strukturstücklisten durchgeführt wurde, die Produktionskoeffizienten pro Fertigungsschritt ausmultipliziert. In **Abbildung 1.25** wird davon ausgegangen, dass ein Primärbedarf von 30 Mengeneinheiten des Endprodukts X1 besteht. Ferner besteht noch ein Primärbedarf von 20 Mengeneinheiten am Zwischenprodukt V1. Hier kann es sich bspw. um Ersatzbedarf bei Kunden handeln.

Abbildung 1.25 Primärbedarf und abgeleiteter Bedarf im Gozinto-Verfahren

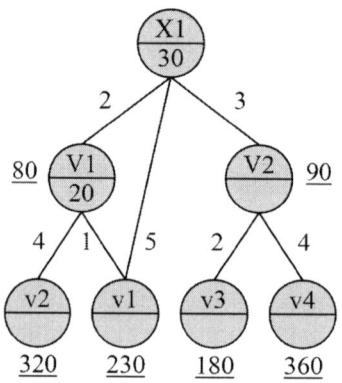

Quelle: In Anlehnung an Kopsidis 1997, S. 57

Die Primärbedarfe stehen in den Knoten von X1 und V1, während der Gesamtbedarf neben bzw. unter den einzelnen Knoten zu finden ist. Die gleichen Werte für den Gesamtbedarf ergäben sich, bei der Multiplikation des Primärbedarfs von X1 mit den Produktionskoeffizienten aus der Mengenübersichtsstückliste von X1 und der Multiplikation der Produktionskoeffizienten von V1 aus der Baukatenstückliste von V1.

Abbildung 1.26 Direktbedarfsmatrix

	X1	V1	V2	v1	v2	v3	v4
X1	0	0	0	0	0	0	0
V1	2	0	0	0	0	0	0
V2	3	0	0	0	0	0	0
v1	5	1	0	0	0	0	0
v2	0	4	0	0	0	0	0
v3	0	0	2	0	0	0	0
v4	0	0	4	0	0	0	0

Quelle: In Anlehnung an Kopsidis 1997, S. 58

Als dritte Darstellungsform folgt nun die Darstellung in Matrizen. Die **Direktbedarfsmatrix** kann aus den beschriebenen Baukastenstücklisten bzw. aus dem Gozintographen hergeleitet werden. In den Spalten der Direktbedarfsmatrix befinden sich die Produktionskoeffizienten aus den Baukastenstücklisten des Endproduktes X1 sowie der Zwischenprodukte V1 und V2. Bei X1 wird somit lediglich die erste Fertigungsstufe betrachtet (vgl. **Abbildung 1.26**).

Die **Gesamtbedarfsmatrix** lässt sich wiederum aus der Mengenübersichtsstückliste von X1 und den Baukastenstücklisten von V1 und V2 ableiten. In diesem Fall steht der Gesamtbedarf über alle Fertigungsstufen für die Produktion einer Mengeneinheit von X1, V1 und V2 in der jeweiligen Spalte. Somit ergeben sich die meisten Veränderungen zur Direktbedarfsmatrix in der Spalte für X1, da V1 und V2 jeweils nur in einem Fertigungsschritt produziert werden. Auf der Diagonale findet sich nun jeweils der Wert 1. Für die Beschaffungsgüter v1 bis v4 ergibt sich somit die tautologische Aussage, dass zur Beschaffung von einer Mengeneinheit v1 genau eine Mengeneinheit v1 notwendig ist (vgl. **Abbildung 1.27**).

Abbildung 1.27 Gesamtbedarfsmatrix

	X1	V1	V2	v1	v2	v3	v4
X1	1	0	0	0	0	0	0
V1	2	1	0	0	0	0	0
V2	3	0	1	0	0	0	0
v1	7	1	0	1	0	0	0
v2	8	4	0	0	1	0	0
v3	6	0	2	0	0	1	0
v4	12	0	4	0	0	0	1

Quelle: In Anlehnung an Kopsidis 1997, S. 59

Alternativ zur Gesamtbedarfsmatrix kann auch die **Mengenübersichtsmatrix** verwendet werden. Sie ist besonders dann von Interesse, wenn bei späteren Betrachtungen lediglich die abgeleiteten Bedarfe, also die Sekundär- und Tertiärbedarfe von Interesse sind. Der Unterschied zur Gesamtbedarfsmatrix besteht lediglich darin, dass bei der Mengenübersichtsmatrix auf der Diagonale anstelle des Wertes 1 der Wert 0 angegeben wird. Auf eine Darstellung wird hier verzichtet.

Um nun den Gesamtbedarf, der aus dem Primärbedarf hervorgeht, ermitteln zu können, ist es notwendig einen **Primärbedarfsvektor (P)**, es handelt sich um einen Spaltenvektor, zu bilden. An dieser Stelle wird nun auf das Beispiel bei der Darstellung des Gozintographen zurückgegriffen. Demnach bestehen Primärbedarfe von 30 Mengeneinheiten X1 und 20 Mengeneinheiten V1.

Abbildung 1.28 Gesamtbedarfsmatrix, Primärbedarfsvektor und Gesamtbedarfsvektor

$$\overset{\mathbf{G}}{\begin{pmatrix} 1 & 0 & 0 & 0 & 0 & 0 & 0 \\ 2 & 1 & 0 & 0 & 0 & 0 & 0 \\ 3 & 0 & 1 & 0 & 0 & 0 & 0 \\ 7 & 1 & 0 & 1 & 0 & 0 & 0 \\ 8 & 4 & 0 & 0 & 1 & 0 & 0 \\ 6 & 0 & 2 & 0 & 0 & 1 & 0 \\ 12 & 0 & 4 & 0 & 0 & 0 & 1 \end{pmatrix}} \cdot \overset{\mathbf{P}}{\begin{pmatrix} 30 \\ 20 \\ 0 \\ 0 \\ 0 \\ 0 \\ 0 \end{pmatrix}} = \overset{\mathbf{B}}{\begin{pmatrix} 30 \\ 80 \\ 90 \\ 230 \\ 320 \\ 180 \\ 360 \end{pmatrix}}$$

Quelle: In Anlehnung an Kopsidis 1997, S. 60

Die **Gesamtbedarfsmatrix (G)** wird nun zeilenweise mit dem Primärbedarfsvektor ausmultipliziert. Das Ergebnis ist der **Gesamtbedarfsvektor (B)** (vgl. **Abbildung 1.28**). Die angegebenen Mengeneinheiten enthalten sowohl die Primärbedarfe (30 ME X1 und 20 ME V1) als auch die daraus abgeleiteten Bedarfe an Inputfaktoren. [**Anmerkung:** Wäre hier mit der Mengenübersichtsmatrix gerechnet worden, wiese der Bedarfsvektor lediglich die abgeleiteten Bedarfe aus.]

Um einen besseren Überblick zu erhalten, kann das Ergebnis aus der Multiplikation von G und P auch in der sog. ***„Input-Output-Matrix"*** dargestellt werden (s. **Abbildung 1.29**).

Abbildung 1.29 Input-Output-Matrix

	X1	V1	V2	v1	v2	v3	v4	Gesamtbed
X1	30	0	0	0	0	0	0	30
V1	60	20	0	0	0	0	0	80
V2	90	0	0	0	0	0	0	90
v1	210	20	0	0	0	0	0	230
v2	240	80	0	0	0	0	0	320
v3	180	0	0	0	0	0	0	180
v4	360	0	0	0	0	0	0	360

Quelle: In Anlehnung an Kopsidis 1997, S. 61

In der Input-Output-Matrix entspricht die letzte Spalte dem Gesamt-bedarfsvektor. Die Mengeneinheiten der letzten Spalte sind zugleich die Zeilensummen aus dem linken Teil der Input-Output-Matrix. Im linken Teil befinden sich die Primärbedarfe auf der Diagonalen. In der Spalte unterhalb des jeweiligen Primärbedarfs befinden sich die daraus abgeleiteten Bedarfe an Inputfaktoren.

1.1.1.2.2 Verbrauchsorientierte Bedarfsermittlung

Die im vorangegangenen Kapitel beschriebene programmorientierte Bedarfsermittlung basiert auf konkreten Bestellungen und Aufträgen von Kunden, sie ist damit für Pull-Produktionsweisen geeignet. Die **verbrauchsorientierte, stochastische Bedarfsermittlung** versucht auf der Basis von Vergangenheitswerten den zukünftigen Bedarf zu ermitteln. Diese Art der Bedarfsermittlung ist somit besonders geeignet für Push-Produktionsweisen. Zur Schätzung des Bedarfs steht eine Vielzahl von Verfahren zur Verfügung. Es gilt, für den jeweiligen Einzelfall ein geeignetes Verfahren zur Bedarfsschätzung zu finden.

Weit verbreitet ist die verbrauchsorientierte Bedarfsermittlung durch die Berechnung von **vergangenheitsbezogenen Mittelwerten**. Die einfachste Ausprägung dieser Art der Bedarfsschätzung ist der **arithmetische Mittelwert**. Der Durchschnittsverbrauch wird dadurch berechnet, dass die vergangenen Verbräuche addiert werden und dann die Summe durch die Anzahl (= n) der Verbräuche geteilt wird. Die allgemeine Formel lautet:

$$\overline{X}_{t+1} = \frac{1}{n} \sum_{t=1}^{n} X_t$$

Somit hat für die Bedarfsermittlung jeder vergangene Verbrauch die gleiche Bedeutung. Eine Differenzierung etwa zwischen jüngeren und älteren Verbräuchen findet hier nicht statt. Bei dieser Schwäche des arithmetischen Mittelwerts setzt der **gewogene Mittelwert** an. Hier werden die vergangenen Verbräuche mit unterschiedlichen Gewichtungsfaktoren versehen. So können jüngere Verbräuche stärker gewichtet werden als ältere Verbräuche. Es ist aber auch möglich, dass Verbräuchen, die aus den gleichen saisonalen Phasen stammen, ein höherer Einfluss auf die Bedarfsschätzung eingeräumt wird, als Verbräuchen aus anderen saisonalen Phasen. Auch gemischte Gewichtungen sind denkbar. Soll bspw. der Bedarf für April des betrachteten Jahres geschätzt werden, so könnten der März desselben Jahres (große zeitliche Nähe) und der April des Vorjahres (mit wahrscheinlich gleicher Amplitude bei jahreszeitlichen Schwankungen) besonders hohe Gewichtungsfaktoren erhalten. Die allgemeine Formel für den gewogenen Mittelwert ist:

$$\overline{X}_{t+1} = \frac{\sum_{t=1}^{n} X_t \cdot g_t}{\sum_{t=1}^{n} g_t}$$

Sowohl beim arithmetischen als auch beim gewogenen Mittelwert wechselt der Wert für n von Monat zu Monat. Um die Berechnung zu vereinheitlichen und um der Tatsache Rechnung zu tragen, dass sehr alte Verbräuche für die Schätzung für die nächste Bedarfsperiode einen zu vernachlässigenden Einfluss haben, ist es möglich mit sog. Gleitfenstern zu arbeiten. Das Ergebnis dieser Rechnung ist dann der **gleitende Mittelwert**. Die Formel für einen gleitenden Mittelwert, der aus den letzten drei Verbräuchen berechnet wird, ist:

$$\overline{X}_{t+1} = \frac{X_t + X_{t-1} + X_{t-2}}{3}$$

N ist somit konstant. Der Bedarf für den April des betrachteten Jahres wird somit mithilfe der Verbräuche der Monate Januar, Februar und März des Jahres ermittelt. Die Bedarfsschätzung für Mai des betrachteten Jahres basiert somit auf den Verbräuchen von Februar, März und April dieses Jahres. Kennzeichnend für den gleitenden Mittelwert ist somit die Konstanz der betrachteten Vergangenheitsverbräuche. Es ist möglich sowohl einen gleitenden, arithmetischen Mittelwert als auch einen gleitenden, gewogenen Mittelwert zu ermitteln.

Die **exponentielle Glättung erster Ordnung** ist ein Schätzverfahren, das Prognosefehler aus der Vergangenheit in die Bedarfsschätzung integriert.

$$\overline{X}_{t+1} = \overline{X}_t + \alpha \cdot (X_t - \overline{X}_t)$$

In der genannten Formel ergibt sich die Bedarfsschätzung für den Folgemonat aus dem tatsächlichen Bedarf des laufenden Monats zuzüglich dem mit dem Gewichtungsfaktor α multiplizierten Prognosefehler für den laufenden Monat, wobei gilt:

$$0 \leq \alpha \leq 1.$$

Am Beispiel in **Tabelle 1.10** wird die exponentielle Glättung erster Ordnung erläutert. Gegeben sind die Verbräuche der letzten 8 Perioden.

Tabelle 1.10 Eponentielle Glättung erster Ordnung

	1	2	3	4	5	6	7	8
X in ME	50	45	42	65	70	72	73	68

Es soll der Verbrauch für die Periode 9 geschätzt werden, wobei ein α-Wert von 0,3 gegeben ist. Der Schätzwert für Periode 1 soll 55 Mengeneinheiten betragen. Um die Bedarfsschätzung für Periode 9 vornehmen zu können, müssen zunächst die Schätzwerte für die Perioden zwei bis acht berechnet werden (s. **Abbildung 1.30**).

Abbildung 1.30 Exponentielle Glättung erster Ordnung

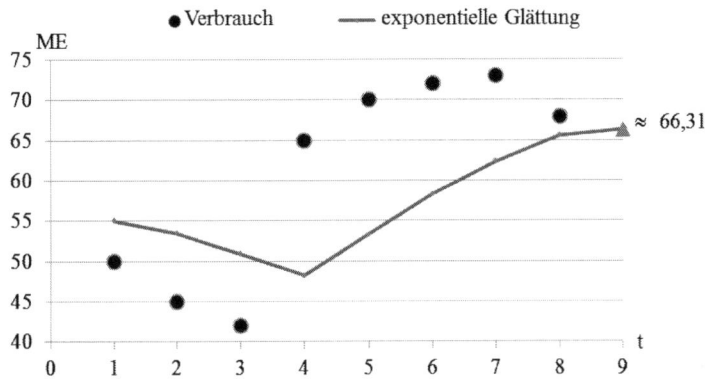

In der Praxis wird α häufig ein Wert von 0,2 bis 0,3 zugewiesen. Werden mehrere Perioden und deren Schätzfehler für die Bedarfsschätzung mit einbezogen, kann die exponentielle Glättung erster Ordnung entsprechend einer Mittelwertberechnung weiterentwickelt werden. Hier werden in der Regel jüngere Perioden stärker gewichtet als ältere Verbrauchsperioden. Besonders geeignet ist die exponentielle Glättung erster Ordnung bei relativ konstanten Verbräuchen, bei denen gelegentlich Strukturbrüche auftreten können.

Unterliegen die Verbräuche einem Trend, so ist die exponentielle Glättung erster Ordnung ungeeignet. Bei einem positiven Trend, also bei wachsenden Verbräuchen, tendiert die exponentielle Glättung dazu, die tatsächlichen Verbräuche zu unterschätzen. Bei einem negativen Trend im Bedarf wird dieser tendenziell überschätzt. Die **exponentielle Glättung zweiter Ordnung**, die hier nicht weiter behandelt werden soll, berücksichtigt solche Verbrauchstrends.

Die **Trendrechnung** oder auch **Trendextrapolation** ist, wie der Name dies schon andeutet, besonders zu Bedarfsschätzung geeignet, wenn die vergangenen Verbräuche einem positiven oder negativen Trend unterliegen. Gegeben seien die Vergangenheitswerte in **Tabelle 1.11**.

Tabelle 1.11 Vergangenheitswerte

	i	t	X	t*t	X*X	t*X
	1	1	200	1	40000	200
	2	2	210	4	44100	420
	3	3	214	9	45796	642
	4	4	230	16	52900	920
	5	5	224	25	50176	1120
	6	6	236	36	55696	1416
	7	7	244	49	59536	1708
	8	8	250	64	62500	2000
Summe:	**36**	**36**	**1808**	**204**	**410704**	**8426**

Um den Wert für die neunte Verbrauchsperiode zu schätzen, wird eine Trendgerade ermittelt, die folgende lineare, allgemeine Form annehmen soll:

$$X = m \cdot t + b.$$

Die Konstante b und der Wert für m können mithilfe der nachfolgenden Formeln berechnet werden:

$$\bar{b} = \frac{\sum\limits_{i=1}^{n} X_i \cdot \sum\limits_{i=1}^{n} t_i^2 - \sum\limits_{i=1}^{n} t_i \cdot \sum\limits_{i=1}^{n} t_i X_i}{n \sum\limits_{i=1}^{n} t_i^2 - \left(\sum\limits_{i=1}^{n} t_i\right)^2} \qquad \bar{m} = \frac{n \sum\limits_{i=1}^{n} t_i X_i - \sum\limits_{i=1}^{n} t_i \cdot \sum\limits_{i=1}^{n} X_i}{n \sum\limits_{i=1}^{n} t_i^2 - \left(\sum\limits_{i=1}^{n} t_i\right)^2}$$

Werden die Werte der obigen Tabelle in die Formeln eingegeben, ergeben sich:

b = 65496/336 = <u>194,9285714</u>   und   m = 2320/336 = <u>6,904761905.</u>

Die Trendextrapolation für die neunte Periode ist damit:

X = 9 · 6,904761905 + 194,9285714 = <u>257,0714286.</u>

Abbildung 1.31 stellt den tatsächlichen Verbrauch und die Werte, die auf der Trendlinie liegen, grafisch dar.

Abbildung 1.31 Beispiel einer Trendextrapolation

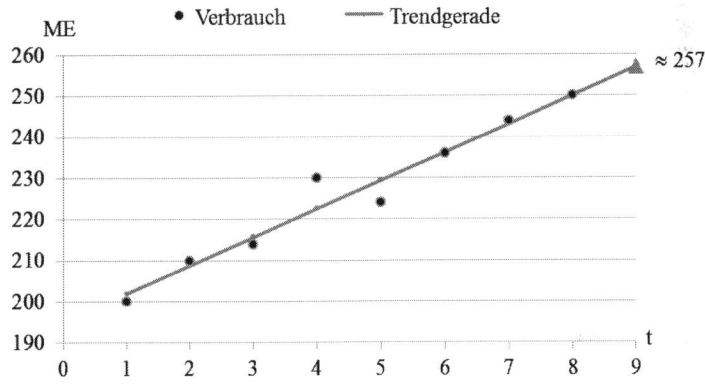

In der Praxis ist es häufig notwendig, die **Bedarfsschätzungen** auf der Basis von verbrauchsorientierten Methoden zu **korrigieren.** Die einfachste Korrektur ist die Bereinigung des Bruttobedarfs. Wurde in der Vorperiode der Bedarf überschätzt bzw. lag der tatsächliche Verbrauch unterhalb der Prognose, haben sich Lagerbestände an Inputfaktoren aufgebaut. Es macht daher Sinn, den Schätzwert, der bspw. über einen Mittelwert oder durch eine Trendextrapolation ermittelt wurde, um diese Lagerbestände zu korrigieren, damit die überzähligen Lagerbestände abgebaut werden können.

Eine Korrektur ist ebenfalls notwendig, wenn der geschätzte Bedarf einen Wert annimmt, den er in der Realität nicht annehmen kann. Dies ist häufig der Fall, wenn mögliche Bedarfsausprägungen eine **diskretionäre Verteilung** haben, dies ist bspw. der Fall wenn gilt:

$$Bedarf = \{x \in \mathbb{N}\}.$$

So ist ein mathematisch korrekt berechneter Bedarf von 138,2 Zahnrädern in der Realität nicht möglich, so dass gerundet werden muss. Hier ist es aber zweckmäßig nicht kaufmännisch zu runden. Vielmehr sollte stets aufgerundet werden. Würde der geschätzte Bedarf auf 138 abgerundet werden, erhöht sich die Wahrscheinlichkeit, dass die Zahnräder in nicht ausreichender Zahl vorhanden sein werden. Den Schätzwert auf 139 zu korrigieren, ist hier die sinnvollere Vorgehensweise.

Ein weiteres Problem ergibt sich, wenn die Schätzungen mittels einer Formel zwar korrekt berechnet wurden, die Zahl aber nicht interpretiert werden kann. Dies kann zu starken Problemen in der Praxis führen und wird anhand eines Beispiels kurz erläutert. Gegeben sei ein möglicher Verbrauch von 82 bis 178 Mengeneinheiten. Die möglichen Ausprägungen verteilen sich symmetrisch um den Mittelwert (μ). Die Verteilung hat die Form einer stetigen Normalverteilung (vgl. **Abbildung 1.32**).

Abbildung 1.32 Bedarfsschätzung und Eintrittswahrscheinlichkeiten

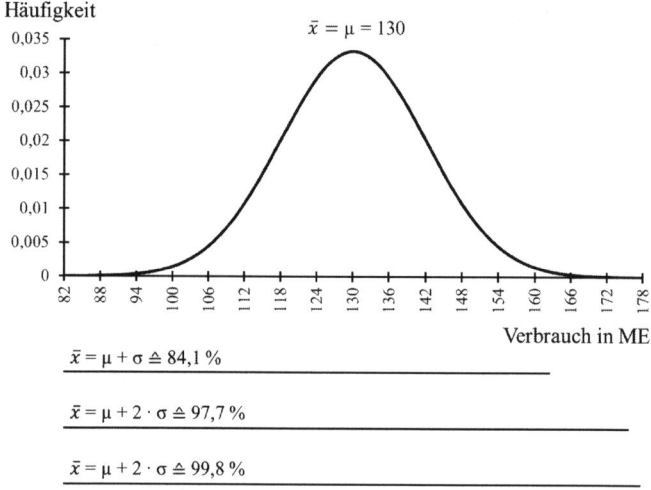

Würde der Bedarf auf 130 Mengeneinheiten geschätzt, stehen die Chancen 50:50, dass die geschätzte Menge ausreicht, um den tatsächlichen Bedarf decken zu können. Anders ausgedrückt: Es besteht eine Wahrscheinlichkeit von 50 Prozent, dass die geschätzte Menge nicht ausreicht. Ein so hohes Risiko ist in der Praxis in der Regel nicht akzeptabel. Häufig wird daher die Bedarfsschätzung um den ein- bis dreifachen Wert der Standardabweichung (σ) nach oben korrigiert. Wird der Mittelwert um die Standardabweichung erhöht, steigt die Chance, dass der Periodenbedarf tatsächlich gedeckt werden kann, von 50 Prozent auf 84,1 Prozent. Wird der Mittelwert um das Doppelte der Standardabweichung korrigiert, ergibt sich eine Wahrscheinlichkeit von 97,7 Prozent. Bei einer Korrektur um die dreifache Standardabweichung liegt das Risiko, dass der Periodenbedarf nicht gedeckt werden kann, lediglich bei 0,2 Prozent. Allerdings ist dann die Wahrscheinlichkeit sehr groß, dass der tatsächliche Bedarf viel geringer ausfällt bzw. dass ungewollte Lagerbestände entstehen.

Ein ähnlicher Effekt ergibt sich bei der Trendrechnung, da die tatsächlichen Verbrauchswerte um die Trendgerade schwanken. Hier kann die mittlere Abweichung der tatsächlichen Verbrauchswerte zum jeweiligen Wert auf der Trendgeraden ermittelt und zur Berichtigung der Schätzung herangezogen werden.

Als letzter Punkt, der zur Korrektur von Verbrauchsschätzungen führen kann, sind saisonale Schwankungen zu nennen. Es wird angenommen, dass der Verbrauch mittels der Formel eines gleitenden Mittelwertes berechnet wird, wobei die letzten drei Perioden zur Bedarfsschätzung herangezogen werden:

$$\overline{X}_{t+1} = \frac{X_t + X_{t-1} + X_{t-2}}{3}$$

Weiter wird davon ausgegangen, dass die Periode, für die der Bedarf geschätzt wird, die Periode ist, in der in den letzten Jahren der saisonale Verbrauch anfing zu steigen. Würden lediglich die Verbräuche der drei Vorperioden zur Bedarfsschätzung herangezogen werden, so wäre die Wahrscheinlichkeit hoch, dass der tatsächliche Bedarf höher ausfallen wird. Es ist somit sinnvoll, die Schätzung um einen Erfahrungswert oder einen Faktor, der sich aus der statistischen Analyse der vorangegangenen Jahre ergibt, zu berichtigen.

Auf der anderen Seite muss ein Wert, der am Anfang eines saisonalen Abschwungs steht, nach unten korrigiert werden. Hier würde ansonsten eine hohe Wahrscheinlichkeit bestehen, dass ungewollte Lagerbestände aufgebaut werden.

1.1.3 Bestellung

Die Bestellung ist eine **verbindliche Willenserklärung** des Käufers. Sie stellt eine Aufforderung an den Lieferanten dar, Güter und/oder Dienstleistungen zu festgelegten bzw. vereinbarten Bedingungen zu liefern. Ging der fristgerechten Bestellung ein verbindliches Angebot voraus, so ist das Angebot der Antrag und die Bestellung die Annahme, mit der ein Vertrag zustande kommt. Eine Auftragsbestätigung ist dann nicht nötig, um einen Vertrag wirksam werden zu lassen.

Eine Bestellung kann aber auch ein Antrag sein. Dies ist beispielsweise der Fall, wenn das Angebot unverbindlich war. Gleiches gilt, wenn das Angebot verbindlich war, die Bestellung aber verspätet eintrifft. In diesen Fällen kommt der Vertrag erst durch eine Auftragsbestätigung oder durch konkludentes Handeln zustande.

Um Missverständnissen zwischen den Vertragspartner vorzubeugen, sollte eine Bestellung Angaben zu folgenden Aspekten beinhalten:

- Beschaffenheit der Ware bzw. der Dienstleistung,

- Menge der bestellten Waren bzw. Dienstleistungen,

- Zeit und Ort der Lieferung,

- Stückpreis und Gesamtpreis der bestellten Waren bzw. Dienstleistungen,

- Liefer- und Zahlungsbedingungen.

Bei der **Disposition** gilt es viele verschiedene Faktoren zu berücksichtigen. So muss zunächst der **Periodenbedarf** an Waren und Dienstleistungen bekannt sein. Bei Waren muss zudem aus dem **Bruttobedarf** der **Nettobedarf** ermittelt werden, indem Lagerbestände und Lieferungen, die auf dem Weg sind, beachtet werden.

Um den optimalen Bestellzeitpunkt zu ermitteln, müssen ferner **Beschaffungszeiten und der Verbrauch während der Beschaffungszeit sowie Lager- und Transportkapazitäten** bekannt sein. Zudem gilt es die optimale Bestellmenge zu ermitteln. So sinken die Bestellkosten innerhalb einer Periode, wenn wenige Großbestellungen anstelle von vielen kleinen Bestellungen getätigt werden. Im Gegensatz dazu führen Großbestellungen zu erhöhten Lagerkosten und zu steigenden Kapitalbindungskosten.

Die Formel für die **optimale Bestellmenge** lautet:

$$\sqrt{\frac{200 \cdot J \cdot B_k}{E_P \cdot (Z_S + L_S)}}$$

J = Periodenverbrauch; Bk = bestellfixe Kosten; EP = Einstandspreis pro Stück; ZS = Zinssatz für ø gebundenes Kapital; LS = Lagerhauskostensatz.

In **Abbildung 1.33** wird die **kostenoptimale Bestellmenge** grafisch abgeleitet. Sie befindet sich im Minimum der Gesamtkostenfunktion, die sich aus der Funktion der Bestellkosten und der Funktion der Lagerkosten bildet.

Abbildung 1.33 Kostenoptimale Bestellmenge

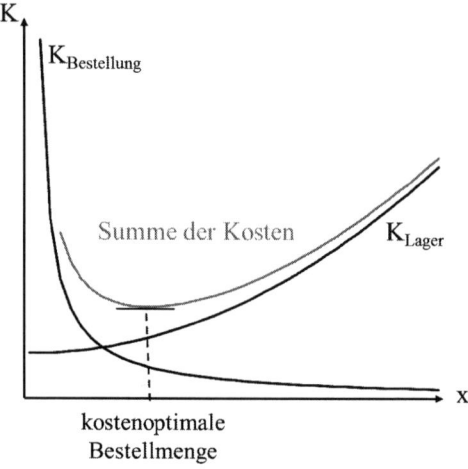

Eine isolierte Betrachtung des Beschaffungsmarktes ist in vielen Fällen nicht zweckdienlich. Aus diesem Grund gilt es, auch die Belange der eigenen Kunden bzw. auch die Gegebenheiten auf den Absatzmärkten in die Ermittlung der Bestellung mit einfließen zu lassen. Dies ist beispielsweise sinnvoll, wenn Konventionalstrafen zu zahlen sind, weil die eigenen Produkte später als vereinbart an die Kunden geliefert werden. Bei der Ermittlung des **kostenoptimalen Servicegrads** wird davon ausgegangen, dass bei einem niedrigen Servicegrad die Kosten für verspätete Lieferungen steigen. Andererseits steigen die Kosten der Lagerhaltung und die Kosten für gebundenes Kapital, wenn der Servicegrad hoch ist. Grafisch lässt sich der optimale Servicegrad wie in **Abbildung 1.34** gezeigt ableiten.

Abbildung 1.34 Kostenoptimaler Servicegrad

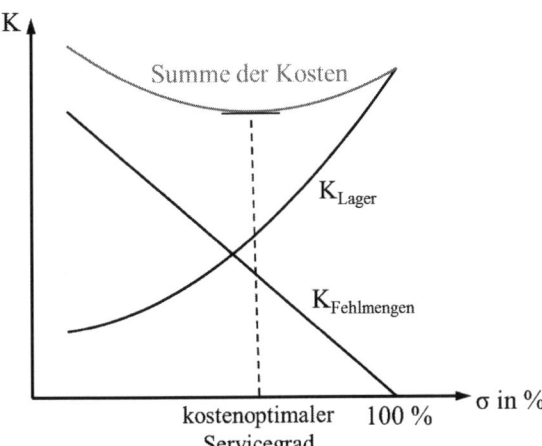

Strebt ein Unternehmen aus Kostengründen oder aus Gründen des Wettbewerbs einen hohen Servicegrad bei seinen Kunden an, hat dies auch Auswirkungen auf die Bestell- und Dispositionspolitik dieses Unternehmens. So kann es ökonomisch durchaus sinnvoll sein, von der kostenoptimalen Bestellmenge auf einem Beschaffungsmarkt abzuweichen, wenn dadurch Wettbewerbsvorteile auf den Absatzmärkten gesichert werden können.

Für jeden Inputfaktor und für jede Bestellung die optimale Bestellmenge gesondert zu ermitteln, ist mit einem hohen Aufwand verbunden. In der Praxis haben sich **mehrere Grundtypen der Bestellpolitik** herausgebildet. Grundsätzlich wird zwischen **Bestellrhythmus-** und **Bestellpunktverfahren** differenziert.

Abbildung 1.35 Bestellpunktverfahren ohne Sicherheitsbestand

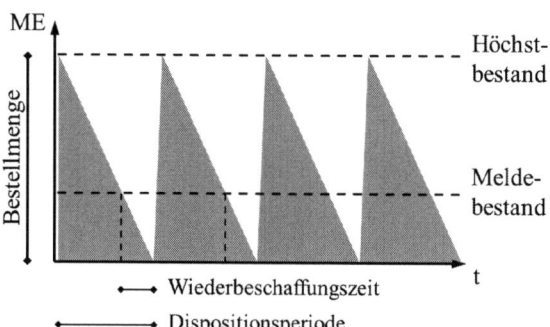

Abbildung 1.35 zeigt den einfachsten Fall eines Bestellpunktverfahrens, allerdings sind die Voraussetzungen sehr restriktiv. So wird davon ausgegangen, dass der Periodenverbrauch immer konstant ist, auch die Wiederbeschaffungszeiten sind konstant. Diese beiden Annahmen führen dazu, dass die Dispositionsperioden immer die gleiche Länge haben. Beim Erreichen des Meldebestands wird eine Bestellung ausgelöst. Der Meldebestand ist so gewählt, dass die Produktion während der Wiederbeschaffungszeit aufrechterhalten werden kann. Das Lager ist geräumt, wenn die Bestellung eintrifft. Die Bestellmenge ist so ausgelegt, dass das leere Lager wieder bis zum Höchstbestand aufgefüllt wird.

In der Praxis kommen **Verbrauchsüberschreitungen** und **Lieferterminüberschreitungen** häufig vor. Aus diesem Grund arbeiten Unternehmen selbst dann mit **Sicherheitsbeständen**, wenn im Normalfall der Verbrauch konstant ist und die Liefertermine immer eingehalten werden. Je höher der Sicherheitsbestand ist, umso größer ist die Wahrscheinlichkeit, dass Verbrauchsschwankungen und Lieferverzögerungen aufgefangen werden können (s. **Abbildung 1.36**). Andererseits bedeutet ein hoher Sicherheitsbestand auch, dass die Kosten der Lagerhaltung steigen. Daneben spielt auch der angestrebte oder optimale Servicegrad eine Rolle bei der Bestimmung von Sicherheitsbeständen.

Abbildung 1.36 Bestellpunktverfahren mit Sicherheitsbestand

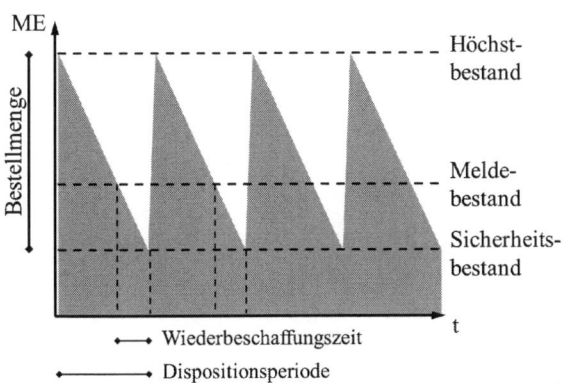

Wird ein Bestellpunktverfahren in einem Unternehmen angewendet, führen Schwankungen im Verbrauch zu unterschiedlich langen Dispositionsperioden. Ist der Verbrauch gering, verlängert sich die Dispositionszeit, ist der Verbrauch hoch, verkürzt sich die Dispositionszeit und der Sicherheitsbestand wird in der Regel angegriffen. In **Abbildung 1.37** wird die Bestellmenge so gewählt, dass das Materiallager bei Eintreffen der Lieferung wieder bis zum Höchstbestand aufgefüllt wird. Zudem wird davon ausgegangen, dass die Wiederbeschaffungszeit unabhängig von der bestellten Menge konstant bleibt.

Abbildung 1.37 Bestellpunktverfahren bei Verbrauchsschwankungen

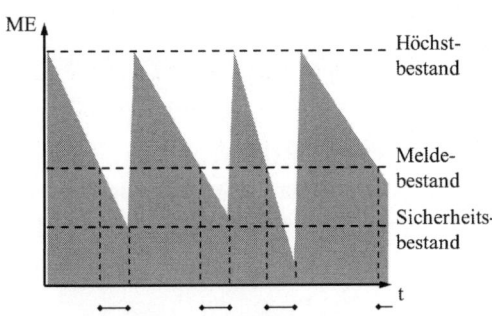

- konstante Wiederbeschaffungszeit
- variable Dispositionsperioden
- variable Bestellmengen

Beim Bestellpunktverfahren löst der Meldebestand den Bestellprozess aus, beim **Bestellrhythmusverfahren** wird der Bestellprozess in bestimmten Zeitintervallen ausgelöst. Der Bestellrhythmus ist dabei die Zeitspanne zwischen zwei Bestellungen. Er kann über Vergangenheitswerte der Bestellhäufigkeit abgeleitet werden. Sowohl bei konstantem als auch bei variablem Periodenverbrauch bleibt bei diesem Verfahren die Dispositionsperiode konstant. **Abbildung 1.38** stellt ein Bestellrhythmusverfahren bei unterschiedlichen Periodenverbräuchen dar, wobei die Bestellmenge so bemessen ist, dass das Lager komplett aufgefüllt wird.

Abbildung 1.38 Bestellrhythmusverfahren bei Verbrauchsschwankungen

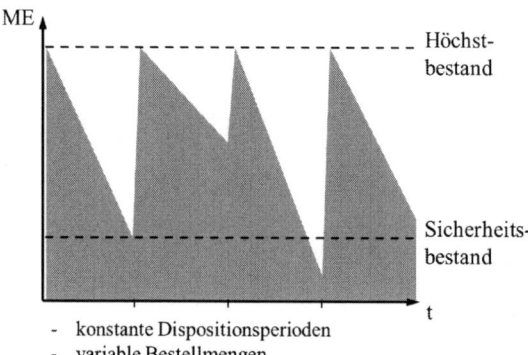

- konstante Dispositionsperioden
- variable Bestellmengen

Ein Bestellrhythmusverfahren mit Sicherheitsbeständen ist geeignet, wenn die Bestellmengen schwanken und die Wiederbeschaffungszeiten konstant sind. Um Produktionsausfällen entgegenzuwirken ist es hier möglich a) einen schnellen Bestellrhythmus zu wählen und/oder b) einen höheren Sicherheitsbestand einzurichten. Die erhöhte Produktionssicherheit wird aber durch steigende Lager- und Kapitalbindungskosten erkauft.

1.2 Unterstützende Aspekte der Beschaffung

Nachdem in Kapitel 1 die klassischen Funktionen der Beschaffung vorgestellt wurden, werden in Kapitel 2 die unterstützenden Aspekte der Beschaffung aufgezeigt. Unterstützende Aspekte der Beschaffung sind alle wesentlichen Punkte, die dazu beitragen, dass Beschaffung effektiv und effizient vonseiten des beschaffenden Unternehmens realisiert werden kann. Dazu zählen eine gute Marktübersicht über den Beschaffungsmarkt, Schaffung von Markttransparenz aus Sicht des Unternehmens, Kenntnisse über das Innovationspotential des Marktes sowie Kenntnisse über Veränderungen des Beschaffungsmarktes, mit dem Ziel, eine effiziente Beschaffung von Fertig-, Halbfertigprodukten, Roh-, Hilfs- und Betriebsstoffen sowie Dienstleistungen durchführen zu können. Zur Durchführung der Beschaffungsaktivitäten ist eine gut organisierte Beschaffungslogistik notwendig, damit die durch die Beschaffungsmarktforschung aufgebauten Potenziale nicht wieder durch eine ineffiziente Beschaffungslogistik verloren gehen. Eine ökonomische Beschaffungslogistik ermöglicht es den beschaffenden Unternehmen, die zu beschaffenden Güter oder Dienstleistungen kostengünstig zur richtigen Zeit, am richtigen Ort und in einer angemessenen Menge sowie Qualität bevorraten zu können. Dazu ist eine enge Abstimmung mit dem jeweiligen Lieferanten notwendig.

1.2.1 Beschaffungsmarktforschung

Durch die Beschaffungsmarktforschung erhält das Unternehmen Informationen, zu welchen Marktkonditionen der ermittelte Bedarf gedeckt werden kann. Es wird somit die Frage beantwortet, ob es vorteilhafter ist, den Bedarf mit Lieferanten oder durch Eigenproduktion zu decken. Ferner wird durch die Beschaffungsmarktforschung die Frage beantwortet, ob Substitutionsgüter für die zu beschaffenden Güter am Markt vorhanden sind bzw. welche Substitutionsgüter dem beschaffenden Unternehmen am Markt zur Verfügung stehen. Mit der Beschaffungsmarktforschung will das beschaffende Unternehmen Informationen über die Produkt- und Technologieentwicklung im eigenen Markt sowie Informationen über die Marktentwicklung im konkreten Beschaffungsfall erhalten. Erst wenn Markttransparenz vorliegt, können aus sachlich logischen Erwägungen vom beschaffenden Unternehmen beschaffungspolitische Entscheidungen effektiv und effizient aus betriebswirtschaftlicher Sicht getroffen werden. Die Beschaffungsmarktforschung ist somit kein losgelöster Prozess, sondern ist eingebettet im gesamten Beschaffungsprozess von der Bedarfsermittlung bis zur Make-or-Buy-Entscheidung. Kummer, Grün und Jammernegg[27] stellen den Zusammenhang zwischen der Beschaffungsmarktforschung und anderen Beschaffungsprozessen wie in **Abbildung 1.39** gezeigt dar.

Abbildung 1.39 Zusammenhang der Beschaffungsmarktforschung mit anderen Beschaffungsprozessen

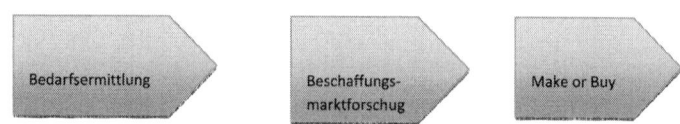

Quelle: Kummer et al. 2009, S. 118

Bevor auf die Beschaffungsmarktforschung eingegangen wird, erfolgt eine Definition der Beschaffungsmarktforschung. Koppelmann definiert Beschaffungsmarktforschung wie folgt:

Definition Beschaffungsmarktforschung:

„Unter planmäßiger Beschaffungsmarktforschung versteht man im Gegensatz zur unsystematischen Markterkundung das aktive, systematisierte und zielorientierte Aufbereiten von vergangenheits-, gegenwarts- und zukunftsbezogenen Beschaffungsmarktinformationen. Das Aufbereiten erfolgt über die Arbeitsschritte der Informationsgewinnung, -Verarbeitung, -Weiterleitung und -Archivierung. Gliedern lässt sich die Beschaffungsmarktforschung in die Wertanalyse, Preisanalyse, Kostenanalyse, Make-or-Buy-Analyse, Lieferantenanalyse und Marktanalyse."[28]

---

27   Vgl. Kummer et al.2009, S. 118.

28   Koppelmann 2004, S. 339f.

Aus dieser Definition lassen sich die Ziele, die mit einer planmäßigen Beschaffungsmarktforschung verfolgt werden, deutlich konkretisieren. Kummer, Grün und Jammernegg[29] fassen diese Ziele der Beschaffungsmarktforschung wie folgt zusammen:

- Informationsversorgung der Entscheidungsträger,

- Erhöhung der Markttransparenz,

- Früherkennung von Beschaffungsrisiken,

- Erschließung neuer Beschaffungsquellen und Substitutionsgüter,

- Beschaffungsmarketing und Lieferantenpflege.

Der Vorteil einer strukturierten Beschaffungsmarktforschung ist, dass unternehmerische Entscheidungen auf einer sicheren Basis getroffen werden können. Deshalb ist die Beschaffungsmarktforschung kein einmaliger, sondern ein kontinuierlicher Prozess, der Einfluss auf unternehmerische Entscheidungen wie die Einführung eines neuen, die Modifizierung eines bestehenden Produktes oder die Auswahl von neuen Lieferanten haben kann. Eine wesentliche Vorarbeit im Rahmen der Beschaffungsmarktforschung ist, die Güter zu identifizieren, für die Beschaffungsmarktforschung überhaupt betrieben werden soll. Generell sind dies Güter, bei denen ein hohes Beschaffungsrisiko besteht oder bei denen sich eine Veränderung der Liefer- oder Bedarfsstruktur abzeichnet.

Ein einfaches Instrument um Güter zu identifizieren, für die eine Beschaffungsmarktforschung durchgeführt werden soll, ist die ABC-Analyse. Mithilfe dieser Analyse werden Güter identifiziert, die für das Unternehmen eine besondere beschaffungspolitische Bedeutung haben. Zunächst sollten Unternehmen im Rahmen der Beschaffungsmarktforschung mit A-Gütern starten, da diese einen großen Wert für das beschaffende Unternehmen darstellen. Anschließend sollte aber auch Beschaffungsmarktforschung für B- und auch C- Güter durchgeführt werden. Die Beschaffungsmarktforschung für C-Güter ist allerdings

---

29   Kummer et al2009, S. 119.

nur sporadisch notwendig. Eine höhere Aussagekraft hinsichtlich der Relevanz der Güter im Rahmen der Beschaffungsmarktforschung wird erreicht, wenn die ABC-Analyse mit der XYZ-Analyse[30] kombiniert wird. Als kritisch können hier Güter mit der AZ-Kombination bezeichnet werden, da diese Güter nicht nur einen hohen Wertanteil haben, sondern auch nur sehr selten benötigt werden. Bei solchen Gütern muss vor der Auftragserteilung eine Beschaffungsmarktforschung erfolgen, um nicht überhöhte Einstandspreise zahlen zu müssen. Ziel der Beschaffungsmarktforschung ist somit die Schaffung von Markttransparenz, und zwar hinsichtlich der Marktform, des Qualitätsniveaus und des Preis- und Kostenniveaus für die für das Unternehmen notwendigen Güter. Durch die erhöhte Markttransparenz können die richtigen Beschaffungsentscheidungen getroffen sowie die Beschaffungsstruktur optimiert werden. Zusammenfassend lassen sich die Ziele der Beschaffungsmarktforschung wie in **Abbildung 1.40** gezeigt zusammenfassen.

Abbildung 1.40 Ziele der Beschaffungsmarktforschung

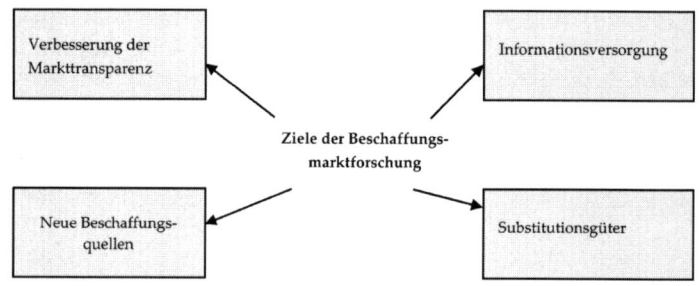

---

30   In Anlehnung an die ABC-Analyse entwickeltes Verfahren zur Klassifizierung von Lagerartikeln. Klassifizierungskriterium ist die Verbrauchsstruktur. Es ergibt sich eine Dreiteilung der Artikel in R- (regelmäßiger Verbrauch), S- (saisonaler Verbrauch) und U-Artikel (unregelmäßiger Verbrauch). Ergebnis ist eine Prioritätenliste zur Optimierung der Materialdisposition. (aus: Gabler Wirtschaftslexikon online http://wirtschaftslexikon.gabler.de/Definition Abfrage 18.11.2013).

Wesentliche Ziele der Beschaffungsmarktforschung sind, aktuelle Informationen vom Beschaffungsmarkt zu erhalten, neue Beschaffungsquellen zu finden, alle mit dem Beschaffungsprozess beschäftigte Abteilungen mit aktuellen Informationen zur Beschaffungssituation zu versorgen sowie Informationen über neue Substitutionsgüter der Beschaffungsobjekte zu erhalten. Aus den Zielen der Beschaffungsmarktforschung lassen sich Aufgaben ableiten, die für mehr Transparenz über die zu beschaffenden Güter im beschaffenden Unternehmen sorgen (vgl. **Abbildung 1.41**).

Abbildung 1.41 Aufgaben der Beschaffungsmarktforschung

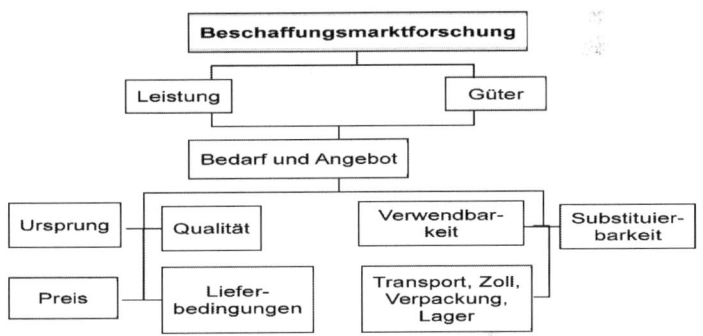

Nachdem untersucht wurde, welche Güter und Leistungen einer eingehenderen Untersuchung unterzogen werden sollen, wird der Bedarf hinsichtlich Menge und Qualität untersucht, um dann die Merkmale des Güterangebotes zu prüfen und unterschiedliche Angebote nach objektiven Kriterien bewerten zu können. **Abbildung 1.41** zeigt noch einmal die Aufgaben der Beschaffung im Zusammenhang und die einzelnen Analyseobjekte in der Beschaffungsmarktforschung.

1.2.1.1 Objekte und Methoden der Beschaffungsmarktforschung

Als Objekte der Beschaffungsmarktforschung werden die Beschaffungsgüter, aber auch deren Preise, potenzielle Lieferanten und der Markt selbst bezeichnet. Jedes Beschaffungsgut sollte vom beschaffenden Unternehmen vor der ersten Bestellung hinsichtlich seiner Beschaffenheit, Herkunft und Verwendungsmöglichkeiten genau untersucht werden. Für das beschaffende Unternehmen ist es notwendig, Kenntnisse über die geforderte Qualität des zu beschaffenden Gutes zu gewinnen. Ferner benötigt das beschaffende Unternehmen Informationen über die Verfügbarkeit der Güter sowie Informationen über Verfügbarkeitsänderungen der Güter aufgrund von Veränderungen der Marktgegebenheiten. Das beschaffende Unternehmen hat ferner die gesamte Marktentwicklung des Unternehmens zu beobachten. Die Beschaffungsgüter sollten Eigenschaften haben, die sich direkt in den „Veredelungsprozess" des Unternehmens integrieren lassen. Hinderlich sind dabei sowohl zu hohe als auch zu niedrige Qualitätsansprüche an das Beschaffungsgut oder an seine Verfügbarkeit. Hier sollte nach dem Prinzip „gut ist gut genug" gehandelt werden. Überzogene Ansprüche an Qualität und Verfügbarkeit führen zu erhöhten Beschaffungskosten, die der Kunde des beschaffenden Unternehmens unter Umständen nicht als werttreibend empfindet. Der Preis ist ein wesentlicher Aspekt bei der Beschaffung. Allerdings müssen von dem beschaffenden Unternehmen der gesamte Lebenszyklus des Gutes betrachtet und auch die Entsorgungskosten mit einbezogen werden. Erst bei einer Betrachtung der „Total Cost of Ownership" ist ein echter Preisvergleich zwischen verschiedenen angebotenen Gütern möglich. Preisvergleiche haben unter Einbeziehung der Liefer- und Zahlungskonditionen zu erfolgen. Die Lieferanten sind naturgemäß die bestimmende Größe im Rahmen des Beschaffungsprozesses. Allerdings unterliegen die Informationen über bestehende und potenzielle Lieferanten einem permanenten Anpassungsbedarf. Dies bezieht sich sowohl auf die wirtschaftlichen Veränderungen bei den Lieferanten, als auch auf die technischen Möglichkeiten. Der Markt des beschaffenden Unternehmens unterliegt einer permanenten Veränderung. Diese Veränderung bezieht sich auf die Verschiebung der Marktmacht der einzelnen Teilnehmer und auf die Quantität und Qualität der Marktteilnehmer. Der Markt selbst unterliegt einer dauernden Veränderung und ist deshalb konsequent und kontinuierlich auf Veränderungen zu analysieren. Zur Analyse der genannten Objekte bedient sich das beschaffende Unternehmen der Me-

thoden der Marktbeobachtung, der Marktanalyse sowie der Primär-
und der Sekundärforschung (vgl. **Abbildung 1.42**).

Abbildung 1.42 Methoden der Beschaffungsmarktforschung

Marktbeobachtung	Marktanalyse
Mengen-, Preis-,	Lieferantenanalyse
Qualitätsentwicklung	Veränderung der Wettbewerber und
Anbieterstruktur	Lieferantenstruktur
	Umweltveränderungen
	technologischer, politischer, soziokultureller
	Wandel
Primärforschung	**Sekundärforschung**
Eigene Erhebung von Daten über Lieferanten,	Unternehmensinterne Quellen wie
Eigene Erhebung von Daten über den	Bezugsquellen- und Lieferantendateien
Beschaffungsmarkt (entweder selbst oder in	Unternehmensexterne Quellen wie
Auftrag)	Informationsmaterial, Medienberichte,
	Datenbanken, Internet etc.

Generell wird im Rahmen der Marktbeobachtung auf Kenntnisse der
Marktanalyse aufgebaut und ein Markt kontinuierlich beobachtet. Dagegen wird bei der Marktanalyse anlassbezogen gehandelt. Anlässe
können dabei intern, z.b. die Unzufriedenheit mit einem Stammliefe-
ranten, sein oder extern, wenn sich z.b. die Rahmenbedingungen für
das Unternehmen durch Umweltveränderungen oder technologischen
Wandel verändern. Von Primärforschung spricht man, wenn die entsprechenden Daten noch nicht vorliegen und selbst erhoben werden
müssen (bzw. im Auftrag des Unternehmens erhoben werden). Sekundärforschung ist die Aufbereitung bereits vorliegender Daten und Informationen zum Zwecke der gezielten Analyse. Vorteile der Primärforschung sind ihre Aktualität und Individualität. Allerdings ist die
Primärforschung kosten- und zeitintensiv. Die Erkenntnisse aus der
Sekundärforschung sind dagegen nicht immer aktuell und lassen sich
nicht immer 1:1 auf die eigene Unternehmenssituation übertragen. Aus
diesem Grund werden beide Forschungsansätze in der Praxis miteinander kombiniert, um ein optimales Informationsergebnis zu erhalten.

1.2.1.2 Beschaffungsmarktanalyse

Die Beschaffungsmarktanalyse ist der Ausgangspunkt für eine intensive und erfolgreiche Beschaffungsmarktforschung. Die Inhalte der Beschaffungsmarktanalyse konzentrieren sich auf die externe strategische Analyse des Umfeldes des beschaffenden Unternehmens. Zunächst wird das gesamte Umfeld des Unternehmens analysiert. Dazu gehören das politische, das ökonomische, das technologische, das soziokulturelle sowie das ökologische Umfeld des beschaffenden Unternehmens. Die Vorgehensweise im Rahmen der Analyse entspricht der der STEP-Analyse (Sociological, Technological, Economical and Political Change) und wird auf die Anforderungen der Beschaffung übertragen. Sobald fundierte Informationen über das allgemeine Umfeld des Beschaffungsmarktes vorliegen, ist es notwendig, gezielt eine Informationsbasis über die strukturellen Besonderheiten des Beschaffungsmarktes zu erhalten. Eine sinnvolle Vorgehensweise im Rahmen der Beschaffungsmarktanalyse findet man durch die Anwendung des Five-Forces-Modells nach Porter. Porter unterteilt die strategische Analyse des Umfeldes in die Bereiche Verhandlungsmarkt der beschaffenden Unternehmen, Rivalität unter den bestehenden Tier-1-Lieferanten, Bedrohung der Lieferanten durch potenzielle neue Lieferanten sowie die Verhandlungsmacht der Tier-2-Lieferanten, somit der Vorlieferanten der Lieferanten des beschaffenden Unternehmens. Ferner wird die Bedrohung des Lieferantenmarktes durch Substitutionsprodukte analysiert (vgl. **Abbildung 1.43**).

Abbildung 1.43 Branchenstrukturanalyse nach Porter

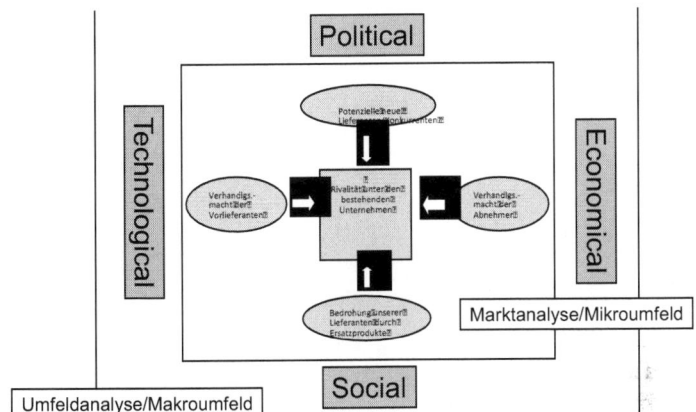

Quelle: In Anlehnung an Porter 1997, S. 244

Für den Beschaffungsbereich bedeutet dies, dass der Markt auf der gleichen Wertschöpfungsstufe analysiert wird und nur Unternehmen in die Betrachtung mit aufgenommen werden, die gleiche oder ähnliche Güter anbieten. Allerdings verschiebt sich der gesamte Betrachtungsbereich um eine Wertschöpfungsstufe nach vorne. Untersuchungsobjekt ist nun der Beschaffungsmarkt des beschaffenden Unternehmens. Hier werden nun die Verhandlungsmacht der beschaffenden Unternehmen einer Branche untersucht sowie die Verhandlungsmacht der Vorlieferanten, der Wettbewerb unter den Lieferanten, die Bedrohung der Lieferanten durch neue auf den Markt drängende Lieferanten oder durch Substitutionsprodukte. In den einzelnen Bereichen stehen nun folgende Informationen über den Beschaffungsmarkt im Mittelpunkt der Beschaffungsmarktforschung:

1.2.1.2.1 Verhandlungsmacht der beschaffenden Unternehmen

Da im Bereich der Beschaffung der Preis immer noch als ein großes Entscheidungskriterium steht, ist es notwendig zu wissen, inwieweit der Lieferant in der Lage ist, den Forderungen des beschaffenden Unternehmens nach niedrigen Preisen, hoher Qualität und hohem Servicegrad nachzukommen. Dies hängt von der Marktstellung des beschaffenden Unternehmens ab, der Gewinnsituation des Lieferanten und dem Standardisierungsgrad der zu beschaffenden Güter. Einen weiteren Einfluss auf die Verhandlungsmacht der beschaffenden Unternehmen hat auch die allgemeine Markttransparenz der Branche. Ferner ist für das beschaffende Unternehmen die Thematik der Rückwärtsintegration zu berücksichtigen, d. h., ob ein eventuelles Insourcing eine Option darstellt. Allerdings sind auch Konzentrationstendenzen für das beschaffende Unternehmen schädlich, da hierdurch Lieferanten aus dem Markt ausscheiden werden und sich mittel- bis langfristig eine Konzentration auf der Lieferantenseite ergibt, die sich negativ auf die Beschaffungspolitik der beschaffenden Unternehmen auswirken kann.

1.2.1.2.2 Rivalität unter den vorhandenen Tier-1-Lieferanten[31]

Rivalität unter den Tier-1-Lieferanten des beschaffenden Unternehmens bedeutet für das beschaffende Unternehmen immer eine gute Ausgangsposition um Preis-, Qualität- und Serviceansprüche durchsetzen zu können. Diese Situation ist abhängig von der Anzahl der am Markt agierenden potenziellen Tier-1-Lieferanten und dem Wachstum der Branche allgemein. Eine hohe Rivalität der vorhandenen Tier-1-Lieferanten ist somit immer ein positiver Aspekt für das beschaffende Unternehmen.

1.2.1.2.3 Bedrohung der Lieferanten durch potenzielle neue Lieferanten

Ein positiver Aspekt aus Sicht der beschaffenden Unternehmen ist der Markteintritt von neuen Lieferanten aufgrund steigender Attraktivität. Dies führt zu einem höheren Wettbewerbsdruck bei den vorhandenen Lieferanten und zu einer verbesserten Position der Abnehmer im Rahmen der Lieferverhandlungen. Für die Lieferanten bedeutet dies

---

31   Tier-1-Lieferanten: Systemlieferanten, Tier-2-Lieferanten: Teile- und Komponentenlieferanten; Tier-3- Lieferanten: Rohstoff- und Materiallieferanten

die Überlegung, den größeren Druck eventuell auf Vorlieferanten zu übertragen, oder auch die eigenen Unternehmensprozesse zu optimieren, um geringere Absatzerlöse durch Rationalisierungseffekte auffangen zu können.

1.2.1.2.4 Verhandlungsmacht der Tier-2-Lieferanten

Tier-2-Lieferanten sind Vorlieferanten des beschaffenden Unternehmens. Für beschaffende Unternehmen ist es wichtig, Kenntnisse über die Situation der Tier-2-Lieferanten zu haben, um einschätzen zu können, ob die Forderungen gegenüber den Tier-1-Lieferanten durchsetzbar sind (die Lieferanten in der Lage sind, Forderungen der beschaffenden Unternehmen an ihre Lieferanten durchreichen zu können). Ferner ist es für das beschaffende Unternehmen nützlich zu wissen, ob eine Kooperation mit dem Vorlieferanten in Betracht kommt, um somit eine höhere Abnehmermacht gegenüber dem Tier-1-Lieferanten zu erlangen.

1.2.1.2.5 Bedrohung der Lieferanten durch Substitutionsprodukte

Insbesondere in einer Branche, die durch Veränderungen geprägt ist, kann sich eine Bedrohung der bestehenden Lieferanten durch Substitutionsprodukte entwickeln. Substitutionsprodukte sind in diesem Fall Güter, die die gleiche Funktion erfüllen wie bereits bei den beschaffenden Unternehmen eingesetzte Güter. Substitutionsprodukte können dazu beitragen, die Kostensituation des beschaffenden Unternehmens zu verbessern, da diese unter Umständen preiswerter zu beschaffen sind, eine bessere Qualität haben oder auch umweltverträglicher sind als die bisherigen Güter. Hier spiegelt sich auch der technologische Fortschritt wider. Substitutionsgüter können allerdings auch politisch gewollt sein. Hier soll die Glühbirne als Beispiel dienen. Ein gesetzliches Verbot der Glühbirne hat den Markteintritt des Substitutes gefördert. Beschaffende Unternehmen haben somit Informationen darüber zu sammeln, inwieweit die eigenen Lieferanten von diesen Substituten bedroht werden und inwieweit das Substitut in das eigene Produktionsprogramm integriert werden kann. Damit Unternehmen langfristig effektive und effiziente Lieferantenbeziehungen aufbauen können, ist es notwendig, diese Informationen vom Markt zu erheben und zu analysieren. Zwar hängt der Detaillierungsgrad der Umfeld- und Branchenstrukturanalyse von der Größe des beschaffenden Unternehmens ab, dennoch sollten auch von mittelständischen und kleinen Unternehmen diese Informationen erhoben werden, um ein strategisches Lieferantenmanagement aufbauen zu können. Als Methoden der Marktabgrenzung im Rahmen der Beschaffungsmarktanalyse werden hier insbesondere die Marktabgrenzung nach Abell[32] sowie das Trichtermodell nach Brodersen erwähnt. Auch hier werden die Methoden auf den Beschaffungsmarkt angewendet.

Abbildung 1.44 Marktabgrenzung nach Abell

In **Abbildung 1.44** ist das Grundmodell nach Abell dargestellt. Das Grundmodell nach Abell hilft dem Unternehmen den eigenen Markt abzugrenzen. Der relevante Markt eines Unternehmens kann theoretisch nach einer zeitlichen, sachlichen und räumlichen Dimension abgegrenzt werden. Diese Abgrenzung des Marktes hat Abell auf den Absatzmarkt eines Unternehmens bezogen. So kann z.B. der Her-

---

32   Quelle: In Anlehnung an Abell, Derek F.,1980, S. 30

steller von Karneval-Pappnasen sich räumlich auf die Karnevalhoch-
burgen Düsseldorf, Köln, Aachen und Mainz konzentrieren, zeitlich
seine Absatzaktivitäten auf die Karnevalsaison begrenzen und als Zielgruppe Karnevalisten festlegen. Auf den Beschaffungsmarkt übertragen erfolgt unter Anwendung der Abgrenzung des Beschaffungsmarktes nach Abell die Abgrenzung eines potentiellen Lieferantenmarktes.
Dieser lässt sich z.b. eingrenzen auf den Beschaffungsraum, beispielsweise „Domestic Sourcing" (Lieferanten nur aus dem Inland). Als potenzielle Zielgruppe wird die Suche nach Lieferanten nur auf die Tier-
1-Lieferanten konzentriert. Es wird z.B. eine weitere Einschränkung
der Lieferantensuche gemacht, indem man sich nur auf die Lieferanten konzentriert, die mit RFID und EDI-Systemen arbeiten. Eine solche Abgrenzung hilft bereits eine Vorauswahl potenzieller Lieferanten
zu treffen, um später eine genauere Lieferantenbewertung durchführen zu können.

Das Trichtermodell nach Brodersen[33] hilft, potenzielle Beschaffungsmärkte zu identifizieren. Um eine Verkleinerung des Untersuchungs-
feldes zu realisieren, werden mithilfe des Trichtermodells Beschaffungsmärkte gefiltert, bis nur einige wenige Beschaffungsmärkte in
die weitere Betrachtung des beschaffenden Unternehmens einfließen.
Das Trichtermodell unterstützt die Konzentration der Informationsbeschaffung auf für das Unternehmen relevante Märkte und dient zur
Kostenreduktion der Informationsbeschaffung. Dieses Modell differenziert zwischen einer Makroanalyse und einer Mikroanalyse der jeweiligen Beschaffungsmärkte (**Abbildung 1.45**).

---

33   Vgl. Brodersen 2003, S. 36ff.

Abbildung 1.45 Trichtermodell nach Brodersen

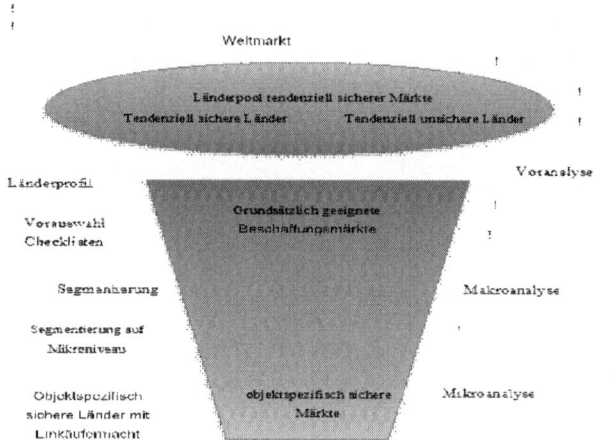

Quelle: Brodersen 2003, S. 36

Durch die systematische Auswahl der Märkte und die Eliminierung nicht relevanter Märkte findet eine Konzentration auf die Anforderungen des beschaffenden Unternehmens statt, abgeleitet aus dessen Beschaffungsstrategie. Entscheidungskriterien für die Auswahl neuer Lieferanten sind hierbei Lieferfähigkeit, politische Stabilität im Herkunftsland des Lieferanten sowie Werthaltungen des Lieferanten.

1.2.1.3 Lieferantenanalyse und -bewertung

Lieferantenmanagement bezeichnet die Summe aller Maßnahmen zur Beeinflussung der Lieferanten im Sinne der beiderseitigen Unternehmensziele. Als Supplier-Relationship-Marketing (SRM) soll dagegen die von der Beschaffungsstrategie ausgehende Gestaltung der strategischen und operativen Beschaffungsprozesse sowie die Gestaltung des Lieferantenmanagements verstanden werden. Als übergeordnete Ziele der Lieferantenanalyse und -bewertung gelten die Optimierung der Beziehungen zur gesamten Lieferantenbasis, die Reduzierung der Prozesskosten und die Reduzierung der Durchlaufzeiten für strategische und operative Beschaffungsprozesse. Weitere übergeordnete Ziele im Rahmen der Lieferantenanalyse sind die Reduzierung der Einstandspreise sowie die Erhöhung der Prozessqualität. Begleitend zu der Lieferantenanalyse und -bewertung sind eine kontinuierliche Kontrolle und Analyse der Einkaufsprozesse und Lieferantenperformance durchzuführen.

Bevor ein Unternehmen in die Ausgestaltung des Supplier-Relationship-Managements investieren wird, muss eine Auswahl über die im Portfolio befindlichen und auch zukünftigen Lieferanten stattfinden. Dazu dient eine systematische Lieferantenanalyse und -bewertung. Eine Lieferantenanalyse und -bewertung kann anhand der in **Abbildung 1.46** aufgeführten Kriterien erfolgen. Das beschaffende Unternehmen kann die unten aufgeführten Kriterien gleichgewichtig behandeln, es ist aber auch üblich mit entsprechenden Gewichtungsfaktoren zu arbeiten, die auf Grundlage der strategischen Ausrichtung des beschaffenden Unternehmens festgelegt werden. In den letzten Jahren sind insbesondere ökologische Aspekte in den Mittelpunkt gestellt worden, da sich das politische Umfeld für ökologische Produkte verändert hat und weiterhin ändert, aber auch eine stärkere Sensibilisierung der Nachfrager stattgefunden hat. Aus diesem Grund erhalten die ökologischen Kriterien zur Beurteilung von Lieferanten mittlerweile einen höheren Gewichtungsfaktor als dies noch Anfang des Jahrtausends üblich war.

Abbildung 1.46 Lieferantenbewertung

Strategie und Organisation	Wirtschaftlichkeit
Geschäftsfelder	Finanzielle Situation
Organisationsstruktur	Wettbewerbsfähigkeit der Preise
Standorte	Legitimität von Preiserhöhungen
Konzernbeziehungen	Annahme und Lieferbedingungen
Partnerschaften	Bezugsnebenkosten
Zulieferbeziehungen	Kostenoptimierungspotential
Qualität	**Logistik**
Qualitätsrichtlinien u. Dokumentation	Infrastruktur
Zertifizierungen	Beherrschung der Logistikprozesse
Beherrschung der Prozesse	Herstellfähigkeit
KVP-Programm	Maschinenkapazität und -auslastung
Erstmusterprüfungen	Belieferungskonzepte
Personalakquisition	Zykluszeiten
Technologie	**Ökologie**
Produkt-Know-how	Umweltstandards
Patente und Lizenzen	Ökobilanzierung
Fertigungsprozesse	Verwendung von recyclingfähigen Produkten
Produktentwicklungsprozesse	und Materialien
Technologie-Infrastruktur	Suche nach Substitutionsmöglichkeiten
Dokumentation	

Quelle: Appelfeller und Buchholz 2011, S. 48

In **Abbildung 1.46** werden die wesentlichen Beurteilungskriterien eines Lieferanten aus Sicht des beschaffenden Unternehmens dargestellt. Die Kriterien können individuell angepasst bzw. erweitert werden. Nachdem die Kriterien der Beurteilung festgelegt sind, geht es in einem weiteren Schritt um die Lieferantenbeurteilung und -auswahl selbst. Die Lieferantenbeurteilung sollte nicht nur vor der Auftragsvergabe erfolgen. Eine Überwachung der mit dem Lieferanten vereinbarten Leistungskriterien ist auch während des Prozesses der Auftragserteilung notwendig, um rechtzeitig bei Defiziten gegensteuern zu können. Nach Abschluss des Liefervertrages erfolgt eine weitere Beurteilung des Lieferanten, um bei eventuell aufgetretenen Defiziten mit dem Lieferanten in Nachverhandlungen treten zu können, oder auch um deutliche Absprachen bei neuen Lieferungen zu machen. Generell kommen bei der Lieferantenbeurteilung die Lieferungen und Leistungen des Lieferanten auf den Prüfstand, das Unternehmen selbst sowie das politische und soziokulturelle Umfeld des Lieferanten (vgl. **Abbildung 1.47**). Dieses Vorgehen ist besonders wichtig bei Lieferanten aus „Emerging Markets". Nachdem die Kriterien und auch der Zeitpunkt der Lieferantenbeurteilung festgelegt wurden, ist im folgenden Schritt

die Methode der Beurteilung zu bestimmen. Es wird zwischen Checklistenmethode, ABC-Analyse, Punktbewertungsmethode sowie Geldwertmethode unterschieden.

Abbildung 1.47 Lieferantenbeurteilung und -auswahl

Einzelkriterien	Bewertungskriterien:		
Liefersortiment	+	- Lieferungen und Leistungen des Lieferanten
Liefermenge	+	- Unternehmen des Lieferanten
Lieferpreise	+	- Umfeld des Unternehmens des Lieferanten
wirtschaftliche Lage		
Zuverlässigkeit		
Innovationsfähigkeit	**Ablauf:**	
Lieferstandort		- Sammlung von Informationen
Social Corporate		- Bestimmung von relevanten
Responsibility		Bewertungskriterien
		- Auswertung
		- Abschließende Beurteilung

Checklistenmethode: Im Rahmen der Checklistenmethode wird eine
Aufstellung der Kriterien erstellt und durch einfache Prüfung festgestellt, ob der Lieferant diese Kriterien erfüllt.

ABC-Analyse: Die Lieferanten werden nach dem letzten Jahresumsatz
in A-, B- und C-Lieferanten eingeteilt. Anhand dieser Einteilung erfolgt in der darauffolgenden Periode (quartalsmäßig, halbjährlich oder
jährlich) die jeweilige Bewertung der Lieferleistung.

Punktbewertungsmethode: Bei der Punktbewertungsmethode werden alle definierten Kriterien mit einer vorher festgelegten Punktzahl
z.B. von 1-10 bewertet. Im Anschluss werden die festgestellten Bewer-
tungspunkte addiert und eine Lieferantenreihenfolge festgelegt. Auch
die Punktbewertungsmethode kann mit Gewichtungsfaktoren kombiniert werden.

Geldwertmethode: Bei der Geldwertmethode werden sämtlichen
Funktionen im Rahmen der Beschaffung monetäre Größen zugeordnet. Anschließend werden die monetären Beträge der untersuchten
Lieferanten addiert und eine Reihenfolge der Lieferanten zur Entscheidungsfindung aufgebaut.

Allen Methoden lassen sich gleiche Abläufe der Lieferantenbewertung und -auswahl zuordnen. Zunächst werden Informationen über den Lieferanten anhand vorher festgelegter Bewertungskriterien gesammelt. Anschließend werden diese Informationen ausgewertet und es kommt zu einer abschließenden Beurteilung des jeweiligen Lieferanten. Dies ist aber kein einmaliger Prozess. Lieferanten werden nicht nur bei der erstmaligen Aufnahme in das Lieferantenportfolio des beschaffenden Unternehmens überprüft und bewertet, sondern sie werden einer laufenden Beurteilung unterzogen.

1.2.2 Beschaffungslogistik

Die Beschaffungslogistik ist sowohl Teil der Beschaffung als auch der Unternehmenslogistik. Die Unternehmensaufgabe Beschaffung umfasst alle Maßnahmen, die darauf abzielen, die Versorgung mit nicht selbsterstellten Inputfaktoren jeglicher Art sicherzustellen. Dem gegenüber stellt die Beschaffungslogistik die Brücke zwischen der Absatzfunktion der Lieferanten und dem eigenen Produktionsprozess dar. Zudem ist die Beschaffungslogistik auf Material- und Informationsflüsse fokussiert.

Der Begriff „Logistik" wurde zuerst von US-amerikanischen Wirtschaftswissenschaftlern Ende der 1950er-Jahre in einem ökonomischen Kontext verwendet. Logistik ist ursprünglich eine militärische Begrifflichkeit, deren Wurzel nicht eindeutig geklärt ist.[34]

„[T]he french have a third process [neben Strategie und Taktik, Anm. d. Verf.], which they call logistics, the art of moving and quartering troops."[35]

Eine Vermutung ist, dass Logistik sich aus dem griechischen „logos" (λόγος = Sinn, Grund, Vernunft) herleitet. Wahrscheinlicher ist aber, dass der Ursprung im französischen „maréchal de logis" (= Viertelmeister, Quartiermeister) liegt. Die erste Verwendung dieses Begriffs

---

34   Vgl. Bartels 1988, S. 54f.

35   The Oxford English Dictionary, 1879, zitiert nach Bartels 1988, S. 54.

in der Literatur wird Baron Antoine-Henri Jomini (1779–1869) zugeschrieben, wobei der Zeitpunkt der Erstverwendung ungeklärt ist. Jomini stand in den Napoleonischen Kriegen zunächst aufseiten Frankreichs, später aufseiten Russlands, vertrat Russland auf dem Wiener Kongress und war seinerzeit einer der einflussreichen Militärhistoriker.[36]

Da sich viele Probleme im Rahmen des betrieblichen Leistungsprozesses mit denen in der militärischen Logistik gleichen, machte es Sinn, den militärischen Terminus Logistik für die betriebliche Analyse zu übernehmen.[37] Allerdings wird der betriebliche Logistikbegriff nicht einheitlich verwendet. Es gibt eine Vielzahl von Definitionen. In diesem Abschnitt wird die Definition von Ulrich Wegner übernommen:

„Logistik ist die ganzheitliche, marktgerechte Gestaltung, Planung, Steuerung und Abwicklung sämtlicher Materialen-, Waren und Informationsflüsse vom Lieferanten in das Unternehmen, innerhalb des Unternehmens sowie vom Unternehmen zum Kunden."[38]

Die Marketinglogistik ist der Teil der Logistik, der sich mit den Schnittstellen zu den Beschaffungs- und Absatzmärkten auseinandersetzt. Die ersten Veröffentlichungen zur Unternehmenslogistik befassten sich schwerpunktmäßig mit der Marketinglogistik. Die betriebliche Materiallogistik kam erst später hinzu. Im deutschsprachigen Raum ist „Marketinglogistik" ein nur noch selten gebrauchter Begriff. Dagegen sind Beschaffungslogistik und Absatzlogistik sehr stark analysierte betriebliche Aufgaben, allerdings werden sie häufig isoliert voneinander betrachtet.[39]

---

36 Vgl. ebenda, S. 54.

37 Vgl. ebenda, S. 55.

38 Wegner 1993, S. 27.

39 Vgl. ebenda.

Abbildung 1.48 Bestandteile der Unternehmenslogistik

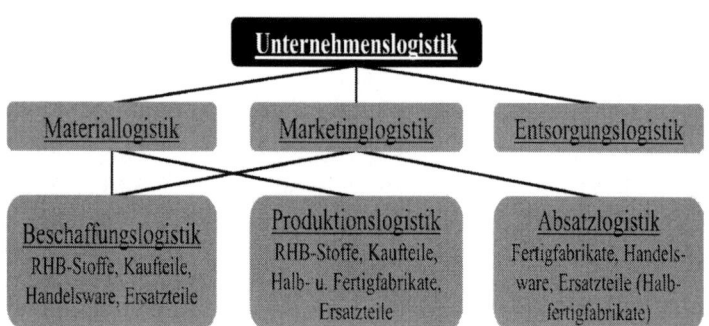

Die Materiallogistik umfasst die logistischen Prozesse von den Ausgangslagern der Lieferanten bis hin zum eigenen Ausgangslager einer Unternehmung. D. h., dass in Abgrenzung zur Marketinglogistik die Absatzlogistik nicht berücksichtigt wird, stattdessen wird die Produktionslogistik mit in die Betrachtung einbezogen (vgl. **Abbildung 1.48**).[40]

Die Entsorgungslogistik ist ein Bereich, der in jüngerer Zeit immer mehr an Bedeutung gewinnt. Gegenstand der Entsorgungslogistik sind neben den entsprechenden Informationsflüssen Rückstände (Sekundärrohstoffe und Abfälle) von ge- und verbrauchten Produkten, Austauschaggregate, Retouren, Leergüter sowie Verpackungen.[41]

Die Bezeichnung Entsorgungslogistik ist durchaus missverständlich, da zu dieser betrieblichen Unternehmensfunktion neben der Beseitigung der Rückstände auch deren Wiederaufbereitung, Wiederverwendung und Verwendung zählen. Zudem ist die Rolle auf den Entsorgungsmärkten ambivalent. Nimmt das Unternehmen auf den Beschaffungsmärkten die Rolle eines Nachfragers, auf den Absatzmärkten die eines Anbieters ein, fungiert das Unternehmen auf einigen Entsorgungsmärkten als Anbieter, wenn es bspw. Produktionsrückstände an Unternehmen anderer Branchen verkauft, während es auf anderen Märkten als Nachfrager bspw. nach Entsorgungsdienstleistungen auftritt. Da die

---

40   Vgl. Pfohl 1995, S. 18.

41   Vgl. ebenda.

Preise auf den Rohstoffmärkten in den letzten Jahren sehr stark gestiegen sind, hat sich für viele Unternehmen der Abverkauf von Produktionsrückständen, Leergütern und Verpackungen als eine lukrative Nebenerwerbsquelle entwickelt.

Die Entsorgungslogistik spielt auch deshalb eine immer bedeutendere Rolle, da viele Unternehmen die Verfolgung von Nachhaltigkeitszielen und ökologischen Zielen in ihrer Unternehmensphilosophie verankert haben. Damit sind Ökologieaspekte vielen Unternehmensfunktionen übergeordnet und die folgenden Faktoren spielen daher ebenfalls eine entscheidende Rolle: Entfernung zu den Lieferanten, Verfügbarkeit von Rohstoffen, zukünftige Umweltbelastungen, die von den verwendeten Materialien ausgehen, die Möglichkeit Materialreste zu recyceln sowie Kosten und mögliche Zusatzeinnahmen, die bei der Entsorgung entstehen.

Die gestiegene Bedeutung der Entsorgungslogistik basiert auch auf der stark zunehmenden staatlichen Regulierung der sehr komplexen Entsorgung. Hier gilt es eine Vielzahl von Richtlinien, Verordnungen und Gesetzen zu beachten. Die Entsorgung wird teilweise sogar auf bereits veräußerte Produkte ausgedehnt. So verpflichtet die „Verordnung über die Überlassung, Rücknahme und umweltverträgliche Entsorgung von Altfahrzeugen" die Automobilhersteller dazu, Altfahrzeuge vom Letzthalter zurückzunehmen und zu entsorgen. (AltfahrzeugV, § 3, Abs. 1)

Abbildung 1.49 Prozess der Unternehmenslogistik

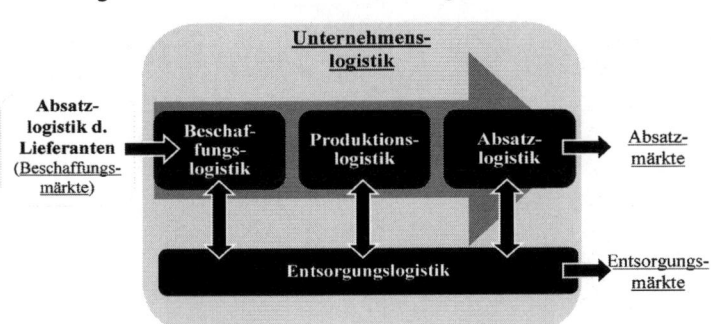

Wie aus **Abbildung 1.49** ersichtlich wird, bildet die Beschaffungslogistik die Brücke zwischen der Absatzlogistik der Lieferanten und der eigenen Produktionslogistik. Sie befasst sich mit den Materialflüssen von RHB-Stoffen, Kaufteilen, Handelswaren und Ersatzteilen sowie den dazugehörenden Informationsflüssen. Die Verzahnung der eigenen Informations- und Materialflüsse mit denen der Lieferanten stellt hierbei eine besondere Herausforderung dar. Dies gilt insbesondere dann, wenn eine Just-in-Time-Produktion durchgeführt wird.

Die Beschaffungslogistik befasst sich sowohl mit Aspekten der Bedarfsermittlung als auch mit Aspekten der Bestellung. Beide Begrifflichkeiten wurden bereits in vorangegangenen Kapiteln behandelt. Da die Logistik im Allgemeinen Prozesse analysiert, spielt bei der Beschaffungslogistik somit die prozessuale Verknüpfung von Bedarfsermittlung und Bestellung eine bedeutende Rolle. Grundsätzlich lassen sich hier drei Varianten unterscheiden:

1. **Vorratsbeschaffung,**

2. **bedarfsgerechte Beschaffung und**

3. **produktionssynchrone Beschaffung.**

Grundlegende Gedanken hierzu wurden bereits in dem Kapitel zur ABC-Analyse und zur XYZ-Analyse gemacht. Ob es zu einer Vorratsbeschaffung, einer produktionssynchronen oder einer bedarfsgerechten Beschaffung kommt, hängt aber auch von strategischen Überlegungen bezüglich des Risikos von Fehlmengen ab.

Die Vorratsbeschaffung führt zum Aufbau von Lagerbeständen. Die Beweggründe, die den Ausschlag für eine Vorratsbeschaffung geben können, lassen sich somit aus den Lagermotiven ableiten. In der Regel soll ein Lager Disparitäten ausgleichen (vgl. **Abbildung 1.50**).

Abbildung 1.50 Lagermotive und Lagerfunktionen

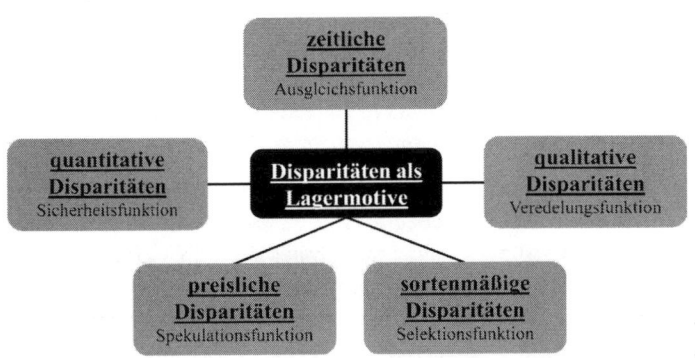

Quelle: In Anlehnung an Kopsidis 1997, S. 120

Zeitliche Disparitäten können auftreten, wenn die Wiederbeschaffungszeiten nicht konstant sind. In einem solchen Fall übernimmt das Lager eine Ausgleichs- bzw. Pufferfunktion, um die zeitlichen Disparitäten aufzufangen. Pufferlager sind häufig auch im Produktionsprozess zu finden. Sie müssen eingerichtet werden, wenn zwei aufeinander folgende Arbeitsschritte nicht synchronisiert werden können. In der Beschaffung erhöhen sie die Toleranz gegenüber Lieferstörungen.[42]

Quantitative Disparitäten sind Ausdruck von unregelmäßigen Verbrauchsentwicklungen. Sie können mehrere Ursachen haben. So kann der tatsächliche Periodenverbrauch höher sein als der, der stochastisch für diese Periode ex ante ermittelt wurde. Unplanmäßige Zusatzbestellungen der Kunden können ebenso zu quantitativen Disparitäten führen. Das Gleiche gilt, wenn es in einer Dispositionsperiode zu überdurchschnittlichen Ausschussraten kommt, außerordentlicher Schwund entsteht oder vermehrt Produktionsstörungen anfallen.[43]

Selbst wenn eine produktionssynchrone oder eine bedarfsgerechte Beschaffung möglich wären, kann es sinnvoll sein, eine Vorratsbeschaffung zu bevorzugen. Dies kann der Fall sein, wenn eine exakte Verbrauchs-

---

42   Vgl. Kopsidis 1997, S. 120.

43   Vgl. ebenda.

ermittlung zwar möglich, aber extrem arbeits- und kostenaufwendig wäre. Weitere Gründe können sein, dass ein Unternehmen eine hohe Versorgungssicherheit anstrebt und Produktionsstörungen durch zeitliche sowie quantitative Disparitäten vermeiden möchte, um Konventionalstrafen, die bei Lieferverzug zu leisten sind, auszuschließen oder um mögliche Folgeaufträge nicht zu gefährden.[44]

In Zeiten von stark schwankenden Rohstoffpreisen wird die Spekulationsfunktion immer bedeutender. Viele Unternehmen versuchen sich zu einem Zeitpunkt am Markt mit Materialien einzudecken, zu dem die Materialien preisgünstig erscheinen. Ähnliches gilt bei günstigen Angeboten, die zeitlich befristet sind. Auch Rabatte aufgrund hoher Bestellmengen und die Reduktion von Lieferkosten aufgrund von wenigen Großbestellungen zählen zu preislichen Disparitäten, die eine Vorratsbeschaffung sinnvoll erscheinen lassen können.[45]

Wenn bestimmte Materialien durch die Lagerung neue Eigenschaften oder eine höhere Qualität erlangen, erfüllte das Lager eine Veredelungsfunktion. Ist die Qualität von Materialien unterschiedlicher Sorten und Chargen nicht immer exakt identisch, kann das Lager die Selektionsfunktion übernehmen, bspw. wenn für die Auftragsbearbeitung eines Kunden möglichst nur Materialien einer Charge genutzt werden.[46]

Generell lässt sich feststellen, dass sich ein Unternehmen die Vorteile einer Vorratsbeschaffung durch höhere Lager- und Kapitalbindungskosten erkauft. Zudem trägt das Unternehmen das Risiko, dass die eingelagerten Materialen an Wert verlieren. Solche Werteverluste können bspw. auf sinkende Materialpreise, auf unsachgemäße Lagerung oder auf Elementarschäden (Brand, Wassereinbruch etc.) zurückzuführen sein.[47]

---

44   Vgl. Ebel 2008, S. 175.

45   Vgl. Kopsidis 1997, S. 120.

46   Vgl. ebenda.

47   Vgl. Ebel 2008, S. 175.

Die bedarfsgerechte Beschaffung, die auch Einzelbeschaffung genannt wird, verzichtet auf die Bildung von Lagern. Erst wenn ein konkreter Bedarf an den jeweiligen Materialien besteht, werden diese auch beschafft. Werden die Materialien angeliefert, gehen sie direkt in die Produktion oder werden nur für eine kurze Zeitdauer eingelagert. Die Vorteile dieser Beschaffungsart liegen in der geringeren Kapitalbindung sowie den reduzierten Zins- und Kapitalkosten.[48] Zudem entfällt das schon angesprochene Risiko, dass eingelagerte Waren einen Werteverlust erleiden.

Den Vorteilen der bedarfsgerechten Beschaffung stehen natürlich einige Nachteile und Risiken gegenüber. So stehen bei dieser Beschaffungsart die Bedarfsermittlung und die Terminplanung in einem besonderen Fokus. Beide müssen möglichst exakt sein, was zu höheren Kosten durch einen gestiegenen Planungs- und Koordinierungsaufwand führt. Zudem wirken sich Störungen und Fehler bei der Anlieferung direkt auf die Produktion aus und können den Produktionsprozess verzögern sowie teilweise oder ganz zum Erliegen bringen. Dieses Risiko besteht bei

- verspäteten Lieferungen,
- Nichtlieferungen,
- quantitativen Abweichungen der angelieferten Materialen vom Bedarf und
- qualitativen Abweichungen der angelieferten Materialen vom Bedarf.

Die Gründe hierfür können vielfältig sein. Sie reichen von technischen Problemen (bspw. bei Übermittlungsfehlern oder LKW-Pannen) über Eigen- und Fremdverschulden bis zu höherer Gewalt.

Auch bei Materialien, die nur selten in der Produktion verwendet werden und deren Bedarf nur schwer zu ermitteln ist, macht die bedarfsgerechte Beschaffung aus Kostengründen Sinn. Dies ist auch der Fall, wenn der Kunde spezielle Anforderungen oder Ausfertigungen eines

---

48   Vgl. Oeldorf und Olfert 2008, S. 238; Kopsidis 1997, S. 192.

Produkts wünscht. In diesen Fällen sollte der Kunde schon beim Auftragseingang darauf hingewiesen werden, dass sich die Produktion und die Auslieferung ggf. verlängern können.

Bei Einzelfertigungen, dies ist häufig bei Großprojekten, wie z. B. dem Bau von Luxusjachten, der Fall, kommt der bedarfsgerechten Beschaffung eine große Bedeutung zu. Am Projektbeginn steht häufig die exakte Ausgestaltung des Endprodukts noch nicht fest. Es ist daher kaum planbar, welche Materialien in welchen Mengen zu welchem Zeitpunkt im Detail benötigt werden. Eine Bevorratung macht hier ebenfalls keinen Sinn.[49]

Die produktionssynchrone Beschaffung oder auch JIT-Beschaffung stellt eine Kombination aus den beiden vorangegangenen Beschaffungsvarianten dar. Wie die Einzelbeschaffung wird weitestgehend auf die Lagerhaltung verzichtet. Die angelieferten Waren werden direkt dem Produktionsprozess zugeführt oder nur sehr kurzfristig eingelagert. Allerdings besteht bei den zu beschaffenden Gütern ein immer wiederkehrender Bedarf.[50]

Die Anlieferung der benötigten Materialen kann dabei sogar mehrmals täglich erfolgen. Dies ist häufig bei Serienfertigung der Fall, wenn großvolumige Bauteile angeliefert und verarbeitet werden müssen. Eine Einlagerung wäre hier gar nicht möglich.

In der Automobilindustrie hat die JIT-Beschaffung zur Bildung von Lieferantenparks in der unmittelbaren Nähe zu den Automobilfabriken geführt. Einige Lieferantenparks sind sogar direkt auf dem Werksgelände der Automobilhersteller eingerichtet. In jedem Fall werden heutzutage Automobilfabriken direkt mit Lieferantenparks ergänzt. Dabei werden nicht nur Zulieferer, die in der Regel Systemlieferanten sind, in diesen Parks angesiedelt, Logistik- und Servicedienstleister sind hier ebenfalls zu finden. Die logistische Integration der Zulieferer in die Produktionsprozesse und -strukturen ist durch die räumliche

---

49   Vgl. Appelfeller und Buchholz 2011, S. 244.

50   Vgl. ebenda, S. 246.

Nähe und die Clusterung der Zulieferer somit einfacher und dementsprechend weit entwickelt.[51]

1.3 Neue Aspekte in der Beschaffung

Der Begriff der Beschaffung hat in der Literatur in den letzten Jahren einen Bedeutungswandel erfahren. Heute wird unter Beschaffung
nicht nur der rein physische Aspekt der Beschaffung von der Bedarfsermittlung bis zur Ausführung der Bestellung verstanden, es kommen
die Aspekte des Supply-Chain-Managements, Supplier-Relationship-
Managements sowie der Qualitätsbegriff nebst Entsorgungsstrategien
hinzu. Aus diesem Grund beschäftigt sich dieses Kapitel auch mit diesen neuen Aspekten und stellt diese in den folgenden Kapiteln vor. Das
Supply-Chain-Management bildet den Ausgangspunkt der Betrachtung, da hiermit die organisatorische Gebildestruktur zur Zusammenarbeit zwischen Vorlieferant, Lieferant, beschaffendem Unternehmen,
Kunde und Endkunde realisiert wird.

1.3.1 Supply-Chain-Management (SCM)

Nach Appelfeller und Buchholz wird „das Management der gesamten
Wertschöpfungskette... häufig als Supply Chain Management (SCM)
bezeichnet und bezieht sich auf die strategische Planung und operative Abstimmung logistischer Aktivitäten entlang der gesamten Wertschöpfungskette vom Rohstofflieferanten bis hin zum Endkunden."[52.]
Klumpp und Koppers[53] charakterisieren Supply-Chain-Management
in ihrem Arbeitspapier wie folgt: „In einem dynamischen, häufig un-
vorhersehbaren, turbulenten und von hoher Wettbewerbsintensität ge-
prägten Marktumfeld müssen Unternehmen auf die sich permanent
verändernden Einflussfaktoren flexibel reagieren können."[54] Das Kon-

---

51   Vgl. Klug 2010, S. 6ff.

52   Appelfeller und Buchholz 2011, S. 4

53   Vgl. Klumpp und Koppers 2008, S. 170ff.

54   Kuhn und Hellinggrath 2002, o.S.; Pfohl 2000, S. 3.

zept des Supply-Chain-Managements (SCM) strebt eine Optimierung der Geschäftsprozesse innerhalb einer Wertschöpfungskette (Supply Chain) an, um eine Anpassung an die dynamischen Marktanforderungen zu erreichen.[55] „Eine Supply Chain (SC) setzt sich in der Regel aus einer Mehrzahl von Unternehmen zusammen, die ein bestimmtes Gut vom Rohstoff bis zum Kauf durch den Endkunden realisieren, so dass die Geschäftsprozesse unternehmensübergreifend optimiert werden müssen.[56] Im Idealfall wird die Zusammenarbeit der involvierten Unternehmen in der SC zu kooperativen Beziehungen ausgebaut."[57] Den Kooperationen wird eine entscheidende Bedeutung für den Erfolg des SCMs beigemessen. Das SCM steuert die Logistikketten aller vernetzten Unternehmen der Wertschöpfungskette. Ziel ist es, einen reibungslosen Lieferablauf im gesamten Unternehmensnetzwerk zu erreichen, auch über die Unternehmensgrenzen hinaus. Der entscheidende Unterschied in der Betrachtung des Logistikprozesses ist die ganzheitliche Sicht auf die gesamte Kette innerhalb des SCMs vom Rohstofflieferanten bis zum Kunden des eigenen Kunden. Betrachtet werden im SCM neben den Material- und Informationsflüssen auch die Geldströme zwischen den Partnern.

1.3.1.1 Ziele des SCMs

„Ziele des Supply Chain Management (SCM) sind der Aufbau, der Betrieb und die Anpassung eines aus der Gesamtsicht abgestimmten Wertschöpfungsprozesses zur möglichst effizienten Befriedigung der Bedürfnisse von Endkunden bei gleichzeitiger Maximierung des Kundenservice. Dabei wird SCM als übereinstimmendes Konzept zur Integration überbetrieblicher Geschäftsprozesse verstanden die andere Konzepte wie z.B. ECR oder CRM integrativ verbindet."[58] Die Ziele des SCMs orientieren sich an den Zielen des Efficient Consumer Respon-

---

55   Vgl. Olfert 2005, S. 34.

56   Vgl. Busch und Dangelmaier 2004, S. 4.

57   Busch und Dangelmaier 2004, S. 4.

58   Becker und Schütte 2004, S. 12.

se (ECR). Efficient Consumer Response wird definiert als das Management der beteiligten Wertschöpfungsstufen mit dem Ziel einer effizienten Befriedigung von Konsumentenbedürfnissen, „um allen Beteiligten einen Nutzen zu stiften, der im Alleingang nicht zu erreichen wäre."[59]

Für das Management der Lieferkette sind dies insbesondere:

- die Kostensenkung (im Sinne von Produktivitätssteigerungen, Bestandsverringerungen und sinkenden Durchlaufzeiten) und

- die Erhöhung der Kundenzufriedenheit.

Diese sehr grobe Beschreibung kann noch weiter präzisiert werden, indem der Blick auf die verschiedenen Wertschöpfungsstufen gerichtet wird oder auf die Schwerpunkte der beteiligten Unternehmen, wie die marktpsychologischen (Kundenzufriedenheit, Kundenloyalität und Kundenbindung) bzw. marktökonomischen Ziele (Reduzierung von Kosten, Verringerung der Kapitalbindungskosten und Erhöhung des Umsatzes durch eine Reduzierung der Bestandslücken) der am Wertschöpfungsprozess beteiligten Unternehmen. Im Rahmen des Supply-Chain-Managements werden folgende Basisstrategien angewendet, die nachfolgend am Beispiel des Handels dargestellt werden.

Efficient Replenishment

Das Efficient Replenishment (ER), die effiziente Warenversorgung, beschreibt die „nachfragesynchrone Produktion und Distribution der Ware auf Basis von realen Abverkaufs- und Bestandsführungsdaten".[60] Dabei geht es um eine optimale Balance zwischen den operativen Kosten und dem angestrebten Dienstleistungsgrad.[61] Es wird im weiteren Verlauf deutlich, dass sich die Zuordnung des ER zum SCM durchaus diskutieren lässt und es ebenfalls möglich ist, das ER auch im Rahmen des Category-Managements zu besprechen. Mit der hier vorgenomme-

---

59 Heydt 1998, S. 5.

60 Seifert 2006, S. 110.

61 Vgl. Heydt 1999, S. 4.

nen Zuordnung soll keine Präferenz für die eine oder andere Variante deutlich werden, die Darstellung folgt lediglich einem gewissen Pragmatismus. Es wurde bereits angesprochen, dass ein großes Problem des Handels darin besteht, dass Bestandslücken (Out of Stocks) auftreten können, so dass ein wesentliches Ziel des ER darin besteht, die Produktion durch die Nachfrage am Point of Sale zu steuern und in Bezug auf die Primär- sowie die Sekundärlogistik eine ganzheitliche Betrachtung zu etablieren. Dies ist aus zwei Gründen notwendig: Zum einen ist der Kunde verärgert, wenn er die gewünschten Produkte nicht vorfindet, einer potenziellen Kundenbindung ist dies entsprechend abträglich. Zum anderen kann die Bestandslücke zum vollständigen Kaufverzicht führen und/oder Auswirkungen auf den Kauf bzw. Kaufverzicht anderer Produkte haben. Dies ist insbesondere bei sog. Verbundeffekten der Fall. Die im Rahmen des ER diskutierten Maßnahmen beziehen sich auf die informationstechnologischen Rahmenbedingungen und auf die Frage der organisatorischen Zuordnung der Verantwortlichkeit für die optimale nachfrageorientierte Produktion.

1.3.1.1.1 Computer Assisted Ordering (CAO)

Die computergestützten Dispositionsprogramme sind eine notwendige Bedingung für die Optimierung des Efficient Replenishment. Beim CAO werden Bestellungen eines Handelsunternehmens aufgrund von Bestands- und Verkaufsdaten automatisch, z. B. unter Zuhilfenahme von Scanner-Kassen, generiert. Die notwendigen Daten können sein: Abverkaufsdaten, Absatzprognosen, Wiederbeschaffungszeiten, angestrebte Bestandsmengen (inkl. Sicherheitsbestand) und externen Daten (Wetter, Wettbewerberaktionen etc.). Zusammengefasst bezieht sich CAO damit auf die Datenerfassung, die Datenanalyse, die Bedarfsprognose und die Bestellung auf Einkaufsstätten- bzw. Zentrallagerebene. In vielen Bereichen werden diese Daten heute noch manuell, bspw. durch den Filialleiter oder einen

Mitarbeiter des Lieferanten (z.B. Category Manager) erfasst, was einerseits mit einem hohen Zeitaufwand verbunden ist und andererseits, in Abhängigkeit von der Erfahrung des Filialleiters/Mitarbeiters, mit hohen Unsicherheiten in der Prognose, da eventuell ungenau erfasst wird, Sonderaktionen unberücksichtigt bleiben oder Ähnliches. Als weitere Technologie, neben der Verwendung von Scanner-Daten, wird die RFID-Technologie geprüft (bspw. in Märkten des Handelsunternehmens Real) und eingesetzt.

1.3.1.1.2 Vendor Managed Inventory

Vendor Managed Inventory beschreibt die mögliche Verlagerung der Verantwortung für das Warenbestandsmanagement vom Handel auf den Lieferanten. Die grundsätzliche Überlegung ist, dass der Hersteller das Abverkaufsverhalten seines Produktes und die Produktions- und Transportprozesse am besten kennt und, um die Kenntnisse des Handels ergänzt, die Kosten tatsächlich minimieren und die Kundenbefriedigung maximieren kann. Dabei lassen sich verschiedene Stufen unterscheiden: Klassischerweise findet diese Übertragung vollständig statt und der Händler sendet alle notwendigen Daten über CAO an den Hersteller, der dann die vollständige Organisation für die Ware übernimmt. Eine etwas abgeschwächte Form stellt das sog. Co-Managed Inventory dar, bei dem der Hersteller alle üblichen Dispositionen übernimmt und der Handel lediglich aktiv wird, wenn es sich um Aktionsware handelt. Beim Buyer-Managed Inventory hat der Hersteller schließlich nur noch beratende Funktion und der Händler entscheidet alleine über die Lieferung. Ob und in welchem Ausmaß die Verantwortung auf den Handel übertragen werden kann, ist sicherlich im Einzelfall zu überprüfen.

1.3.1.1.3 Efficient Administration

Wie sich durch den Begriff schon vermuten lässt, handelt es sich hierbei um die Bemühungen, die administrativen Bestandteile der Kooperation hinsichtlich ihrer Effizienz zu optimieren. Dies ist insbesondere in Bezug auf Konditionensysteme oder jede Form von

Bestell-, Liefer- oder Zahlungsverkehr relevant. So kann eine Vereinheitlichung oder zumindest Vereinfachung von verschiedenen Konditionensystemen effizienzsteigernd wirken oder die Umstellungen der angesprochenen Verkehrswege auf elektronisch standardisierte Formen (wie beispielsweise bei EDI) eine sinnvolle zeitliche Einsparung mit sich bringen. Dabei kann sich die Nutzung von EDI sowohl auf die unternehmensinterne als auch die unternehmensexterne Kommunikation beziehen. Es ist auch an dieser Stelle wichtig darauf zu verweisen, dass die Einsparungen lediglich Potenziale darstellen, die, ähnlich wie bei Economies of Scale, nur erreicht werden, wenn das Unternehmen optimal darauf ausgerichtet ist. So führen die üblicherweise jährlichen Zusammenkünfte von Handel und Industrie eher zu einer Debatte um Konditionen. Da die Ergebnisse der Diskussionen um Konditionen und Werbekostenzuschüsse eher etwas mit der Verteilung der Marktmacht zu tun haben denn mit der Effizienz, sind solche Diskussionen im Sinne des ECR nicht zwingend sinnvoll. Hier muss von der einzelwirtschaftlichen Betrachtung in eine wertschöpfungskettenübergreifende Betrachtung gewechselt werden, die für alle Beteiligten erfolgreich ist und die bereits erwähnte Win-Win-Situation realisierbar macht.

1.3.1.1.4 Efficient Operating Standards (EOS)

Im Rahmen der Betrachtungen zu EOS, bei denen es im Wesentlichen um die Setzung möglichst einheitlicher Standards entlang der Wertschöpfungskette geht, spielen insbesondere Cross Docking, Barcoding, Roll-Cage Sequencing und Efficient Unit Loads eine entscheidende Rolle, die im Weiteren erklärt werden.

Cross Docking

Cross Docking entstand aus der Notwendigkeit des Handels Zwischenlager aufzubauen, da das direkte Anfahren der Verkaufsstellen durch die einzelnen Produzenten in den Innenstädten aus Platzgründen oft nicht möglich war. Die Waren werden also vom Produzenten zu den Zwischenlagern gebracht und dort filialgerecht kommissioniert und direkt in einem Transportfahrzeug zur Verkaufsstelle befördert. Damit sind die Zwischenlager des Handels im Idealfall nur noch Umschlagplatz und es findet keine Zwischenlagerung der Ware mehr statt.[62] Dies setzt voraus, dass die Ware bereits auf den Empfänger zugeschnitten ist. Auf diese Art reduzieren sich die Durchlaufzeiten, die Kapitelbindung

---

62   Vgl. Harps 1996, S. 13ff.

für die Handelslager und der Umschlag pro Quadratmeter Lagerfläche erhöht sich. Es lassen sich mehrere Formen, vom einstufigen (Pre-Allocated Cross Docking, PAXD) bis zum mehrstufigen System, unterscheiden, die in Abhängigkeit von der Komplexität des Prozesses angewandt werden. Anwender von Cross Docking sind u. a. Aldi, Douglas und Hornbach.

Barcoding

Barcoding, also die Codierung der Verpackungen und Paletten erfolgt regelmäßig über EAN 128 bzw. GS1-128. So ist es z. B. üblich, Lebensmittelpaletten neben dem Produktcode (wie beim EAN 13) zusätzlich mit Gewichtsangaben und dem Haltbarkeitsdatum im Barcode auszuzeichnen. Um diese unterschiedlichen Daten in einem Barcode zu codieren, gibt es einen internationalen Standard für Datenbezeichner, die angeben, welche Daten codiert sind. Die Werte innerhalb der Klammern sind die Application Identifier (AI) und die Werte danach die entsprechenden Daten. Die Klammern dienen nur der Lesbarkeit der Klarschriftzeile und sind nicht in dem Strichcode codiert. Die (01) kennzeichnet beispielsweise den Produktcode, welcher immer in 14 Ziffern angegeben wird. Diese 14 Ziffern folgen dem AI. Daraufhin folgt der nächste AI für die nächsten Daten. In diesem Beispiel ist es das Haltbarkeitsdatum, gekennzeichnet durch den AI (15), welcher immer 6-stellig ist und das Datum in der Form JJMMTT darstellt. In diesem Beispiel ist es also das Datum 31.12.05.). Ein Barcode könnte z. B. wie in **Abbildung 1.51** aussehen.

Abbildung 1.51 Beispielhafter Barcode

Quelle: http://www.activebarcode.de/codes/eanucc128.html, 13.08.2014.

Roll-Cage Sequencing

Roll-Cage Sequencing bedeutet eine dem Layout der zugehörigen Filiale entsprechende Beladung der Rollcontainer im Distributionszentrum. Dazu wird das Layout des Distributionszentrums dem der Filialen angepasst und ein Computerprogramm berechnet danach die optimale Zusammenstellung des Rollcontainers. Dabei berücksichtigt es auch, dass keine schweren Produkte auf leicht zerbrechlichen gestapelt werden. Das Ergebnis sind höhere Kosten für das Distributionszentrum (keine maximal gefüllten Rollcontainer, Pufferplätze und längere Wege im Lager), denen aber Einsparungen durch die erleichterte Ausgangskontrolle gegenüberstehen. Für die Filiale sind die Einsparungen sehr groß. Der Wareneingang und das Einräumen der Regale lassen sich leichter und schneller bewerkstelligen. Pilotprojekte haben gezeigt, dass die Einsparungen in der Filiale die zusätzlichen Kosten des Distributionszentrums übersteigen.

Efficient Unit Loads

Efficient Unit Loads stellt eine einheitliche und effiziente Gestaltung aller Ladungseinheiten (Rollcontainer, Paletten, sog. Unit Loads) und eine weitestgehende Standardisierung logistischer Rahmenbedingungen nach ISO 3676 dar. Hierzu zählen u. a. die effiziente Gestaltung des Fahrzeugeinsatzes, der Tourenpolitik und der optimalen Ausnutzung der Transportbehälter. Letztere führt unmittelbar zum Ziel der Einführung von Mehrweg-Transportverpackungen (Reusable Transport Items [RTI[bzw. Packaging [RTP[). Dies wird vor dem Hintergrund der Vielfalt genutzter Transportbehälter und der daraus resultierenden Probleme bei den Umschlagplätzen notwendig.

1.3.1.1.5 SCOR als SC-Referenz-Modell

1996 wurde von zwei Unternehmensberatungen Pitiglio Robin Todd & McGrath sowie Advanced Manufacturing Research aus den USA eine Methode entworfen, welche die Elemente einer Supply Chain umfassend analysieren und die Abläufe innerhalb einer Supply Chain standardisieren sollte. Diese Methode wurde als Supply Chain Operations

Reference-Modell (SCOR) bezeichnet. Hierzu wurde das Supply-Chain Council gegründet, dem inzwischen über 1000 Unternehmen, u. a. McDonald's, BASF und BCG, angehören. Mit der inzwischen veröffentlichten Version 11.0 lassen sich die Geschäftsprozesse unternehmensintern und extern beschreiben und ggf. verbessern (www.supplychain.org, 13.08.2014) (vgl. **Abbildung 1.52**).

Abbildung 1.52 Projektorientierter Aufbau des SCOR-Modells

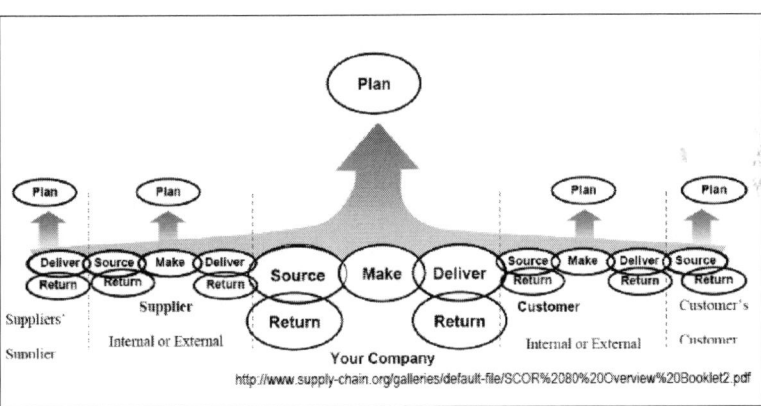

Quelle: http://www.supplychain.org/galleries/publicgallery/
SCOR%209.0%20Overview%20Booklet.pdf

Dabei funktioniert das SCOR-Modell in drei Schritten:

Zum Ersten werden die fünf entscheidenden SCM-Elemente auf dem sog. Top-Level getrennt voneinander beschrieben. Welche Elemente vom einzelnen Unternehmen ausgeführt werden, hängt von der jeweiligen Wettbewerbssituation und möglichen daraus resultierenden Differenzierungsmöglichkeiten und -notwendigkeiten ab. Zum Zweiten werden die maximal fünf Elemente, die auch als SCOR-Prozesse bezeichnet werden, dann in drei weiteren Ebenen konkretisiert. Zum Dritten werden in die Betrachtung schließlich die Konzepte Business Process Reengineering (BPR), Benchmarking und Best-Practice-Analyse (BPA) integriert.

Die fünf SCOR-Prozesse sind Planung (Plan), Beschaffung (Source), Produktion (Make), Lieferung (Deliver) und (wenn nötig) Rückgabe (Return). Die Planung umfasst u. a. die Abstimmung der eingebundenen Ressourcen bei Angebot und Nachfrage sowie das Management u. a. der Planungsinfrastruktur, der Datenerfassung, des Supply-Chain-Erfolgs und der Supply-Chain-Risiken. Entsprechend werden im Rahmen der Beschaffung die notwendigen Beschaffungsinfrastrukturen gemanagt und u. a. für die Beschaffung des Materials gesorgt, die Bezahlung der Lieferanten autorisiert und ggf. Beschaffungsquellen identifiziert und ausgewählt. Ähnliches gilt für die Produktion. Hier kann zwischen Lagerfertigung (Stocked Product), Auftragsfertigung (Make-to-Order) und Projektfertigung (Engineer-to-Order) unterschieden werden. Darüber hinaus gehören Aspekte des Produkttests und der Verpackung zu den Aufgaben der Produktion. Dies bezieht sich inzwischen auch auf die Behandlung von Ausschusswaren und Abfallprodukten in jeglicher Form. Die Lieferung verwaltet das Lager bzw. die eingehenden Aufträge und die damit generierten Transporte. Hierzu gehören auch die Auswahl von Transportunternehmen und die Kontrolle der Verschiffung von Ware sowie ggf. der Transport direkt zum Kunden und die Installation der Ware z.B. bei PC-Software. Im Rahmen der Rückgabe müssen sowohl der Eingang fehlerhafter Produkte organisiert werden als auch die eventuell notwendige Rücksendung von Rohstoffen an Lieferanten. Darüber hinaus geht es um die Reparatur und Instandsetzung von erhaltener oder gemeldeter fehlerhafter Ware.

Auf Ebene 1 (Planungsebene) werden die logistische Leistungsfähigkeit des Unternehmens analysiert und messbare Ziele gesetzt, die in der zukünftigen Wertschöpfungskette relevant werden. Auf Ebene 2 (Konfigurationsebene) wird den fünf SCOR-Prozessen eine sinnvolle Kombination der drei Prozesstypen (Planung, Durchführung und Unterstützung) zugewiesen. So macht es beispielsweise im Planungsprozess keinen Sinn, die Durchführung einfließen zu lassen und stattdessen eine Konkretisierung der eigentlichen Planung und der Unterstützung durchzuführen. Der Prozesstyp Planung beschreibt Prozesse, die geeignet sind, erwartete Ressourcen und erwartete Nachfrage zu koordinieren und macht damit die Grundidee des gesamten Supply-

Chain-Managements, nämlich die Orientierung an der Nachfrage, wieder deutlich. Der Prozess der Durchführung beschreibt die Prozesse, die durch geplante oder tatsächliche Nachfrage ausgelöst werden und den Status eines Produktes verändern. Schließlich beschreibt der Unterstützungsprozess die Prozesse, die geeignet sind, solche Informationen oder Beziehungen vorzubereiten, aufrechtzuerhalten oder zu verwalten, auf denen Planungs- und Ausführungsprozesse basieren. Auf Ebene 3 (der Gestaltungsebene) geht es um die Frage der Implementierung der Teilprozesse, wobei der Fokus der Betrachtungen auf dem Material- und Informationsfluss liegt, was damit den vorab in diesem Aufsatz bereits angesprochenen Ideen des Supply-Chain-Managements entspricht. Dabei geht es sowohl um die Reihenfolge der Prozessschritte, als auch um die notwendigen Input- und Outputinformationen. Die Ebene 4 bezieht sich auf die firmenspezifische und deswegen außerhalb des Modells zu diskutierende softwarebezogene Unterstützung.

Schließlich müssen Kennzahlen bestimmt werden, die eine Beurteilung der Leistungsfähigkeit und des Ergebnisses erlauben und damit auch eine Vergleichbarkeit möglich machen. Hier finden sich verschiedenste Kennzahlen, die in kundenbezogene und unternehmensbezogene unterteilt werden können, wie u. a. die sog. Cash-to-Cash Cycle Time, die beschreibt, wie lange Kapital vom Materialkauf bis zur Bezahlung durch den Kunden gebunden ist. Nach dieser Beschreibung der wichtigsten SCM-Aspekte folgen im Weiteren die Darstellungen der betriebswirtschaftlichen Bereiche der Beschaffung und der Produktion. Hierbei wird auf die im Rahmen dieses Buches wesentlichen Aspekte eingegangen.

1.3.1.2 Kernbestandteile des SCMs

Nach Kummer, Grün und Jammernegg[63] sind die Grundvoraussetzungen für effizientes SCM Kooperationen zwischen Unternehmen. Ohne eine vernünftige Aufgabenteilung innerhalb der Supply Chain ist eine ökonomische Zusammenarbeit nicht möglich. Kernbestandteile des Supply-Chain-Managements sind hierbei:

---

63   Vgl. Kummer et al. 2009, S. 338.

- Supply-Chain-Analyse,

- Supply-Chain-Design,

- Supply-Chain Planning,

- Supply-Chain Operations,

- Supply-Chain-Controlling.

Ein elementares Problem vieler Unternehmen ist die Tatsache, dass nicht in ausreichendem Maße Informationen vorliegen, in welchen SCMs das Unternehmen überhaupt eingebunden ist. Der direkte Vorlieferant sowie der direkte Kunde sind dem Unternehmen noch bekannt, es fehlt allerdings an Informationen von den Initiallieferanten bis zum Endkunden des Produktes. Diese Kenntnisse sind notwendig, um eine Entscheidung treffen zu können, ob die gesamte Kette weiter optimiert und die Durchlaufzeit verkürzt werden können. Hierbei hilft die Supply-Chain-Analyse, bei der das eigene Unternehmen in den Mittelpunkt der Betrachtungen gesetzt wird. Anschließend wird analysiert, wer die direkten Vorlieferanten sind und an welche Kunden die vom Unternehmen veredelten Produkte verkauft werden. Danach wird analysiert, wer die Vorlieferanten der Lieferanten des Unternehmens und wer die Kunden der direkten Kunden des Unternehmens sind. Dies wird fortgesetzt bis zu dem Punkt an dem der erste Lieferant und der letzte Kunde in der Kette erreicht werden. Die Analyse der bestehenden Supply Chain steht somit am Anfang der Optimierung (vgl. **Abbildung 1.53**).

Abbildung 1.53 Funktion des beschaffenden
Unternehmens in der gesamten Supply Chain

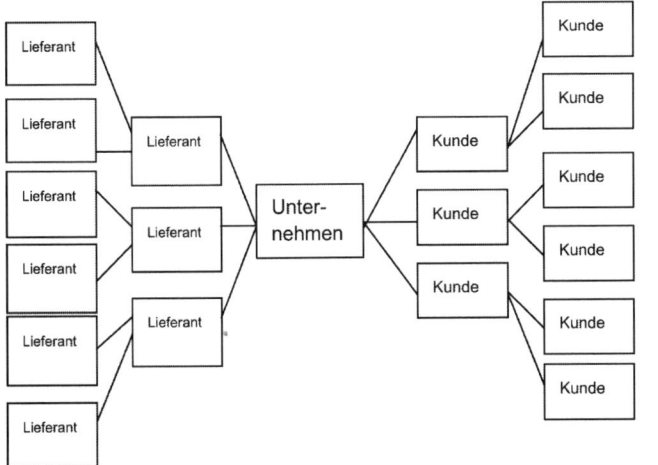

Im Rahmen der Analyse der gesamten Supply Chain eines Unternehmens werden sowohl die Lieferantenseite als auch die Kundenseite mit
in die Überlegungen einbezogen. Den Ausgangspunkt bildet die Identifizierung des Optimierungspotenzials der gesamten Kette. Fragestellungen der Analyse sind hierbei das Potential der Effizienzsteigerung
und die Steigerung der Effektivität der gesamten Supply Chain (SC).
Dies kann dazu führen, dass nach Abschluss der Analyse die Distri-
butionswege verändert, Lieferantenbeziehungen überdacht und Kun-
denbeziehungen neu definiert werden. Als Zwischenschritt werden im
Anschluss an die Analyse der kritische Pfad innerhalb der SC definiert
und kritische Punkte gekennzeichnet. Der kritische Pfad einer SC ist
der Weg durch das Netzwerk, der alle Mitglieder der SC so miteinander
verbindet, dass keine Warte- und Liegezeiten entstehen. Der kritische
Pfad hat die schnellste Durchlaufzeit vom Vorlieferanten bis zum Endkunden. Der kritische Pfad birgt allerdings auch die Gefahr in sich, dass
bei Problemen in der Durchführung sich der Gesamtendtermin nach
hinten verschiebt. Die Pufferzeit im kritischen Pfad ist gleich null. Alle
Partner haben innerhalb der SC ihre Arbeitsabläufe aufeinander abzustimmen, so dass eine jeweilige Just-in-time-Belieferung realisiert wird.
Problematisch innerhalb dieser Analyse ist allerdings, dass die meisten

Unternehmen innerhalb verschiedener SC eingebettet sind und sich aus dieser Tatsache eine mehrdimensionale Überwachung der unterschiedlichen Supply Chains ergibt. Nachdem die gesamte Supply Chain auf optimale Durchlaufzeiten, Qualität und Optimierung der Kosten untersucht wurde, ist auch innerhalb des Unternehmens die Beschaffungslogistik mit der Produktionslogistik abzustimmen. Hierbei muss ebenso die Beschaffungslogistik des beschaffenden Unternehmens mit der Anlieferung durch den Lieferanten abgestimmt als auch mit der eigenen Produktionslogistik synchronisiert werden. Ziel ist es, hierbei die Läger zu minimieren, im Idealfall gegen null zu fahren. Die Zusammenarbeit zwischen der Beschaffungsabteilung durch die Bestellauslösung, dem Lieferanten, der Anlieferung der bestellten Ware und die Bereitstellung im Produktionsprozess wird in **Abbildung 1.54** dargestellt.

Abbildung 1.54 Beschaffungslogistik versus Produktionslogistik

Beschaffungslogistik versus Produktionslogistik

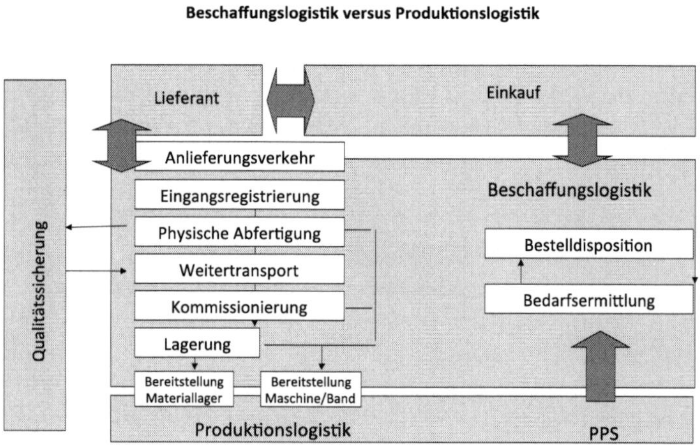

Quelle: In Anlehnung an Kummer 2009, S. 313

Kritische Punkte sind hierbei die Schnittstelle bei der Bestellauslösung, der Versand der bestellten Ware durch den Lieferanten, die Anlieferung und der Anlieferpunkt der Ware sowie die Bereitstellung der Bestellung im Produktionsprozess. Einen wichtigen Schritt, um die Lagerkosten zu senken und die Synergieeffekte einer guten Kooperation zwischen Lieferant und beschaffendem Unternehmen zu nutzen, stellt das Kanban-System dar.

1.3.1.3 Kanban-System

Das Kanban-System wurde bei Toyota 1945 von Taiichi Ohno initiiert, um den Abstand zur amerikanischen Automobilindustrie möglichst schnell aufzuholen. Dabei sollten Überproduktion und Vorratshaltung vermieden werden, da sie Verschwendung darstellen. In diesem System wird zwischen JIT-Produktion (JIT= just in time) und JIT-Anlieferung unterschieden. Voraussetzungen für ein funktionierendes Kanban-System sind, dass das Produktionsprogramm einen kontinuierlichen Bedarf an Materialien hat und Bereitstellungsflächen für Pufferlager im ausreichenden Maße vorhanden sind. Eine weitere Voraussetzung sind kurze Rüstzeiten und eine hohe Verfügbarkeit der Betriebsmittel. Die Kapazitätsreserven sollten eine hohe Flexibilität aufweisen können und die Qualitätssicherung sollte prozessbegleitend möglich sein. Das Dispositionsverfahren wird im Kanban-System dezentral und verbrauchsgesteuert durchgeführt und die Zusammenarbeit findet nur mit zuverlässigen, ausgesuchten Lieferanten statt. Das Kanban-System ist mit dem Supermarktprinzip vergleichbar. Im Regal befindet sich eine bestimmte Anzahl von Waren. Sobald der Kunde des Supermarktes Produkte aus dem Regal entnommen hat, werden diese registriert, die neue Bestandsmenge an das Zwischenlager gemeldet und dieses hat die Aufgabe, die Produkte bis auf die vorher definierte Menge aufzufüllen. Dabei müssen folgende Regeln im Kanban-System beachtet werden (vgl. Abbildung 1.55):

- Der **Verbraucher** darf nie mehr Material als benötigt anfordern.

- Der **Erzeuger** darf nie mehr Teile als angefordert bestellen und nie fehlerhafte Erzeugnisse abliefern.

- Der **Steuerer** hat für eine gleichmäßige Aus- und Belastung der einzelnen.

- Produktionsbereiche zu sorgen und eine angemessene

Anzahl von Kanban-Karten

- in die Regelkreise einzuschleusen.

Abbildung 1.55 Funktionsweise des Kanban-Systems

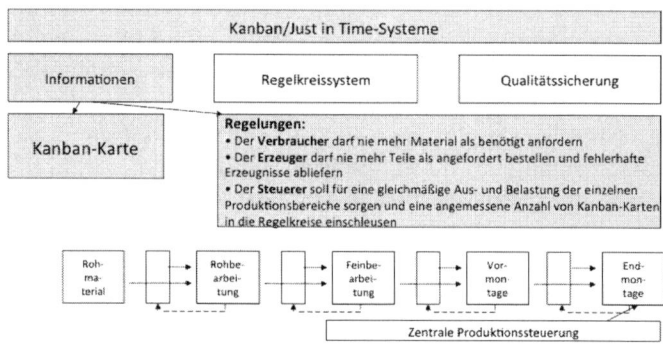

Quelle: eigene Darstellung in Anlehnung an: Quelle:http://www.wi.uni-muenster.de/imperia/md/content/wi-information_systems / lehrveranstaltungen/lehrveranstaltungen/pps/ss2005 /pps_vorlesung_sose_2005_vl08.pdf

Die Kanban-Karte gilt hier als Grundlage der Planung. Jede Produktionsstation besitzt einen Lagerbereich am Ende der Produktionsstraße (n Behälter, in denen sich jeweils Kanban-Karten befinden). Beim Eintreffen des Auftrages im Fertigproduktlager wird die Karte entnommen und an der Plantafel ausgehängt. Sobald die Vorstation mit dem jeweiligen Produktionsauftrag fertig ist, schaut sie auf die Tafel, ob ein neuer Auftrag vorliegt. Die neue Karte wird entnommen und der Arbeitsauftrag entsprechend bearbeitet.

1.3.1.4 Konfliktmanagement im SCM

Die Durchführung des Supply-Chain-Managements ist von vielen Erfolgsfaktoren abhängig und deshalb auch konfliktanfällig. SCM-Projekte erfordern ein sehr hohes Investitionsvolumen von allen beteiligten Partnern. Konflikte im SCM treten meist dann auf, wenn der Wandel vom machtorientierten hin zum kooperationsorientierten Management innerhalb des SCMs vollzogen wird. Mit Konfliktmanagement ist die Existenz von Mechanismen zur Lösung unterschiedlicher, im Laufe der Implementierung/Arbeit eines SCMs zwischen den einzelnen Partnern auftretender Probleme gemeint.[64] Hierunter werden das Ausschöpfen bzw. Nichtausschöpfen rechtlicher Möglichkeiten, der Einsatz von Schlichtern oder Moderatoren sowie Instrumente der präventiven Konflikthandhabung verstanden. Nach Ballou et al.[65] lassen sich Konfliktursachen auf den Missbrauch von Macht gegenüber den Partnern zurückführen. Vielfach resultiert dies daraus, dass ein Unternehmen im Rahmen des SCMs eine dominierende Stellung einnimmt. Nur durch eine systematische, proaktive Identifikation, Bewertung und Steuerung der Supply-Chain-Risiken können die kooperierenden Unternehmen die Störungen beherrschen. Ein rechtzeitiges Konfliktmanagement, d. h. sichere Prozesse im Umgang mit Konflikten, ist notwendig. Dies gilt auch für die Abwicklungsaufgaben, die am Anfang eines SCM-Projektes zwischen den Partnern zu lösen sind, wie die Supply-Chain-Konfiguration, die Planung und die gesamte Abwicklung (vgl. **Abbildung 1.56**).

Abbildung 1.56 SCM – Entwicklungs- und Führungsaufgaben

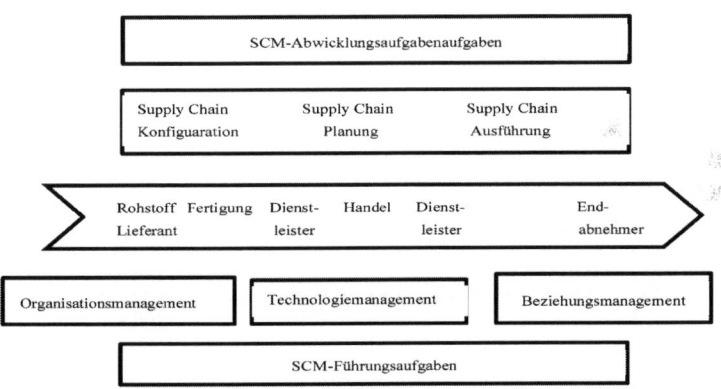

Quelle: Walter 2001, S. 17

---

64   Vgl. Mohr und Spekman 1994, S. 139f.

65   Vgl. Ballou et al. 2000, S. 15f.

Zu den Führungsaufgaben zählen das Organisations-, Technologie-sowie Beziehungsmanagement. Diese Aufgaben sind von Managern mit entsprechenden Kompetenzen (Sozial-, Fach-, Lern-, Methoden-kompetenz) zu erfüllen. Eine SC besteht aus drei Ebenen (organisatorische, technologische/informatorische, Beziehungsebene) auf denen Konflikte entstehen können. Das Konfliktmanagement konzentriert sich auf der organisatorischen Ebene auf die Erreichung eines einheitlichen Prozessverständnisses sowie einer einheitlichen organisatorischen Gestaltung. Auf der technologischen/informatorischen Ebene können Konflikte durch die Nutzung unterschiedlicher Software oder unterschiedlicher Informations- und Kommunikationstechnologien (IuK-Technologien) entstehen. Bereits im Vorfeld ist ein Mechanismus einzubauen, damit das Konfliktpotential im Rahmen eines funktionierenden Konfliktmanagements gelöst werden kann. Ein Konfliktmanagement ist insbesondere auf der Beziehungsebene der Partner notwendig. Konflikte lassen sich lösen, wenn im Vorfeld über den Einsatz von Moderatoren, externen Beratern und den Einsatz von Schlichtern im Falle eines Konfliktes entschieden wird. Das proaktive Aufstellen von Regularien, Handlungs- und Verfahrensweisen dient dem Aufbau eines funktionierenden Konfliktmanagements.

Tabelle 1.12 Die drei Konfliktebenen im SCM

	Die organisatorische Ebene	Die technologische/informatorische Ebene	Die Beziehungs-ebene
Ziel	Überführung einzelner unternehmensbezogener Strukturen in unternehmensübergreifende Prozesse	Sicherung reibungsloser Abläufe durch informatorischen Integration und Vernetzung der Partner mithilfe moderner IuK-Techologie	Überwindung kultureller und struktureller Barrieren und Aufbau einer vertrauensvollen Zusammenarbeit zur optimalen Ausnutzung der Synergieeffekte

Teilbe-reiche	Vereinbarung gemeinsamer Ziele	Einsatz von E-Commerce und	Kompromissbereitschaft/Akzeptanz
	Schaffung eines einheitlichen Prozessverständnisses	Nutzung von Internet und Extranet	offene Kommunikation
	einheitliche ablauforganisatorische Gestaltung in den Bereichen Planen, Beschaffen, Herstellen und Liefern (nach Supply-Chain-References-Modell)	Installation von Supply-Chain-Software (Advanced-Planning-Systems) zur Optimierung und Synchronisation der Logistik- und Produktionsprozesse	Austausch sensibler Informationen (Problematik: Zweifel an Vertrauenswürdigkeit kann Machtkämpfe und Misstrauen zur Folge haben.)

Die in **Tabelle 1**.12 dargestellten drei Ebenen sind gleichgewichtig und sind in das Konfliktmanagement des SCMs einzubetten.

1.3.1.5 Perspektiven des SCMs

Das Supply-Chain-Management hat sich im Laufe der Zeit zu einem ganzheitlichen Managementkonzept entwickelt. Die neuen Entwicklungen zeigen, dass sich das Konzept aufgrund der Dynamisierung der Lieferprinzipien weiter ausgeweitet und sich zu einem umfassenden Planungs- und Steuerungsinstrument weiterentwickelt hat. Aus den Prinzipien bedarfsgerechter Anlieferung sind Konzepte wie das Efficient Consumer Response (ECR) erwachsen. Während das ECR Elemente der Nachschubversorgung, des Nachfragemanagements und integrierender IT-Systeme verbindet, wird zukünftig die übergreifende Harmonisierung der Wertschöpfungskette im Zentrum der Überlegungen stehen, mit dem Ziel, über die gesamte SC mit Partnern zusammenzuarbeiten, um Risiken zu vermeiden.

Um dem gestiegenen Informations- und Kommunikationsbedarf gerecht zu werden, investieren Unternehmen in erheblichem Maß in neue Systeme. Insellösungen werden durch ganzheitliche standardisierte Informations- und Kommunikationstechnologien abgelöst. Das

Supply-Chain-Management entwickelt sich von einer reinen Kosten-hin zu einer Leistungsbetrachtung.

Abbildung 1.57 Globale Trends im Wettbewerb

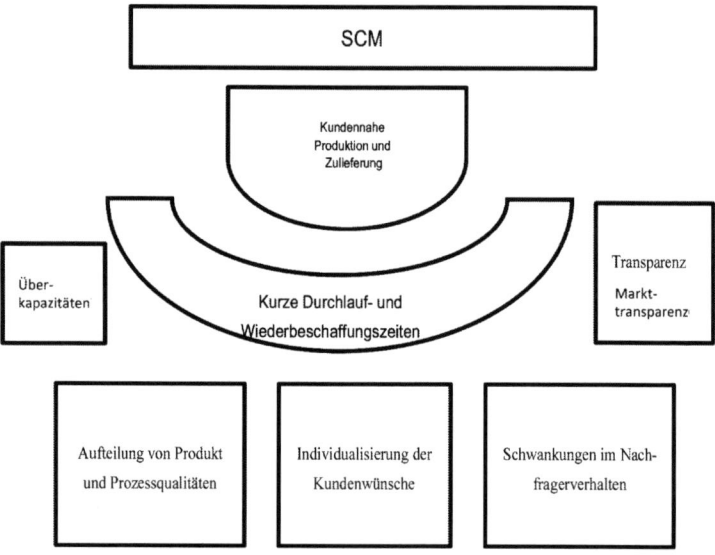

Quelle: Wildemann 2009, S. 4

Globale Trends erfordern wie in **Abbildung 1.57** dargestellt eine Anpassung und Weiterentwicklung der Supply-Chain-Management-Prozesse in den jeweiligen Unternehmen. Die Konzeption der SC stützt sich auf systemtheoretische Erkenntnisse. Sie umfasst die ganzheitliche Funktions- und Unternehmensgrenzen überwindende Gestaltung, Steuerung und Koordination der Material- und Produktflüsse sowie der hierzu komplementären Informationsflüsse von den Lieferanten durch das Unternehmen bis hin zu den Kunden. Zunächst wird der Bereich der Logistik betrachtet, der sich mit dem physischen Transport der Güter auseinandersetzt und einen wesentlichen Teilbereich der SC-

Aktivitäten darstellt. Diesem Gegenstandsbereich lassen sich vier Konzepte der Logistik zuordnen.[66.]

„Instrumentelle Logistikkonzeption: Diese Dimension beinhaltet das betriebswirtschaftlich-technologische Instrumentarium, welches zur Durchführung logistischer Aufgaben eingesetzt wird. Neben der Entwicklung und Anwendung von Verfahren zur Planung, Steuerung und Koordination logistischer Prozesse oder Systeme befasst sich der instrumentelle Logistikansatz mit dem Einsatz und der Nutzung von Materialfluss-, Informations- und Kommunikationstechnologien.

Funktionale Logistikkonzeption: Die funktionale Sichtweise betrachtet die Unternehmenslogistik als Aufgabenkomplex, der sich aus sämtlichen zur bedarfsgerechten Ver- und Entsorgung einer Unternehmung erforderlichen operativen, administrativen und dispositiven Aktivitäten zusammensetzt. Die Logistik tritt in dieser Betrachtung als eigenständiges funktionales Subsystem neben traditionellen Unternehmensfunktionen wie Forschung und Entwicklung, Einkauf, Produktion und Vertrieb auf.

Institutionelle Logistikkonzeption: Der institutionelle Logistikansatz behandelt die Einordnung der Unternehmenslogistik in das Organisationssystem und die aufbauorganisatorische Strukturierung der Logistik. Obwohl die primär funktionsintegrierende Sichtweise der Logistik die Bildung eigenständiger organisatorischer Strukturen nicht zwingend notwendig macht, wird die Reorganisation bestehender Organisationsstrukturen als wesentliche Schlüsselgröße zur erfolgreichen Umsetzung der Logistikkonzeption angesehen. Durch die Bündelung von Aufgaben und Kompetenzen in selbstständigen Organisationseinheiten sollen die Voraussetzungen für eine ganzheitliche Optimierung der Material- und Informationsflüsse geschaffen werden.

Managementorientierte Logistikkonzeption: Die managementorientierte Perspektive betrachtet die Unternehmenslogistik als Führungskonzept und stellt strategische Gestaltungsaspekte in den Vordergrund. Die Logistik wird nicht als eine auf die Steuerung, Abwicklung und Über-

---

66   Vgl. Wildemann 2001, S. 15; Schulte 2005, S: 83.

wachung von Material- und Informationsflussaktivitäten beschränkte Dienstleistungsfunktion angesehen, sondern als querschnittsorientierte Grundhaltung zur zeiteffizienten, kunden- und prozessorientierten Koordination von Wertschöpfungsaktivitäten. Das managementorientierte Logistikverständnis geht über den eigentlichen Logistikbereich hinaus. Dieses Verständnis impliziert logistisches Denken und Handeln in sämtlichen Unternehmenseinheiten und Hierarchiestufen."[67]

Trends des Supply-Chain-Managements lassen sich in drei Trendbereiche gliedern. Es sind einmal Kunden und marktbezogene Trendbereiche, entwicklungs- und produktbezogene Trendbereiche sowie produktions- und beschaffungsbezogene Trendbereiche zu unterscheiden. Allen drei Trendbereichen lassen sich jeweils 4 Trends zuordnen, die in den nächsten Jahren den SC-Bereich prägen werden. Diese spiegeln stellvertretend die Dynamik und die Komplexität des Beschaffungsmarktes wider. Somit sind insgesamt zwölf Trends erkennbar[68]:

■ **Kunden- und marktbezogene Trends**

1.   anhaltender Preisdruck und Konsolidierung der Märkte

2.   steigende Kundensensibilität hinsichtlich kurzer Lieferzeiten, Liefertreue und Flexibilität

3.   Mass Customization

4.   kürzerer Produktlebenszyklus und Kundenvolatilität

■ **Entwicklungs- und produktbezogene Trends**

5.   hoher Innovationsanspruch

6.   Reduktion Time to Market

7.   steigende techn. Komplexität

8.   steigende Produktivität

---

67   Wildemann 2009, S. 5ff.

68   Vgl. ebenda, S. 6.

■ **Produktions- und beschaffungsbezogene Trends**

9. kundenindividuelle Produktion

10. Fokussierung auf Kernkompetenzen

11. Aufbau von Modul- und Systemlieferanten

12. Globalisierung von Produktion und Beschaffung

Aus den Trends wird deutlich, dass ein funktionierendes Beziehungsmanagement zum Lieferanten eine notwendige Voraussetzung darstellt um zukünftig ein effektives Beschaffungsmanagement realisieren
zu können. Deshalb beschäftigt sich das nachfolgende Kapitel mit dem
Aufbau, der Ausgestaltung sowie der Kontrolle eines an den Unterneh-
mensinteressen ausgerichteten Supplier-Relationship-Managements.

1.3.2 Supplier Relationship Management (SRM)

Der Beziehungsaspekt der Lieferantenbeziehung steht im Ansatz des
Supplier-Relationship-Managements im Mittelpunkt. Ganz bewusst
wird der Begriff „Supplier-Relationship-Management" (SRM) analog
zum „Customer-Relationship-Management" (CRM) benutzt. Das Customer-Relationship-Management" wird als Vorläufer des „Supplier-
Relationship-Management" gesehen und diente diesem als Vorbild.
Während sich das Supply-Chain-Management auf den Material- und
Informationsfluss konzentriert, bezieht sich das Supplier-Relationship-
Management (SRM) „in diesem Kontext auf das Management der Beziehung des beschaffenden Unternehmens zum Lieferanten und kann
damit als Teil des SCM betrachtet werden."[69] SRM ist somit ein Kom-
plement des Customer-Relationship-Managements (CRM). Bezieht
sich das SRM auf die Lieferantenakquisition, Bestandslieferantenpfle-
ge und Rückgewinnung, konzentriert sich das CRM auf die Kundenak-
quisition, Bestandskundenpflege und Kundenrückgewinnung. Allerdings haben beide Konzepte – SRM und CRM – „nur eine einstufige

---

69   Koppelmann 2003, S. 79.

Anbindung an den Lieferanten bzw. Kunden im Focus"[70.] Im Mittelpunkt stehen gleichermaßen Verhaltensaspekte, wie die Frage nach Partnerschaft oder machtbasiertem Umgang mit Lieferanten. Ferner stehen im Mittelpunkt die Prozesse zur Steuerung der Lieferantenbeziehung (insbesondere die Kommunikation mit den Lieferanten, die Lieferantenfreigabe, die Lieferantenbewertung, die Lieferantenklassifizierung und die Lieferantenentwicklung). Der Aufbau und die Pflege von Lieferantenbeziehungen stehen somit im Vordergrund.[71.] Vorteile einer engen Lieferantenbindung durch das SRM sind insbesondere:

- die verbesserte Abstimmung der Wertschöpfungskette zwischen Lieferant und beschaffendem Unternehmen und somit eine höhere Zufriedenheit auf beiden Seiten,

- eine längerfristige Planungssicherheit,

- die Entschärfung von Konflikten zwischen Vertragspartnern,

- eine höhere Flexibilität und Prozessgeschwindigkeit durch bessere Abstimmung zwischen Lieferanten und beschaffenden Unternehmen,

- die Senkung der Transaktionskosten durch Wegfall von Neuakquisition und Vertragsverhandlungen,

- die Senkung der Prozesskosten durch Abstimmung von (EDV-) Schnittstellen,

- die Senkung der Koordinationskosten bei Qualitätsproblemen und Streitigkeiten,

- ein besseres Qualitätsmanagement durch vertrauensvollen Informationsaustausch,

- die Entstehung von Commitment und dadurch auch erhöhte Investitionsbereitschaft der Lieferanten in die Partnerschaft.[72]

---

70   Appelfeller und Buchholz 2005, S. 4.

71   Vgl. Stölzle und Heusler 2005, S. 181.

72   Vgl. Spiller und Wocken 2006, S. 109.

Oftmals sind es kleine Veränderungen der Endkundennachfrage, die zu Schwankungen der Bestellmengen führen. Die Bestellmengen können sich entlang der logistischen Kette wie ein Peitschenhieb aufschaukeln. Dies ist dann der Fall, wenn Lieferant und beschaffendes Unternehmen entsprechende Abverkaufszahlen nicht austauschen, oder auch Rabattaktionen nicht miteinander koordinieren bzw. Mindestbestellmengen an entsprechende Rabattierungen geknüpft sind. Dieses Phänomen wird auch als Bullwhip-Effekt bzw. Peitschenschlageffekt bezeichnet. **Abbildung 1.58** verdeutlicht diesen Effekt am Beispiel der Biernachfrage.

Abbildung 1.58 Bullwhip-Effekt

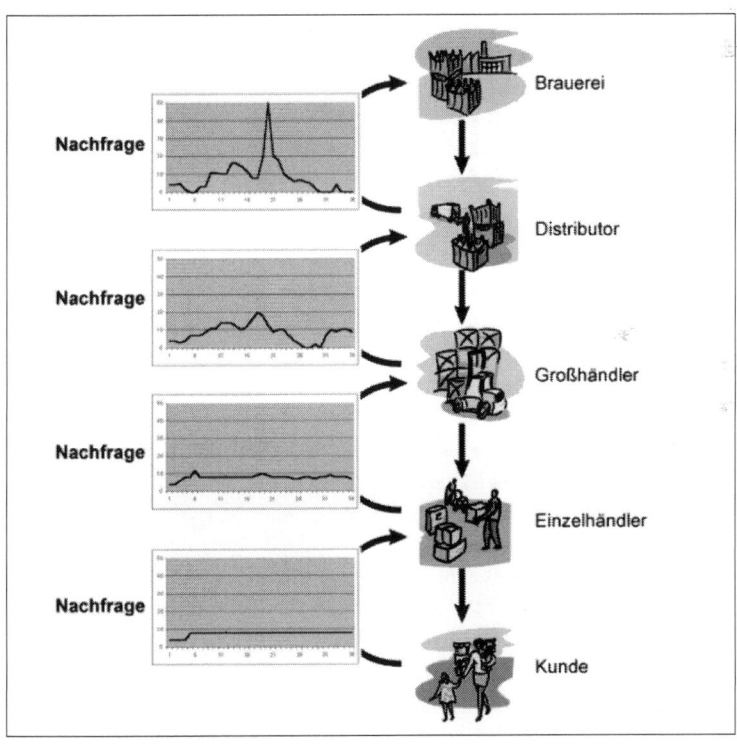

Quelle in Anlehnung an Vahrenkamp, R., Kotzab, H., 2012, S. 38

Hierbei geht es darum, dass es trotz relativ gleichmäßiger Nachfrage der Endkunden beim Einzelhändler zu einem höheren Bestellvolumen bei seinem Großhändler kommt. Dies kann allein dadurch zustande kommen, dass der Einzelhändler Mindestbestellmengen einhalten muss und sein normales Lager relativ niedrig ist. Um Bestandslücken zu vermeiden, kommt es beim Einzelhändler zu vermehrten Bestellungen. Der Großhändler sieht nun ein vermehrtes Bestellvolumen seiner Einzelhändler, gleichzeitig gibt es eine Rabattaktion seines Großhändlers, welche er nutzen möchte. Die Großhändler bestellen mehr als normal. Der Distributer erkennt diese höhere Nachfrage und ordert ein erhöhtes Volumen bei der entsprechenden Brauerei. Die Brauerei geht von einem Trend aus und ordert auf dem Rohstoffmarkt entsprechend Hopfen und Malz. Durch diese Vorgehensweise kommt es zukünftig zu einer Erhöhung der Lagerbestände, die wiederum in Zukunft auf die Marktpreise drücken wird. Durch eine entsprechende Koordination der Teilnehmer in der Supply Chain kann dieser Effekt verhindert werden. Bedingung hierfür ist ein entsprechender Datenaustausch der Marktteilnehmer und ein Wegfall von Mindestbestellmengen und unkoordinierten Rabattaktionen.

Bisher haben die Betrachtung des SRMs und insbesondere die strategische Betrachtung des SRMs in der betrieblichen Praxis nur eine geringe Relevanz gefunden. Einkauf und Beschaffung konzentrieren sich stark auf den Einkaufspreis, weniger auf den gesamten Beschaffungsprozess. Der Wettstreit um Rohstoff-Ressourcen und zunehmender Wettbewerbsdruck haben den Umdenkungsprozess in den Unternehmen beschleunigt und den Fokus im Beschaffungsbereich auf die Prozessoptimierung zwischen Lieferanten und beschaffenden Unternehmen gelegt. SRM hat dadurch eine Erweiterung seiner Bedeutung erfahren: vom primären Aspekt des Managements der Lieferantenbeziehung hin zur Optimierung der gesamten Wertschöpfungskette in der Supply Chain. Somit wird heute die Betrachtung der Lieferantenbeziehung vor dem Hintergrund der Optimierung der gesamten Supply Chain gesehen.[73] Supplier-Relationship-Management beginnt mit dem Entschluss, Kooperationen innerhalb der Supply Chain einzuge-

---

73   Vgl. Wathene 2004, S. 74f.

hen und aktiv zu gestalten. Ein entscheidender Punkt ist die Entwicklung einer entsprechenden Kooperationskultur, aus der sich Vertrauen und Arbeitsteilung ergeben. Kooperationskultur setzt sich zusammen aus Kooperationsbewusstsein, -bereitschaft sowie -fähigkeit der Partner. Daraus wird das entwickelt, was im Lieferantenbeziehungsmanagement notwendig ist: eine gemeinsame Zielorientierung, gemeinsame Führungsvorgaben, Arbeitsteilung, Transparenz, Vertrauen, Verständnis und ein gemeinsam wachsender Erfahrungsschatz durch den die Optimierung der gemeinsamen Supply Chain erst möglich ist (vgl. **Abbildung 1.59**).

Abbildung 1.59 Einflussfaktoren der Kooperationskultur

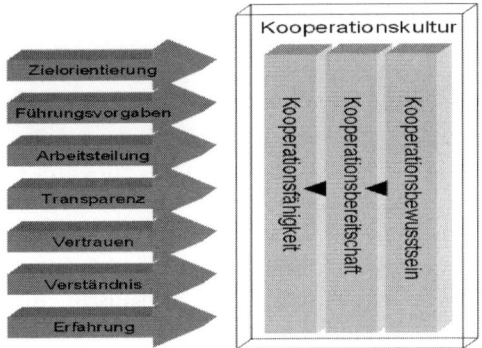

Quelle: Klumpp und Koppers 2007, S. 17

Kooperationen werden im Rahmen des Supplier-Relationship-Managements von beiden Seiten immer mit einer konkreten Zielsetzung eingegangen. Kooperationen und die damit verfolgten Ziele können nur im Rahmen der Gesamtunternehmensstrategie bzw. als Instrument zur Erreichung der selbst definierten Ziele bzw. Teilziele betrachtet werden. Mögliche Kooperationsziele können nach Klumpp und Koppers[74] in vier Dimensionen (siehe Abb. 4.9) durch die Kombination der Kriterien Kernkompetenz (bestehend/neu) und Marktsegment

---

74   Vgl. Klumpp und Koppers 2007, S. 8ff.

(bestehend/neu) eingeteilt werden. Unterteilen lassen sie sich nach Klumpp und Koppers[75] wie folgt:

„Bei bestehenden Kernkompetenzen und einem bestehenden Produkt/Marktsegment soll eine Wertsteigerung [im Rahmen einer Kooperation] durch die optimale Nutzung der Potenziale erreicht werden. Die Ausnutzung von Synergien steht im Mittelpunkt dieses Ziels. Hier können Kosten durch die Zusammenlegung von Kapazitäten und Funktionen der Kooperationspartner und durch Größendegressionseffekte reduziert werden. Investitionen und Risiken werden unter den Kooperationspartnern aufgeteilt. Bei einer Wertsteigerungsstrategie durch die erweiterte Nutzung bestehender Potentiale, wird auf neue bzw. zusätzliche, oft komplementäre Stärken des Kooperationspartners bzw. der Kooperationspartner zurückgegriffen. Die Vorteile von Spezialisierung können genutzt werden und die eigenen Kompetenzen mit denen von den Partnern ergänzt werden. Ein Potentialaufbau in bestehenden Geschäftsfeldern kann durch das Aneignen von neuen Kompetenzen erfolgen. Durch Kooperationen im Bereich Forschung & Entwicklung kann von erfolgreichen und erfahrenen Unternehmen gelernt werden. Mit neuen Kernkompetenzen soll das Potenzial in neuen Produkt-/Marktsegmenten genutzt werden. Der Aufbau von neuen Geschäftsbereichen bringt meistens strategische Flexibilität mit sich. Häufig wird dieses Ziel in Ergänzung mit anderen Zielen, wie z.B. sozio-emotionalen oder politischen Zielen, verfolgt, weil der Aufbau von neuen Kernkompetenzen in vielen Fällen nicht im direkten Zusammenhang mit der Erreichung der Unternehmensziele steht."[76] (Vgl. **Abbildung 1.60**)

---

75   Vgl. ebenda.

76   Ebenda.

Abbildung 1.60 Kooperationszielsetzungen

| Verstärkung der Kernkompetenz in neuen Kooperationen

Verstärkung der Kernkompetenzen in Bestehenden Kooperationen | Potentialaufbau in existierenden Geschäftsfeldern:

Zugang zu geschäftsfeldbezogenen Technologieentwicklungen.

Erlernen von geschäftsfeldspezifischen Prozess und Funktions-Know-how. | Potentialaufbau in neuen Geschäftsfeldern:

Diversifikation in neue Geschäftsbereiche.

Erlernen von Kultur- und Wertvorstellungen.

Erhöhung der strategischen Flexibilität. |
|---|---|---|
| | **Wertsteigerung durch optimale Potentialnutzung**

Kostenreduzierung durch Rationalisierung.

Wettbewerbsvorteile.

Erhöhung der Marktmacht.

Abrundung der Produktpalette.

Reduzierung/Teilung des Ressourcen/Investitionsbedarfs. | **Wertsteigerung durch erweiterte Potentialnutzung**

Internationalisierung/Zugang zu Märkten.

Diversifikation in neue verwandte Bereiche.

Entwicklung von Systemkompetenz.

Wettbewerbsvorteile. |

Quelle: In Anlehnung an Kraege 1997, S. 63

Das SCM baut auf die in Kapitel 1.2 erläuterte Beschaffungsmarktforschung und Lieferantenbewertung auf. Aus den Ergebnissen der Lieferantenanalyse wird die strategische Lieferantenentwicklung aus Sicht der beschaffenden Unternehmen hergeleitet. Als Beispiele werden die von Daimler genutzten vier Varianten einer Lieferantenentwicklung angeführt, die auch aus dem Daimler Nachhaltigkeitsprogramm 2010-2020 hervorgehen. Generell wird bei Daimler zwischen

- präventiver Lieferantenentwicklung,
- reaktiver Lieferantenentwicklung,

- kostenorientierter Lieferantenentwicklung und

- innovativer Lieferantenentwicklung unterschieden.

Im Bereich der präventiven Lieferantenentwicklung werden insbesondere neue Lieferanten gefördert, um eventuell auftretenden Lieferantenproblemen entgegenzusteuern. Die reaktive Lieferantenbewertung ist für bestehende Lieferanten entwickelt worden, um Probleme der strukturellen Art zu lösen. Die kostenorientierte Lieferantenentwicklung wird von Daimler angewendet, sofern der Lieferant seine technischen Möglichkeiten nicht ausschöpft und dadurch gemeinsame Prozesse nicht optimal ineinandergreifen. Daimler führt eine innovative Lieferantenentwicklung durch, wenn sich das Unternehmen durch die zukünftige Zusammenarbeit mit dem Lieferanten einen verbesserten Einsatz innovativer Technologien verspricht.

Von einigen Unternehmen (Siemens, P&G, Wal-Mart) wird auch ein Lieferantenportfolio erstellt und auf Grundlage dieses Portfolios das Supplier-Relationship-Management begründet. Eine Einteilung im Rahmen des Lieferantenportfolios der Unternehmen erfolgt nach folgender Systematik:

- Lieferantentrennung,

- Wartestellung mit Volumenreduzierung,

- Hilfestellung des Lieferanten in der Prozessverbesserung und

- Entwicklung gemeinsamer Lösungen.

Erst wenn die Zielbildung zum SRM abgeschlossen ist, wird in einem weiteren Schritt ein konkretes Lieferantenportfolio erstellt, mit dem Ziel, die Lieferantenpolitik sowie die Lieferantenentwicklung im SRM zu manifestieren.

Ein Lieferantenportfolio wird von Unternehmen erstellt, die sich im Wettbewerb durch besondere Qualitäten und Innovationen differenzieren möchten und motivierte sowie leistungsfähige Lieferanten benötigen. Vorteile des SRMs liegen für die Unternehmen insbesondere in einer höheren Zufriedenheit in der Zusammenarbeit – sowohl beim

Lieferanten als auch beim beschaffenden Unternehmen – und einer höheren gemeinsamen Planungssicherheit. Weitere Vorteile liegen in der „Entschärfung von opportunistischem Verhalten, der Implementierung von Just-in Time-Konzepten bis zur Erhöhung der Investitionsbereitschaft in eine Lieferbeziehung."[77]

Zufriedene Lieferanten investieren schneller in neue EDV-Schnittstellen und dies führt zur Senkung der Prozesskosten auf beiden Seiten. Es erfolgt eine Anpassung der Losgrößen im beiderseitigen Einvernehmen und es entstehen Entwicklungspartnerschaften. Ein weiterer Effekt ist ein erhöhtes „Commitment", wodurch die Investitionsbereitschaft des Lieferanten in den beidseitigen Prozessen steigt. Beide Seiten steigern durch die Zusammenarbeit die Qualität der Produktion und reduzieren den individuellen Kontrollaufwand.[78]

1.3.2.1 Lieferantenportfolio, -politik und -entwicklung im SRM

Abhängig von den im Unternehmen verfügbaren Daten kann ein Materialgruppen- oder ein Lieferantenportfolio erstellt werden. Eine weitere Möglichkeit besteht darin, eine Kombination zwischen Materialgruppen- und Lieferantenportfolio zu erstellen. Lieferantenportfolios im SRM haben die Aufgabe, vorhandene Lieferanten hinsichtlich ihrer Bedeutung für das beschaffende Unternehmen einzuschätzen, um daraus Schlussfolgerungen für eine zukünftige intensive Zusammenarbeit zu ziehen (vgl. **Abbildung 1.61**).

---

77   Gerlach, Köhler, Spiller, Wocken (2004), S. V

78   Vgl. ebenda, S. 7

Abbildung 1.61 Beschaffungsgüter/Beschaffungsquellenportfolio

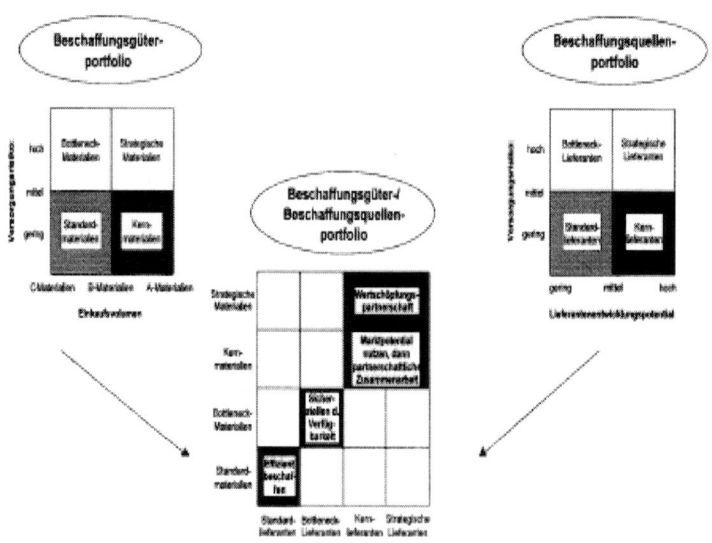

Quelle: Wildemann 2002, S. 6

Im Rahmen der Portfolioerstellung wird zwischen Lieferanten für Standardmaterialien, Hebelmaterialien sowie weiteren strategisch wichtigen Materialien differenziert. Im Rahmen der Portfolioentwicklung werden somit Material- und Lieferantenbezogene Informationen miteinander kombiniert.

Im Bereich der Standardmaterialien in Kombination mit Standardlieferanten bedeutet dies, dass Zielsetzung (Normstrategie) für das beschaffende Unternehmen ist „effizient zu beschaffen". Die Ausgangssituation bildet dabei das Bestreben, nur ein geringes materialgruppenspezifisches Versorgungsrisiko bei geringem Beschaffungsvolumen einzugehen. Hierbei werden die Materialien oft von KMUs (kleine- und mittlere Unternehmen) geliefert. Die Materialien sind den C-Gütern zuzurechnen. Typischerweise sind die Einkaufspreise bereits ausgereizt und es ist ein transparenter Beschaffungsmarkt mit weitgehend homogener Preislandschaft vorhanden. Potenzial besteht in dieser Konstellation darin, die Vereinfachung der Bestell- und Anlieferprozesse und Bedarfsbündelung anzustreben.

Im Bereich der Engpassmaterialien heißt die Normstrategie „Sicherstellen der Verfügbarkeit" und dient der Beschaffung von Engpassmaterialien. Das beschaffende Unternehmen hat in diesem Fall ein hohes Versorgungsrisiko mit hohen Kosten bei Nichtverfügbarkeit. Es besteht am Markt ein Anbieteroligopol oder -monopol. Die Zielsetzung des Bestandsmanagements und des abnehmerinternen Qualitätsmanagements ist es, in diesem Fall das Versorgungsrisiko des beschaffenden Unternehmens zu verringern. Hierbei können insbesondere elektronische Marktplätze bei der Suche nach neuen Lieferanten in einem internationalen Umfeld hilfreich sein. Der Fokus der Bemühungen der beschaffenden Unternehmen liegt in der Beherrschung gegenwärtiger und der Vermeidung zukünftiger Versorgungsrisiken.

Haben es die beschaffenden Unternehmen mit Hebelmaterialien zu tun, gilt es das Marktpotential zu nutzen sowie eine partnerschaftliche Zusammenarbeit mit den Lieferanten aufzubauen und diese als Normstrategie zu nutzen. Die beschaffenden Unternehmen benötigen in diesem Fall große Beschaffungsvolumina pro Materialgruppe und erreichen mithilfe dieser Normstrategie große Hebelwirkungen hinsichtlich möglicher Verbesserungen. Notwendig ist das Erkennen des jeweiligen Entwicklungspotentials dieser strategischen Lieferanten und der Wille, innovative Zusammenarbeitsformen mit den jeweiligen Lieferanten einzugehen. Die Anbahnung der Geschäftsbeziehung erfolgt durch die beschaffenden Unternehmen in diesem Fall in einem Umfeld von starkem Preiswettbewerb. Die Intensität der Lieferantenbeziehung ist bei Hebellieferanten intensiver als bei strategischen Lieferanten, da die Angebotsmacht dieser Lieferanten erheblich stärker ist. Eine mögliche Vorgehensweise der beschaffenden Unternehmen besteht darin, mithilfe von Online-Auktionen und elektronischen Ausschreibungen (eRFI/eRFQ-Tools) den Wettbewerb unter den Lieferanten zu verstärken. Sobald eine Geschäftsbeziehung etabliert ist, sollten Lieferanten und Abnehmer gemeinsam entlang der gesamten Logistikkette nach Möglichkeiten zur Effizienzsteigerung suchen, um die Erfahrungskurveneffekte für die meist auf mehrere Jahre ausgelegten Geschäftsbeziehungen zu nutzen.

Die strategisch wichtigen Materialien sind von den beschaffenden Unternehmen aus den Beschaffungsquellen zu beziehen, auf die ein hoher Einfluss besteht. Bei diesen Lieferanten besteht ein geringeres Versorgungsrisiko für die beschaffenden Unternehmen. Für strategisch wichtige Materialien ist dem Versorgungsrisiko durch eine aktive Lieferantenentwicklung zu begegnen. Eine passende Normstrategie ist die Strategie der „Wertschöpfungspartnerschaft". Diese ist Bestandteil eines ganzheitlichen Lieferantenmanagements und dient als Basis für die Realisierung von Nutzenpotenzialen durch partnerschaftliche Zusammenarbeit und Integration.

Das Lieferantenportfolio entsteht durch die Kombination der Einteilung von Beschaffungsgütern und Beschaffungsquellen in ein gemeinsames Portfolio. Hierbei wird zwischen Standardlieferanten, Engpasslieferanten, strategischen Lieferanten und Hebellieferanten unterschieden. Nachdem die Einteilung der Lieferanten in dem Portfolio erfolgte, kann die Beschaffungspolitik des beschaffenden Unternehmens festgelegt werden.

Unter Beschaffungspolitik werden hier alle Entscheidungen des Unternehmens verstanden, die auf die Beschaffung der Güter und Leistungen am Markt ausgerichtet sind. Diese bestehen aus der Bestimmung des beschaffungspolitischen Instrumentariums und der Festlegung des Einsatzes der beschaffungspolitischen Instrumente, die sich bei der Beschaffung zur Erreichung des vorgegebenen Unternehmenszieles anbieten. Die Beschaffungspolitik ist Teil der Marktpolitik des Unternehmens.[79] Die Beschaffungspolitik eines Unternehmens kann sich auf ein partnerschaftliches Lieferantenmanagement beziehen, sofern das beschaffende Unternehmen eine Wertschöpfungspartnerschaft mit den Lieferanten anstrebt. Diese Partnerschaft wird insbesondere mit Hebellieferanten mit strategischen Materialien entwickelt. Dagegen wird die Nutzung von Marktpotenzialen angestrebt, sofern die Kombination Hebelmaterialen und Hebellieferanten vorliegt. Bei Engpassmate-

---

79   www.wirtschaftslexikon24.net/Abfrage 15.08.2014.

rialen und Engpasslieferanten wird die Politik der Verfügbarkeit, d. h. der Versorgungssicherheit verfolgt. Im Rahmen der Kombination von Standardmaterialen und Standardlieferanten hat die Beschaffungspolitik der Effizienzsteigerung Priorität.

Eine weitere wesentliche Komponente im Bereich der Beschaffungspolitik ist die Lieferantenentwicklung. Das beschaffende Unternehmen unterstützt hierbei den Lieferanten aktiv bei der Verbesserung seiner Leistungsfähigkeit. Die Zusammenarbeit zwischen beschaffenden Unternehmen und Lieferanten geht hier weit über das Tagesgeschäft hinaus. Im Rahmen der Lieferantenentwicklung wird zwischen der Lieferantensicherung, der Lieferantenförderung und Lieferantenpflege unterschieden:[80]

Maßnahmen der Lieferantensicherung sind:

- Abschluss längerfristiger Verträge zur Stabilisierung der Geschäftsbeziehung,

- Beteiligung der Lieferanten an den Rationalisierungsgewinnen im Rahmen einer engen Zusammenarbeit,

- Kapitalverflechtungen mit den Lieferanten,

- Vereinbarung von Gegengeschäften, die eine Win-Win-Situation fördern.

Maßnahmen der Lieferantenförderung sind:

- das Abstellen von eigenen Spezialisten auf Zeit in das Unternehmen des Lieferanten und/oder

- die Gewährung von Investitionshilfen dem Lieferanten gegenüber.

Diese Maßnahmen zielen auf die Unterstützung der Lieferanten bei Problemen, die diese nicht lösen können, deren Lösung aber im Sinne einer Optimierung der Wertschöpfungskette im Rahmen der Supply Chain aus Sicht des beschaffenden Unternehmens notwendig ist, ab.

---

80   Vgl. Kummer et al. 2009, S. 158.

Maßnahmen der Lieferantenpflege sind:

- die genaue Einhaltung der Verpflichtungen gegenüber den Lieferanten,

- Toleranz bei Fehlern (seltenen/geringfügigem Fehlverhalten),

- Diskretion und Fairness bei Verhandlungen,

- Lieferantenevents wie Lieferantentage zur Abstimmung einer gemeinsamen Strategie,

- Lieferanten-Awards als Ausdruck der Anerkennung der Lieferantenleistung.

Ein Beispiel für eine intensive und erfolgsorientierte Lieferantenbewertung und -entwicklung bietet das Unternehmen Siemens. Alle Geschäftsbereiche sind verpflichtet Lieferanten zu bewerten, die als A-Lieferanten (Lieferanten die 80 Prozent des Einkaufsvolumens auf sich vereinen) eingestuft werden. Siemens unterscheidet 16 Bewertungskriterien in den Kategorien Einkauf, Qualität, Logistik und Technologie. Alle 16 Bewertungskriterien sind für das gesamte Unternehmen standardisiert vorgegeben, allerding wird in den Unterkriterien noch weiter auf die Ansprüche der einzelnen Geschäftsbereiche heruntergebrochen. Alle Kriterien werden unterschiedlich gewichtet und die gewichteten Einzelergebnisse je Kategorie pro Lieferant aufsummiert. Anschließend werden die Lieferanten in Abhängigkeit von der erreichten Punktzahl einer entsprechenden Leistungsklasse zugeordnet. Diese bei Siemens weltweit einheitlich definierten Leistungsklassen reichen von resourced, restricted, accepted bis zu preferred. Die jeweilige Lieferantenbewertung wird in einem zweiten Schritt mit der Materialanalyse zusammengeführt und ist die Grundlage zur Ableitung von Handlungsempfehlungen im Umgang mit Lieferanten. Je nachdem, welche Kombination der jeweilige Lieferant erreicht, reicht die Strategieempfehlung von

- der Auslistung des Lieferanten,

- dem Ausphasen des Lieferanten,

- der Reduktion der Volumina,

- der Eigenoptimierung der Lieferanten bis zur

- Entwicklung einer intensiven Partnerschaft.

Laut Siemens bedeutet Lieferantenentwicklung, dass „die Aktivitäten der Lieferantenentwicklung sowohl die dauerhafte Zusammenarbeit zwischen Siemens und seinen Lieferanten zum Ziel als auch die kontinuierliche Erarbeitung und Realisierung von Optimierungspotenzialen zur Folge hat. Der bereits seit längerem etablierte Lieferantenentwicklungsprozess gewährleistet die nachhaltige Umsetzung von angemessenen Verbesserungsmaßnahmen und unterstützt die kontinuierliche Erfüllung bzw. Steigerung unserer Anforderungen durch den Lieferanten. Der Lieferantenentwicklungsprozess wird mindestens einmal jährlich durchgeführt. Bei Abweichungen von den Anforderungen, oder der Identifizierung von verbesserungswürdigen Bereichen werden gemeinsam mit den Lieferanten Verbesserungsmaßnahmen erarbeitet. Diese Verbesserungsmaßnahmen werden im Siemensweiten und verbindlichem Lieferantenportal „click4suppliers easy" dokumentiert und laufend kontrolliert. Der direkte Zugang des Lieferanten zu den gemeinsam vereinbarten Maßnahmen stellt einen hohen und dauerhaften Grad an Transparenz sicher."[81] Die Erstellung eines Lieferantenportfolios, die Implementierung einer Lieferantenentwicklung im beschaffenden Unternehmen stellen wichtige Bestandteile eines zu entwickelnden Supplier-Relationship-Managements dar.

1.3.2.2 Strategieimplementierung des SRMs

Überträgt man den Begriff der Strategie auf den Einkauf bzw. auf das Supply-Management, geht es hierbei um die grundlegende und langfristige Ausrichtung auf relevante Beschaffungsmärkte, um die Voraussetzungen für den zukünftigen Einkaufserfolg zu schaffen. Es handelt sich:

---

81 https://w9.siemens.com/cms/supply-chain-management/deAbfrage vom 18.08.2013.

- um die strategische Ausrichtung und Steuerung des Einkaufs insgesamt, z.b. Verkürzung der „Time to Market" durch Lieferantenfrüheinbindung,

- um Warengruppenstrategien bzw. besser um Supply-Marktstrategien, mit denen eine einzigartige und erfolgsversprechende Position in einem Beschaffungsmarkt aufgebaut werden soll,

- um den Aufbau einer hervorragenden Lieferantenbasis sowie

- um den Abschluss einzigartiger Rahmenverträge zur besseren Versorgung des Unternehmens.[82]

Die Implementierung einer Strategie bedeutet von der planerischen Phase in die Realisationsphase zu gelangen. Damit dies gelingt, sind die Rahmenbedingungen innerhalb des Unternehmens so zu gestalten, dass das Unternehmensumfeld auf die Veränderungen vorbereitet ist. Dazu bedarf es einer Anpassung der Aufbau- und Ablauforganisation des beschaffenden Unternehmens, die Berücksichtigung moderner Informations- und Kommunikationstechnologien sowie der Vorbereitung der Mitarbeiter auf die neuen Aufgaben. Ein weiterer Punkt ist die Einführung von Kontrollinstrumentarien, durch die eine Implementierung begleitet wird. Die Implementierung des SRMs erfolgt durch die Anwendung eines professionellen Projektmanagements. Bei der Implementierung werden Prozesse gestaltet, die einen schnellen und transparenten Austausch von Informationen zwischen dem Unternehmen und den Lieferanten gewährleisten. Als Zielvorgabe werden Kostensenkung, Gewinnmaximierung und ein effizienter und effektiver Prozessablauf gesetzt.

Durch die Einführung des SRMs verändern sich die Anforderungen an die Mitarbeiter des beschaffenden Unternehmens, da diese neue Rollen zu übernehmen haben. Dies ist insbesondere dadurch zu erklären, dass die Einführung des SRMs zumeist mit der Implementierung einer neuen Softwarelösung einhergeht. Mithilfe einer SRM-Software ist es

---

82   Vgl. Hess et al. 2010, S. 24f.

möglich, den gesamten Supply-Chain-Prozess zu optimieren. Dies geschieht anhand des klassischen Paradigmas der Organisation „Structure follows Strategy". Nach Jahns[83] sind im Rahmen der Gestaltung der Beschaffungsorganisation im SRM drei wesentliche Aspekte zu beachten:

- Es muss eine höchstmögliche Flexibilität der Organisation gewährleistet sein,

- Bündelungspotenziale müssen maximal ausgeschöpft werden,

- Standardisierungspotentiale sind auszunutzen.

Unabhängig von der Softwareunterstützung erfolgt die Aufteilung der Beschaffungsorganisation in strategische und operative Aufgaben. Strategische Beschaffungsaufgaben (Lieferantenbewertung, Preisverhandlungen, Lieferantenentwicklung) werden nach dem Face-to-Face-Prinzip organisiert, operative Beschaffungsaufgaben automatisiert. Die dabei angewendeten Gestaltungsdimensionen differenziert Jahns dabei nach:

- Handlungsspielraum,

- Zentralisierungsgrad,

- Aufgabenspezialisierung,

- Struktur der Weisungslinien,

- Kooperationsgrad und

- Internationalisierungsgrad.

Eine deutliche Trennung der strategischen von den operativen Aktivitäten erleichtert die Zuordnung der Mitarbeiter zu den einzelnen Aufgabengebieten.[84] Eine weitere wesentliche Frage im SRM ist die nach dem Zentralisierungsgrad der Einkaufsorganisation. Dieses The-

---

83   Vgl. Jahns 2003, S. 28f.

84   Vgl. Jahns 2003, S. 29.

ma wird sehr kontrovers diskutiert. Der Grad der Zentralisierung des Einkaufs in einem Unternehmen ist abhängig von der verfolgten Zielsetzung des Unternehmens. Selten findet man im Unternehmen eine strikte nach dem Lehrbuch gestaltete Ausrichtung zwischen Zentralisierung oder Dezentralisierung. Häufig sind Mischformen in den beschaffenden Unternehmen zu finden. Es bietet sich allerdings an, strategische Beschaffungsaufgaben in Zentralabteilungen und operative Beschaffungsaufgaben lokal zu verankern. Weitere Fragestellungen bei der Strategie-Implementierung des SRMs betreffen die Aufgabenspezialisierung, d. h. die Unterscheidung zwischen der verrichtungs- und objektorientierten Lösung. Objektbezogene Lösungen finden sich in der Gliederung des Beschaffungsprozesses nach Materialgruppen oder nach Einkaufsregionen bzw. Lieferantengruppen, die verrichtungsorientierte Lösung orientiert sich an dem Verrichtungsprinzip wie der Differenzierung nach strategischer und operativer Beschaffung. Die hier verfolgte Zielsetzung ist, für das beschaffende Unternehmen eine funktionierende und effektive Aufbau- und Ablauforganisation zu schaffen, durch die eine Umsetzung des SRM-Gedankens ermöglicht wird. Ferner muss die Weisungsbefugnis der einzelnen Stellen innerhalb der Aufbauorganisation bei der Implementierung des SRMs diskutiert werden. Grundsätzlich ist zwischen dem Einlinien- und Mehrliniensystem zu unterscheiden. Im Gegensatz zum Mehrliniensystem sind in einem Einliniensystem alle Mitarbeiter nur einer Leitungsstelle unterstellt. Alle Einkäufer sind in diesem Fall einem Einkaufsleiter zugeordnet. In einem SRM-orientierten Unternehmen kann es allerdings sinnvoll sein, dass die Mitarbeiter zwei Leitungsstellen zugeordnet sind. In diesem Fall spricht man vom Mehrliniensystem. In der Praxis findet sich in diesem Fall häufig die Matrixorganisation. Hier kann der Mitarbeiter zwei Leitungsstellen zugeordnet sein, z. B. dem Zentraleinkauf und einer einem einzelnen Geschäftsbereichen des beschaffenden Unternehmens zugeordneten Einkaufseinheiten. Diese haben als Aufgabe die enge Kontaktpflege mit den jeweiligen Lieferanten. Die Matrixorganisation ist häufig bei der SRM-Strategieimplementierung anzutreffen. Dabei ist allerdings auch der Internationalisierungsgrad des beschaffenden Unternehmens zu berücksichtigen. Wird vonseiten des Unternehmens weltweit beschafft, schlägt sich dies ebenso in der Organisationsstruktur des Unternehmens nieder. In diesem Fall wird eine

Bearbeitung des Lieferantenmarktes vom Heimatland aus auf Dauer organisatorisch nicht durchführbar sein. Vom beschaffenden Unternehmen werden dann Tochtergesellschaften in den jeweiligen geographischen Regionen gegründet und Beschaffungsbüros weltweit eingerichtet. Diese Vorgehensweise sieht man primär bei Großkonzernen. In diesen wird das SRM aber auch mithilfe hybrider Organisationsformen umgesetzt. Diese werden in der Organisationstheorie für international tätige Großunternehmen vorgeschlagen, da durch sie regionale, nationale, kulturelle und produktspezifische Besonderheiten berücksichtigt werden können. In hybriden Organisationsformen wird mit Materialgruppenteams gearbeitet, die eine Kombination aus zentraler und dezentraler Organisationslösung darstellen. Bei dieser Organisationsform arbeiten zeitlich befristet cross-funktionale, Geschäftsbereich übergreifende, Materialgruppenteams miteinander, um den Beschaffungsprozess zu optimieren. Praxisbeispiele sind hierfür die Hoechst AG, Daimler AG oder auch Thyssen Krupp AG.

Im Rahmen der Implementierung des SRMs sind insbesondere die Mitarbeiter einzubeziehen. Sie bilden den wichtigsten Anteil im Rahmen der Strategieimplementierung. Bei den Einkäufern des beschaffenden Unternehmens muss die Erkenntnis reifen, dass durch die Implementierung der SRM-Strategie auch die eigene Arbeit mit den Lieferanten erleichtert wird. Notwendig ist eine offene Informationspolitik des Unternehmens über die Unternehmensziele und die Konsequenzen für die Mitarbeiter durch die Implementierung des SRMs. Information und Kommunikation über die Zielsetzung, die das Unternehmen mit der Implementierung des SRMs verfolgt, sind die wesentlichen Erfolgsvoraussetzungen der neuen Strategie. Dazu sind folgende Überlegungen zur Forcierung der Akzeptanz der Strategie bei den Mitarbeitern notwendig:

- Wissensvermittlung der Mitarbeiter durch Kommunikation und Information,

- Qualifizierungsoffensive in der Beschaffung,

- Akzeptanzerzielung bei den betroffenen Mitarbeitern.[85.]

---

85   Vgl. Appenfeller und Buchholz 2009, S. 98ff.

Die Kompetenzen der „neuen" Mitarbeiter nach Implementierung des SRMs sind abhängig von dem ihnen übertragenen Aufgabengebiet. Benötigt werden kompromisslose Einkäufer bei Standardartikeln (hier geht es primär um den Preis), aber auch kreative und innovative Köpfe, wenn es um die Beschaffung von strategischen Materialen geht und dem Aufbau sowie der Pflege des Beziehungsmanagements zu systemrelevanten Lieferanten.

1.3.2.3 Strategischer und operativer Beschaffungsprozess im SRM

Auf der strategischen Ebene des Supplier-Relationship-Managements werden die Materialgruppen des Unternehmens betrachtet mit dem Ziel, den Beschaffungsprozess zu automatisieren. Durch sorgfältige Quellenvorbereitung und -suche auf der Materialgruppenebene ist das beschaffende Unternehmen in der Lage, entweder durch halbautomatische oder internetgestützte Ausschreibungsprozesse, einen Belieferungsauftrag mit dem Lieferanten zu vereinbaren. Die Vereinbarung einer Preisverhandlung wird manuell oder internetgestützt bearbeitet. Im operativen Beschaffungsprozess wird in der Materialgruppe des Unternehmens der Bedarf ermittelt. Die Bedarfsermittlung wird in direkte/indirekte Materialien und Dienstleistungen aufgeteilt. Im Rahmen der direkten Materialbeschaffung ist die Vorratsbeschaffung, die Einzelbeschaffung oder die produktionssynchrone Beschaffung (just in time) zu nennen. Unter indirekter Materialbeschaffung werden die Katalogbeschaffung und die Freitextbeschaffung verstanden. Nach der Bedarfsermittlung wird die Bestellung über ein Desktop-Purchasing-System (DPS), E-Kataloge, E-Collaboration oder Plan Driven Purchasing (Teil des ERP) festgelegt und abgewickelt. Die Bestellung kann aber auch konventionell z.B. über Katalog oder Telefon bearbeitet werden. Mit den verschiedenen Beschaffungsmodellen und Prozessvarianten wird ein Angebot für die operative Beschaffung der einzelnen Materialgruppen bereitgestellt.[86] Je nachdem, welche Ausprägung im Rahmen der Beschaffungsprozesse gewählt wird, entsteht eine stärkere oder weniger starke Form der Zusammenarbeit zwischen beschaffendem Un-

---

86   Vgl. Appenfeller und Buchholz 2009, S. 149.

ternehmen und Lieferant. So ist bei der reinen Vorratsbeschaffung die Zusammenarbeit weniger eng als beim Vendor Managed Inventory[87] oder bei der produktsynchronen Beschaffung. Folgende Ausprägungen der Merkmale lassen sich im operativen Beschaffungsmodell darstellen (vgl. **Abbildung 1.62**).

Abbildung 1.62 Merkmale von Supplier Relations beim operativen Beschaffungsprozess

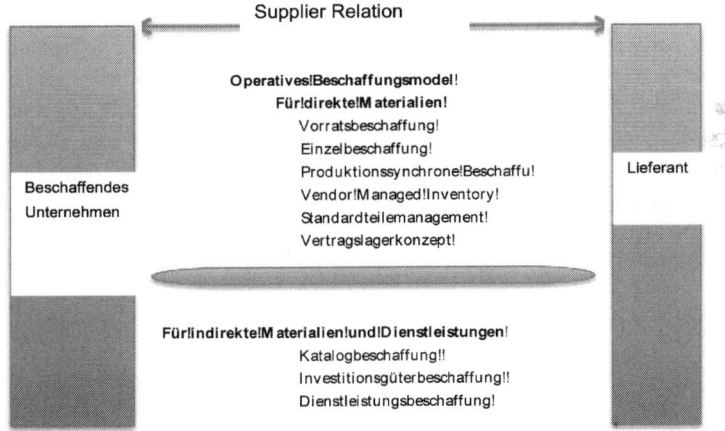

Quelle: Appelfeller und Buchholz 2009, S. 150

Durch die Einführung des SRMs entsteht eine neue Form und Intensität der Lieferantenzusammenarbeit. Im Rahmen des operativen SRMs wird zwischen Beschaffungsmodellen für direkte und indirekte Materialien sowie Dienstleistungen unterschieden. Die Beschaffungsmodelle für die direkten Materialen lassen sich einteilen in Beschaffung und Lagerung. Es handelt es sich um Vorratsbeschaffung. Wird die Beschaffung und die Lagerung durch den Lieferanten oder einem Dienstleister übernommen, handelt es sich um Standardteile-

---

87 Vendor Managed Inventory (VMI) gehört zu den Beschaffungsmodellen mit Lagerhaltung beim abnehmenden Unternehmen. Die Bestandsverantwortung liegt beim Lieferanten.

management, Vendor Managed Inventory oder ein Vertragslagerkonzept. Eine kundenauftragsbezogene Beschaffung liegt vor, wenn Einzelbeschaffung oder produktionssynchrone Beschaffung im Rahmen der „Just-in-time-Verfahrens" realisiert wird. Dann handelt es sich um ein Modell, bei dem die Versorgungskette ohne Bestandspuffer zwischen Lieferant und Abnehmer aufgebaut wird. Beschaffungsmodelle für indirekte Materialien und Dienstleistungen werden realisiert durch eine fachabteilungsspezifische, bedarfsorientierte Beschaffung über Kataloge. Bei der Beschaffung von Investitionsgütern oder der Beschaffung von Dienstleistungen wird die Beschaffung durch die Fachabteilungen des beschaffenden Unternehmens vorgenommen. Einen Vergleich der Beschaffungsmodelle nehmen Appelfeller und Buchholz vor, indem sie die Aspekte Bestandsverantwortung, Fakturierungszeitpunkt, Lagerbetreiber, Anlieferungskonzept und Bereitstellungsort als Vergleichsaspekte heranziehen.[88] Eine Übersicht des Vergleichs der verschiedenen Beschaffungsmodelle gibt die Matrix in **Tabelle 1.13.**

---

88   Vgl. Appelfeller und Buchholz 2009, S. 207ff.

Tabelle 1.13 Vergleich der Beschaffungsmodelle

Beschaffungsmodell	Bestandsverantwortung	Bedarfsermittlung	Fakturierungszeitpunkt	Lagerbesitzer	Anlieferungskonzept	Bereitstellungsort
Vorratsbeschaffung	Abnehmer	automatisch oder manuell	nach Anlieferung	Abnehmer	nach Bedarf oder periodisch	am Lager
Einzelbeschaffung		automatisch oder manuell	nach Anlieferung		nach Bedarf	am Lager
Produktionssynchrone Beschaffung		automatisch	nach Anlieferung		produktionssynchron	am Band (in der Fertigung)
Vendor Managed Inventory	Lieferant	automatisch oder Manuell	nach Anlieferung oder Entnahme	Abnehmer	nach Bedarf oder periodisch	am Lager
Standardteilemanagement	Dienstleister	in der Regel Kanban	nach Anlieferung (z.B. monatlich)	Abnehmer	periodisch	am Band (in der Fertigung)
Vertragslager	Lieferant	automatisch oder manuell	nach Anlieferung oder Entnahme	Dienstleister/ Lieferant	nach Bedarf oder periodisch	am Lager
Katalogbeschaffung		manuell	nach Anlieferung (z.B. monatlich)		nach Bedarf oder periodisch z.B. täglich	auf Wunsch am Gebrauchsort
Investitionsgüterbeschaffung		manuell	nach Anlieferung (Installation)ggf. Abschlagszahlung		nach Bedarf	am Gebrauchsort

Quelle: Appelfeller und Buchholz 2009, S. 208

Die Vor- und Nachteile der verschiedenen Beschaffungsmodelle werden in **Tabelle 1.14** zusammengefasst. Es wird sowohl die Sicht des Abnehmers als auch die des Lieferanten berücksichtigt.

Tabelle 1.14   Vor- und Nachteile der Beschaffungsmodelle

	Sicht des Abnehmers	Sicht des Lieferanten
Vorratsbeschaffung	+ hohe Materialverfügbarkeit	+ keine hohen Prozessanforderungen
	- hohe Bestandskosten	- geringes Potenzial zur Kundenbindung
	- mittelhohe Prozesskosten	
Einzelbeschaffung	+ sehr geringe Bestandskosten	+keine hohen Prozessanforderungen
	- hohe Prozesskosten	- geringes Potenzial zur Kundenbindung
	- geringe Materialverfügbarkeit	
Produktionssynchrone Beschaffung	+ sehr geringe Bestandskosten	+ hohes Potenzial zur Kundenbindung
	- hoher Abstimmungsaufwand mit Lieferant	- hohe Prozessanforderungen
Vendor Managed Inventory	+ sehr geringe Bestandskosten	+ hohes Potenzial zur Kundenbindung
	+ hohe Materialverfügbarkeit	- hohe Prozessanforderungen
	+ sehr geringe Prozesskosten	
	- hoher Abstimmungsaufwand mit Lieferant	
Standardteilemanagement	+ geringe Bestandskosten	+ hohes Potenzial zur Kundenbindung
	+ sehr geringe Prozesskosten	- hohe Prozessanforderungen
	- hohe Lieferantenwechselkosten	
Vertragslager	+ Vorteile von VMI	+ Vorteile von VMI
		- Nachteile von VMI
Katalogbeschaffung	+ geringe Bestandskosten	+ hohes Potenzial zur Kundenbindung
	+ sehr geringe Prozesskosten	- hohe Prozess- und IT-Anforderungen
	- hohe Lieferantenwechselkosten	
Investitionsgüterbeschaffung	+ flexible Abwicklungsform	+ flexible Abwicklungsform
	- sehr hohe Prozesskosten	
Dienstleistungsbeschaffung	+ geringe Prozesskosten	+ Potenzial zur Kundenbindung
	- hoher Abstimmungsaufwand mit Lieferant	- hohe Prozessanforderungen

Quelle: Appelfeller und Buchholz 2009, S. 209

Die konkrete Auswahl der Beschaffungsmodelle gestaltet die Lieferantenbeziehung entscheidend. Im letzten Schritt werden unternehmensindividuell die einzelnen Materialgruppen einer konkreten Ausgestaltung zugeführt. Dies geschieht in der Zusammenführung des strategischen und des operativen Beschaffungsprozesses. In **Abbildung 1.63** wird dieser Prozess noch einmal dargestellt.

Abbildung 1.63 Entwicklung des SRM-Prozesses von der Strategie zur operativen Umsetzung

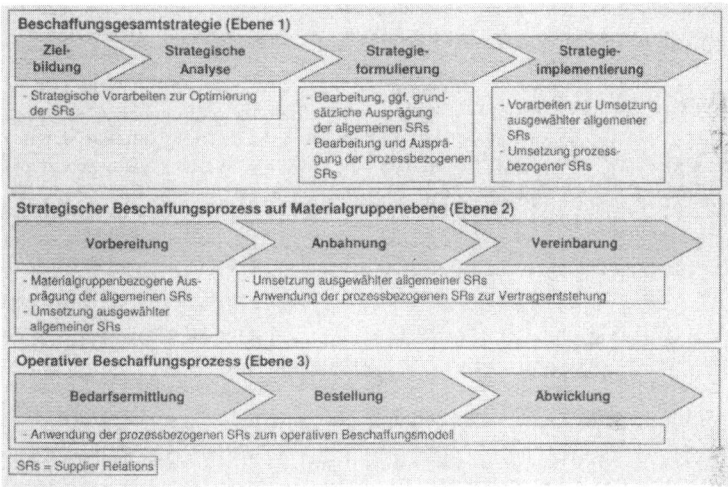

Quelle: Appelfeller und Buchholz 2009, S. 12

Der Prozess beginnt mit der strategischen Analyse im Rahmen der Strategieformulierung und endet mit der Strategieimplementierung beim Lieferanten. Anschließend werden pro Materialgruppe die Bedarfe ermittelt und der Bestellvorgang mit den jeweiligen Lieferanten operativ organisiert und geeignete Beschaffungsprozesse festgelegt. Kriterien für die Zuordnung der Ausprägungen der Lieferantenbeziehung liefern die Materialgruppenstrategien. Vorteile dieser Vorgehensweise sind, dass für die relevanten Materialgruppen optimierte Beschaffungsprozesse mit im Beschaffungsprozess integrierten Lieferanten realisiert werden, geeignete Schnittstellen zum Lieferanten identifiziert und sowohl strategisch wie auch operativ genutzt werden. Relevante systemische Lieferanten werden sukzessive in den gesamten Wertschöpfungsprozess des beschaffenden Unternehmens aufgenommen und es entsteht eine intensive Zusammenarbeit durch die Verwendung gemeinsamer Tools, gemeinsamer Software und identischer Prozesse.

1.3.2.4 Varianten des Ausschreibungsprozesses

Mithilfe des Ausschreibungsprozesses werden die Lieferanten und auch potentielle Lieferanten des beschaffenden Unternehmens aufgefordert, Angebote für zu beschaffende Materialen, Roh- Hilfs- und auch Betriebsstoffe abzugeben. In diesem Zusammenhang wird zwischen folgenden Ausschreibungsarten unterschieden:

- manueller Ausschreibungsprozess,
- halbautomatischer Ausschreibungsprozess,
- vollautomatischer Ausschreibungsprozess,
- Reverse-Auktion.

1.3.2.4.1 Manueller Ausschreibungsprozess

Im Rahmen des manuellen Ausschreibungsprozesses wird mit sehr geringer IT-Unterstützung die Ausschreibung durchgeführt. In einem ersten Schritt muss vonseiten der Fachabteilung ein Bedarf der zu beschaffenden Materialien bzw. Güter festgestellt werden. Dieser Bedarf wird durch den jeweiligen Abteilungsleiter durch Freigabe bestätigt. Häufig wird dieser Prozess auch ausgelöst, wenn der Rahmenvertrag mit einem Lieferanten ausläuft. Ausgelöst wird dann eine entsprechende Beschaffungsmarktanalyse sowie ein Anschreiben entsprechender Lieferanten mit der Bitte entsprechende Angebote abzugeben. Die von den Lieferanten eingehenden Informationen werden dann erfasst, in ein Tabellenkalkulationsprogramm eingegeben und miteinander verglichen. Anschließend werden mit den günstigsten Anbietern Preisverhandlungen durchgeführt und entsprechende Lieferverträge abgeschlossen. Obwohl diese Form der Ausschreibung sehr papierlastig sowie zeit- und kostenintensiv ist, wird diese Form der Ausschreibung noch sehr häufig in der Praxis durchgeführt. Sie ist häufig in kleinen und mittelständischen Unternehmen anzutreffen, da in diesen Unternehmen oft mit Office-Produkten, selten aber mit komplexen ERP-Programmen gearbeitet wird.[89]

1.3.2.4.2 Halbautomatischer Ausschreibungsprozess

Der Beschaffungsprozess im halbautomatischen Ausschreibungsprozess unterscheidet sich vom manuellen Ausschreibungsprozess nur marginal. Der größte Unterschied besteht darin, dass nun die entsprechenden Ausschreibungsdokumente zwischen ausschreibenden Unternehmen und Anbietern nicht mehr auf den Postweg ausgetauscht werden, sondern die Korrespondenz durch E-Mails und Fax erfolgt. Diese werden dann direkt in das entsprechende ERP-System eingefügt, die Poststelle wird in den Beschaffungsprozess nicht mehr eingebunden. Aufgrund des Einsatzes eines ERP-Systems wird der Beschaffungsprozess erheblich verkürzt. Es findet kein papierbasierter Austausch von Dokumenten mehr statt und die entsprechenden Dokumente können von den involvierten Abteilungen des ausschreibenden Unternehmens schneller ausgetauscht werden. Die Durchlaufzeiten und auch die Prozesskosten des Ausschreibungsprozesses werden reduziert.[90]

1.3.2.4.3 Vollautomatischer Ausschreibungsprozess

In dieser Variante wird der Ausschreibungsprozess internetbasiert durchgeführt. Es kommt kein ERP-Tool zum Einsatz, sondern es wird mit einem SRM-Tool gearbeitet. Die Lieferanten werden stärker in den gesamten Prozess integriert. Die Lieferanten „... bekommen einen Link auf das SRM Tool des nachfragenden Unternehmens. Über das Internet pflegen die Lieferanten ihr Angebot direkt in die Datenbank dieses Tools ein."[91] Der Vorteil dieser Vorgehensweise liegt insbesonde-

---

89   Vgl. Appelfeller und Buchholz 2009, S. 122.

90   Vgl. ebenda.

91   Ebenda, S. 123.

re darin, dass ein Arbeitsgang gespart wird. Der Einkäufer kann direkt mit dem Vergleich der eingegangenen Angebote beginnen und eine entsprechende Einkaufsentscheidung herbeiführen. Ein weiterer Vorteil liegt darin, dass nach Vertragsabschluss der Datenaustausch vollautomatisch erfolgen kann und dadurch eine schnelle Zusammenarbeit, aber auch eine schnelle Belieferung sichergestellt werden. Voraussetzungen hierbei sind, dass der am Ausschreibungsprozess beteiligte Lieferant bereit ist, seine Angebote in der entsprechenden Form in das Ausschreibungssystem einzugeben und auf beiden Seiten mit miteinander kompatiblen Systemen gearbeitet wird. Vorteile des vollautomatischen Ausschreibungsprozesses liegen für beide Seiten vor: Die Durchlaufzeiten des Ausschreibungsprozesses werden erheblich verkürzt und ebenso die Prozesskosten erheblich für beide Seiten reduziert.

1.3.2.4.4 Reverse-Auktion

Eine Sonderform der Ausschreibung stellt die Reverse-Auktion dar. Wie in einer normalen Auktion können bei der Reverse-Auktion die Angebote der Lieferanten an das beschaffende Unternehmen abgegeben werden. Allerdings mit umgekehrten Vorzeichen. Reverse- Onlineauktionen sind internetgestützte multilaterale Preisverhandlungen in Form einer umgekehrten englischen Auktion (Intranet; Extranet). Die Preise müssen von einem Startpreis aus unterboten werden. Sinnvoll ist die Reverse-Auktion in Märkten mit hohem Wettbewerb und hohem Einkaufsvolumen. Im Rahmen der Reverse-Auktion werden drei Zeitlinien unterschieden:

o   die Vorbereitungsphase,

o   die Auktions-Hauptphase und

o   die Verlängerungsphase.

Ferner wird in dieser Auktion mit drei Preislinien gearbeitet. Es wird unterschieden zwischen einem Startpreis, einem Zielpreis sowie dem sogenannten Tick. Im Rahmen der Reverse-Auktion wird ebenso noch zwischen einer offenen und einer geschlossenen Auktion unterschieden. Die Reverse-Auktion ist eine Form der internetgestützten (vollautomatischen) Preisverhandlung. In der Vorbereitungsphase werden im Rahmen der geschlossenen Auktion die potenziellen Lieferanten festgelegt und ein Zeitplan für die Auktion festgelegt. Ferner wird eine deutliche, eindeutige Spezifizierung des Beschaffungsgutes vorgenommen und mit den Auktionsteilnehmern die Auktionsmodalitäten besprochen. Zum Schluss erfolgt die Freischaltung der Bieter. Während der Auktionshauptphase wird die Phase festgelegt, in der die Lieferanten Angebote abgeben können und die Dauer der Angebotsabgabe bestimmt. Wichtig: Die Festlegung der geeigneten Dauer erfolgt in Abhängigkeit von Produkt und Geltungsbereich der zu beschaffenden Materialien und Gütern. Die Reverse-Auktion hat eine Verlängerungsphase. Wird ein Angebot z.b. kurz vor Ende der Auktionshauptphase abgegeben, so muss eine entsprechende Reaktionszeit berücksichtigt und vereinbart werden. Letztere gibt dann das Ende der Auktion an. Die Auktion endet auf jeden Fall nach der Abgabe des letzten Gebots und dem Ablauf der festgelegten Höchstdauer der Verlängerungsphase.

Abbildung 1.64 Kommunikation im Rahmen der Reverse Auktion

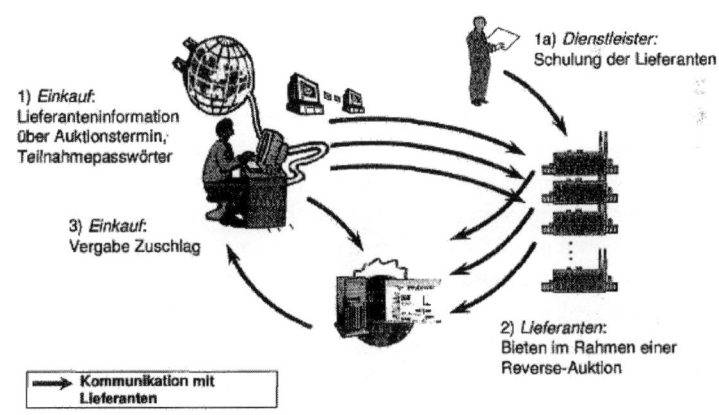

Quelle: Appelfeller und Buchholz 2009, S. 143

Das besondere an der Reverse-Auktion ist somit, dass die Anbieter ihre Leistungen oder Materialien nicht meistbietend versteigern, sondern, dass der günstigste Anbieter zum Zuge kommt. Die Bieter erhalten hier die Möglichkeit innerhalb eines vorher festgelegten Zeitraumes den Vorgabepreis oder auch die Preise der Mitwettbewerber zu unterbieten. Der Vorteil liegt hier deutlich beim beschaffenden Unternehmen. Der Einkäufer des beschaffenden Unternehmens kann bei dieser Form der Preisverhandlung davon ausgehen (sofern es vorher nicht zu Preisabsprachen bei den Bietern gekommen ist), dem günstigsten Anbieter den Zuschlag geben zu können – und dies bei gleichwertiger Qualität und Spezifikation der Materialien bzw. Beschaffungsobjekte. Es entsteht hierbei eine nicht unerhebliche Prozesskostenreduzierung – sowohl beim beschaffenden Unternehmen als auch beim Bieter.

1.4 Qualität in der Beschaffung

„Im Qualitätsmanagement haben Regelwerke eine wichtige Bedeutung. Als aus der Initiative engagierter QM-Pioniere zunehmend eine QM-Bewegung wurde, begann man, das Wissen über den Aufbau von Qualitätsmanagementsystemen in Regelwerke und sogar in nationale und internationale Normen umzusetzen. Basierend auf diesen Normen oder in Anlehnung daran entstanden wichtige Branchenstandards".[92]

Im Qualitätsmanagement geht es aber nicht darum, das Managen der Qualität zu standardisieren. Standards und Normen werden im Regelwerk des Qualitätsmanagements als Ansprüche aufgefasst. Die Anforderungen, welche an ein Qualitätsmanagementsystem (QM-System) zu stellen sind, werden zu Normen zusammengefasst. Zertifizierungen der QM-Systeme in Unternehmen und Organisationen nach Normen oder Branchenstandards bestätigen, ob diese Anforderungen angemessen im jeweiligen Unternehmen umgesetzt wurden. Bei der Umsetzung der Anforderungen eines QM- Systems sind organisationsindividuelle Lösungen der sich zertifizierenden Unternehmen erlaubt.

---

92   Deutsche Gesellschaft für Qualität (DGQ) 2011, http://www.DGQ 2011; Abfrage vom 23.08.2013.

Generell besteht die Aufgabe des Qualitätsmanagements in der Beschaffung darin, das Risiko für das beschaffende Unternehmen zu reduzieren. Risiken bestehen im Risiko der Beschaffung selbst, wenn zum Beispiel ein Lieferant ausfällt, die Qualität der gelieferten Produkte nicht den Erwartungen entspricht oder aber die Lieferungen nicht pünktlich erfolgen und durch schlechte Lieferqualität ein Risiko in der Produktion entsteht. „Als Qualität wird heute die Summe aller Aktivitäten verstanden, die innerhalb eines Unternehmens und seiner Außenbeziehungen zu Kunden und Lieferanten darauf ausgerichtet ist, die an das Unternehmen gestellten Erwartungen zu erfüllen."[93]

Unternehmen wollen sich durch Qualität einen Wettbewerbsvorteil sichern. Auch in der Beschaffung ist der Ausgangspunkt der Qualitätsbetrachtung der P (Plan) D (Do) C (Check) A (Act-)Zyklus (PDCA-Zyklus) nach Deming[94]. Dieser findet seine Anwendung im Rahmen des kontinuierlichen Verbesserungsprozesses, indem in kleinen Schritten Verbesserung in das Unternehmen implementiert werden. Folgende Idee liegt diesem Gedankengang zu Grunde: Es gibt keinen Qualitätsstandard, der nicht verbessert werden kann: „There is no best, only better." Durch die Einführung und Anwendung des kontinuierlichen Verbesserungsprozesses (KVP) kann die Qualitätssituation der Unternehmen verbessert werden. Ziel des KVPs ist die stetige Verbesserung (anstatt sprunghafter Veränderung) im Sinne kontinuierlicher Teamarbeit. Der KVP bezieht sich sowohl auf die Produkt-, die Prozess- und die Servicequalität des jeweiligen Unternehmens. Ferner ist der KVP ein Grundprinzip des Qualitätsmanagements und unverzichtbarer Bestandteil der ISO 9001. Grafisch lässt sich diese Zielsetzung wie **Abbildung 1.65** darstellen.

---

93   Oeldorf und Olfert 2004, S. 64.

94   Vgl. Deming, 1986, S. 88

Abbildung 1.65 Kontinuierliche Verbesserungsprozess KVP

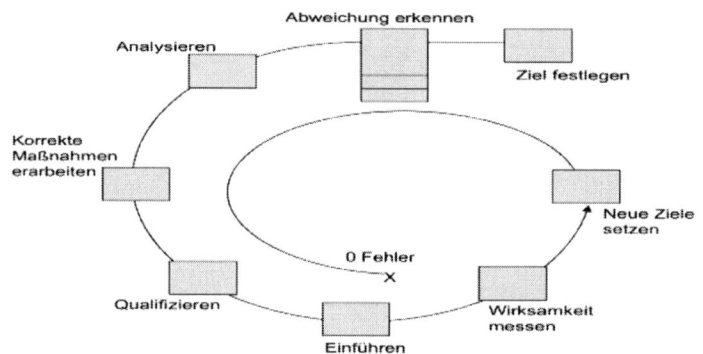

Quelle: Wannenwetsch 2010, S. 196

Das Qualitätsmanagement hat die Aufgabe, Ziele zu formulieren und diese durch aufbau- und ablauforganisatorische Reglungen zu organisieren.[95] Da eine einheitliche, international anerkannte und aufeinander abgestimmte Beurteilung der Qualitätsfähigkeit von Unternehmen fehlte, wurde diese 1994 durch die Normenreihe DIN ISO 9000-9004 begründet. In der Zwischenzeit ist diese Norm mehrmals überarbeitet worden und basiert heute auf der ebenfalls bereits angepassten Norm ISO 9000:2000. Die neue Norm ist prozess- und kundenorientiert ausgelegt und orientiert sich an den Unternehmensabläufen. Mit der Normenreihe EN ISO 9000 ff. sind Normen geschaffen worden, die Grundsätze für Maßnahmen zum Qualitätsmanagement dokumentieren.

„Die ISO Norm lässt sich heute in drei Teilbereiche fassen:

EN ISO 9000: Grundlagen und Begriffe zu Qualitätsmanagementsystemen

EN ISO 9001: Für ein Qualitätsmanagementsystem einer Organisation, welche Produkte mit dem Ziel anbietet, die Anforderungen von Kunden zu erfüllen und die Kundenzufriedenheit zu erhöhen. In der DIN EN ISO 9001:2000 Qualitätsmanagementsysteme wur-

---

95   Vgl. Oeldorf und Olfert 2004, S. 67.

den die Anforderungen, die an ein Qualitätsmanagementsystem gestellt werden definiert. Diese Norm ist Grundlage für die Zertifizierung von Qualitätsmanagementsystemen. Sie beschreibt die Anforderungen, die ein QM-System erfüllen muss.

EN ISO 9004: Leitfaden zur Ausrichtung des Unternehmens in Richtung TQM. Es ist eine enge Verbindung mit dem EFQM-Modell vorhanden. DIN EN ISO 9004:2000 Qualitätsmanagementsysteme ist ein Leitfaden zur Leistungsverbesserung. Weil diese Norm nicht Zertifizierungsgrundlage ist, findet sie leider weniger Beachtung als die ISO 9001. Doch gerade hier sind wichtige Erkenntnisse zu QM-Systemen zusammengetragen."[96]

„Betrachtet man die drei begrifflichen Bestandteile von TQM, dann steht „Total" für die Einbeziehung aller an der Wertschöpfungskette beteiligten Personen, „Qualität" wird als eine umfassende zielgerichtete Qualitätsorientierung nach innen und außen verstanden und das „Management" sorgt nicht nur für sinnorientiertes Handels, sondern wirkt in seiner Vorbildfunktion stilbildend für alles Mitarbeiter."[97]

1.4.1 Bedeutung der Qualität – Normen in der Beschaffung

Normen und Standardisierungen dienen laut der Deutschen Gesellschaft für Qualität (DGQ) grundsätzlich der allgemeinen Sicherheit. Sie schaffen Transparenz für den Einzelnen bezüglich technischer Sachverhalte und helfen, Innovationspotenziale in den Organisationen zu erschließen, und zwar durch effizientes Zusammenwirken von Forschung und Wirtschaft. Normen unterstützen als strategisches Instrument aber auch den Erfolg von Wirtschaft und Gesellschaft, indem sie den weltweiten Austausch von Technologie, Waren und Dienstleistungen fördern. Darüber hinaus ermöglichen Normen, neue Märkte zu erschließen, zu gestalten, zu stärken und zur Transparenz der Märkte beizutragen.

---

96   http://www.DGQ 2011; Abfrage vom 20.07.2014

97   Quelle: Rothlauf, 3. Auflage 2010, S. 67

„Normen werden in den Arbeitsausschüssen des Deutschen Instituts für Normung (DIN) im Konsensverfahren erarbeitet. Die Ausschüsse setzen sich aus Vertretern der verschiedenen Sektoren der Gesellschaft zusammen. Soweit nicht schon in den Ausschüssen vertreten, kann die interessierte Öffentlichkeit im Rahmen des Einspruchsverfahrens zu den veröffentlichten Entwürfen Stellung nehmen."[98] Bei der Beschaffung von Produkten stehen Unternehmen vielfach vor der Aufgabe, bisher unbekannte Lieferanten einzusetzen oder neue Märkte zu erschließen. Das birgt häufig Risiken für die Unternehmen. Die Risiken entstehen durch:

- eine unzureichende Ausrichtung des Unternehmens auf internationale und auch nationale Märkte,

- eine schwer abschätzbare Qualität der Leistungen sowie

- eine schwierige Kalkulation der Beschaffungsgesamtkosten.

Die Qualität ISO Normen tragen im gesamten Beschaffungsprozess dazu bei, dass sowohl in der Herstellung als auch im Logistikprozess eine „Null-Fehler"-Strategie verfolgt wird. Die Abteilung des Qualitätsmanagements des beschaffenden Unternehmens hat die Aufgabe, sicherzustellen, dass die beschafften Produkte die von ihnen erwarteten Beschaffungsanforderungen erfüllen. Dazu werden die Art und der Umfang der Qualitätsprozesse in der Beschaffung in Abhängigkeit vom Einfluss des beschafften Produktes oder der Dienstleistung zur Erfüllung der Anforderungen festgelegt. Im Beschaffungsprozess zu berücksichtigen ist, dass die Spezifikation der beschafften Produkte den Anforderungen – die in der Bestellung festgelegt wurden – entspricht. Ferner ist zu kontrollieren, ob die Beschaffungskosten vonseiten des Lieferanten eingehalten wurden und die beschafften Produkte eindeutig identifiziert werden können. Mithilfe der Anforderungen der ISO-Normen wird überprüft, ob die Vertragsbedingungen sowie die Rückverfolgbarkeit von Fehlern im Beschaffungsprozess eingehalten wurden. Im Rahmen der Überprüfung wird darauf geachtet, dass der Lieferant den Zertifizierungsansprüchen der ISO-Normen genügt

---

98   http://www.dgq.de/downloads.htm. Abfrage vom 13.7.2013

(dies wird normalerweise nachgewiesen durch das Zertifizierungszertifikat des Lieferanten). Der Überprüfung durch die ISO-Normen haben sich sämtliche Logistikprozesse zu unterwerfen. Aufgrund einer vorliegenden ISO-Zertifizierung des Lieferanten ist es dem beschaffenden Unternehmen möglich, sich ein Bild über die Qualität des Lieferanten, seine Fähigkeit den Anforderungen entsprechende Produkte zu liefern, zu verschaffen. Die Ergebnisse der Beurteilungen und ggf. notwendige Folgemaßnahmen werden durch das beschaffende Unternehmen dokumentiert. Die Beschaffungsdokumente der Lieferanten haben laut Qualitätsmanagement Informationen zu enthalten, die das zu beschaffende Produkt beschreiben. Folgende Anforderungen sind an die Dokumentation der Lieferanten zu stellen:

- Produktspezifikation,

- Produktionsspezifikation,

- Personalqualifikation,

- Prüftätigkeiten,

- Anforderungen an das QM-System des Lieferanten,

- Genehmigung von Produkten, Verfahren, Prozessen und Ausrüstung.

Das Qualitätsmanagement des Lieferanten hat die Aufgabe, vor der Freigabe der Beschaffungsdokumente deren Angemessenheit für die spezifizierten Anforderungen sicherzustellen. Ziel ist es also, eindeutige und messbare Qualitätskriterien im Rahmen der ISO-Normen festzulegen. Der Lieferant hat die Anforderungen des beschaffenden Unternehmens umzusetzen und zu dokumentieren. Wenn das Qualitätsmanagement des beschaffenden Unternehmens oder die Einkaufsabteilung Anforderungen an den Lieferanten vorschlägt bzw. diese vorgibt, muss das Qualitätsmanagement des Lieferanten die Anforderungsvereinbarungen und Methoden zur Freigabe der Produkte in den Beschaffungsangaben festlegen. Unvollständige Angaben des beschaffenden Unternehmens oder ein Einkauf nur aus Preisgesichtspunkten können dabei zu Problemen beim beschaffenden Unternehmen führen.

Werden Qualitätsabweichungen erst in der Fertigung festgestellt oder schlimmer – erst beim Kunden erkannt – kann es teuer für den Lieferanten werden (aber auch für das beschaffende Unternehmen), da Produktionsstillstand beim beschaffenden Unternehmen droht. Dies kann verhindert werden, indem in einem ersten Schritt die Qualität eingehalten und vom beschaffenden Unternehmen deutliche Vorgaben zur Bestellung abgegeben werden. Hierzu gehören z. B.

- Menge,

- Preis,

- Liefertermin,

- technische Details,

- Qualitätsmerkmale,

- zugehörige Einzelforderungen,

- Normen,

- Prüfkriterien,

- Stichprobenprüfpläne usw.

In einem folgenden Schritt sind – wie in den ISO-Normen der 9000-Reihe gefordert – die für die Disposition und Beschaffung Verantwortlichen festzulegen. Die Qualitätsanforderungen an das zu beschaffende Material hat der Einkauf aus den Festlegungen der zuständigen technischen Stellen (z. B. Entwicklung, Konstruktion, QM-Beauftragter) zu übernehmen. Änderungen der Qualitätsforderungen dürfen dann nur noch mit Zustimmung der zuständigen Stellen des beschaffenden Unternehmens erfolgen. Das beschaffende Unternehmen hat im eigenen Qualitätsmanagementsystem festzulegen, nach welchen Kriterien die Auswahl geeigneter Lieferanten zu erfolgen hat. Mögliche Kriterien hierfür sind die Qualitätsfähigkeit der Lieferanten, die bisherigen Erfahrungen mit dem Lieferanten und der Preis. Ein weiterer Schritt ist die laufende Beurteilung der Lieferanten durch die Ergebnisse der Wareneingangsprüfungen, die Liefertreue, den erbrachten Service, das Verhalten des Lieferanten bei Reklamationen, Änderungen und die

Preisentwicklung. Die freigegebenen Lieferanten werden schließlich in einer Lieferantenliste oder in den EDV-Stammdaten des beschaffenden Unternehmens erfasst. Das beschaffende Unternehmen hat von jedem Lieferanten ein zertifiziertes QM-System anzufordern. Mit systemischen Lieferanten schließen die beschaffenden Unternehmen eine individuelle Qualitätssicherungsvereinbarung ab, in die alle mit diesem Lieferanten relevanten Forderungen aufgenommen werden. Diese Anforderungen an die Lieferanten beziehen sich auf das QM-System, die Erstbemusterung, allgemeine und spezielle Prüfungen und alle Nachweispflichten der Lieferanten.

Bei der Prüfung von Qualitätsmerkmalen bestellter Materialien führen beschaffende Unternehmen entweder eine Eingangsprüfung durch oder stellen auf eine andere Weise sicher, dass die Forderungen erfüllt werden. Die Prüfergebnisse sind dabei nach Lieferanten getrennt festzuhalten und zur laufenden Beurteilung heranzuziehen. Sofern ein Unterauftragnehmer eingeschaltet wird, muss dessen Beitrag zum Produkt nach den gleichen Kriterien beurteilt werden wie es das Unternehmen auch bei Eigenfertigung tun würde. Ein Prüfmittel ist in diesem Fall die Erstmusterprüfung.

Beschaffende Unternehmen sind im Normalfall an einer langfristigen, partnerschaftlichen und engen Zusammenarbeit mit ihren Lieferanten interessiert. Die beschaffenden Unternehmen intensivieren daher die Kontakte und regeln die allgemeinen Anforderungen in separaten Verträgen (Qualitätsvereinbarungen) so, dass sie sich im Tagesgeschäft nicht mehr um diese grundlegenden Dinge kümmern müssen. ISO-Standards helfen den Beschaffungsprozess zu vereinfachen und die Abläufe zwischen Lieferanten und beschaffenden Unternehmen zu optimieren und Lieferanten in die Supply-Chain zu integrieren.

Ein europäisches Qualitätsmodell ist das EFQM- (European Foundation for Quality Management) Modell. Es beruht auf Freiwilligkeit und dem Bestreben, Netzwerke mit Interessenspartnern zur Steigerung von Innovation und Kreativität zu fördern. Mit dem Modell wird die Gestaltung von Partnerschaften in der Wertschöpfungskette gefördert. Die Anwendung in der Beschaffung ist zu einem wesentlichen Erfolgsfaktor innerhalb der Beschaffung geworden. Das EFQM-Modell für Excellence ist ein ganzheitliches Modell, das als Basis für die Selbstbewertung und Fremdbewertung, z.B. im Rahmen der Levels of Excellence oder des Ludwig-Erhard-Preises eingesetzt wird. Im Jahre 2010 wurde das Modell in einer komplett überarbeiteten Fassung veröffentlicht. Anhand von acht Eckpunkten wird definiert, was „Excellence" in diesem Modell bedeutet. Das Modell und seine Grundlagen wurden in der neuen Fassung komplett überarbeitet, vereinfacht und vor allem praxistauglicher gemacht. Das neue Excellence-Modell basiert wie das alte auf acht Grundkonzepten und neun Hauptkriterien mit insgesamt 32 Teilkriterien, aufgeteilt in eine Befähiger- und eine Ergebnisseite (vgl. **Abbildung 1.66**). „Exzellente Organisationen zeichnen sich durch ähnliche Eigenschaften und Denkhaltungen aus, unabhängig von ihrem Umfeld, in dem sie tätig sind. Diese Eigenschaften, die erfolgreiche Organisationen gegenüber anderen Mitbewerbern auszeichnen, werden im EFQM-Excellence-Modell als Grundkonzepte bezeichnet. Sie sind durch globale Benchmarks, Beobachtung sich neu entwickelnder Trends und Interviews mit Senior Managern in ganz Europa identifiziert worden. Jedes Grundkonzept ist für sich allein wichtig, aber der größte Nutzen kann erreicht werden, wenn sie miteinander verknüpft werden."[99]

Abbildung 1.66 Die acht Grundkonzepte des neuen EFQM-Modells

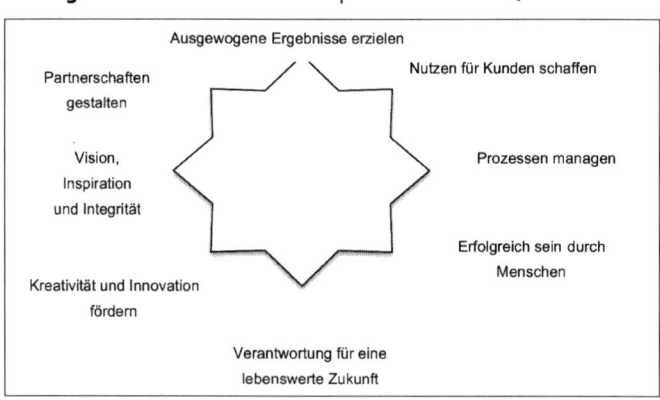

Quelle: Felchlin 2009, S. 11

---

99   Felchlin 2009, S. 11.

Bei den Hauptkriterien wird zwischen Befähiger-und Ergebnisse-Kriterien unterschieden:

■ **Befähiger:**

— Kriterium 1 „Führung",

— Kriterium 2 „Strategie",

— Kriterium 3 „Mitarbeiter",

— Kriterium 4"Partnerschaften und Ressourcen",

— Kriterium 5 „Prozesse, Produkte und Dienstleistungen";

■ **Ergebnisse:**

— Kriterium 6 „Kundenbezogene Ergebnisse",

— Kriterium 7 „Mitarbeiterbezogene Ergebnisse ",

— Kriterium 8 „Gesellschaftsbezogene Ergebnisse",

— Kriterium 9 „Schlüsselergebnisse".

Befähigerkriterien werden mit je 10%, auf der Ergebnisseite werden das Kriterium 6 und 9 (Kundenbezogene Ergebnisse, Schlüsselergebnisse) mit 15%, alle anderen mit 10% gewichtet (vgl. **Abbildung 1.67**).

Abbildung 1.67 Die acht Grundkonzepte des neuen EFQM-Modells

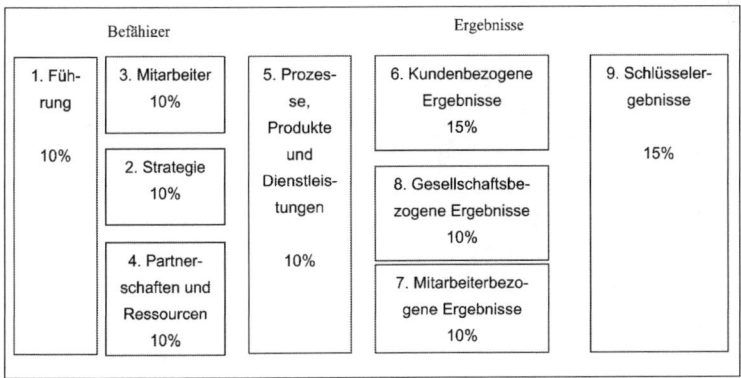

Quelle: Felchlin 2009, S. 12

Schwerpunkt des EFQM-Modells 2010 ist seine dynamische managementorientierte Ausrichtung. Den Kunden und die Erhöhung der Wertschöpfung durch Produkte und Prozesse stellt das EFQM Modell in den Fokus. Die strategische Ausrichtung der Prozesse, über die klassischen Grenzen der Aufbauorganisation hinweg, ist eine wesentliche Stärke des Modells. Obwohl die Komplexität des Modells immer wieder als Kritikpunkt genannt wird, spielt das Modell in der Beschaffung eine besondere Rolle, da es Partnerschaften mit den Lieferanten auf einem hohen Qualitätsniveau ermöglicht.

1.4.2 Entsorgungsstrategien und Beschaffung

Das Entsorgungsmanagement eines Unternehmens „umfasst die Gesamtheit der operativen und dispositiven Tätigkeiten, die auf die Rückführung von Realgütern, insbesondere Rückständen ausgerichtet ist"[100].

Ökologische Probleme und Ressourcenverknappung haben dazu geführt, dass die Entsorgungsproblematik Einzug in die Beschaffungsüberlegungen gefunden hat. In diesem Zusammenhang sollen ökonomische Ziele mit sozialen und ökologischen Zielen in Einklang gebracht werden. So können allein durch den sparsamen Einsatz von Wasser in der Produktion Kosten gespart werden. Der sparsame Umgang mit knappen Ressourcen kann aber auch zur Image- und Nachhaltigkeitsverbesserung des Unternehmens insgesamt beitragen. Der Nachweis von Unternehmen, ein qualitativ hochwertiges Entsorgungs- und Vermeidungsmanagement zu betreiben trägt dazu bei, dass diese Unternehmen einen Wettbewerbsvorteil erlangen und für Investoren und Analysten interessant werden.

Generell zählen zu dem Entsorgungsbereich Objekte, die beweglicher Art sind, aber auch Abluft, Abwasser und Leergut. Diese Objekte werden unter dem Begriff Abfall subsumiert. Die ökologischen Ziele, die auf diesem Gebiet verfolgt werden, beschreibt §2 Abs. 1 KrWG: „Vermeidung vor Verwertung vor Entsorgung."

---

100   Wannenwetch 2010, S. 440.

Entsorgungsstrategien, die sich hieraus ableiten lassen, werden wie folgt zusammengefasst:[101]

- Vermeidung – Auf die Entstehung von Abfällen wird generell verzichtet,

- Reduzierung – Einsatz von ressourcenschonenden Alternativen,

- Verwendung – Beibehaltung der Gestalt des Werkstoffes,

- Verwertung – Auflösung der Gestalt des Werkstoffes,

- Beseitigung – endgültige Abfallentledigung aus ökonomischer Sicht.

Aus diesen Entsorgungsstrategien ergeben sich für die Unternehmen Handlungsspielräume, die im Bereich der Beschaffung von Vorprodukten wiederum genutzt werden können.

Eine wesentliche Schlussfolgerung sind Verwertungsstrategien, die dazu beitragen, Roh- und Hilfsstoffe, aber auch Vorprodukte aus zurückgenommenen Endprodukten zu gewinnen, um auf diesem Wege zu einer Beschaffungsoptimierung beizutragen. Wichtige Ansatzpunkte der Rohstoffverwertung sind dabei:

- die Neuverwendung,

- die Weiterverwendung,

- die Mehrfachverwendung,

- die Wiederverwendung.

Hierbei werden im Bereich der Neuverwendung Stoffe wieder aufbereitet, so dass sie einer neuen ursprünglichen Verwendung zugeführt werden können. Die Weiterverwendung zeichnet sich dadurch aus, dass die Stoffe mit oder ohne eine weitere Aufbereitung einer Weiterverwendung zugeführt werden können. Die Mehrfachverwendung ermöglicht es, Reststoffe mehrfach zu verwenden und im Rahmen der

---

101   Vgl. Schulte 2005, S. 419.

Wiederverwendung können Stoffe einer mehrmaligen Verwendung zugeführt werden.

Ein individuelles Entsorgungskonzept eines Unternehmens wird durch das Durchlaufen folgender Stufen erstellt:

- Analyse des Ist-Zustandes unter Berücksichtigung der Unternehmenszielsetzung,

- Entwicklung eines alternativen Entsorgungskonzeptes,

- Einführung eines Versorgungskonzeptes,

- Controlling und Steuerung des eingeführten Versorgungskonzeptes.

Für die Beschaffungsabteilungen hat die Recyclingfähigkeit der beschafften Produkte eine große Bedeutung, da hohe Recyclingkosten die Einkaufspreise im Nachhinein erhöhen. Das beschaffende Unternehmen erwartet ein klares Recyclingkonzept vom Vorlieferanten, um auch den eigenen Kunden Entsorgungssicherheit zu geben.

Literatur

Abbel, D.F. (1980)	Defining the Business: The Starting Point of Strategic Planning, Prentice Hall
Appelfeller, W., & Buchholz, W. (2011)	Supplier Relationship Management – Strategie, Organisation und IT des modernen Beschaffungsmanagements, 2. Auflage, Gabler, Wiesbaden.
Arnold, U. (1997)	Beschaffungsmanagement. Stuttgart: Schäffer-Poeschel.
Arrow, K. J., (1969)	The Organization of Economic Activity. Issues Perti-nent to the Choice of Market versus Nonmarket Allocation, in: The Analysis and Evaluation of Public Expenditures. The PBB-System, Joint Economic Committee, 91st Congress, 1st Session, Vol. 1, Washington, 1969, S. 47-64.
Ballou R., Gilbert, S., & Mukherjee, A. (2000)	New managerial challenges from supply chain opportunities, Industrial Marketing Management, Vol. 29, No. 1, pp. 15-16.
Bartels, H. G. (1988)	Logistik, in: Willi Albers, Karl E. Born, Ernst Dürr u. a. (Hrsg.): Handwörterbuch der Wirtschaftswissenschaft (HdWW), Band 5, S. 54–73, UTB Arbeitsgemeinschaft, Stuttgart, New York u. a.
Becker, J., & Schütte, R. (2004)	Handelsinformationssysteme. Frankfurt am Main: mi.
Brodersen, K. (2003)	Beschaffungsmarktwahl. Köln: Förderges. Produkt-Marketing.

Busch, A., & Dangelmaier, W. (2004)	Integriertes Supply Chain Management., Wiesbaden: Gabler.
Camphausen, B. (2011)	Grundlagen Betriebswirtschaftslehre, Bachelor Kompaktwissen, 2. Auflage, München, Oldenbourg.
Deming, W.E. (1986)	Out oft he Crisis, MIT Center for Advanced Engineering, Cambridge, Mass, in Oess, A., Total Quality Management, Wiesbaden 1993
Der Spiegel (2005)	Die Weltbürste, von Ralf Hoppe, in: Der Spiegel, 26/2005, 27.06.2005, S. 108–113.
Ebel, B. (2008)	Kompakt-Training Produktionswirtschaft, 2., völlig überarbeitete Auflage, Kiehl, Ludwigshafen (Rhein).
Felchlin, W. (2009)	Das EFQM Modell 2010 in: Management und Qualität, 12.
Gerlach, S., Köhler, B., Spiller, A., & Wocken, C. (2004)	Supplier Relationship Management im Agribusiness: Ein Konzept zur Messung der Geschäftsqualität. Göttingen: Inst. für Agrarökonomie.
Grochla, E. (1988)	Handwörterbuch der Wirtschaftswissenschaften, Bd. 5. Stuttgart: Poeschel.
Harps, L.H. (1996)	Crossdocking for Savings. In: Inbound Logistics, 05.
Heiserich, O.-E., Helbig, K., & Ullmann, W., (2011)	Logistik – Eine praxisorientierte Einführung, 4. Auflage, Gabler, Wiesbaden.
Hess, G., Ettinger, A., & Wesp, R. (2010)	Strategisches Supplier Relationship Management mit System. Nürnberg: Inst. für Beschaffungsstrategie.
Heydt, R. von der (1999)	Efficient Consumer Response (ECR). Frankfurt am Main: Lang.

Jahnke, B. (1979)	Gestaltung leistungsfähiger Nummernsysteme für die DV-Organisation, Minerva, München.
Jahns, C. (2003)	Paradigmawechsel von Einkauf. In: Beschaffung Aktuell, 11.
Kinkel, S., & Lay, G. (2003)	Fertigungstiefe – Ballast oder Kapital? in: Frauenhofer Institut Systemtechnik und Innovationsforschung (Hrsg.) Mitteilungen aus der Produktionsinnovationserhebung, Nr. 30.
Klug, F. (2010)	Logistikmanagement in der Automobilindustrie – Grundlagen der Logistik im Automobilbau. Springer, Berlin und Heidelberg.
Klumpp, M., & Koppers, L. (2008)	Kooperation zwischen Unternehmen als Voraussetzung für erfolgreiches Supply Chain Management (SCM). In: Klumpp, M., & Koppers, L. (Hrsg.), Kooperation konkret! Lengerich: Pabst Science Publ.
Klumpp, M., & Koppers, L. (2007)	Kooperationsanforderungen in Supply Chain Management (SCM). Arbeitspapier der FOM, Nr. 7.
Koppelmann, U. (2003)	Beschaffungsmarketing. Berlin: Springer.
Kopsidis, R. M. (1997)	Materialwirtschaft. München und Wien: Carl Hanser.
Kraege, R. (1997)	Controlling strategischer Unternehmenskooperationen. München: Hampp.
Kuhn, A., & Hellingrath, H. (2002)	Supply Chain Management: Optimierte Zusammenarbeit in der Wertschöpfungskette. Berlin: Springer.

Kummer, S., Grün, O., & Jammernegg, W. (2009)	Grundzüge der Beschaffung, Produktion und Logistik. München: Pearson.
Kürble, P. (2005)	Total Outsourcing? Ein neuer alter Trend auf dem Prüfstand unter Verwendung des Transaktionskostenansatzes, in: FOM (Hrsg.): Wissenschaft & Praxis, Band 4, MA Akademie, Essen.
Kürble, P. & Wörmann, D. (2010)	Corporate Management. Berlin: Pro Business.
Mohr, J., & Spekman, R. (1994)	Characteristics of partnership success: Partnership attributes, communication behavior, and conflict resolution techniques. In: Strategic Management Journal, (15), 2, pp. 135–152.
Moser, R. (2009)	Best Value Countries for Sourcing Approaches, in: Sven T. Marlinghaus (Hrsg.): Best Value Country Sourcing – A Paradigm Shift for Global Sourcing Approaches. S. 14–31. http://www.brainnet.com/phpw-cms/pdf/Ansicht_BVCS0109_final-klein2.pdf, Abrufdatum: 02.01.2012.
Nowosel, K., & Rodriguez, S. R. (2008)	Nutzenmaximierung bei Low Cost Country Sourcing – Berücksichtigung von Varianten, in: Beschaffung aktuell, Heft 08, S. 36-37.
Oeldorf, G., & Olfert, K. (2004)	Materialwirtschaft. Ludwigshafen: Kiehl.
Oeldorf, G., & Olfert, K. (2008)	Materialwirtschaft, 12., erheblich überarbeitete Auflage, Kiehl, Ludwigshafen (Rhein).

Oess, A. (1994)	TQM – Eine ganzheitliche Unternehmensstrategie, in: Stauss, B. (Hrsg.): Qualitätsmanagement und Zertifizierung – Von DIN ISO 9000 zum Total Quality Management, Wiesbaden
Olfert, K. (2005)	Logistik. Ludwigshafen:
Pfohl, H. C. (2000)	Supply Chain Management: Konzept, Trends, Strategien. In: Pfohl, H.-C. (Hrsg.). (2000), Supply Chain Management – Logistik plus? Logistikkette – Marketingkette – Finanzkette, Darmstadt: Erich Schmidt.
Picot, A. (1991)	Ein neuer Ansatz zur Gestaltung der Leistungstiefe, in: Schmalenbachs Zeitschrift für betriebswirtschaftliche Forschung, 43. Jahrgang, Nr. 4, S. 336–357.
Porter, M. E. (1997)	Wettbewerbsstrategie. Frankfurt am Main: Campus.
Porter, M. E. (1999)	Wettbewerb und Strategie, Econ Verlag, München.
Rother, Franz W.; Klesse Hans-Jürgen (2010)	Toyotas Rückrufe zeigen Grundprobleme der Autobranche auf, http://www.wiwo.de/unternehmen/autoindustrie-toyotas-rueckrufe-zeigen-grundprobleme-der-autobranche-auf/5214628.html, Abrufdatum: 26.09.2011.
Rothlauf, J. (2010)	Total Quality Management in Theorie und Praxis, München, Wien, Oldenbourg Verlag
Richter, R., & Furubotn, E. G. (1996)	

Roventa, P., & Weber, J. (2006)	Automobilzulieferer-Mittelstand – quo vadis? http://www.corfina.de/ downloads/Automobilzulieferer-Mittelstand-quovadis.pdf, Abrufdatum: 09.09.2011.
Schulte, C. (2005)	Logistik – Wege zur Optimierung der Supply Chain. München: Vahlen.
Seifert, D. (2006)	Efficient Consumer Response. München: Hampp.
Spiller, C., & Wocken, A. (2006)	Supplier Relationship Management.
Stölzle, W., & Heusler, K. F. (2004)	Implementierung von Supply Chain Management. In: Eßig, M. (Hrsg.), Perspektiven des Supply Management. Berlin: Springer.
Sydow, J. (1992)	Strategische Netzwerke – Evolution und Organisation, Gabler, Wiesbaden.
Voigt, A., & Römer, M. (2007)	Best Cost Country Sourcing – „Gesamtkostenoptimale", Region gesucht, in: Beschaffung aktuell, Heft 04, S. 58-59.
Walther, S. (2001)	Konzeptionelle Grundlagen des Supply Chain Managements. Berlin: Duncker & Humblot.
Vahrenkamp, R., Kotzab, H. (2012)	Logistik – Management und Strategien, München
Wannenwetsch, H. (2010)	Integrierte Materialwirtschaft und Logistik. Berlin: Springer.
Wathene, T., & Heide, J. B. (2004)	Relationship Governance in a Supply Chain Network. In: Journal of Marketing 68(1), S. 74
Wegner, U. (1993)	Organisation der Logistik – Prozess- und Strukturgestaltung mit neuer Informations- und Kommunikationstechnik, Erich Schmidt, Berlin

Wildemann, H. (2001)	Logistik Prozeßmanagement. München: TCW.
Wildemann, H. (2002)	Das Konzept der Einkaufspotentialanalyse. In: Dietger, H, & Kaufmann, L. (Hrsg.), Handbuch industrielles Beschaffungsmanagement. Wiesbaden: Gabler, S. 543–561.
Wildemann, H. (2009)	Entwicklungslinien in Logistik und Supply Chain Management. München: TCW.
Windsperger, J. (1983)	Transaktionskosten in der Theorie der Firma, in Zeitschrift für Betriebswirtschaft, Heft 9, S. 889–903.

Internetquellen:

http://www.activebarcode.de/codes/eanucc128html Abfrage vom 13.08.2014

http://www.supplychain.org/Abfrage vom 13.08.2014

http://www.supplychain.org/galleries/pub Abfrage vom 20.10.2011

http://www.wirtschaftslwxikon24net/Abfrage vom 15.08.2014

http://w9.siemens.com/cms/supply-chain-management/de Abfrage vom 18.08.2013.

http://DGQ2011 Abfrage 28.08.2013.

http://www.DGQ 2011; Abfrage vom 20.07.2014

http://www.dgq.de/downloads.htm. Abfrage vom 13.7.2013

BESCHAFFUNG UND PRODUKTION

Insbesondere Beschaffung und Produktion sind seit jeher in hohem Maße miteinander verknüpft. Nicht nur deswegen, weil die Beschaffung der Produktion zeitlich immer vorgelagert ist, sondern auch und gerade, weil die Ergebnisse des Produktionsprozesses wesentlich von den Inputfaktoren abhängen, die durch die Beschaffung in das Unternehmen gelangen.

Hier spielen quantitative Aspekte eine ebenso wichtige Rolle wie qualitative und zeitliche Aspekte. Aus diesem Grund finden sich schon in der Volkswirtschaftslehre mit Adam Smith und David Ricardo sehr früh immer wieder Hinweise darauf, inwieweit die Verfügbarkeit von Rohstoffen, Kapital oder Arbeit den Produktionsprozess beeinflussen kann und auch sollte. In der modernen BWL werden deshalb viele übergreifende Konzepte diskutiert, die insbesondere an den Wertschöpfungsketten festmachen, Supply-Chain Management Systeme, JIT- oder Kanban-Systeme umfassen, die letztlich alle das Ziel haben, die üblicherweise zu beobachtenden Reibungsverluste zwischen den einzelnen, am Erstellungsprozess von Produkten oder Dienstleistungen beteiligten Aktivitäten zu minimieren.

Die Abbildung 1.4 im Beschaffungsbeitrag macht diese Zusammenhänge noch einmal deutlich. Hier zeigt sich, dass die Beschaffung eine dauerhaft begleitende und unterstützende Funktion sowohl für die Produktion als auch im weiteren Verlauf für das Marketing und den Vertrieb hat. Nun ließe sich grundsätzlich darüber diskutieren, ob die Beschaffung nicht auch eine Primäraktivität sein sollte, allerdings darf nicht vergessen werden, und in diesem Sinne ist dies hier zu verstehen, dass eben eine kontinuierliche Beschaffung notwendig ist, die den laufenden Produktionsprozess insbesondere im Rahmen der angesprochenen JIT-Systeme, regelmäßig unterstützt. Dies gilt nicht nur für Rohstoffe, die als Inputfaktoren oder Vorprodukte in die Produktion eingehen, sondern dies gilt grundsätzlich auch für die Beschaffung von Personal, was allerdings im Rahmen der hier vorliegenden Betrachtungen nicht weiter thematisiert wird, da dies eher in die betriebswirtschaftliche Disziplin der Human Ressources fällt.

Ähnliche Auswirkungen haben Überlegungen zum Lieferantenmanagement: unterschiedliche Sourcing-Konzepte führen zu unterschiedlichen Produktionstiefen: ob Out- oder Insourcing, je nach den Aufgaben, die von Lieferanten übernommen werden, verändert sich die Produktionstiefe des Unternehmens. Insbesondere im Falle von OEM fügt das Unternehmen die Bauteile dann nur noch zusammen, der Produktionsprozess hat damit eine völlig andere Struktur als bei einem Single- oder Dual-Sourcing.

Schließlich findet sich ein besonderes intensiver Zusammenhang, wenn es um die Diskussion der verschiedenen Stücklisten geht, die, insbesondere im Rahmen des Dispositionsstufenverfahrens den Produktionsprozess hinsichtlich seines Verbrauchs von Inputfaktoren abbilden und damit die Verknüpfung umso deutlicher wird: Ergibt sich der Beschaffungsprozess doch letztlich aus dem notwendigen Bedarf im Rahmen des Produktionsprozesses.

Im nun folgenden Hauptkapitel 2 wird deshalb der Produktionsprozess im Rahmen der Diskussion um das betriebswirtschaftliche Betätigungsfeld „Produktion" dargestellt. Dabei werden die grundlegenden Elemente der Produktion aufgezeigt und der Fokus insbesondere auf Prinzipien zur Verschlankung und damit zur Auslagerung von Produktionsabschnitten entweder innerhalb eines Unternehmens gelegt, wobei im Rahmen der Kanban-Systeme Lagerhaltung durch nachfragegetriebene Produktionsprozesse erläutert wird oder im abschließenden Kapitel Produktionsanteile nach außerhalb des Unternehmens verlagert werden.

Marc Helmold

TEIL 2: PRODUKTION

1. Produktion als wertschöpfender Faktor

Der im alltäglichen Leben verwendete Begriff „Produktion" umfasst sehr unterschiedliche und facettenreiche Sachverhalte. Man produziert materielle Güter wie Fahrzeuge, Schuhe, Möbel, Lebensmittel oder Maschinen. Ebenso produziert man Dienstleistungen wie Aufführungen, Planungssoftware, Vorführungen oder Beratungsaufträge. Darüber hinaus werden auch immaterielle und ideelle Güter wie Ideen oder Informationen produziert.[102] Dieses Buch konzentriert sich auf die erstgenannte Bedeutung, „Produktion im Sinne materieller Güter". Für alle Produktionsprozesse materieller Güter ist es zwingend notwendig, dass zur Leistungserstellung bereits Güter existiert haben wie die Abbildung 1 zeigt.[103] In der klassischen Lehre sind Beschaffung, Produktion und Absatzwirtschaft (Marketing) getrennt. Das Lehrbuch Corporate Management integriert diese drei Funktionen als Gesamtheit unter der Definition „Corporate Management". Der Bereich Produktion stellt unter den drei Funktionen einen essentiellen Beitrag zur Leistungserstellung dar.[104]

---

102   Vgl. Schneeweiß 1999, S. 1ff.

103   Vgl.ebenda, S. 2.

104   Anmerkung vom Verfasser: Corporate Management vereint die drei Teilbereiche Beschaffung, Produktion und Marketing als gesamtheitlichen Ansatz der betrieblichen Leistungserstellung.

Abbildung 2.1 Begriff der Produktion-Leistungserstellung

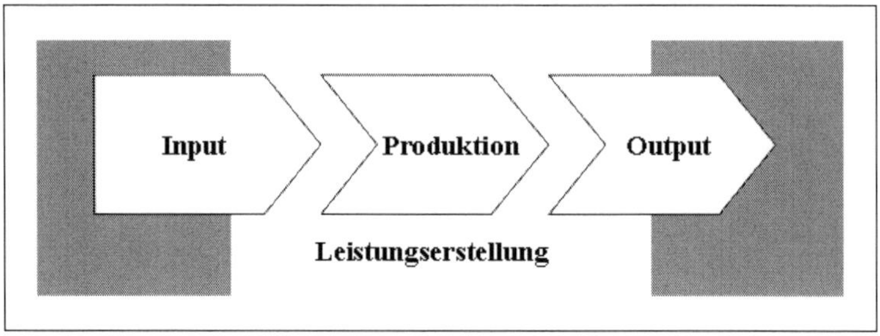

Quelle: In Anlehnung an Schneeweiß 1999

Die Produktion von materiellen Gütern, man spricht hier auch von dem Output, Erzeugnissen oder Ausbringungen, bedingt den Einsatz (engl.: Input) von Produktionsmitteln.[105] Diese Mittel werden auch Einsatzstoffe oder Input genannt. Bezeichnet man also Einsatzstoffe als Input und das Ergebnis der Produktion als Output, so lässt sich die Überlegung des „Input-Output-Prozesses" wie folgt darstellen. Neben dem Begriff werden häufig die Begriffe Fertigung und Herstellung in Praxis und Literatur verwendet. Während der Begriff der Produktion alle Aspekte des Transformationsprozesses umfasst, werden mit den Begriffen Fertigung und Herstellung unmittelbare Veränderungen materieller Art verbunden.[106] Thaler beschreibt die Zielsetzung des Produktionsprozesses als betriebswirtschaftliche Herausforderung, Erzeugnisse bzw. Produktionsaufträge (Output) unter Gesichtspunkten von Kapazitäten, Ressourcen, Terminvorgaben (Input) und Kundenanforderungen herzustellen.[107]

Produktionsprozesse zur Herstellung von Gütern sind heutzutage sehr fragmentiert, insbesondere durch internationale Arbeitsteilung und

---

105 Vgl. ebenda, S. 2.

106 Vgl. ebenda, S. 3.

107 Vgl. Thaler 2003, S. 179.

globale Wertschöpfungsketten.[108] Daher lassen sich Herausforderungen im Produktionsprozess ableiten, die i.d.R. nicht nur den eigenen Wertschöpfungsprozess, sondern auch vorgelagerte Wertschöpfungsnetzwerke beinhalten.[109] Insbesondere im Kapitel Produktion und dem Unterkapitel schlanke Prinzipien innerhalb der Produktion wird auf diese Thematik detailliert eingegangen. Darüber hinaus werden mit der Produktion verbundene Prinzipien aus dem Toyota-Produktionssystem beschrieben, die in den letzten Jahrzehnten signifikante Auswirkungen auf die Produktionsmethoden hatten.[110]

Produktion kann als Prozess der Fertigung (Produktion i.e.S.) oder als Prozess der Erstellung (Produktion i.w.S.) gesehen werden.[111] Bei der Produktion im Kontext der Fertigung wird der technische Aspekt besonders betrachtet, denn es werden Roh- und Fertigstoffe, sog. Produktionsfaktoren, zu Halb- und Fertigfabrikaten verarbeitet, es findet eine Umwandlung im Rahmen der Produktion bzw. Fertigung statt, die in der Regel mit der Schaffung eines Mehrwerts verbunden ist.

Eine Betrachtung des Produktionsprozesses aus der betrieblichen Sicht umfasst betriebswirtschaftliche Fragestellungen wie Art und Menge der Produkte und etwa Art des Fertigungstyps, die innerhalb des Leistungserstellungsprozesses beantwortet werden müssen.[112] Die Produktion wird deshalb als eine der unternehmerischen und betrieblichen Funktionen neben der Beschaffung und dem Absatz angesehen.[113] Der Begriff Produktion umfasst alle Arten der betrieblichen Leistungserstellung (vgl. Abbildung 2.2). Dabei können nicht nur materielle Güter produziert werden, sondern auch immaterielle Güter also Dienstleistungen. Die Dienstleistungen umfassen auch ideelle Güter, wie z.B.

108   Vgl. ebenda, S. 178.
109   Vgl. Helmold und Klumpp, 2011, S. 11.
110   Vgl. Liker, J. 2004: The Toyota Way. 1st Edition. Mc Graw Hill, Madison, S. 1ff.
111   Vgl. Gabler Wirtschaftslexikon 2013a, Abrufdatum 3.10.2013.
112   Vgl. Schneeweiß 1999, S. 7.
113   Vgl. Gabler Wirtschaftslexikon 2013a.

Ideen. Die Produktion beinhaltet alle vor- und nachgelagerten Funktionen, wie die Beschaffung und die Lagerung.[114] Die Produktion wird neben der Beschaffung und dem Absatz als Hauptfunktion des Betriebsprozesses gesehen, wohingegen Personalmanagement, Finanzmanagement oder das Controlling als Unterstützungsfunktionen angesehen werden.

Abbildung 2.2 Produktion als Prozess der betrieblichen Leistungserstellung

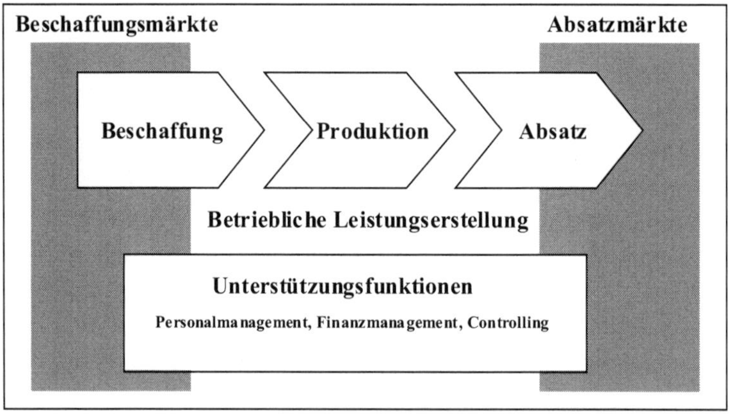

Quelle: In Anlehnung an Schneeweiß 1999

Bestandteil dieses Lehrbuches ist hauptsächlich die Produktion von materiellen Gütern. Das heißt, der Begriff „Produktion" wird im Rahmen der (alten) Definition nach Gutenberg behandelt: „Produktion ist die handwerkliche und industrielle Hervorbringung von Sachgütern." Zur Produktion materieller Güter bedarf es immer bereits existierender Güter. Diese stellen den Input dar, der in die Produktion eingebracht wird, man spricht auch von Einsatzstoffen. Diese Einsatzstoffe werden dann durch die Produktion transformiert. Das Ergebnis dieses Umwandlungsprozesses bezeichnet man dann als Output, oder aber auch als Erzeugnisse, Ausbringungen oder Produkte. Aufgabe der Produktion ist es, den Kundenbedarf an Gütern und Produkten un-

---

114   Vgl. Schneeweiß 1999, S. 8.

ter betriebswirtschaftlichen Gesichtspunkten in Hinblick auf Quantität und Qualität termingerecht zu fertigen und über den Absatz an den Kunden auszuliefern.[115] Die Produktion lässt sich in Aufbau- und Ablauforganisation unterscheiden, wie Abbildung 2.3 zeigt. Die Aufbauorganisation bezieht sich hauptsächlich auf das Fertigungsverfahren, wohingegen sich die Ablauforganisation auf die operative und strategische Planung und Steuerung der Produktion bezieht. Zielsetzung von beiden Organisationseinheiten ist die wirtschaftliche Produktion von Herstellungserzeugnissen unter meist unterschiedlichsten Prämissen der Auftragsgröße, der zur Verfügung stehenden Zeit sowie anderer Fertigungsrestriktionen.[116]

Abbildung 2.3 Aufbau- und Ablauforganisation der Produktion

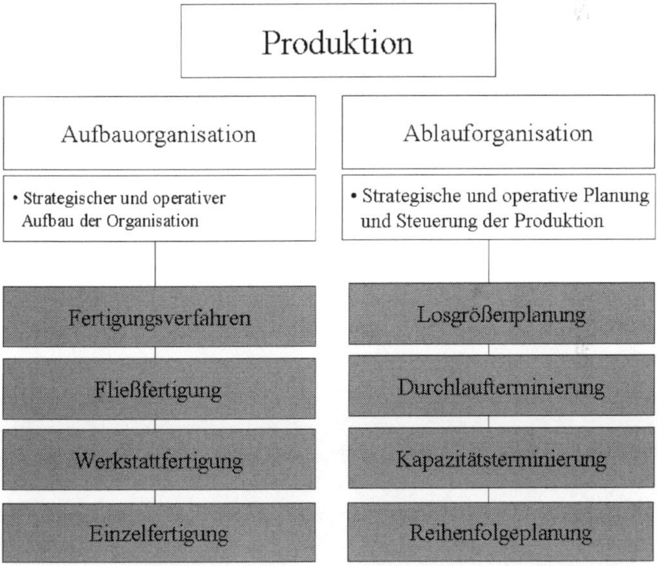

Produktion	
Aufbauorganisation	Ablauforganisation
• Strategischer und operativer Aufbau der Organisation	• Strategische und operative Planung und Steuerung der Produktion
Fertigungsverfahren	Losgrößenplanung
Fließfertigung	Durchlaufterminierung
Werkstattfertigung	Kapazitätsterminierung
Einzelfertigung	Reihenfolgeplanung

Außer in den Fertigungsverfahren spiegeln sich die Herausforderungen von produzierenden Unternehmen insbesondere in der Frage wider,

---

115   Vgl. ebenda, S. 1f..
116   Vgl. Thaler 2003, S. 137ff.

welche Organisationseinheit zu welchem Fertigungsverfahren zu etablieren.[117] Unter Berücksichtigung, dass die ausgewählten Organisationseinheiten sich direkt auf die Ablaufplanung der Fertigung auswirken, sind verschiedene Organisationsmöglichkeiten nach dem Fertigungsverfahren, der Fließfertigung, der Werkstattfertigung oder der Einzelfertigung gegeben.[118] Die Ablauforganisation umfasst die Unterpunkte Losgrößenplanung, Durchlaufterminierung, Kapazitätsmanagement(-Terminierung) und die Reihenfolgenplanung von Maschinen und Aufträgen.[119] Den Produktionsprozess kann man also als einen Kombinationsprozess der produktiven Faktoren verstehen. In den letzten Jahren ist in produzierenden Unternehmen ein Trend hin zu schlanken Fertigungsmethoden und Produktionsprinzipien sichtbar, der entgegen alter Leitbilder auf niedrige Bestände und den Einsatz des „Just-in-time-Prinzips" aufbaut.[120] Ziel der Produktion ist die Kundenzufriedenheit durch die stetige Optimierung der Qualität, der Kosten und der Lieferperformance.[121] Entgegen dem alten Leitbild fokussieren die Prinzipien der schlanken Produktion auf Flexibilität und niedrige Bestände zum Beitrag der betrieblichen Wertschöpfung und Kundenzufriedenheit wie die Abbildung 2.4 zeigt.[122]

---

117   Vgl. Schneeweiß 1999, S. 2.

118   Vgl. ebenda, S. 1f.

119   Vgl. Thaler 2003, S. 137ff.

120   Vgl. Porsche Akademie2009, S. 22ff.

121   Vgl. Helmold und Klumpp 2011, S. 11.

122   Vgl. Helmold 2011, S. 55.

Abbildung 2.4 Hohe Reaktionsfähigkeit durch
den Einsatz schlanker Methoden

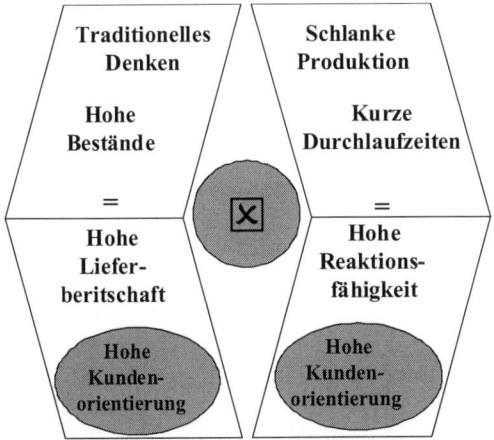

Quelle: In Anlehnung an Helmold 2011; Porsche Akademie 2009a

Insgesamt gibt es vier Prinzipien der schlanken Produktion und des Just-in-time-Konzepts, die nur in Kombination zu einem optimalen Ergebnis führen. Diese Prinzipien beinhalten das Fließprinzip, das Taktprinzip, das Ziehprinzip und das Null-Fehler-Prinzip.[123] Die Prinzipien werden im weiteren Verlauf des Lehrbuches ausführlich erklärt.[124] Eingeführt wurden diese Prinzipien in den späten Nachkriegsjahren von der Firma Toyota in Japan. Daher wird die Anwendung der Prinzipien auch als Toyota-Produktionssystem beschrieben.[125] Das Toyota-Produktionssystem, welches ursprünglich von Taiichi Ohno, Geschäftsführer bei Toyota, entwickelt wurde, basiert auf drei Schlüsselfaktoren, die sich von denen der Mitbewerber aus der Automobilindustrie in folgenden Punkten grundlegend unterscheiden. Diese drei Faktoren beinhalten den Fokus auf (1) Wertschöpfung, fortwährende (2) Verbesserungen und die (3) Einbindung von allen Mitarbeitern. Innerhalb

---

123   Vgl. ebenda, S. 55ff.

124   Vgl. ebenda, S. 55ff.

125   Vgl. Liker 2004, S. 125.

dieser Schwerpunkte lässt sich beobachten, dass das Toyota Produktionssystem weitere: Aspekte hat wie:[126]

- reduzierte Losgrößen als Grundlage für höhere Produktionsflexibilität,

- Sicherstellen eines kontrollierten Teileflusses in der Produktion,

- Teile müssen stets zur richtigen Zeit und am richtigen Ort sein,

- richtige Ausstattung und Layout,

- Trennung von produktiven und nicht produktiven Tätigkeiten,

- korrekte Reihenfolge von Maschinen im Produktionsbereich,

- durch den Prozess bestimmte Reihenfolge des Layouts und Flusses,

- kapazitätsmäßige Auslastung der Maschinen und Betriebsmittel.

Dies geschieht, um die Mitarbeiterzeiten zu minimieren und ist auf die Tatsache zurückzuführen, dass generell weniger als 10% der Kosten auf Abschreibungen beruhen, jedoch zu mehr als 30% von den Mitarbeitern verursacht werden. Dadurch werden die Gesamtkosten optimiert.[127] Der Fokus des Toyota-Produktionssystems liegt auf der Beseitigung jeglicher Verschwendung.[128] Die beiden Säulen dieses Systems bilden das Just-in-Time und die Jidoka. Bei der Just-in-time-Produktion zieht ein nachgeschalteter Prozessschritt aus dem vorgelagerten Prozessschritt nur die Anzahl der benötigten Teile, genau zu dem Zeitpunkt, zu dem sie gebraucht werden.[129] Unter Automation versteht man die Prozessautomatisierung, in die eine automatisierte Prüfung integriert ist (siehe auch Abbildung 2.5).

---

126   Vgl. Ohno 1990, S. 1ff.

127   Vgl. Liker 2004, S. 1ff.

128   Vgl. Ohno 1990, S. 1ff.

129   Vgl. Helmold und Klumpp 2011, S. 10.

Abbildung 2.5 Die vier Prinzipien der schlanken Produktion

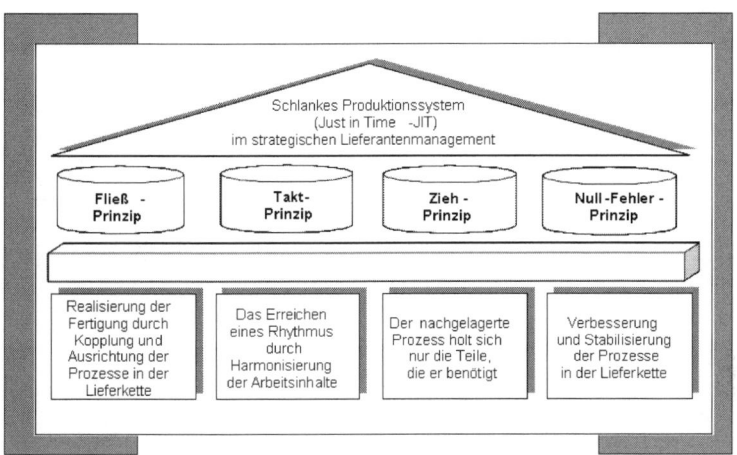

Quelle: In Anlehnung an Porsche Akademie 2009a

Die Anwesenheit eines Mitarbeiters ist nur dann erforderlich, wenn ein Fehler entdeckt wird (die Maschine stoppt und wird erst wieder mit der Produktion beginnen, wenn das Problem gelöst ist). Ein weit verbreitetes Missverständnis in der westlichen Welt ist, dass das Toyota-Produktionssystem mit Kanban gleichgesetzt wird. Nach der obigen Erläuterung ist das jedoch nicht der Fall. Aufgrund der zunehmenden Konzentration auf Kernkompetenzen haben zahlreiche Unternehmen Randkompetenzen ausgelagert. Kernkompetenzen beinhalten Fertigungsschritte, Know-how, Technologien, in denen sich das eigene Unternehmen spezialisiert hat. So hat das Unternehmen einen Wettbewerbsvorteil zur Konkurrenz.[130] Die eigene Fertigungstiefe reduziert sich dramatisch, wie die Abbildung 2.6 der Mercer Management Consulting und des Fraunhofer Instituts zeigt.[131] Nach der Einführung der Massenfertigung in den 1920er-Jahren und des Taylorismus durch Ford und Taylor sowie der Entwicklung von schlanken Prinzipien in den 1980er- und 1990er-Jahren befinden sich zahlreiche Industrien in

---

130   Vgl. Liker und Choi 2005, S. 60ff..

131   Vgl. Mercer Management Consulting und Frauenhofer-Institut 2004.

einem neuen Umbruch. So auch die Automobilindustrie, ein Vorreiter in Deutschland. Bis 2015 werden die Zulieferunternehmen der Automobilindustrie große Teile von Entwicklung und Produktion von den Autoherstellern übernehmen und dadurch um mehr als 70 Prozent wachsen können.[132] Die Hersteller geben im selben Zeitraum 10 Prozent ihrer heutigen Wertschöpfung ab – erhöhen aber ihren Ausstoß um 35 Prozent.[133] Die Entwicklungs- und Produktionskapazitäten der Autohersteller konzentrieren sich in Zukunft auf Kernkompetenzen.[134] Dieses ist das Produkt einer Studie der Mercer Management Consulting und des Fraunhofer-Instituts.[135]

Abbildung 2.6 Verlagerung von Produktionsanteilen an Zulieferer: Studie FAST 2015

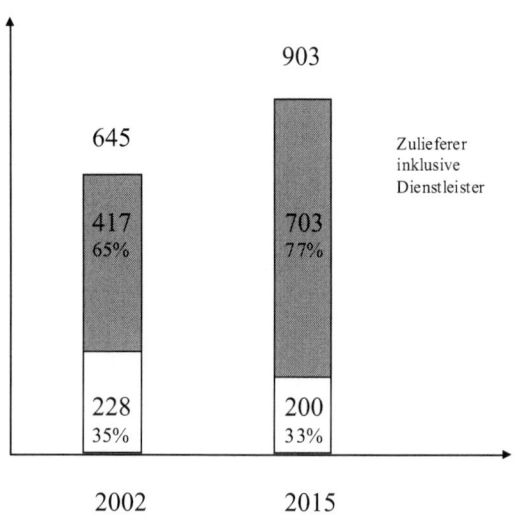

Quelle: In Anlehnung an Mercer Management Consulting; Fraunhofer-Institut 2004

---

132   Vgl. ebenda.

133   Vgl. ebenda.

134   Vgl. Helmold 2011, S. 2.

135   Vgl. Mercer Management Consulting und Frauenhofer-Institut 2004.

Auslöser dieser Entwicklungen sind einerseits neue Technologien, zunehmende Fahrzeug-komplexität und eine explodierende Modellvielfalt, die Entwicklung und Produktion erheblich verteuern. Andererseits bieten Service und Dienstleistung attraktivere Investitionsmöglichkeiten für die Autohersteller als die Produktion.[136] Während sich die Produktion auf den gesamten Transformationsprozess bezieht (von der Planung bis hin zum Transport), bezieht sich die Fertigung bzw. Herstellung nur auf die industrielle und handwerkliche Leistungserstellung.[137] Der Begriff Fertigung ist also enger gefasst. Die Fertigung bzw. die Herstellung befasst sich ausschließlich mit materiellen Gütern. Unter Fertigung werden in der Produktionswirtschaftslehre im Allgemeinen das Zusammenfügen von Teilen zu einem Ganzen (von Vorfabrikaten zu Fertigprodukten) und die Stoffbearbeitung verstanden.[138] Herstellung gilt weitläufig als Synonym für Fertigung, ist also nur ein weiterer Begriff. Die Produktionswirtschaft beschäftigt sich mit den betriebswirtschaftlichen Fragen der Produktion. Ziel ist die Erreichung und Sicherung von wirtschaftlichen Produktionsstrukturen und -abläufen. Der Begriff Produktionswirtschaft schließt die Fertigungswirtschaft und die Materialwirtschaft mit ein.[139] Unter Materialwirtschaft versteht man die Bereitstellung von Material für die Fertigung sowie die Entsorgung nicht mehr benötigter Materialien. In den meisten Betrieben gibt es eine Abteilung Materialwirtschaft, die diese Aufgaben wahrnimmt.[140] Unter der Bereitstellung versteht man wiederum die Beschaffung, den innerbetrieblichen Transport und die Lagerhaltung. Materialien können Stoffe, Waren, Teile, Halbfertigprodukte und Ähnliches sein. Teilweise werden von der Materialwirtschaft auch Dienstleistungen beschafft. Der Entsorgung der nicht mehr benötigten Materialien und der Abfälle kommt eine immer größer werdende Bedeutung zu. Es gibt heutzutage eine Vielzahl von Verordnungen

---

136 Vgl. Helmold 2011, S. 2ff.

137 Vgl. Schneeweiß 1999.

138 Vgl. ebenda, S. 1.

139 Vgl. ebenda, S. 2.

140 Vgl. Thaler 2003, S. 137ff.

und Auflagen, die bei der Entsorgung oder Wiederaufbereitung von Abfallprodukten und Ausschuss zu beachten sind und die Entsorgung erschweren. Aus Gründen des Umweltschutzes sind diese Vorschriften allerdings notwendig und müssen umgesetzt werden. Unter Fertigungswirtschaft versteht man alle unmittelbar auf den industriellen und handwerklichen Herstellungsprozess von Sachgütern gerichteten Betätigungen.[141]

Dabei kommt der Beachtung des ökonomischen Prinzips eine besondere Rolle zu. Die Fertigungswirtschaft umfasst die Gestaltung des Fertigungsprozesses, die Produktionsplanung, die Fertigungssteuerung und die Kostenkontrolle der Fertigung.[142] Die Fertigungstechnik umfasst alle technischen Lösungen zur Produktion von Gütern, die dabei angewandte Technologie beeinflusst die Fertigung im hohen Maße.

Die Betriebswirtschaftslehre beschäftigt sich jedoch nur mit dem wirtschaftlichen Anteil. Als gesonderte Form der Produktion ist abschließend noch die Dienstleistungsproduktion zu erwähnen. Diese umfasst alle auf die Erstellung von Dienstleistungen gerichteten wirtschaftlichen und technischen Betätigungen. Dienstleistungen spielen heutzutage eine immer größere Rolle. Auf sie wird in dem Kapitel „Marketing" gesondert eingegangen. Im Sinne eines optimalen Produktionsprozesses kommt es darauf an, durch die Implementierung schlanker Fertigungsmethoden die Durchlaufzeiten innerhalb der Fertigung optimal zu verringern und mit dem eigenen Unternehmen zu synchronisieren. Durchlaufzeiten werden so aufgrund der vollständigen Eliminierung von Verschwendung (japanisch Muda) reduziert. Verschwendungsarten lassen sich unterteilen in offene und versteckte Verschwendung.[143] Die Verschwendungsarten der offenen (offensichtlichen) und versteckten (verdeckten) Verschwendung sind in dem Kreisdiagramm in Abbildung 2.7 dargestellt.[144]

---

141   Vgl. Helmold und Klumpp 2011, S. 10.

142   Vgl. ebenda, S. 139.

143   Vgl. Porsche Akademie 2009a, S. 52ff.

144   Vgl. Helmold 2011, S. 125.

Abbildung 2.7 Wertschöpfung und Verschwendung

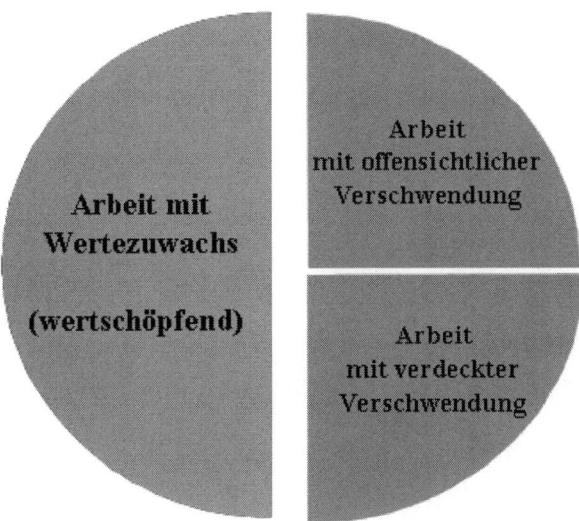

Quelle: In Anlehnung an Helmold 2011

Offensichtliche (offene) Verschwendung beinhaltet alle Tätigkeiten und Aktivitäten, die offensichtlich nicht notwendig sind, um dem Produkt Mehrwert hinzuzufügen.[145] Der Kunde ist nicht bereit, für diese Aktivitäten ein Entgelt zu entrichten und sie zu bezahlen. Die verdeckte Verschwendung umfasst Tätigkeiten, die keinen Wertzuwachs bringen, aber unter den gegebenen Umständen getan werden müssen.[146] Auch für diese Aktivitäten sieht der Kunde keinen Grund zu bezahlen.[147] Alle anderen Aspekte (dem Produkt Wert zuführende Aktivitäten) stellen wertschöpfende Tätigkeiten dar und werden vom Kunden getragen.

---

145   Vgl. Helmold und Klumpp 2011, S. 17ff.

146   Vgl. Ohno 1990, S. 1ff.

147   Vgl. ebenda. S. 18.

Abbildung 2.8 Wertschöpfung, Verschwendung und Ersatz

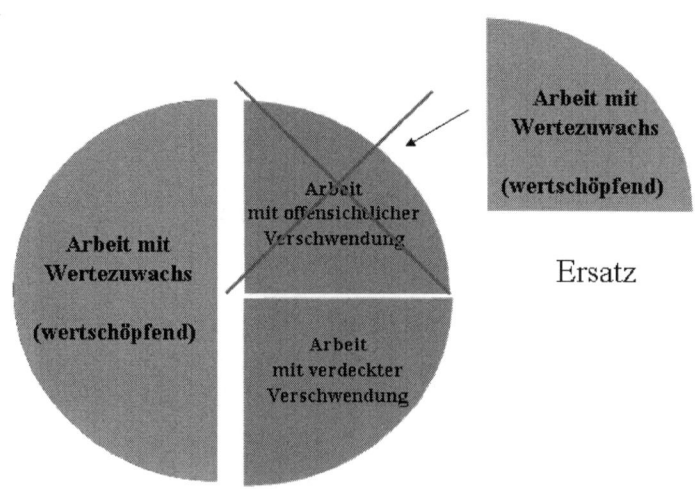

Quelle: In Anlehnung an Helmold 2011

Die einzige wirksame Methode, Verschwendung zu eliminieren, ist die Wegnahme der scheinbaren Sicherheit. Durch die Transparentmachung der wirklichen Probleme erfolgt eine leichte Identifizierung der Problemtreiber, ebenso der Zwang zur schnellen Lösung. Durch die nachhaltige Beseitigung der Ursachen für die Verschwendung werden niedrigere Durchlaufzeiten und damit automatisch niedrigere Bestände ermöglicht.[148] Ein wesentlicher Ansatz im Leitbild der schlanken Fertigung ist die nachhaltige Verbesserung, d. h. also der Ersatz der Verschwendung durch Wertschöpfung, nicht die Komprimierung bzw. Leistungsverdichtung wie die Abbildung 2.8 zeigt.[149] Hauptziel eines jeden Unternehmens sollte es daher sein, die JIT-Philosophie von der eigenen Unternehmung auf die Lieferantenkette zu übertragen und die Verschwendung durch Wertschöpfung zu ersetzen. Abbildung 2.9 zeigt Anknüpfungspunkte für die Optimierung der Lieferkette durch

---

148   Vgl. Slack 1995, S. 512.

149   Vgl. Porsche Akademie 2009a, S. 52ff.

die Eliminierung von sieben Verschwendungsarten im Produktionsprozess der Lieferanten bzw. in der Lieferkette.[150]

Abbildung 2.9 Die sieben Verschwendungsarten

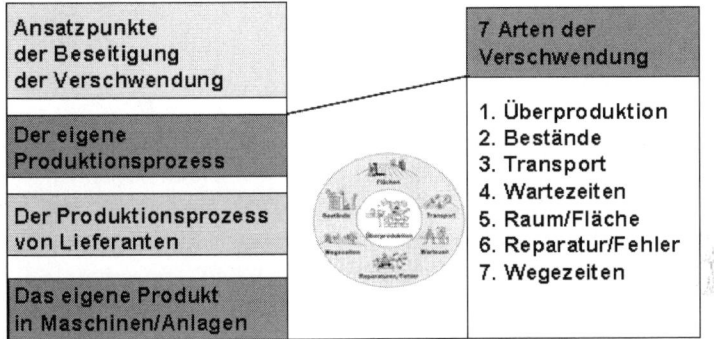

Ansatzpunkte der Beseitigung der Verschwendung	7 Arten der Verschwendung
Der eigene Produktionsprozess	1. Überproduktion 2. Bestände 3. Transport 4. Wartezeiten
Der Produktionsprozess von Lieferanten	5. Raum/Fläche 6. Reparatur/Fehler 7. Wegezeiten
Das eigene Produkt in Maschinen/Anlagen	

Quelle: In Anlehnung an Porsche Akademie 2009a

Die Ansatzpunkte der Beseitigung von Muda liegen in der Produktion
der Lieferanten, die durch Überproduktion oder durch ein Zuviel an
Lieferung Verschwendung erzeugen. Darüber hinaus sind zu hohe und
nicht optimierte Bestände, Transport und Wartezeiten als weitere Verschwendungen anzusehen. Ferner gelten nicht optimierte Flächen, Reparaturen und Wegezeiten ebenso als Muda. Neben dem Begriff Muda
gibt es noch zwei weitere Ms, die ebenso aus dem TPS rühren. Die
drei Begriffe Muda (japanisch 無駄), Mura (japanisch 無ら) und Muri
(japanisch 無) stellen die Grundlage für die Verlustphilosophie von Toyota dar.[151] Muda ist ein Teil der „drei Mu". Die Schwerpunkte werden
auf die Identifizierung von Verschwendung gelegt.[152] Mura ist ebenfalls
japanisch und bedeutet Unausgeglichenheit und beschreibt zusammen

---

150   Anmerkung des Verfassers: Unternehmen wie die Dr. h.c. Ing. F. Porsche
       AG führen regelmäßig Schulungen der „schlanken Produktion" durch.
       Diese Schulungen fokussieren auf die Eliminierung von Verschwendung
       in der Produktion, aber auch in anderen Bereichen.

151   Vgl. Liker 2004, S. 129ff.

152   Vgl. Porsche Akademie 2009a, S. 11.

mit Muri große Verlustpotenziale, deren Ursprünge in einer nicht optimal synchronisierten Produktion zu finden sind.[153]

Während manche Kapazitäten zu knapp bemessen sind und als Flaschenhals die Produktion größerer Stückzahlen verhindern, d. h. Muri und Überlastung, befinden sich andere Produktionsmittel unterhalb ihrer Auslastungsgrenze. Nicht ausgelastete Produktionsmittel stellen eine Verschwendung im Sinne von Muda dar. Muri hat die fast identische Bedeutung von Mura. Muri ist ein Teil der drei Mu, die gemeinsam die großen Verlustpotenziale nach japanischer Kaizen-Philosophie beschreiben.[154] Überlastung im Sinne von Muri bedeutet, dass sowohl Mitarbeiter als auch Maschinen betroffen sein können. Diese führt zu körperlicher und geistiger Überbeanspruchung, die sich in Form von erhöhter Fehlerhäufigkeit, Unfallgefahr, Stress und sinkender Arbeitszufriedenheit äußert.[155] Die gestiegene Fehlerhäufigkeit versucht man durch qualitätssichernde Maßnahmen wie Poka Yoke zu bekämpfen. Unter Poka Yoke versteht man Vorkehrungen und einfache technische Systeme, die das Auftreten von Fehlern unmöglich machen. Insbesondere die Überbeanspruchung und Überlastung von Mitarbeitern führt zu Qualitätseinbußen in der Produktion oder unterstützenden Bereichen. Die Nivellierung der Arbeitsinhalte ist eine Aufgabe des Managements und ist ein bedeutender Faktor für Motivation und Produktivität.[156] Die Überlastung der Maschinen führt zu Wartezeiten vor den voll ausgelasteten Maschinen und stellt damit ebenso eine Verschwendung im Sinne von Muda dar. Abhilfe für beide Formen von Überlastung schafft nur eine Anpassung und Harmonisierung des Produktionsablaufs.

---

153   Vgl. Ohno 1990, S. 41.

154   Vgl. ebenda, S. 41.

155   Vgl. Helmold 2011, S. 16ff.

156   Vgl. Porsche Akademie 2009a, S. 6.

1.1 Aufbauorganisation der Produktion

Im folgenden Kapitel wird die Aufbauorganisation der Produktion beschrieben. Die Aufbauorganisation ist nach der Definition des Gabler Wirtschaftslexikons „eine hierarchische Ordnung zur dauerhaften
Regelung von Rechten und Pflichten". Während die Ablauforganisation ablaufende Prozesse in strategischer und operativer Hinsicht beschreibt, stellt die Aufbauorganisation den Aufbau der Organisation
bzw. des Fertigungsverfahrens dar, was Abbildung 2.10 veranschaulicht.[157] Hier sind insbesondere die Fertigungsverfahren sowie die Fließfertigung, die Werkstattfertigung und die Einzelfertigung zu nennen.[158]
Neben der Fließfertigung nennen einige Autoren noch die Massenfertigung, jedoch geht diese in diesem Lehrbuch in die Fließfertigung mit
ein. Zweck der Aufbauorganisation ist es, eine sinnvolle arbeitsteilige
Gliederung und Ordnung der betrieblichen Handlungsprozesse durch
die Bildung und Verteilung von Aufgaben (Stelle) in der Produktion zu
erreichen.[159] Das Gabler Wirtschaftslexikon definiert den Begriff Organisation des organisatorischen Teilbereichs, in welchem die unternehmerischen Fertigungsaufgaben zentralisiert sind.[160] Eine ausführliche
Erklärung beschreibt in der gleichen Quelle von Schneeweiß die Produktionsorganisation als organisatorischen Teilbereich, in welchem die
unternehmerischen Fertigungsaufgaben zentralisiert sind.

---

157   Vgl. Gabler Wirtschaftslexikon 2013a.

158   Vgl. Schneeweiß 1999, S. 7.

159   Vgl. ebenda, S. 7ff.

160   Vgl. Gabler Wirtschaftslexikon 2013a.

Abbildung 2.10 Aufbauorganisation und Ablauforganisation der Produktion

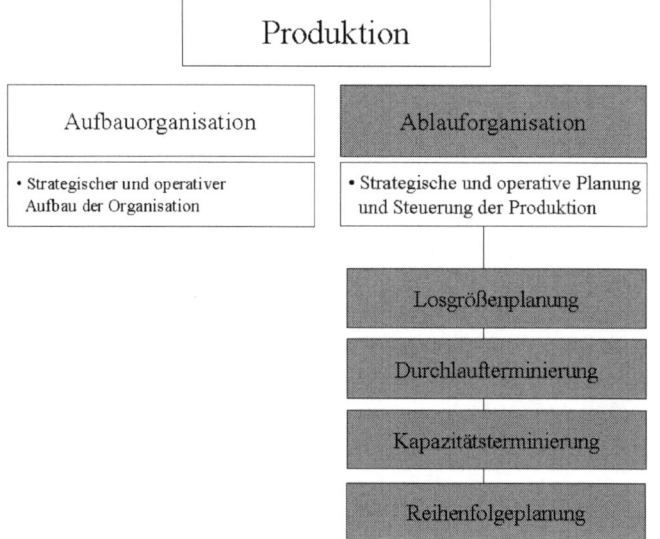

Quelle: In Anlehnung an Schneeweiß 1999

Die Ebene der Hierarchie unterhalb der Leitung der Fertigungsabteilung kann z.b. nach unterschiedlichen Ressourcen (z.b. Werken), Fertigungsverfahren oder herzustellenden Produkten gegliedert werden (Spezialisierung).[161] In der Produktion unterteilen sich die Organisationseinheiten ferner in Linienstellen, Stabstellen, hauptamtlichen Gremien und nebenamtlichen Gremien:[162] Linienstellen sind vertikal und mit Weisungsbefugnis der jeweiligen Aufgabenträger in eine Hierarchie eingebunden. Sie bestehen aus Instanzen (Stellen mit Weisungsbefugnis, Führungsaufgaben werden ausgeführt und Entscheidungen getroffen) und Ausführungsstellen (erhalten von den Instanzen die Weisungen und haben sie umzusetzen). Stabsstellen sind horizontal und ohne Weisungsbefugnis. Sie bestehen aus Stäben (sind einer Instanz oder mehreren Instanzen zugeordnet, keine Entscheidungs- oder Weisungsbefugnisse, nur Vorschlagsrecht) und Assistenzen (keine ständigen,

---

161   Vgl. ebenda.

162   Vgl. Schneeweiß 1999, S. 7ff.

sondern nur fallweise Aufgaben, zugeordnet zur Instanz). Hauptamtliche Gremien haben Weisungsbefugnis. Sie bestehen aus Leitungsgruppen (z.B. Gruppe zur Leitung eines Unternehmens – Vorstand der AG) und Projektgruppen (Personen aus unterschiedlichen Tätigkeitsbereichen die zeitlich befristet miteinander Projekte durchführen). Olfert beschreibt nebenamtliche Gremien als solche, diekeine Weisungsbefugnis haben. Sie bestehen aus Kollegium (Organisationseinheiten zur Erfüllung von Sonderaufgaben, zeitlich befristet) und Ausschüssen (Organisationseinheiten zur nebenamtlichen Verrichtung von Daueraufgaben, zeitlich unbefristet).[163]

Abbildung 2.11 zeigt die unterschiedlichen Determinanten und Einflussfaktoren nach Schneeweiß mit den Bereichen Stab-Linienorganisation, Aufbauorganisation, Teilbereichsorganisation, Matrixorganisation und anderen Aspekten der Aufbauorganisation.[164] Daneben gibt es noch zahlreiche weitere Aspekte wie Wirtschaftsordnung, Opportunitätskosten, die mit dem Bereich der Organisation vernetzt sind.[165]

Abbildung 2.11 Komplexität der Aufbauorganisation in der Produktion

Quelle: In Anlehnung an Helmold 2011

---

163   Vgl. Olfert 2009, S. 80ff.

164   Vgl. Schneeweiß 1999, S. 7ff.

165   Vgl. ebenda.

Neben Begrifflichkeiten wie Fertigungsorganisation, Aufbau-, Ablauf-organisation, Organisation, Stablinienorganisation oder Marktumfeld finden Begriffe wie Spezialisierung, Arbeitsteilung und Lieferketten eine große Bedeutung innerhalb der Produktion.[166] Vorrangiges Ziel bei der flexiblen Spezialisierung ist es, ein Unternehmen so zu orga-nisieren, dass es sich kurzfristig an die Bedingungen auf permanenten und sich schnell ändernden Märkten anpassen kann. Statt als Massen-fertigung in Großbetrieben wird die Produktion in innovativen und flexiblen Klein- und Mittelbetrieben organisiert, die (lokal oder regio-nal) vernetzt sind.[167] Die Flexibilität resultiert aus dem Einsatz moder-ner, an die wechselnden Anforderungen anpassbaren Maschinen, die von qualifiziertem Personal bedient werden. In diesem System kön-nen dann auch kleine Stückzahlen gewinnbringend produziert werden. Insbesondere japanische Firmen, getrieben von dem Toyota-Produk-tionssystem, haben sich in der Produktion spezialisiert, um spezielle Kundenanforderungen zu erfüllen.[168] Neben den Organisationsformen der Fertigung wie Fließ-, Werkstatt- und flexible Fertigung (in Anleh-nung an Abbildung 11) rücken die schlanken Fertigungsmethoden und die Spezialisierung bzw. Verfeinerung dieser mehr und mehr in den Fokus von Unternehmen. Mit der zunehmenden Spezialisierung geht die Übertragung von Randkompetenzen auf die Lieferkette einher. Lieferanten haben sich wiederum produktions- oder fertigungstech-nisch so spezialisiert, dass eine vertikale oder horizontale Arbeitstei-lung stattfindet, was wiederum andere Faktoren beeinflusst.[169] So kann beispielsweise die Arbeitsteilung eines deutschen Unternehmens mit einem asiatischen Unternehmen starke Auswirkungen auf den Ablauf und die Organisation haben, um die externe Produktion zu steuern und mit dem eigenen Produktionssystem zu harmonisieren.[170] Slack bezeichnet die Wertschöpfungsketten in Richtung der Lieferanten (sie-he Abbildung 2.12) als „Upstream Supply Chain Management", wel-

---

166   Vgl. Helmold und Klumpp 2011, S. 2ff.

167   Vgl. Schneeweiß 1999, S. 11.

168   Vgl. Liker 2004, S. 5ff.

169   Vgl. Helmold und Klumpp 2011, S. 1ff.

170   Vgl. Dust 2011, S. 12.

ches innerhalb der gesamten Kette einen erheblichen Einfluss hat. Um nur drei Bereiche zu nennen, wird es notwendig, die Qualität, die Logistik und das Lieferantenmanagement dementsprechend aufzubauen.[171] Eindringliches Ziel ist, den Endkunden unter Berücksichtigung der eigenen Fertigung und externer Wertschöpfungsnetzwerke mit seinen Bedürfnissen zu befriedigen, so dass der Kunde und die Kundenwünsche für die eigene Fertigung die zentrale Bedeutung haben.[172]

Abbildung 2.12 Produktion in Verbindung mit externen Wertschöpfungsnetzwerken

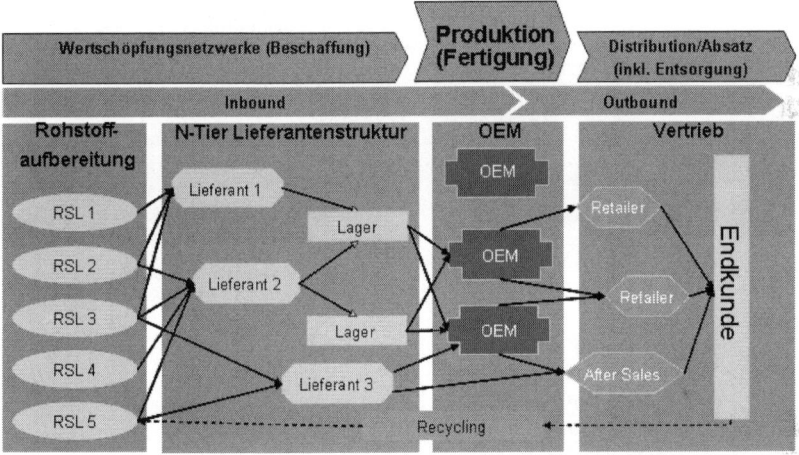

Quelle: In Anlehnung an Slack 1995

Neben den eben genannten Determinanten sind insbesondere die Aufbau- und Ablauforganisationen wichtige Bereiche innerhalb der Gestaltung der Fertigung. So kann man die Aufbauorganisation nach der Produktvielfalt, der Auftragsgröße und dem Materialfluss einteilen wie die Abbildung 2.13 zeigt.[173] Bei wenigen Materialbewegungen, unregelmäßigen Materialbewegungen und einer hohen Produktvielfalt spre-

---

171   Vgl. ebenda, S. 3ff.

172   Vgl. Ohno 1990, S. 5.

173   Vgl. Kummer et al. 2006, S. 159.

chen Kummer et al. von der Werkstattproduktion.[174] Das andere Extrem, nämlich sehr hohe und dabei regelmäßige Materialbewegungen und eine relativ niedrige Produktvielfalt, zeigt Indizien für eine Massenfertigung. Schneeweiß beschreibt für die Aufbauorganisation, dass die Aufgaben der Aufbauorganisation parallel mit der Ablaufplanung einhergehen.[175] Gemäß der Definition von Schneeweiß gibt es tendenziell drei Organisationsebenen mit der oberen Führungsebene, der mittleren Führungsebene und der unteren Führungsebene. Diese können in einem Einlinien- oder Mehrliniensystem sowie in einer Matrixorganisation organisiert sein.[176]

Abbildung 2.13 Einteilung der Aufbauorganisation von Werkstattfertigung zur Massenfertigung

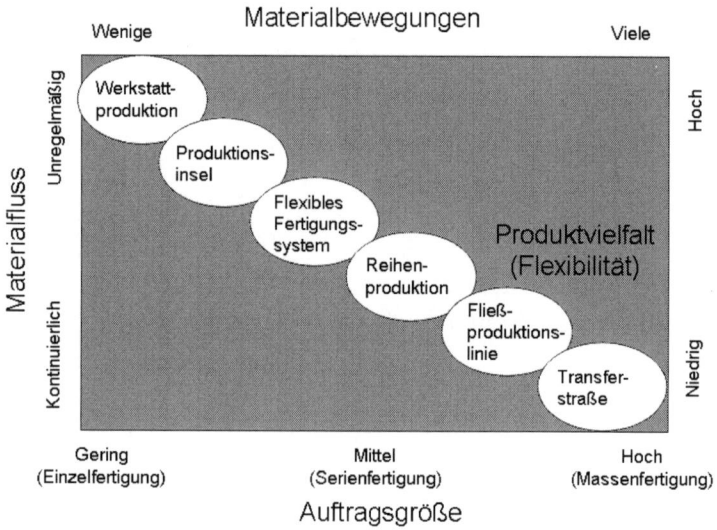

Quelle: Kummer et al. 2006

---

174   Vgl. ebenda.

175   Vgl. Schneeweiß 2009, S. 24f.

176   Vgl. ebenda, S. 25ff.

Werkstattfertigung beschreibt im Rahmen der Fertigungsplanung und -steuerung einen Fertigungstyp, bei dem die einzelnen Bereiche nach dort durchgeführter Tätigkeit strukturiert sind, unabhängig davon, für welche Produkte oder an welcher Stelle im Produktentstehungsprozess die Tätigkeit benötigt wird. Der wichtigste Vorteil der Werkstattfertigung liegt in der hohen Flexibilität im Hinblick auf die Kundenwünsche. Außerdem haben die Werker anspruchsvolle Aufgaben zu bewältigen und sind nur einer geringen Monotonie ausgesetzt. Als nachteilig gelten hohe Bestände in Verbindung mit langen Durchlaufzeiten der Produkte. Zudem ist die Werkstattfertigung ausschließlich im Handwerk zu finden. Dort werden neben Reparaturen auch Einzel- oder Kleinstserien von Einzelhandwerkern oder Arbeitsgruppen gefertigt.[177] Vor und Nachteile des Fertigungstyps bestimmen seine Einsatzschwerpunkte. Im Allgemeinen werden folgende Vorteile angegeben:

- hohe Flexibilität,

- vielfältiges Angebot unterschiedlicher Produkte,

- schnelle Einführung neuer Produkte,

- kundenspezifische Produktvarianten,

- auch bei kleinen Losgrößen wirtschaftlich sowie

- große Handlungs- und Entscheidungsspielräume für die Mitarbeiter.

Als Nachteile gelten:

- lange Durchlaufzeiten,

- hohe Transportaufwände zwischen den Arbeitsplätzen,

- Zwischenlagerbildung und Wartezeiten, dadurch Zins- und Lagerkosten, Stillstandskosten der nicht belegten Arbeitsplätze,

---

177 Vgl. Kummer et al. 2006, S. 185.

- ungleichmäßige Kapazitätsauslastung der Arbeitsplätze,

- aufwendige Fertigungsplanung und -steuerung sowie

- hochqualifizierte und damit teure Mitarbeiter erforderlich.

Als Produktionszellen oder **Fertigungsinseln** (engl. production cell) bezeichnet man in der Produktion eine Möglichkeit der internen Flexibilisierung. Es handelt sich um ein Arbeitssystem, das nach den zu fertigenden Produkten und nicht nach Verrichtungen strukturiert ist.[178] Typischerweise werden alle für eine Teilefamilie benötigte Betriebsmittel in eine Fertigungsinsel integriert. Bei diesem Ablaufprinzip stellt ein Team von Mitarbeitern möglichst fertige Bauteile oder Endprodukte her. Eine Segmentierung des Produktionsprozesses in viele monotone Arbeitsschritte wird so verhindert. Es erfolgt keine Sortierung nach dem Verrichtungsprinzip, die Reihenfolge der Bearbeitung wird flexibel entschieden. Das Ergebnis der Kombination von flexibler Fertigungsorganisation und teilautonomen Arbeitsgruppen ist beispielsweise eine Montageinsel oder eine Produktinsel. In ihr werden aus gegebenem Ausgangsmaterial Produktteile oder Endprodukte möglichst vollständig gefertigt oder montiert. Die notwendigen Betriebsmittel sind räumlich und organisatorisch in der Fertigungsinsel zusammengefasst. Das Tätigkeitsfeld der dort beschäftigten Gruppe trägt neben der eigentlichen Produktionsaufgabe zumeist folgende zusätzliche Kennzeichen: weitgehende Selbststeuerung der Arbeits- und Kooperationsprozesse, verbunden mit Planungs-, Entscheidungs- und Kontrollfunktionen sowie einfache Instandhaltungsaufgaben.

Flexible Fertigungssysteme sind Mehrmaschinensysteme zur spanenden Bearbeitung von Werkstücken. Die einzelnen Bearbeitungsstationen sind meist handelsübliche Bearbeitungszentren. Über Verkettungseinrichtungen sind diese verbunden, um den automatisierten Werkstückfluss zu ermöglichen. Flexible Fertigungssysteme in der Endausbaustufe haben zusätzlich zu den Bearbeitungsstationen je ein Werkstück- und Werkzeuglager mit den entsprechenden Übergabestationen. Die Steuerung aller Komponenten erfolgt über

---

178   Vgl. ebenda, S. 185.

einen zentralen *Leitrechner*, an den die einzelnen *Zellenrechner* (flexible Fertigungszelle) gekoppelt sind. Die Bearbeitungsstationen können einen oder auch mehrere Bearbeitungsschritte übernehmen. Eingesetzt werden sie für komplexe Produktionsaufgaben, wie etwa die Herstellung von Massenprodukten, in der synchron unterschiedliche Abläufe koordiniert werden müssen. Diese Fertigungssysteme sind auch leicht veränderbar und optimierbar (flexibel). Dies ist vor allem dann nötig, wenn ein neues oder überarbeitetes Produkt in derselben Fertigungsstraße produziert werden soll. Die Eigenschaft *flexibel* bezieht sich auch auf die optionale Möglichkeit, lernende Algorithmen zu benutzen, um mit der Zeit eine optimale, möglichst fehlerfreie Produktion gewährleisten zu können.

Bei der **Reihenfertigung (Fließfertigung)** wird die Herstellung eines Produktes in auf- einanderfolgende Arbeitsprozesse unterteilt, die wiederum in einzelne Arbeitsschritte aufgeteilt sein können. Die Aufstellung der Betriebsmittel folgt diesem Produktionsablauf, die Maschinen und Werkzeuge werden am Arbeitsplatz so angeordnet, wie es die Abfolge des Arbeitsprozesses erfordert. Das bekannteste Beispiel für die Fließbandfertigung sind die Montagebänder im Automobilbau, die in Montagetakte unterteilt sind. Die Fließbandfertigung ist eine Weiterentwicklung bzw. Spezialisierung der Fließfertigung.[179] Bei dieser sind die Betriebsmittel oder Arbeitsplätze ebenfalls bereits in der Reihe angeordnet, die der Arbeitsfolge entspricht. Bei der Fließfertigung erfolgt die Förderung jedoch noch losweise. In beiden Konzepten sind die Arbeitsgänge zeitlich vorbestimmt. Bei der Fließbandfertigung muss – bei festen Verkettungen – die vorgeschriebene „Taktzeit" eingehalten werden. Die Planung und Durchführung der Fertigung folgt dem Produkt. Bei der Fließbandproduktion als konsequenteste Ausprägung der Fließfertigung erfolgt der Materialtransport zwischen den einzelnen Produktionsstellen mithilfe von verketteten Fördersystemen (zum Beispiel Förderbändern) in der Losgröße eins. Die einzelnen Arbeitsschritte werden dabei meist auf wenige Handgriffe reduziert. In der klassischen Form ist ein Arbeitsschritt eine permanente Wiederholung einer genau determinierten Handgrifffolge. Die ausführenden

---

179 Vgl. ebenda, S. 188.

Arbeitsgänge und der Transport zwischen den Produktionsstellen erfolgen im festen zeitlichen Rhythmus. Dadurch ist die Bearbeitungsdauer an den einzelnen Stationen voneinander abhängig. Man spricht von einer zeitlich gebundenen Fließfertigung. Entscheidend für den reibungslosen Ablauf ist ein optimaler Fließbandabgleich. Die einzelnen Arbeitsschritte und Arbeitsstationen müssen so festgelegt werden, dass ihre Durchführung genau eine festgelegte Zeitdauer benötigt, die Taktzeit. Durch diese Vorgabe eines festen Fertigungsablaufs können Termin- und Kapazitätsplanungsprobleme effizient gelöst werden, das produktivste Herstellungsverfahren wird gewissermaßen erzwungen. Erfolgt eine automatisierte Verkettung der Produktionsstellen, spricht man von einer (starren) Transferstraße, der Produktionsprozess erfolgt vollautomatisch. Durch die oft hohe Anlagenintensität kommt diese Art der Fertigung vor allem bei der Sorten- und Massenproduktion zur Anwendung. Durch die geringe Flexibilität – der Produktaufbau darf keinen kurzfristigen Veränderungen unterliegen – ist zudem eine gesicherte Marktanalyse vorauszusetzen. Dafür können die variablen Kosten relativ niedrig gehalten werden (niedrige Kosten des Lagers und Transports, der Fertigung und Löhne, wenig Ausschuss und Abfall). Verwendung findet die Fließbandfertigung beispielsweise in der Automobilfertigung, dem Verlags- und Druckergewerbe und der Nahrungsmittelindustrie. Als Vorteile gelten:

- Halbfertigerzeugnisse werden auf ein Minimum reduziert, dadurch können Zwischenlager weitgehend vermieden werden.

- Auch die konsequente Anordnung der Arbeitsplätze spart Raum, dazu werden Transportwege verkürzt, Transportkosten verringert.

- (Kosten-)Vorteile durch Arbeitsteilung und Spezialisierung

- Niedrige Durchlaufzeiten ermöglichen eine Verringerung der Gesamtfertigungszeit.

Die Nachteile sind:

- geringe Flexibilität bei Beschäftigungsschwankungen, die Anpassungsfähigkeit des Betriebs ist herabgesetzt.

- hohe Störanfälligkeit der gesamten Produktion bei Maschinen- oder Arbeitsausfällen,

- hohe Anlagenintensität,

- oft geringe Handlungsspielräume der Arbeitskräfte,

- monotone Arbeit erzeugt Entfremdung, Abstumpfung und Motivationsprobleme,

- mangelnde Kommunikationsmöglichkeiten erzeugen soziale Probleme bei den Arbeitern.

Wie wir aus dem Abschnitt über Fertigungstypen bereits wissen, weisen Produktionssysteme in ihrem Aufbau, d. h. in der physischen Anordnung, und in einem zeitlichen Ablauf eine bestimmte Organisation auf.[180] Die Ablauforganisation korrespondiert laut Schneeweiß mit den dazugehörigen Fertigungstypen und der dazugehörigen Weisungshierarchie.[181] Abbildung 2.14 zeigt eine Hierarchieebene mit drei Führungsebenen. Die obere Führungsebene besteht aus der Geschäftsführung und dem Leiter der Fertigung. Die mittlere besteht aus den Leitern der Fertigung und Materialwirtschaft, wohingegen die untere Ebene die Meister und Gruppenleiter umfasst.[182] Während die obere Führung mit strategischen und langfristigen Aufgaben der Unternehmensführung und -strategie beschäftigt ist, liegt die Natur der mittleren und unteren in der kurzfristigen und ausführenden Umsetzung der Ziele, die von der oberen Führungsebene definiert worden sind. Organisationen können ferner nach Sparten, Funktionen oder in einer Matrix organsiert sein.

---

180   Vgl. Schneeweiß 1999, S. 24.

181   Vgl. ebenda, S. 24ff.

182   Vgl. ebenda, S. 25.

Abbildung 2.14 Beispiel einer Hierarchieebene

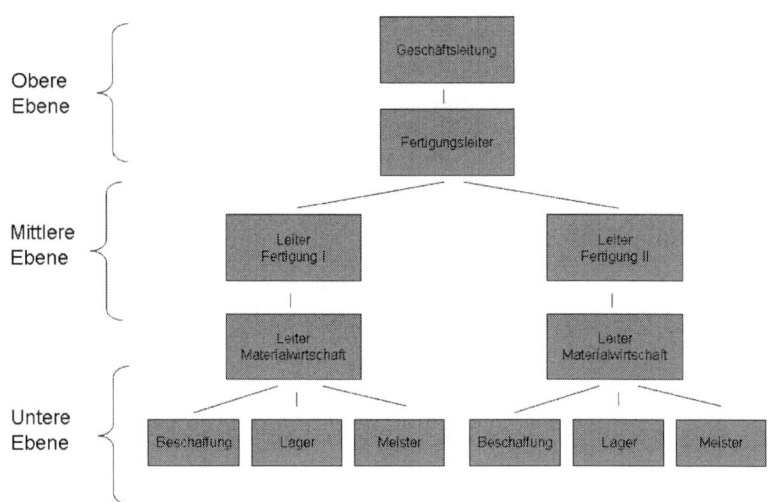

Quelle: In Anlehnung an Schneeweiß 2006

1.2 Produktionsplanung und Produktionssteuerung

1.2.1 Strategische Produktionsplanung und Steuerung

Die Produktionsplanung und -steuerung (engl. production planning and control) bildet nach heutigen Gesichtspunkten den Kern eines jeden produzierenden Unternehmens.[183] Im Vordergrund steht die Steuerung und Verbesserung des gesamten Produktionssystems unter Berücksichtigung der gesamten Wertschöpfungskette.[184] Wertschöpfungskette bedeutet die Lieferkette in Richtung Lieferanten.[185] Innerhalb der gesamten Kette sind umfangreiche Prozesse und Teilprozesse zu berücksichtigen wie Abbildung 2.15 zeigt. Diese beinhalten Fakto-

---

183   Vgl. Thaler 2003, S. 185.

184   Vgl. ebenda.

185   Vgl. Slack 1995, S. 512.

ren wie Materialwirtschaft, Beschaffung, Lagerwirtschaft, Materialbereitstellung, Produktionsplanung, Produktion und die Produktionssteuerung um nur einige zu nennen. Unternehmen benutzen i.d.R. intelligente Steuerungswerkzeuge.

Abbildung 2.15 Aspekte der strategischen Planung und Steuerung

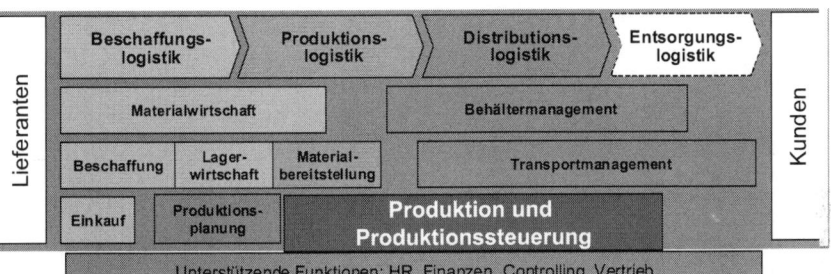

Produktionssysteme beschreiben die ganzheitliche Produktionsorganisation und beinhalten die Darstellung aller Konzepte, Methoden und Werkzeuge, die in ihrem Zusammenwirken die Effektivität und Effizienz des gesamten Produktionsablaufes ausmachen.[186] Die Produktionsplanung und -steuerung (PPS) ist ein Grenzgebiet zwischen Betriebswirtschaftslehre (insbes. Fertigungswirtschaft), Maschinenbau, Wirtschaftsingenieurwesen und insbesondere der Wirtschaftsinformatik. Sie beschäftigt sich mit der operativen, zeitlichen, mengenmäßigen und, wenn nötig, auch räumlichen Planung, Steuerung und Kontrolle, damit zusammenhängend auch der Verwaltung aller Vorgänge, die bei der Produktion von Waren und Gütern notwendig sind. Die Produktionsplanung und -steuerung bildet heute nach wie vor den Kern eines jeden Industrieunternehmens. Im Vordergrund steht die Optimierung des gesamten Produktionssystems.[187] Später wird in diesem Kapitel auf die Produktion und schlanke Fertigungsprinzipien eingegangen, die mit diesem vordergründigen Ziel stark in Verbindung stehen.[188] Die PPS teilt sich auf in die Produktionsplanung, die die Vorgänge mit-

---

186   Vgl. Schneeweiß 1999, S. 37.

187   Vgl. Ohno 1990, S. 1.

188   Vgl. Helmold und Klumpp 2011, S. 6ff.

tel- bis kurzfristig vorplant, und die Produktionssteuerung, die anhand dieser Planung die Aufträge freigibt und steuert.[189] Beide Bereiche greifen ineinander und sind insbesondere in kleinen bis mittelgroßen Betrieben meist auch in einem Verantwortungsbereich zusammengefasst. Teile der PPS sind die Produktionsprogrammplanung, die Materialwirtschaft, die Termin- und Kapazitätsplanung, die Auftragsfreigabe und die Auftragsüberwachung. Eine Übersicht über die Aufgaben der PPS liefert Abbildung 2.16 als vorausschauendes Planungssystem (engl. Advanced Planning System).[190] Hier findet eine Gliederung in Kern-, Netzwerk- und Querschnittsaufgaben statt. Während die Kernaufgaben wie z.B. die Produktionsprogramm- und Produktionsbedarfsplanung die Abwicklung eines Auftrags vorantreiben sollen, dienen die Querschnittsaufgaben (z.B. Controlling, Auftragsmanagement, Einkaufsmanagement oder Vertriebsmanagement) der bereichsübergreifenden Integration und Optimierung der PPS.

Abbildung 2.16 PPS-Ansatz in der Produktion

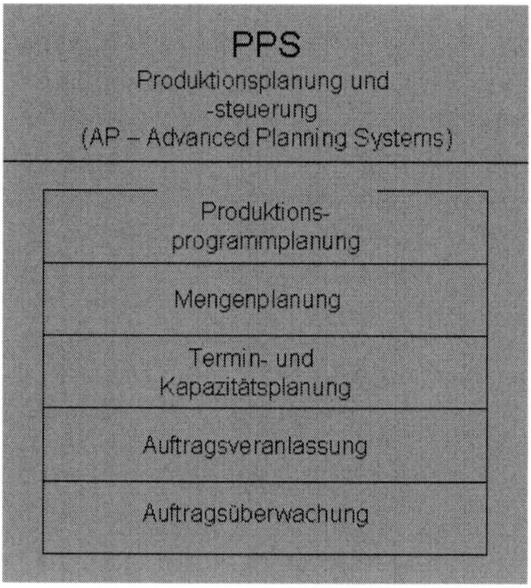

PPS
Produktionsplanung und -steuerung
(AP – Advanced Planning Systems)

- Produktions-programmplanung
- Mengenplanung
- Termin- und Kapazitätsplanung
- Auftragsveranlassung
- Auftragsüberwachung

Quelle: In Anlehnung an Thaler 2003

---

189   Vgl. Schneeweiß 1999, S. 22.
190   Vgl. Thaler 2003 S. 185.

Vor dem Hintergrund der Organisationsstruktur von Produktions-
netzwerken mit verteilten, lokalen Unternehmenseinheiten ist eine
strategische Gestaltungsebene als Grundlage der strategisch/takti-
schen Planung notwendig. Diese Planungselemente werden unter den
Netzwerkaufgaben zusammengefasst. In der Regel werden die Prozesse der PPS durch PPS-Systeme unterstützt. Erste Ansätze integrierter
Systeme wurden Anfang der 1970er- Jahre unter anderem von IBM mit
COPICS entwickelt.[191] Traditionelle PPS-Systeme basieren auf einem
sukzessiven Planungskonzept. Die Aufgaben der Produktionsplanung
und -steuerung werden in Teilprobleme zerlegt, die hintereinander gelöst werden. Jedoch sind die Übergänge zwischen den einzelnen Punkten oftmals fließend. Die massenhafte Verbreitung technisch komplexer Produkte und die stetige Verkürzung der Produktlebenszyklen
führen seit einigen Jahren zu einem ständig steigenden Entsorgungs-
bedarf, dieser führt zu steigender Relevanz der Demontageplanung
und -steuerung (DPS). Die DPS ist weitestgehend analog zur PPS kon-
zipiert. Ein anderes System zur Produktionsplanung und -steuerung
ist das „Enterprise Resource Planning" (ERP), welches zur Unternehmensplanung, -steuerung und -überwachung verwendet wird.[192] Über
die PPS-Funktionalitäten werden bei dem ERP häufig noch zusätzliche Aspekte wie Finanzwirtschaft, Einkauf, Entwicklung oder Materialwirtschaft genutzt.[193] Probleme, die bei der PPS-Anwendung auftreten, sind in Abbildung 2.17 dargestellt.

---

191   Vgl. ebenda.
192   Vgl. ebenda.
193   Vgl. ebenda.

Abbildung 2.17 Probleme bei der PPS-Anwendung

Gesichtspunkt	Beschreibung
Reaktionszeiten	Geringes Reaktionsvermögen auf Änderungen
Datenaktualität	Hoher Aufwand zur Datenpflege
Abläufe	Mangelnde Transparenz der Abläufe
Auftragsverfolgung	Nachverfolgung problematisch und aufwendig
Datenschnittstellen	Datenweitergabe erfordert zusätzliche Applikationen
Störungsfolgen	Bei Störungen des Systems nur manuelle Weiterführung der Prozesse möglich

Quelle: In Anlehnung an Thaler 2003

1.2.2 Operative Produktionsplanung und -steuerung

Operative Entscheidungen im Sinne der Produktionsplanung und -steuerung sind Entscheidungen, die im Rahmen bereits vorhandener Anlagen, Ressourcen und Aufträge gefasst werden.[194] Die Aufgabe der Produktionsplanung und -steuerung als Teilbereich des operativen Produktionsmanagements besteht darin, für einen reibungslosen und wirtschaftlichen Produktionsprozess bei gegebenen und (weitgehend) unveränderbaren Kapazitäten zu sorgen. Schneeweiß unterteilt diese Aufgaben nach langfristigen, mittelfristigen und kurzfristigen Abläufen der Planung und Steuerung.[195] Im Einzelnen ist dabei festzulegen,

- welche absatzbestimmten Produkte in welchen Mengen im Planungszeitraum herzustellen sind (Primärbedarfsplanung),

---

194   Vgl. Schneeweiß 1999, S. 22.

195   Vgl. ebenda, S. 22f.

- welche Mengen an Einsatzgütern (Vor- und Zwischenprodukten) dafür wann benötigt werden (Sekundärbedarfsplanung),

- ob und wenn ja, in welchem Ausmaß eigentlich zu unterschiedlichen Zeitpunkten benötigte End-, Zwischen- und Vorproduktmengen aus wirtschaftlichen Gründen zu Losen zusammengefasst werden sollen (Losgrößenplanung als Teil der Sekundärbedarfsplanung),

- zu welchen Zeitpunkten die Herstellung der einzelnen End- und Zwischenproduktmengen unter Berücksichtigung der verfügbaren personellen und maschinellen Kapazitäten der Produktionssysteme erfolgen soll (Termin- und Kapazitätsplanung) und

- in welcher Reihenfolge die vor den einzelnen Arbeitsplätzen bzw. Produktionsanlagen wartenden (freigegebenen) Fertigungsaufträge bearbeitet werden sollen (Ablaufplanung).[196]

Zur Lösung dieser Fragestellungen wurden im Laufe der Zeit schon zahlreiche Optimierungsmodelle entwickelt. Derartige Partialmodelle berücksichtigen jedoch nicht die wechselseitigen Abhängigkeiten zwischen den einzelnen Teilproblemen der Produktionsplanung und -steuerung. Um zu einem Gesamtoptimum zu gelangen, müssten die einzelnen Teilplanungsprobleme daher in einen umfassenden Modellansatz integriert und simultan gelöst werden wie Abbildung 18 zeigt. Solche Simultan- oder Totalmodelle führen im praktischen Einsatz jedoch bereits bei recht überschaubaren Planungsproblemen zu unbeherrschbaren Modellgrößen.[197]

Vor diesem Hintergrund wurde das Konzept der hierarchischen Produktionsplanung (und -steuerung) entwickelt, welches in Abbildung 18 im Überblick dargestellt ist. Dabei wird das Gesamtproblem der Produktionsplanung und -steuerung in die Teilprobleme Primärplanung, Sekundärplanung, Termin- und Kapazitätsplanung, Auftragsfreigabe, Ablaufplanung und Auftragsüberwachung zerlegt, die (unter

---

196   Vgl. ebenda, S. 22ff.

197   Vgl. Gabler Wirtschaftslexikon 2013b.

Anwendung der für den jeweiligen Bereich relevanten Partialmodelle und in den jeweiligen Zeitfenstern) nacheinander in einem Zeitraum von insgesamt bis zu 12 Monaten gelöst werden, wobei die Ergebnisse einer übergeordneten Planungsstufe den Ausgangspunkt für die Planung der darunterliegenden Stufe bilden. Der (zeitliche) Detaillierungsgrad der Planung nimmt dabei von Stufe zu Stufe zu, wobei der Planungshorizont der einzelnen Stufen sowie das der Planung jeweils zugrunde liegende Zeitraster, d. h. die Länge der Teilperioden, je nach Branche und konkretem Produktspektrum in der Praxis von Unternehmen zu Unternehmen sehr unterschiedlich sein können; die Angaben in Abbildung 2.18 sind daher lediglich als (häufig vorkommende) Richtwerte zu verstehen. Auf die langfristige Primärplanung (Zeitraum sechs bis zwölf Monate) folgt die kurzfristigere Sekundärplanung, die einen Zeitraum von drei bis zwölf Monate umfasst. In der längeren Phase werden Betriebsmittel, Zeitpläne und einzusetzende Ressourcen geplant, wohingegen die Sekundärphase neben der Planung schon erste Umsetzungsschritte umfasst.[198] Gefolgt von der Produktionsplanung folgt die Umsetzung und Steuerung der eigentlichen Produktionspläne. In den Monaten drei bis eins vor Produktionsstart werden neben der Termin- und Kapazitätsplanung Themen wie Auftragsfreigabe, Ablaufplanung und Auftragsüberwachung umgesetzt.[199] Diese Aufgaben werden i.d.R. von der Arbeitsvorbereitung durchgeführt. Die Seiten Arbeitsvorbereitung und **Produktionsplanung und -steuerung** überschneiden sich thematisch. Arbeitsvorbereitung vereint also alle Tätigkeiten zur vorbereitenden Planung und Steuerung des Produktionsprozesses. Ziel ist die Sicherstellung eines reibungslosen Produktionsablaufs und die Fertigstellung des zu fertigenden Produktes in der dafür vorgesehenen Zeit.[200]

---

198   Vgl. Schneeweiß 1999, S. 22.

199   Vgl. ebenda.

200   Vgl. ebenda.

Abbildung 2.18 Teilaufgaben der Produktionsplanung und -steuerung

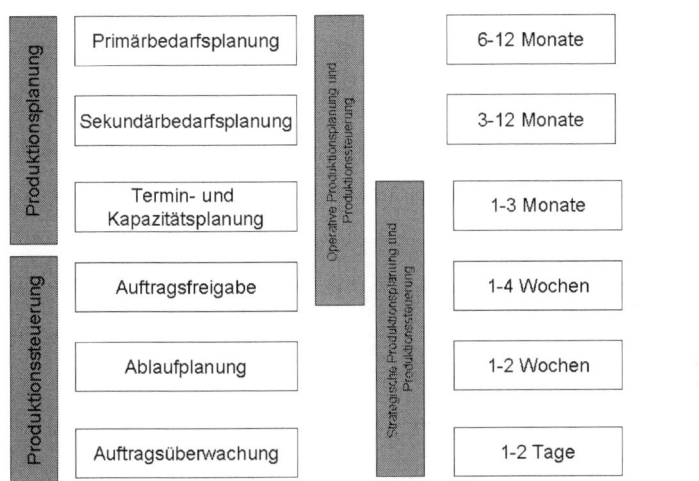

Quelle: In Anlehnung an Schneeweionspla

Ein Modell, welches betriebswirtschaftliche und technische Funktionen transparent macht, ist das Y-CIM-Modell von Scheer.[201] Das Y steht für die Form des Modells, CIM (engl. computer integrated management) für technische Funktionen (z.B. CAE: engl.: computer aided engineering oder CAD: engl.: computer aided design) der Produktionsplanung und -steuerung. Das Y-CIM-Modell von August-Wilhelm Scheer (Abbildung 2.19) zeigt die an der Integration beteiligten Komponenten beider Bereiche in anschaulicher Form.[202] Es stellt einen Zusammenhang zwischen CAx-(engl.: computer aided) und PPS-Systemen her. Durch CIM sollen sämtliche operativen Informationssysteme eines Produktionsbetriebs miteinander verknüpft werden. Dabei steht insbesondere die Verbindung zwischen betriebswirtschaftlichen und technischen Systemen im Vordergrund.

---

201   Vgl. Scheer 1997, S. 1ff.

202   Vgl. ebenda, S. 15ff.

Abbildung 2.19 Y-CIM-Modell nach Scheer.

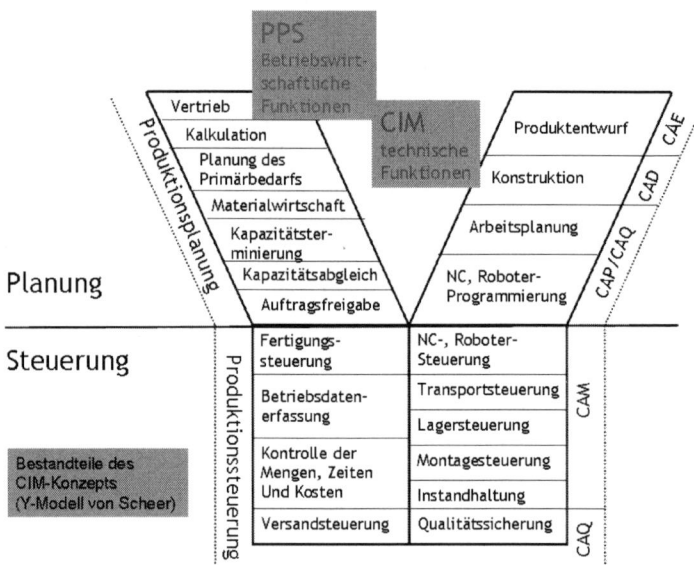

Quelle: Scheer 1997

1.3 Ablauforganisation der Produktion

Bei der Ablauforganisation der Produktion stehen Regelungen zur Durchführung der Arbeitsprozesse im Mittelpunkt.[203] Unter Berücksichtigung von Raum, Zeit, Sachmitteln und Personen soll der Betriebsablauf möglichst wirtschaftlich gestaltet werden. Aufbau- und Ablauforganisation betrachten das gleiche Objekt unter verschiedenen Aspekten.[204] Die Aufbauorganisation liefert das organisatorische Gerüst, innerhalb dessen sich die erforderlichen Arbeitsprozesse vollziehen können. Die Ablauforganisation innerhalb der Produktion beschäftigt sich mit den Aufgaben der Fertigung, um die Kundenwünsche

---

203   Vgl. Schneeweiß 1999, S. 237ff.

204   Vgl. ebenda, S. 237.

zufriedenzustellen.[205] Diese Aufgaben befassen sich mit den Aspekten der Losgrößenplanung, Durchlaufterminierung, des Kapazitätsmanagements und der Reihenfolgeplanung, wie Abbildung 2.20 zeigt.

Abbildung 2.20 Teilaufgaben der Ablaufplanung

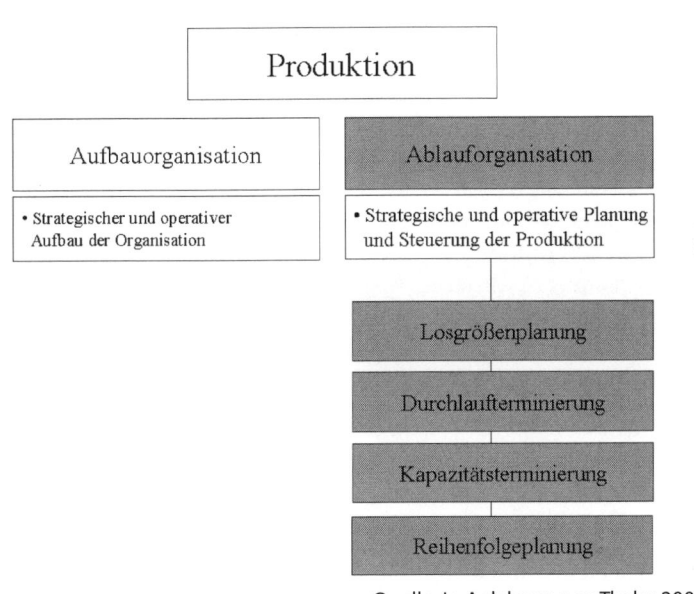

Quelle: In Anlehnung an Thaler 2003

Die Ablauforganisation beschäftigt sich mit der Ausstattung und Verteilung von effizienten Beständen von materiellen und immateriellen Gütern in einer Unternehmung.[206] Daraus ergeben sich die zu behandelnden Gegenstände Personal-, Sachmittel- und Datenbestände, Aufgaben- und Kompetenzgefüge.[207]

---

205   Vgl. Thaler 2003, S. 138.

206   Vgl. Schneeweiß 1999, S. 237ff.

207   Vgl. ebenda, S. 237.

Im Mittelpunkt der Betrachtungen bei der Ablauforganisation stehen

- die Arbeit als zielbezogene menschliche Handlung und

- die Ausstattung der Teileinheiten von Arbeitsprozessen mit den zur Aufgabenerfüllung nötigen Sachmitteln und Informationen.

Eine Losgröße ist ein geschlossener Posten einer Produktart oder einer Baugruppe, der ohne Unterbrechung durch die Produktion anderer Produktarten erzeugt wird. Losgrößen (engl. batch size) müssen in der logistischen Kette optimiert werden, insbesondere in der Produktion und Beschaffung. Ziel ist es, unter den jeweiligen Bedingungen die optimalen Losgrößen bzw. einen optimalen Losgrößenbereich zu ermitteln. Die Ermittlung der optimalen Losgröße ist ebenso im Kapitel Beschaffung beschrieben. Im Rahmen dieses Kapitels ist die Losgröße ein fertigungstechnischer Begriff und gibt die Menge einer Charge, Sorte oder Serie an, die hintereinander ohne Umschaltung oder Unterbrechung der Fertigung hergestellt wird (Fertigungsverfahren). [208]

Das klassische Losgrößenmodell wird i.d.R. durch die Andler-Formel beschrieben;[209] dieses Modell ist eines der ältesten und erfolgreichsten Modelle zur Beschreibung von Losgrößen.[210] Thaler beschreibt die Andler-Formel wie in Abbildung 2.21 dargestellt.

---

208   Vgl. Schneeweiß 1999, S. 206f.

209   Vgl. Helmold 2011, S. 144.

210   Vgl. Thaler 2003, S. 124.

Abbildung 2.21 Andler-Formel

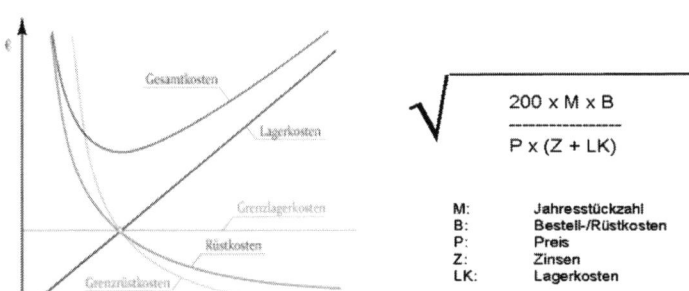

Quelle: In Anlehnung an Thaler 2003, S. 143

In diesem Modell der Losgrößenrechnung wird die Losgröße bzw. die Bestellmenge nach ihren Gesamtkosten ermittelt. Die Gesamtkosten setzen sich aus einem Anteil der Lagerhaltungskosten sowie der Bestell- und Rüstkosten zusammen.[211] Der optimale Losgrößenbereich ergibt sich aus der Kurvenüberlappung der beiden Kostenkurven.[212] Ein Los ist diejenige Menge der Serie, die ohne Umrüsten produziert werden kann. Große Lose senken die Rüstkosten, da seltener umgerüstet wird. Dagegen erhöhen sich die Lagerhaltungs- und Zinskosten für das gebundene Kapital.[213]

Bei der Andler-Formel sind einige Prämissen zu berücksichtigen. Die klassische Losformel wurde für Unternehmen mit einer Losfertigung entwickelt, wo ein Los beim Auflegen Rüstkosten und beim Lagern auf dem Weg zum Kunden Lagerkosten verursacht (siehe Abbildung 2.22).[214] Weil ein Los als (geschlossener) Posten die Fertigungsstufen durchläuft, steigen mit seiner Größe auch die Lagerkosten. Die Rüst-

---

211 Vgl. ebenda.

212 Vgl. Schneeweiß 1999, S. 108.

213 Vgl. Thaler 2003, S. 143.

214 Vgl. Schneeweiß 1999, S. 207.

kosten dagegen sinken, weil weniger Lose aufgelegt und damit weniger Rüstvorgänge durchgeführt werden müssen, um dieselbe Menge zu produzieren.[215] Die Summe der beiden Kostenarten hängt damit von der Losgröße ab. Man kann sie als eine Funktion der Losgröße darstellen und ihr Minimum mit der Andler-Formel finden.[216]

Abbildung 2.22 Kostenbestandteile der Andler-Formel

Bestell- und Rüstkosten	Lagerhaltungskosten
Mindermengenzuschlag	Interne Transportkosten
Eingangsprüfung und Vormaterial	Interne Lagerumschlagskosten
Bestellabwicklung und Disposition	Interne Flächenkosten
Werkzeug- und Rüstkosten	
Anlaufprüfung und Qualitätsprüfung	

Quelle: In Anlehnung an Thaler 2003, S. 143.

Die Vorgehensweise kann auch bei *offener* und *geschlossener* Fertigung angewandt werden, wobei sich lediglich unterschiedliche Lagerkosten ergeben. Auch wenn die Annäherung zum Optimum in Form eines *Kostenminimums* von der Kostenseite erfolgt, kommt die *Gewinnmaximierung* (bei linear geneigter Preis-Absatz-Funktion) zum gleichen Ergebnis. Prämissen des klassischen Losgrößenmodells:

- *Produktion*: einstufige Fertigung mit freien Kapazitäten ohne Zwischenlager oder mehrstufige Fertigung ohne Ausschuss, Unterbrechungen und mit identischen Geschwindigkeiten.

  o realistische, endliche Produktionsgeschwindigkeit (entspricht der Lagerzugangsrate)

---

215   Vgl. ebenda.

216   Vgl. Thaler 2003, S. 143.

- o beliebige Teilbarkeit der Losgröße
- o vorhandene Kapazität zur Produktion der ermittelten optimalen Losgröße
- *Lager*
  - o konstanter Lagerhaltungskostensatz
  - o Lager mit unbegrenzter Lagerkapazität
  - o genau ein Produkt in genau einem Lager
- *Absatz*
  - o keine Fehlmengen
  - o unendlicher Planungshorizont
  - o konstanter Periodenbedarf (entspricht der Lagerabgangsrate)
- *Finanzierung*
  - o die Herstellung der ermittelten optimalen Losgröße ist möglich und nicht durch den Zeitverzug zwischen Produktion und Absatz gefährdet
- *Zeitkomponente*
  - o statische Vorgehensweise mit der Annahme, dass die Daten im Zeitablauf konstant bleiben und Lagerabgang kontinuierlich stattfindet.

Gegenstand der Durchlaufterminierung ist die grobe Darstellung und Fixierung vorläufiger Start- und Endtermine der unterschiedlichen Aufträge in der Fertigung auf Basis der im Rahmen der Bedarfsplanung festgelegten Ecktermine der Aufträge.[217] Bei der Durchlaufterminierung sind die Feststellung der Bearbeitungszeit je Arbeitsvorgang sowie die Kostenminimierung der Durchlaufzeiten entscheidend wie Abbildung 2.23 zeigt.[218]

---

217 Vgl. Schneeweiß 1999, S. 121.

218 Vgl. Thaler 2003, S. 142.

Abbildung 2.23 Durchlaufterminierung in der Produktion

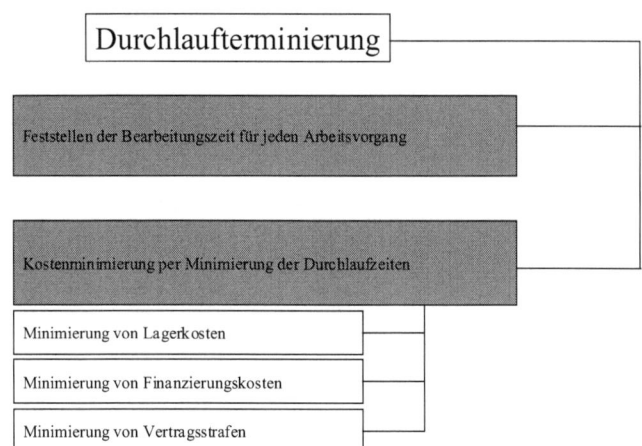

Quelle: In Anlehnung an Thaler 2003

Mögliche Kapazitätsrestriktionen (z. B. durch zeitliche Konkurrenz verschiedener Fertigungsaufträge um dieselben Ressourcen) bleiben dabei unberücksichtigt. Diese finden erst später im Rahmen der Kapazitätsplanung und des Kapazitätsabgleichs Berücksichtigung. Planungsgrundlage der Durchlaufterminierung sind geschätzte Plan-Durchlaufzeiten, da die tatsächlichen Durchlaufzeiten der Fertigungsaufträge in diesem Planungsstadium noch nicht feststehen; sie ergeben sich erst aus der im Konzept der hierarchischen Produktionsplanung später durchgeführten Ablaufplanung (Feinterminierung). Zur Ermittlung der Plan-Durchlaufzeiten sind die Arbeitspläne der Erzeugnisse heranzuziehen. Diese enthalten Informationen über die zu durchlaufenden Fertigungsschritte, die Bearbeitungszeiten auf den einzelnen Bearbeitungsstationen, erforderliche Rüstzeiten, technologisch bedingte Arbeitsgangfolgen und daraus resultierende Transportzeiten sowie produktionsbedingte Liegezeiten. Ferner wird eine Schätzung der ablaufbedingten Liegezeiten benötigt. Die Durchlaufterminierung kann nach den Verfahren der Vorwärts-, Rückwärts- oder doppelten Terminierung erfolgen.[219] Alle drei Verfahren basieren auf der Netzplantechnik, die die Darstellung der Zusammenhänge zwischen den einzelnen

---

219   Vgl. Kurbel 2005, S. 140ff.

Arbeitsgängen eines Fertigungsauftrags in Form eines sog. Vorgangs-knotennetzplans oder Auftragsnetzes ermöglicht.

- Bei der Vorwärtsterminierung wird der früheste Fertigstellungster-min der einzelnen Arbeitsgänge und des gesamten Fertigungsauf-trag ausgehend vom Planungszeitpunkt berechnet.

- Bei der Rückwärtsterminierung wird der späteste Starttermin der einzelnen Arbeitsgänge und des gesamten Fertigungsauftrags aus-gehend vom gewünschten Fertigstellungstermin berechnet.

- Die doppelte Terminierung stellt eine Kombination aus Vorwärts-und Rückwärtsterminierung dar. Dabei wird zunächst eine Vor-wärtsterminierung durchgeführt und der früheste Fertigstellungs-termin errechnet. Ausgehend von diesem Termin wird dann die Rückwärtsterminierung durchgeführt.

Die doppelte Terminierung hat den Vorteil, dass sie eine automatische Ermittlung der (gesamten) Pufferzeit und der kritischen Arbeitsgänge ermöglicht. Unter der (gesamten) Pufferzeit einer Folge von hinterein-ander durchzuführenden Arbeitsvorgängen versteht man die Zeitspan-ne, um die sich die Durchlaufzeit dieser Arbeitsvorgänge bei jeweils frühest möglichem Start der Arbeitsgänge insgesamt (nicht pro Ar-beitsgang) verlängern kann, ohne dass sich der Start der nachfolgen-den (Sequenz von) Arbeitsgänge(n) dadurch hinter die spätest zulässi-gen Starttermine verschiebt und der geplante Fertigstellungszeitpunkt des Auftrags nicht mehr eingehalten werden kann. Kritische Arbeits-gänge sind Arbeitsgänge mit einer (gesamten) Pufferzeit von null. Sie determinieren den sog. kritischen Weg, das ist der zeitlich längste Weg durch das Auftragsnetz, der wiederum die Durchlaufzeit des Ferti-gungsauftrags determiniert. Das Ergebnis der Durchlaufterminierung sind auftragsbezogene Terminpläne, die sich z.B. als Gantt-Diagramme graphisch darstellen lassen. Der Gegenstand der Durchlaufzeitverkür-zung lässt sich in Reduktion oder Überlappung beschreiben. Liegt bei der Rückwärtsterminierung mindestens ein Starttermin eines Arbeits-ganges in der Vergangenheit, kann der gewünschte Fertigstellungster-min nur dann eingehalten werden, wenn es gelingt, die Durchlaufzeit zu verkürzen. Dazu stehen folgende Möglichkeiten zur Verfügung.[220]

---

220   Vgl. Vahrenkamp 2008, S. 187ff.

- *Reduktion* der Übergangszeiten: Durch die Erhöhung der Priorität eines Auftrags (Kennzeichnung als Eilauftrag) wird dieser auf den einzelnen Bearbeitungsstationen bevorzugt eingeplant. Dadurch reduzieren sich die ablaufbedingten Liegezeiten und damit die Durchlaufzeit.

- *Überlappung*: Bei der Überlappung werden zwei aufeinanderfolgende Arbeitsgänge eines Fertigungsauftrags teilweise parallel durchgeführt, indem nach Fertigstellung einer Teilmenge eines Loses bereits mit dem nachfolgenden Arbeitsgang begonnen wird (Übergang von einer geschlossenen Produktion, bei der nur komplette Lose an die nächste Fertigungsstufe weitergegeben werden, zu einer offenen Produktion, bei der die Werkstücke unmittelbar nach ihrer Fertigstellung auf einer Bearbeitungsstation an die nächste Bearbeitungsstation weitergegeben werden bzw. zum sog. Lot Streaming, bei dem Teillose von mehr als einem Werkstück weitergegeben werden).

- *Splitting*: Beim Splitting werden einzelne Arbeitsvorgänge an mehreren parallelen Arbeitsplätzen oder Maschinen durchgeführt. Dadurch reduziert sich die Bearbeitungszeit auf diesen Bearbeitungsstationen und damit wiederum die Durchlaufzeit. Im Gegensatz zur Überlappung, die eine Parallelisierung unterschiedlicher Arbeitsgänge beinhaltet, werden hier gleiche Arbeitsvorgänge parallelisiert.

- *Losteilung*: Ein Los wird in zwei oder mehr Teile aufgespalten. Das erste Teillos kann durch die verringerte Losgröße und die damit verbundene verkürzte Bearbeitungszeit (ggf. noch in Verbindung mit einer Prioritätserhöhung) rechtzeitig fertiggestellt werden. Die anderen Teile des Loses werden später nachproduziert.

Kapazitätsterminierung ist ein Kurzbegriff für Terminierung mit Berücksichtigung von Kapazitätsgrenzen. Weil verfügbare Kapazität nicht lagerfähig ist, versucht die Kapazitätsterminierung, Überlastungen oder nicht genutzte Kapazitäten durch Kapazitätsausgleich zu vermeiden (siehe Abbildung 2.24).[221]

---

221 Vgl. ebenda, S. 197.

Abbildung 2.24 Kapazitätsterminierung in der Produktion

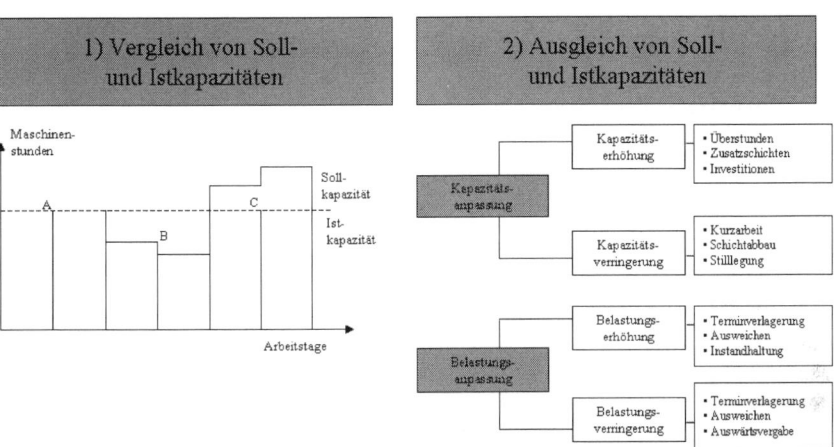

Quelle: In Anlehnung an Thaler 2003

Moderner ausgedrückt stellt sie die Verteilung der Fertigungsprozesskette auf die verfügbaren Kapazitäten dar.[222] Die Terminierung mit Kapazitätsgrenzen (Kapazitätsterminierung) kann, wie auch die Durchlaufterminierung, als Vorwärts-, Rückwärts- oder Mittelpunktterminierung erfolgen, allerdings wird bei der Berechnung der Start- und Endtermine der Arbeitsvorgänge die noch verfügbare, verplanbare Kapazität der Periode überprüft. Wenn keine oder ungenügende Kapazität verfügbar ist, existieren verschiedene Möglichkeiten, um den Arbeitsvorgang zu bearbeiten. Dazu gehören folgende Verfahren wie die Vergabe des Auftrags an externe Unternehmen, zeitliche Verlagerung (Vorziehen oder Verschieben) oder technische Verlagerung (beispielsweise auf andere Maschinen) zur gleichen Zeit oder technische und zeitliche Verlagerung. Verfügbare Kapazitäten werden beispielsweise bestimmt durch die Art und Anzahl zur Verfügung stehender Arbeitsplätze, geplante Arbeitszeiten wie z.B. Schichtmodelle, Schichtarbeit und bereits erfolgte Maschinen- und Stationsbelegungen. Die Ablauforganisation ist ein Konzept zur Komplexitätsreduktion der

---

222   Vgl. Thaler 2003, S. 145.

Handlungen bzw. Abläufe mittels Modellierung und Standardisierung. Sie verfolgt periodenbezogene monetäre und qualitative Ziele:

- Maximierung der Kapazitätsauslastung,

- Verringerung der Verteil-, Durchlauf-, Warte- und Leerzeiten,

- Reduktion der Kosten der Vorgangsbearbeitung,

- Qualitätssteigerung der Vorgangsbearbeitung und der Arbeitsbedingungen,

- Reduzierung der Verteil- und Transportaufwendungen durch Optimierung der Arbeitsplatzanordnung sowie

- Erhöhung der Termintreue.

Zwischen den Zielen Maximierung der Kapazitätsauslastung und Minimierung der Durchlaufzeiten besteht ein Zielkonflikt. Man spricht in diesem Zusammenhang auch vom Dilemma der Ablauforganisation. Dies sei an einem Beispiel aus der Produktion verdeutlicht: Um eine möglichst gute Kapazitätsauslastung zu erreichen, muss ein hoher Auftragsbestand vor jedem Arbeitsplatz bereitstehen, so dass die Gefahr von Leerlauf nicht gegeben ist. Damit erhöhen sich jedoch für den einzelnen Auftrag die Liege- und damit die Durchlaufzeiten. Interessant ist in diesem Zusammenhang, dass

- eine relativ geringe Absenkung der Bestände

- eine überproportionale Verkürzung der Durchlaufzeit

- bei nur kleinen Einbußen der Kapazitätsauslastung bewirkt.

Bei der Feinplanung wird festgelegt, welche Maschinen bestimmten Aufträgen zugeordnet werden. Kurzfristige Aufgaben der Produktionssteuerung sind vor allem in Zusammenhang mit kurzfristigen Änderungen in der Auftrags- oder Kapazitätsrealität zu sehen:

- ungeplanter Ausfall einer Maschine oder Anlage bzw. eines Mitarbeiters,

- unerwartete Kundenaufträge mit hoher Priorität.

Da die Zusammenhänge mehrdimensional sind, werden die Aufgaben der Produktionssteuerung vermehrt mit entsprechenden Softwaresystemen durchgeführt. Diese erlauben nicht nur, die genannten Aufgaben und Randbedingungen effizient und komfortabel auszuführen, sie ermöglichen zudem eine hohe Flexibilität des Planers und eine hohe Transparenz über den aktuellen Belegungs- und Terminzustand in der Produktion. Während manche Systeme Methoden des Operations Research zur Optimierung der Ergebnisse verwenden, zeichnen sich praxisorientierte Systeme durch heuristische Arbeitsweisen unter Berücksichtigung arbeitsvorgangbezogener Prioritätsregeln aus, die dem Verständnis und der Anschauung des Produktionsplaners weitgehend entsprechen. Das Ergebnis sind Maschinenbelegungspläne und Betriebsmittelzuordnungen von Vorrichtungen, Werkzeugen, NC-Programmen und Zuordnungen von Mitarbeitern. Bei der Planung mehrstufiger Produktionsverfahren (Batchverarbeitung) werden nicht nur die Aufträge für Endprodukte (Halbfertigware für das neutrale Lager bzw. Abfüllaufträge) seriell auf unterschiedliche Produktionslinien angeordnet. Vielmehr müssen auch „Unteraufträge" für die einzelnen Teilfertigungsstufen und deren Abhängigkeiten voneinander berücksichtigt und geplant werden. Speziell beim Batchbetrieb bedarf es der genauen Kenntnis über die Fertigungsanlagen und deren verfahrenstechnischen Möglichkeiten (rühren, heizen, kühlen, destillieren, evakuieren etc.). So müssen aber auch Minimal- und Maximalmengen pro Charge – behälterabhängig – berücksichtigt werden. Auch produktspezifische Parameter wie Chargentrennung bei Zwischenlagerungen, Verarbeitbarkeitszeiträume von Zwischen- bzw. Teilprodukten oder Unterbrechungsmöglichkeiten während der Produktion spielen in der Verfahrenstechnik eine große Rolle und gehen in die Reihenfolgeplanung ein. Dabei ist die Betrachtung von materialfolgeabhängigen Reinigungs- und Rüstzeiten aller Anlagenteile selbstverständlich. Planungssysteme für komplexe Produktionsverfahren kombinieren aber auch Teil-fertigungsstufen unterschiedlichen Typs. So liegt bei Produktionsstufen vom Typ „Batch-Charakter" eine feste Belegungszeit vor, wobei sich beim Typ „Konti-Charakter" die Anlagenbelegungszeit aus einer Reaktions-, Durchlauf- bzw. Förderleistung [z.B.: kg/Std] errechnet. Eine übersichtliche Darstellung der geplanten und laufenden

Fertigung erfolgt in der dynamisierten Plantafel. Hier werden die Soll-vorgaben aus dem Fertigungsplan mit dem Status aus der Fertigung verglichen und als Gantt-Diagramme dargestellt. Das integrierte Monitoring meldet dabei eventuelle Verzögerungen und errechnet neue Restlaufzeiten.

1.4 Produktionslayoutplanung

Produktionslayoutoptimierung ist mit Einführung der schlanken Prinzipien in der Fertigung wichtiger geworden.[223] Schneeweiß beschreibt die Layoutoptimierung als taktische Infrastrukturmaßnahme, die sich auf folgende Aspekte bezieht:[224]

- die zu verwendenden Betriebsmittel in der Produktion, deren Konfiguration und deren Layout,

- die prinzipiellen und sicherstellenden Prozesse in der Fertigung.

Bezieht sich ersterer Aspekt auf die Aufbauorganisation, ist der zweite Aspekt Teil der Ablauforganisation. Ziel der Layoutoptimierung ist die kostengünstige, platzsparende und fließorientierte Organisation der Fertigung.[225] Zahlreiche Unternehmen sehen sich durch internationalen Wettbewerb und globale Wertschöpfungsketten einem immer größer werdenden Kostendruck gegenüber. Daher muss eine hohe Wirtschaftlichkeit bereits bei der Planung einer Fabrik mit beachtet und über ein optimales Fabrik- und Produktionslayout entwickelt werden. Ein erster Schritt zur bleibenden Leistungssteigerung des Unternehmens ist die Analyse der Teile- und Warenströme, um mögliche interne sowie externe Einsparungspotenziale aufzudecken. Hier geht es um die großen Warenströme, die möglichst ungehindert durch den Betrieb fließen können. Die Transportleistung ergibt sich aus dem

---

223 Vgl. Schneeweiß 1999, S. 133.

224 Vgl. ebenda.

225 Vgl. Fraunhofer Institut und Technische Universität Wien 2003, S. 1f.

Produkt von Transportaufkommen (Transporthäufigkeit) und dem Logistikaufwand (Transportweg, Schnittstellen). Darauf aufbauend erarbeiten Experten der Produktionslayoutplanung maßgeschneiderte Betriebskonzepte, Ablaufprozesse und Organisationsanforderungen entlang der gesamten Wertschöpfungs- und Versorgungskette. Gerade auch bei einer Standortverlagerung ist die Layoutplanung sehr wichtig und von Vorteil, da alle Anlagen und Linien neu aufgestellt werden. Abbildung 2.25 zeigt das Beispiel einer Layoutoptimierung mit der vorherigen und verbesserten Anordnung.[226]

Abbildung 2.25 Layoutoptimierung in der Produktion

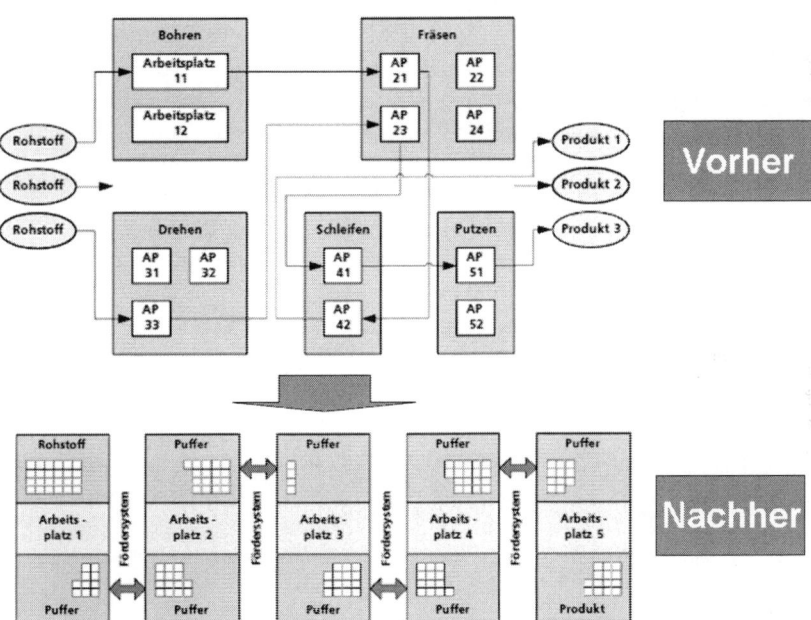

Quelle: Fraunhofer Institut und Technische Universitung mit der vorher

---

226   Vgl. ebenda.

Die Layoutoptimierung ist eine hervorragende Möglichkeit, die Maschinen und Prozesse im Sinne eines optimalen Flusses neu aufzustellen. Als Grundprinzip ist die Trennung von produzierenden und unterstützenden Tätigkeiten zu verstehen, im Sinne von Trennung der Produktion und Logistik.[227] Insbesondere die nicht wertschöpfenden Tätigkeiten innerhalb der Fertigung sind von den werthaltigen Arbeitsinhalten (wertschöpfenden Tätigkeiten) abzukoppeln wie die Abbildung 2.25 zeigt.[228] Hier können unnötige Betriebs- und Gemeinkosten über Jahre vermieden werden. Zahlreiche technische Abläufe und Produktionsschritte sind über die Jahre natürlich über die Ergänzung mit neuen Maschinen und den Austausch alter Maschinen gewachsen. Mehr und mehr Varianten laufen eher nach altbewährten Prinzipien durch die Fertigung und Montage. Der Materialfluss wird an vielen Stellen unterbrochen und ist über Bestände abgesichert. Der Wertschöpfungsanteil ist hier deutlich reduziert. Es bietet sich insbesondere bei Neuplanungen an, das gesamte Layout kritisch zu betrachten. Mit der Neuplanung des Produktionsgebäudes besteht eine optimale Möglichkeit, das Layout im Sinne des optimalen Materialflusses zu gestalten. Die reibungslose Integration neuer und optimierter Produkte in bestehende Werksstrukturen erfordert technisch flexible Neuplanungen und intelligente Layoutdefinitionen. Immer dann, wenn verschiedene Arbeitssysteme am Wertschöpfungsprozess mitwirken, müssen für diese innerbetriebliche Standorte bestimmt werden.[229]

---

227   Vgl. Schneeweiß 1999, S. 133f.

228   Vgl. Fraunhofer Institut und Technische Universität Wien 2003, S. 12.

229   Vgl. ebenda, S. 1-2.

Abbildung 2.26 Layoutoptimierung: Trennung von Produktion und Logistik

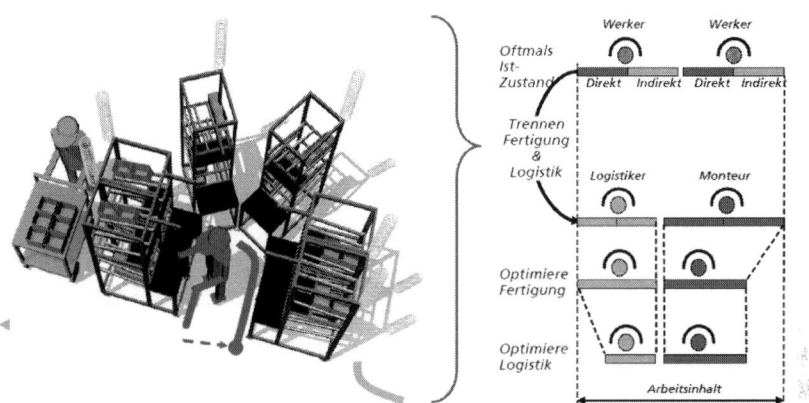

Quelle: Fraunhofer Institut und Technische Universiton und Logistikse i

Das Ergebnis diesbezüglicher Festlegungen bezeichnet man als Layout. Layoutplanungsprobleme im Produktionsbereich können auf unterschiedlichen Aggregationsebenen entstehen. Auf der höchsten Ebene müssen die Standorte der Werke auf einem größeren Werkgelände festgelegt werden. Abbildung 2.26 zeigt, wie auf einem größeren Werkgelände mehrere Fabriken platziert wurden. Eine Ebene tiefer sind die günstigsten innerbetrieblichen Standorte für Produktionssegmente festzulegen. Hier geht es um die Frage der räumlichen Anordnung der arbeitsteiligen Produktionssegmente innerhalb einer Produktionsstätte. Betrachtet man die interne Struktur der einzelnen Produktionsbereiche mehr im Detail, findet man auch hier Layoutplanungsprobleme. Dieses Problem lässt sich auch auf die Produktionssegmente der Lieferanten übertragen. Im späteren Verlauf wird hier auf die Übertragung optimierter Produktionsabläufe auf die Lieferkette eingegangen.[230] Die Layoutplanung ist eine Aufgabe innerhalb der Produktionslogistik und bezeichnet die räumliche und physische Anordnung der Produktionssegmente bei der Fabrikplanung. Hierbei stehen im Kern die Anordnung der Produktionssegmente, die Materialflussbeziehun-

---

230   Vgl. Helmold und Klumpp 2011, S. 1ff.

gen und die Informationsflüsse bei der Verknüpfung der Produktionssegmente miteinander. Ziel ist die Minimierung der Transportleistung.
Die Transportleistung ergibt sich aus dem Produkt von Transportaufkommen (Transportaufwand) und der Versandweite (Transportweg).
Auch die Transportzeiten sollen minimiert werden. Als Fabrikplanung
bezeichnet man die systematische Planung von Fabrikbetrieben. Fabrikplanung kann sich sowohl auf die Neugründung eines Fabrikbetriebs als auch auf die Erweiterung oder Änderung des bestehenden
Betriebs beziehen. Wegen der hohen Komplexität eines Fabrikbetrie-
bes zählen zur Fabrikplanung sowohl Layoutplanung der Maschinen,
Architektur, Gebäudeerstellung, Gebäudelage, Produktionsanlagenpla-
nung, Anlagenlayoutplanung, Personalplanung als auch Aufgaben der
Fabrikorganisation. Die Fabrikplanung beschäftigt sich also im Wesentlichen mit der Neuplanung oder Änderung eines Fabrikbetriebs.
Sie wird daher gelegentlich auch Fabrikbetriebsplanung genannt. Fabrikplanung ist eine Aufgabe, die in modernen Industriebetrieben häufig von spezialisierten Abteilungen wahrgenommen wird. Man zählt
diese Aufgabe auch zu den längerfristig wirkenden Aufgaben der Arbeitsvorbereitung. Es gibt eine Vielzahl von spezialisierten Unternehmen, die diese vielschichtige Tätigkeit selbstständig oder im Auftrag eines Industrieunternehmens durchführen. Der Begriff „Fabrik" stammt
aus dem Lateinischen; „fabrica" bedeutet hier Werkstätte. Laut Kettner kann „die Fabrik als eine gewerbliche Organisationsform bezeichnet werden, in der unter einheitlicher technischer und wirtschaftlicher
Leitung mit einer größeren Anzahl von Arbeitskräften, die außerhalb
ihrer Wohnung arbeiten, in eigener oder gemieteter Betriebsstätte des
Unternehmens mit Hilfe vielfach gegliederter Arbeitsteilung und straf-
fer organisatorischer Zusammenfassung gewerbliche Erzeugnisse für
den marktmäßigen Verkauf hergestellt werden".[231] Die Fabrik wird
auch als ein industrieller, d. h. nach dem Prinzip der Arbeitsteilung ar-
beitender gewerblicher Produktionsbetrieb bezeichnet, dessen Zweck-
bestimmung die Gewinnung, Veredelung oder Verarbeitung von Stof-
fen zur Erzeugung von Konsumgütern oder Produktionsmitteln ist.[232]

---

231 Vgl. Kettner et al. 2010, S. 1ff.

232 Vgl. Schneeweiß 1999, S. 133ff

Heute meint man mit Fabrik im Allgemeinen Betriebe mit hoher Maschinenausstattung, exakt geplanter Arbeitsorganisation mit hoher Arbeitsteilung zwischen den verschiedenen Beschäftigten, mit großem Kapitaleinsatz, ggf. weitgehender Automatisierung sowie Trennung von Produktion und Verwaltung. Fabrikbetriebe stehen vor allem im Gegensatz zu Handwerksbetrieben. Die Planung einer Fabrik ist entsprechend eine langfristige Aufgabe und für den wirtschaftlichen Erfolg eines Unternehmens besonders wichtig. Bereits mit der Planung stellt man die Weichen für die Funktionstüchtigkeit eines zu realisierenden Objektes; dies gilt insbesondere für das Planungsobjekt Fabrik, welches sich gegenüber anderen Planungsobjekten vor allem durch ein außerordentliches Investitionsvolumen und meistens durch eine hohe Lebensdauer auszeichnet.[233] Aufgabe der Fabrikplanung ist es, die Voraussetzungen zur Erfüllung der gestellten betrieblichen Ziele sowie der sozialen und volkswirtschaftlichen Funktionen einer Fabrik herzustellen. Außerdem muss die Fabrikplanung einen technisch einwandfreien und wirtschaftlichen Ablauf des Produktionsprozesses bei guten Arbeitsbedingungen für die in der Fabrik tätigen Menschen ermöglichen. Sie steht im Rahmen der gesamten Unternehmensplanung; in vielen Fällen wird sie sogar im Zusammenhang mit überbetrieblichen Industrieplanungen und kommunalen bzw. staatlichen Gesamtplanungen vorgenommen. Es lassen sich vier allgemein gültige Hauptzielsetzungen der Fabrikplanung ableiten:

1. günstiger Produktions- und Fertigungsfluss,

2. menschengerechte Arbeitsbedingungen,

3. gute Flächen- und Raumausnutzung sowie

4. hohe Flexibilität der Bauten, Anlagen und Einrichtungen.

Neben den „klassischen" Hauptzielsetzungen sind Fabriken heute vor dem Hintergrund eines immer schärferen globalen Wettbewerbs, der stetigen Verkürzung von Produktlebenszyklen bei steigender Variantenvielfalt sowie einem ausgeprägten Zeitparadigma gezwungen, in

---

233   Vgl. ebenda, S. 5ff.

besonderer Weise neben den fabrikplanerischen Kernzielen solche Ziele wie Wandlungsfähigkeit, Attraktivität, Nachhaltigkeit, Innovativität, Wertstromorientierung, Nachfrageregelung, Vernetzungsfähigkeit (Cluster, Produktionsnetzwerke, virtuelle Fabriken) und weitere zu verfolgen und permanent zu adaptieren, um bei einem Fabriklebenszyklus von mehreren Jahrzehnten eine hohe Zukunftsrobustheit zu gewährleisten. Ziele zum Schutz der Umwelt und zur Schonung der Ressourcen (Nachhaltigkeit, Verbesserung der Energieeffizienz, Emissionssenkung, Ökobilanzen) erreichen in der heutigen Zeit einen immer höheren Stellenwert, wobei sich ein Wandel vom sogenannten additiven (auch „end-of-pipe") Umweltschutz hin zu einem integrativen Umweltmanagement mit dem Ziel der Schaffung „nachhaltiger Fabriken" vollzieht. Gelungene Beispiele hierfür sind „Nullemissionsfabriken".

Zur Fabrikplanung zählt nicht nur die Planung der Fabrikgebäude, sondern vor allem auch die Planung der Produktionseinrichtungen, der Maschinen und Anlagen, Transport- und Lagereinrichtungen sowie ihre Anordnung und ihr Zusammenwirken im Rahmen des gesamten Produktionsablaufs. Unter Umständen umfasst sie die völlige Neuplanung von Produktionsstätten an einem neuen Standort. Aber auch kleinere Maßnahmen im Rahmen der Fabrikplanung, z.B. die Beschaffung von einzelnen neuen Produktionseinrichtungen oder die Umstellung innerhalb von vorhandenen Gebäudestrukturen erfordern eine systematische und genaue Vorbereitung und Planung. Gerade die Beschaffung von Produktionseinrichtungen ist im Allgemeinen heute mit weitaus höheren Investitionen verbunden als der Bau der entsprechenden Gebäude. Auch die Standortbestimmung gehört unter Umständen zur Fabrikplanung. Die Wahl des geeigneten Standortes ist zum einen unter langfristigen Kostenaspekten besonders wichtig; zum anderen sind hierbei vor allem auch Marktgesichtspunkte zu beachten. So wird z.B. heute in vielen Unternehmen ein Produktionsstandort in einem Land mit günstigeren Lohnkosten in Erwägung gezogen. Die hierdurch entstehenden höheren Transportkosten nimmt man vielfach in Kauf. Unter Umständen spielt jedoch auch Gesichtspunkte wie z. B. Marktnähe oder die Vermeidung hoher Importzölle eine wesentliche Rolle bei Verlagerungen ins Ausland. Insbesondere Unternehmen mit einem sehr hohen Energiebedarf (z. B. Aluminiumhersteller) suchen nach Standorten mit möglichst geringen Strom- bzw. Energiekosten. Auch die Verfügbarkeit von geeigneten Informationen für die Produktion bzw. das Vorhandensein von Personen mit entsprechendem Know-how kann bei der Planung und beim Betrieb einer Fabrik wesentlich sein. Zahlreiche Beispiele sind bekannt dafür, dass sich deshalb in bestimmten Regionen Schwerpunkte für bestimmte Herstellungsverfahren bilden konnten (Beispiel: Hagen-Hohenlimburg – Schwerpunkt der Kaltwalztechnik). Zentraler Mittelpunkt der Fabrikplanung ist im Normalfall der Produktionsprozess. Während früher vielfach der Bauplaner bzw. der Architekt maßgeblich war bei der Planung eines Fabrikgebäudes, dreht sich heute im Wesentlichen alles um die Funktionen des Betriebs; als Hauptfunktionen sind hier Fertigung und Montage zu sehen; daneben ist die Planung der Nebenfunktionen Transport und Lagerung bzw. des gesamten Materialflusses von ähnlich großer Bedeutung. Auch die Versorgung mit Rohmaterialien, mit Energie in unterschiedlichsten Formen sowie der Abtransport der fertigen Erzeugnisse und der Abfallstoffe sind sehr wichtig. Von der Auslegung des gesamten Herstellungsprozesses sind auch die Dimensionierung der benötigten Flächen und damit auch die Gebäudeplanung abhängig. Auch der Mitarbeiterbedarf ist eng mit der Planung des Produktionsprozesses verknüpft. Ebenfalls wird die Planung einer geeigneten Betriebsorganisation bzw. einer Ablauf- und Aufbauorganisation ein Gegenstand der Fabrikplanung sein, vor allem bei umfangreichen Projekten. Ein weiterer Planungsaspekt bezieht sich auf die Bereitstellung des notwendigen Kapitals zur Realisierung von Fabrikplanungsaufgaben. In vielen Fällen sind Fabrikplanungsmaßnahmen mit einem hohen Investitionsbedarf verknüpft. Die Ermittlung des genauen Kapitalbedarfs, der Nachweis der Vorteilhaftigkeit der Investitionen (Investitionsrechnung) und die unternehmensinterne oder -externe Beschaffung der entsprechenden finanziellen Mittel gehören deshalb ebenfalls meistens zum Aufgabenbereich der Fabrikplanung. Die jeweiligen Fabrikplanungsmaßnahmen können sich also auf viele unterschiedliche Planungsobjekte beziehen und sehr unterschiedliche Umfänge annehmen. Zur Fabrikplanung kann zum einen lediglich die Beschaffung einzelner Maschinen gehören; zum anderen kann sie allerdings auch bis zur Neugründung einer Fabrik an einem völlig neuen Standort gehen.

2. Die schlanken Prinzipien der Produktion

Das Konzept der schlanken Produktion hat eine wichtige Aufgabe in Richtung Kundenzufriedenheit, nämlich Kompetenz und Verantwortung der Beschaffung und des Absatzes mit der eigenen Produktion zusammenzuführen, insbesondere die Fertigungsprozesse der Beschaffungsseite mit der eigenen Wertschöpfung und Fertigung zu synchronisieren. Das Kernprinzip der schlanken Prinzipien der Produktion (engl. Lean Production) ist, Verschwendung zu vermeiden.[234]

Um dies zu erreichen, ist eine konstante Verbesserung des Produktionssystems notwendig. Lean Production entstand im Japan der Nachkriegszeit und sollte die knappen Ressourcen schonen. Lean Production verfolgt das Ziel, die besten Aspekte verschiedener Produktionssysteme zu kombinieren.[235] So sollen gleichzeitig die Größenvorteile der Massenproduktion und die gute Reaktionsfähigkeit kleiner und mittlerer Unternehmen erreicht werden. Außerdem soll die individuelle Arbeit bereichert und so die Mitarbeiterzufriedenheit und ihre Produktivität gesteigert werden.[236] Um dies zu erreichen, konzentriert sich die Lean Production auf den Wertschöpfungsprozess und eine Verschlankung insbesondere der indirekten Funktionen. Das Produktionssystem stellt sicher, dass die einzelnen Prozesse aufeinander abgestimmt sind und ineinandergreifen: von der Produktentwicklung bis zum Kundenservice.[237]

---

234 Vgl. Ohno 1990, S. 12.

235 Vgl. Helmold und Klumpp 2011, S. 7ff.

236 Vgl. Liker 2004, S. 1ff.

237 Vgl. ebenda, S. 13.

Abbildung 2.27 Prinzipien des Just-in-time-Prinzips

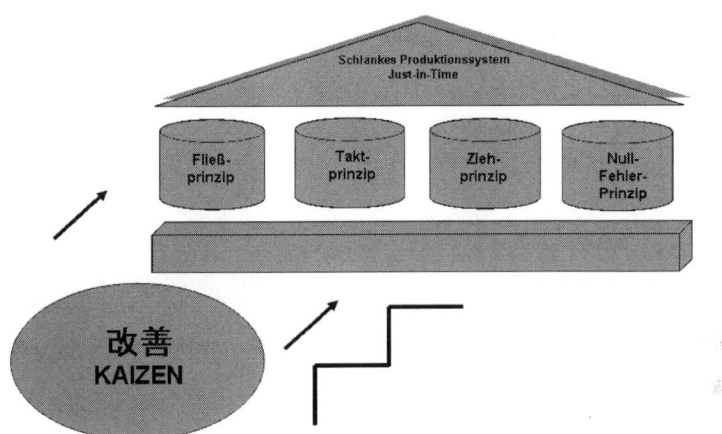

Quelle: In Anlehnung an Helmold 2010

Eine schlanke Produktion erreicht das System durch Dezentralisierung. Das heißt, es werden viele kleine, selbststeuernde Regelkreise, besonders in der Produktion, erstellt. Diese Regelkreise befinden sich entlang der verschiedenen Prozesse, womit die Transparenz des Gesamtprozesses gewährleistet ist, da die Übersicht leicht fällt. Lean Production legt großen Wert auf Transparenz, weshalb nicht nur die Regelkreise nach einem leicht einsehbaren Prinzip angeordnet sind, sondern auch Visualisierungen erstellt werden, an denen sich der Mitarbeiter orientieren kann. Die Visualisierung kann die erreichten/zu erreichenden Kennziffern betreffen, aber auch die richtige Ablage für das Werkzeug.[238] Außerdem werden in der Lean Production Standards festgelegt, die die Arbeitsausführung und die dafür benötigte Arbeitszeit verbindlich fixieren. Genauso fester Bestandteil ist der kontinuierliche Verbesserungsprozess, der kleine Innovationen in der Produktion fördern soll. Ferner sind folgende Aspekte neben den vier Grundprinzipien (Fließprinzip, Taktprinzip, Ziehprinzip und Null-Fehler-Prinzip) Teil der

---

238   Vgl. Porsche Akademie 2009a, S. 22.

Lean Production: Rüstzeitminimierung, Kaizen/KVP, TQM und das Kanban-Prinzip.[239]

Als Nachteil von schlanken Produktionsmethoden sehen Experten das Fehlen von objektiven Leistungsgrenzen für die Mitarbeiter. Dieses führt zu Verschleißerscheinungen durch unerkannte Überforderung. Besonders gefördert wird diese Überforderung durch den Umstand, dass Mitarbeiter im Zuge des kontinuierlichen Verbesserungsprozesses sich selbst und ihr Arbeitshandeln zu stark rationalisieren. „Aufgrund von Just in Time, Null-Puffer- und Null-Fehler Prinzip verursacht jede Produktionsstörung für den einzelnen Arbeiter und die einzelne Arbeiterin nicht nur Mehrarbeit und zusätzliche Belastung, sondern oft auch Stress."[240] Ferner besteht die Gefahr, dass weniger leistungsfähige Mitarbeiter durch den permanenten Leistungsdruck ausgegrenzt werden.[241]

Ein weiterer Nachteil von Lean Production besteht darin, dass zwar auf kontinuierliche Verbesserung sehr viel Wert gelegt wird, damit aber Innovationssprünge eher erschwert werden. Weiterhin sind die selbststeuernden Regelkreise zwar nützlich, um das Unternehmen flexibel zu organisieren, jedoch besitzen auch die Regelkreise eine Grenze, bei deren Überschreitung sie instabil werden. Damit ist auch die Lean Production nicht vor Unsicherheiten des Marktes geschützt.

Darüber hinaus ist ein wichtiges Ziel, Verschwendung aufzudecken und Fehler zu vermeiden, die Abläufe zu harmonisieren und sich um kontinuierliche Verbesserung (Kaizen oder KVP) zu bemühen. Kaizen bedeutet hier eine Verbesserung in kleinen, stufenförmigen aber nachhaltigen Schritten (siehe Abbildung 2.27).[242] Nur flache Hierarchien und eine direkte Verantwortung und Kompetenz an der „Basis" (Japanisch: Gemba) durch Linienverantwortliche, führen zur internen Verbesserung der Kommunikation und Konzentration auf die Kernprob-

---

239   Vgl. Thaler 2003, S. 255.

240   Spath 2003, S. 42.

241   Vgl. Thaler 2003, S. X.

242   Vgl. Krajewski und Ritzman 1996, S. 722-737.

leme und -prozesse.[243] Aufgrund der Wichtigkeit der Lieferkette ist die Einbindung der Lieferanten zwingend notwendig, insbesondere durch eine intensive Steuerung durch das „Ziehprinzip".[244]

Als Konsequenzen der schlanken Produktion lassen sich häufig beobachten:[245]

- eine vollständige Einbindung der Lieferanten,

- Kundenorientierung,

- flache Hierarchien,

- Verantwortung und Kompetenz an der „Basis",

- Konzentration auf das Wesentliche,

- eine deutlich reduzierte Verschwendung

- eine verbesserte unternehmensinterne Kommunikation und

- eine Steuerung durch das Ziehprinzip.

Die schlanken Prinzipien der Produktion sind stark mit dem japanischen „Kaizen"-Konzept verknüpft und basieren auf stetigen „Veränderungen zum Besseren". Abbildung 30 veranschaulicht die Evolution und Entwicklungen des Kaizen-Leitbilds durch Toyota. Der Kaizen-Begriff wurde in den 1950er-Jahren durch Toyota und die Einführung des Toyota Produktionssystems geprägt und in den 1990er-Jahren auf Werke und Unternehmen ausgerollt. Meist haben Unternehmen das Toyota-Prinzip adaptiert und umbenannt, so heißen System nach den schlanken Prinzipien „Bombardier Operating System" oder „Porsche Produktionssystem". Aufgrund der zunehmenden Verlagerung von Wertschöpfungsanteilen auf internationale Wertschöpfungsnetzwerke werden die Prinzipien der schlanken Produktion auch auf Zulieferer übertragen.

---

243   Vgl. Kennedy 2003, S. 229-230.

244   Vgl. Slack 1995, S. 512.

245   Vgl. Liker 2004, S. 267.

Insbesondere bei Produktionsproblemen ziehen Unternehmen Berater der schlanken Produktion zu Rate. Masaaki Imai, Experte der Kaizen-Philosophie, sieht es folgendermaßen: „Eine Krise ist der beste Zeitpunkt, um eine komplette Richtungsänderung vorzunehmen." In Asien steht das Wort „kiki" gleichzeitig für Krise und Chance (siehe auch Abbildung 2.28). Für Imai ist nun der Zeitpunkt gekommen, um mit Kaizen-Methoden die gebeutelten Unternehmen auf ein besseres Fundament zu stellen. Dazu benötigt man keine großen Investitionen. Es geht darum, die Dinge in kleinen Schritten stetig zu verbessern unter Einbeziehung aller Beteiligten. Es sind die Menschen, die durch ihre Bemühungen ihr Unternehmen voran-bringen können. Wichtig ist die volle Unterstützung des Topmanagements, dennoch zählt jeder Einzelne. Mittelfristig werden mit Kaizen dramatische Veränderungen zum Positiven bewirkt. Masaaki Imai fordert, dass staatliche Finanzhilfen für Unternehmen nur unter der Voraussetzung gewährt werden sollten, dass diese anhand der Kaizen-Philosophie ihre Strukturen verändern.

Abbildung 2.28 Jede Krise bedeutet auch eine Chance

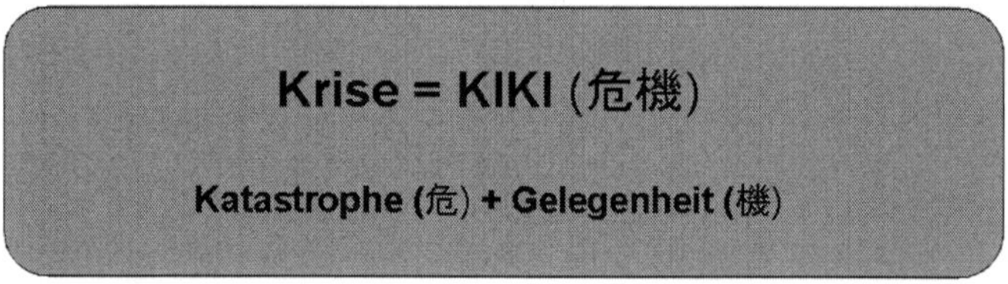

Krise = KIKI (危機)

Katastrophe (危) + Gelegenheit (機)

Quelle: Porsche Akademie 2009a

Beim JIT-Ansatz geht es darum, dass ein richtiges Teil in der richtigen Qualität zum richtigen Zeitpunkt in der gewünschten (richtigen) Menge am richtigen Ort ist.[246] Diese elementare Grundvoraussetzung ist das beschriebene 5R-Prinzip, nämlich dass „ein Teil" „jetzt" mit „null Fehlern" „hier" zu den richtigen Kosten erscheint. Das 5 bzw. 6R-Prinzip suggeriert, dass bei der optimalen Kombination aller Faktoren eine optimale Kostenbasis entsteht, insbesondere durch die Konzentration auf

---

246   Vgl. Porsche Akademie 2009a, S. 1ff.

wertschöpfende Tätigkeiten.[247] In der Literatur findet man auch das 5R-Prinzip mit zusätzlichen Aspekten wie richtige Kosten oder richtige Informationen. Darüber hinaus lassen sich auch andere Gesichtspunkten gedanklich hinzufügen, z.b. ethische Faktoren wie die Einhaltung von Gesetzen, Umweltschutzbestimmungen oder Menschenrechten. Letztere werden in vielen Unternehmen im Rahmen einer Verpflichtungserklärung durch „Code of Conduct" oder „Corporate-Social-Responsibility (CSR)-Vereinbarungen auch auf die Lieferketten übertragen.

Abbildung 2.29 Fünf bzw. SechsR-Prinzip in der Produktion

Das	richtige	Teil	
in der	richtigen	Qualität	Null Fehler
zum	richtigen	Zeitpunkt	Jetzt
in der	richtigen	Menge	Ein Teil
am	richtigen	Ort	Hier
Zum	richtigen	Preis	günstig

Quelle: In Anlehnung an Porsche Consulting 2009

Das TPS ist von fast allen Unternehmen der Automobilindustrie kopiert worden, zeigt aber nicht immer den gewünschten Erfolg. Meist liegt dies daran, dass das System der schlanken Produktion nicht gesamtheitlich, sondern nur partiell eingeführt worden ist. Es ist wenig sinnvoll, einzelne dieser „schlanken Prinzipien" zu etablieren und andere, aus welchen Gründen auch immer, wegzulassen. Japan befand sich nach der vernichtenden Niederlage im Zweiten Weltkrieg wirtschaftlich am Boden. Die neuen Arbeitsgesetze, die von der amerikanischen Besatzung eingeführt wurden, stärkten die Position der Arbeiter bei den Verhandlungen über günstigere Beschäftigungsbedingungen. Die Gewerkschaften nutzten ihre Stärke, um weitreichende Vereinbarungen zu erreichen. So wurde die Unterscheidung zwischen Arbeitern und Angestellten fallengelassen. Das Recht der Unternehmungs-

---

247   Vgl. Ohno 1990, S. X35

führung, Beschäftigte zu entlassen, wurde erheblich eingeschränkt. Die Gewerkschaften erreichten für die Arbeitnehmer einen Anteil am Unternehmungsgewinn in Form eines Bonus, der zusätzlich zum Grundlohn ausbezahlt wurde. Außerdem gab es in Japan keine „Gastarbeiter" – zeitweilige Immigranten, die bereit waren, sich für hohe Bezahlung mit schlechten Arbeitsbedingungen abzufinden – oder Minderheiten mit begrenzten Beschäftigungsmöglichkeiten. Auch die Firma Toyota befand sich aufgrund gesamtwirtschaftlicher Probleme in Japan in einer tiefen Krise und wollte ein Viertel ihres Personals entlassen. Nach einem harten Arbeitskampf und ausgedehnten Verhandlungen arbeiteten die Familie Toyota und die Gewerkschaften einen historischen Kompromiss aus, der heute noch die Grundlage für die Beziehungen zwischen Arbeitgebern und Arbeitnehmern in der japanischen Autoindustrie ist. Zwar wurde wie geplant ein Viertel der Arbeitnehmer entlassen, die verbleibenden Beschäftigten erhielten jedoch zwei Garantien: lebenslange Beschäftigung sowie eine Entlohnung, die sich nach der Dauer der Betriebszugehörigkeit statt nach der Tätigkeit richtete und die eine an den Unternehmungsgewinn gekoppelte Bonuszahlung beinhaltete. Die Arbeitskräfte stellten damit keine variablen oder kurzfristig fixen Kosten mehr dar, sondern langfristig gesehen waren sie sogar noch bedeutendere Fixkosten als die Maschinen der Unternehmung. Denn diese konnten abgeschrieben und verschrottet werden, aber das Humankapital der Unternehmung musste über einen Zeitraum von etwa 40 Jahren gewinnbringend sein. So war es sinnvoll, die Fähigkeiten der Arbeiter kontinuierlich zu verbessern und ihr Wissen, ihre Erfahrung und Arbeitsleistung zu nutzen.

2.1 Chronik des Erfolgs von Toyota

2.1.1 Die 1950er-Jahre: Das Geheimnis des Erfolges – Kaizen

Weniger Lagerkapazitäten bedeuten weniger Kosten und eine höhere Profitabilität. Nebenbei wird die Fließbandfertigung optimiert und die Qualität gesteigert und, als weiterer Aspekt der Absatzsteigerung, die Möglichkeit der Ratenzahlung auf dem japanischen Markt eingeführt.

Zusammen sorgen diese Entwicklungen für ein Wirtschaftswunder in Japan, dessen größter Profiteur Toyota ist. Noch Jahrzehnte später werden Wirtschaftswissenschaftler Toyota als Vorzeigeunternehmen für das stete Streben nach Perfektion unter dem Sammelbegriff „Kaizen" anführen.

2.1.2 Die 1960er- bis 80er-Jahre: Die Modellpalette wächst und wächst

Mit dem Markteintritt von Toyota mit Land Cruiser und Pick-Up-Modellen in den USA Ende der 1950er-Jahre beginnt die internationale Erfolgsgeschichte von Toyota. In den sechziger Jahren vermeldet Toyota für die USA einen Verkaufsrekord nach dem anderen. Innerhalb der ersten drei Jahre verzehnfacht sich der Fahrzeugabsatz. Als 1966 der spätere Bestseller Toyota Corolla auf den Markt kommt, steht Toyota vor einer Bewährungsprobe. Extra für den Corolla wird ein Werk gebaut und dafür die gesamte Kapitaldecke ausgeschöpft. Der Corolla muss zum Erfolgsmodell werden, sonst sieht es düster aus. Doch der Erfolg gibt der Methode Toyotas Recht – mehr als 35 Millionen Corolla sind bis heute gebaut worden. In den 1970er-Jahren steht Europa auf der Agenda der Toyota-Strategen. Gerade lief das zehnmillionste Toyota-Fahrzeug vom Band, jetzt geht es um die Eroberung neuer Märkte. Nachdem Toyota in den USA die Krone des größten Importeurs errungen hat, soll der europäische Markt folgen. Als erstes europäisches Land importiert Dänemark schon ab 1963 den Toyota Crown. Innerhalb von zwei Jahren werden dort respektable 1.900 Crown abgesetzt. Finnland, Niederlande, Belgien, Großbritannien, Schweiz, Schweden und Portugal folgen, bevor sich Toyota 1971 auf den deutschen Markt traut. Zu Beginn verkauft die Deutsche Toyota Vertriebs-GmbH die Modelle Toyota Carina und Toyota Corolla, doch das Portfolio wird rasch aufgestockt. Mit weiteren Modellen, die auf dieser Basis entstanden sind, bedient Toyota die Wünsche der verschiedenen Käuferschichten, für die japanische Autos nicht mehr das berühmte rote Tuch darstellen. Die ersten Toyotas, die man in Deutschland kaufen kann, tun sich auf dem Markt noch schwer. Doch innerhalb von wenigen Jahren erarbeitet sich Toyota einen guten Ruf – und eine markentreue Käuferschaft. Die Wiederkäuferquote ist bei Toyota auffällig hoch.

2.1.3 1980er-Jahre bis heute: Globalisierung – der Weg zum Weltmarktführer

Nachdem die ersten Ölkrisen überwunden sind, schließen sich in den 1980er- und 90er-Jahren die Boomjahre für Toyota an. 1980 wird der 30-millionste Toyota produziert, nur drei Jahre später die 40-Millionen-Marke geknackt. In Europa fassen die Japaner nachhaltig Fuß, der Anteil der japanischen Automobile beträgt mittlerweile europaweit elf Prozent – der größte der japanischen Hersteller ist natürlich Toyota. Durch die teilweise Verlagerung der Produktion nach Europa umgeht Toyota die hohen Einfuhrzölle und integriert sich auch politisch auf dem großen Absatzmarkt. Neue Werke in Europa und Nordamerika und eine Erhöhung der Überseeproduktion auf mehr als ein Drittel der gesamten Produktion sind die Marschroute, die Shoichiro Toyoda vorgibt. Derzeit sind es 63 Werke, in denen Toyota Autos produziert, die in 160 Ländern verkauft werden. Zum Jahrtausendwechsel stehen die Produktionszahlen bei mehr als 100 Millionen.

Die Toyota Motor Corporation (TMC) wurde 1937 aus der vier Jahre früher gegründeten Automobilabteilung der Toyoda Automatic Loom Works als Tochterunternehmen ausgegliedert. Bereits 1935 erfolgte hier die Herstellung des ersten in Japan industriell produzierten LKW-Modells und ein Jahr später des ersten PKWs. Der erste Kleinwagen wird vom Unternehmen 1947 auf den Markt gebracht. Im Jahr 1957 exportiert Toyota den ersten PKW in die USA, zwei Jahre später eröffnet die erste Produktionsstätte im Ausland. Durch die Einführung der Premium-Marke „Lexus" erschloss sich für das Unternehmen ab 1989 ein neuer Markt. Mit der Vorstellung des Toyota Prius als ersten PKW mit Hybridantrieb im Jahr 1997 wurde Toyota Weltmarktführer in diesem Segment. Seit 1978 realisiert der Konzern eine schuldenfreie Betriebsführung, wächst aus eigener Kraft anstatt durch Zukäufe. Durch die Konzentration auf das Hauptgeschäft wird kaum in betriebsfremde Aktivitäten investiert. Seit Gründung des Unternehmens leiteten zehn Präsidenten die Toyota Motor Corporation, fünf davon stammen aus der Toyoda-Familie. Katsuaki Watanabe, der nicht zur Familie Toyoda gehört, leitet seit Juni 2005 den Konzern. Als Vizechef wurde der Enkel des Firmengründers, Akio Toyoda, ernannt. Er wird voraussichtlich nächster Konzernführer werden. Von Beginn an wurde der Konzern durch seine Führungspersönlichkeiten nach strengen ethischen Grundprinzipien wie Fleiß, Sparsamkeit, Disziplin, Gründlichkeit und Mut geführt. Die Prinzipien blieben bis heute erhalten und bilden nach Helmut Becker die Grundlage für den Erfolg des Unternehmens.[5] Die ethischen Grundprinzipien sind in den Guiding Principles und dem Code of Conduct des Unternehmens niedergelegt[6]. Betrachtet man die aktuelle Lage des Konzerns, sprechen die Zahlen für den Erfolg von Toyota (siehe Abbildung 2.30).

Abbildung 2.30 Kaizen und Entwicklungen des Just-in-time-Prinzips

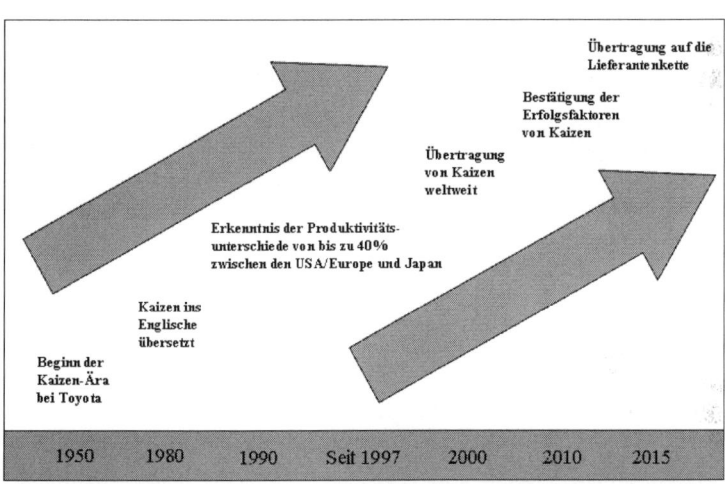

Übertragung auf die Lieferantenkette

Bestätigung der Erfolgsfaktoren von Kaizen

Übertragung von Kaizen weltweit

Erkenntnis der Produktivitätsunterschiede von bis zu 40% zwischen den USA/Europe und Japan

Kaizen ins Englische übersetzt

Beginn der Kaizen-Ära bei Toyota

| 1950 | 1980 | 1990 | Seit 1997 | 2000 | 2010 | 2015 |

Quelle: In Anlehnung an Ohno 1990

Das schlanke Produktionssystem steht auf vier Säulen. Diese Prinzipien lassen sich in vier Säulen unterteilen, nämlich in das Fließprinzip, das Taktprinzip, das Ziehprinzip (Pull) und das Null-Fehler-Prinzip (siehe Abbildung 2.31).[248]

---

248   Vgl. Porsche Akademie 2009a, S. 11ff.

Abbildung 2.31 Just-in-time-Konzept in der Produktion

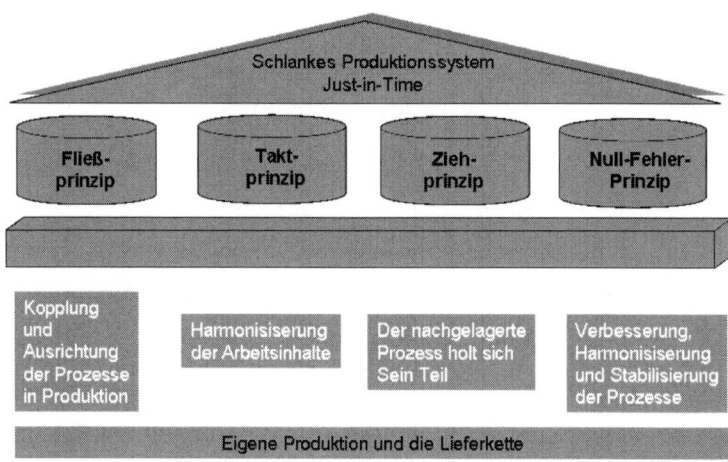

Quelle: Porsche Consulting 2009

1. Der erste Schritt des Toyota-Produktionssystems ist die Identifizierung von Verschwendung jeglicher Art:[249]

- Verschwendung durch Überproduktion,

- Verschwendung durch Wartezeiten,

- Verschwendung durch Transporte,

- Verschwendung im Prozess,

- Verschwendung durch Lagerbestände,

- Verschwendung durch Bewegung,

- Verschwendung durch die Herstellung defekter Produkte.

2. Der zweite Schritt ist die Erstellung von Standardoperationen. Hier werden standardisierte Methoden für jeden Ablauf im Unternehmen erstellt. Ohno fand heraus, dass die Entwicklung

---

249   Vgl. Helmold und Klumpp 2011, S. 23.

dieser Dokumentation von den Mitarbeitern in der Fertigung erstellt werden muss.[250] Die Standardoperationen müssen äußerst detailliert beschrieben sein, z.b. welche Teile, in welcher Reihenfolge, mit welcher Hand aufgenommen werden. Dies muss ohne Ausnahme für sämtliche Vorgänge erfolgen.[251]

3. Der dritte Bereich gilt der Schaffung einer Kultur, in der sich Teamarbeit entwickeln kann. Teamsportarten sind hierfür eine nützliche Analogie. Der Arbeitsfluss kann mit einem Staffellauf verglichen werden. Um einen reibungslosen Arbeitsablauf zu garantieren, muss sich auf die „Übergabe des Stabes" konzentriert werden, d.h. auf den Ort, wo ein Mitarbeiter die Bearbeitung eines Produktes fertigstellt und dann an den nächsten Mitarbeiter weitergibt.[252]

4. Ohno konzentrierte sich als Nächstes auf Anlieferkonzepte. Die Just-in-time-Theorie wurde aus der Methode amerikanischer Supermärkte entwickelt: eine gewisse Anzahl jeder Ware ist im Regal verfügbar und nur dann wenn ein freier Platz vorhanden ist, wird die Ware wieder aufgefüllt. Die Vorgehensweise zur Unterstützung und Kontrolle des Just-in-time-Anlieferkonzeptes wird Kanban genannt.

Die gebräuchlichste Form von Kanban ist eine Karte in einer Klarsichthülle. Kanban bedeutet so viel wie Signal. Ein Signal können z.B. markierte Flächen auf dem Boden sein, die der Fertigung den Auftrag zur Produktion erteilen. Solange auf dieser markierten Fläche Material verfügbar ist, bedeutet dies keine Produktion. Hat der nachfolgende Prozess das Material auf der Stellfläche verbraucht, heißt das für den vorgelagerten Prozess, genau die für den Stellplatz definierte Menge zu fertigen und dort wieder bereitzustellen.

---

250 Vgl. Ohno 1990, S. 1ff.

251 Vgl. ebenda, S. 2ff.

252 Vgl. Liker 2004, S. 135ff.

Die Hinweise auf der Karte enthalten Informationen bezüglich Entnahmemenge, Transport und Produktion. Mitarbeiter erhalten so direkt die notwendigen Informationen über Entnahmemenge und Verwendungszweck.

Durch die Anwendung von Kanban wird eine Überproduktion vermieden, denn das System beginnt bei der Endmontage und arbeitet von dort rückwärts, um ein „Ziehen" der Teile durch das gesamte System zu erreichen („Zugsystem") und so den Teilefluss zu kontrollieren. Zur Kanban-Implementierung braucht es sowohl Geschicklichkeit als auch Mut, zur „Wiedereinführung des gesunden Menschenverstandes". Die Produktion wird nun vom Bedarf und nicht von der Kapazität bestimmt.

5. Der nächste Schritt besteht in der Nivellierung der Produktion, d. h. dem Angleichen von Produktionskapazitäten und -zeiten. Dies beinhaltet auch die Reduzierung der Losgrößen und die damit verbundene Verringerung der Rüstzeiten.

6. Das Just-in-time-Konzept wurde auch bei der Informationsweiterleitung angewandt. Unnötige oder zu früh weitergeleitete Informationen führen bei Mitarbeitern zu Verwirrungen über die zu erwartenden nächsten Arbeitsschritte und fördern so die Überproduktion. Mit Informationen just in time können Bedarfsänderungen täglich angeglichen werden, da die Produktion nicht zu langfristig geplant wurde.

Das Toyota-Produktionssystem konzentriert sich grundlegend auf die Beseitigung von Verschwendung durch die Fokussierung auf wertschöpfende Tätigkeiten. Dieses beginnt mit einer Neudefinition des Begriffes Verschwendung, der alle nicht wertschöpfenden Aktivitäten beinhaltet. Durch die Verwendung einfacher Denkmethoden, beispielsweise der fünfmal „Warum" oder (engl.) „5-Why Analysis", ergeben sich innovative Lösungen für die allgemeinen Gründe der Verschwendung.[253] Ohnos größte Stärke lag stets darin, dass er bereit war, Konzepte auf den Kopf zu stellen, um notwendige Durchbrüche

---

253 Vgl. Helmold 2010, S. 100ff.

im Kampf gegen die Verschwendung zu erreichen. Damit erreichte er eine Revolution in der eigenen Unternehmung und in fast allen Industrien.[254]

2.2 Fließprinzip

Die erste Säule als Teil eines schlanken Produktionssystems ist das Fließprinzip. Eines der wichtigsten Gestaltungsprinzipien der schlanken Produktion ist der kontinuierliche und geglättete Ablauf der Produktion, das Fließprinzip oder die Fließfertigung.

Die Fließfertigung ist ein Organisationstyp der industriellen Fertigung. Sie ordnet die Arbeitsplätze und Betriebsmittel, insbesondere die Maschinen, die Zubring-, Bearbeitungs-, Mess- und Steuereinrichtungen in der Abfolge der an dem Erzeugnis vorzunehmenden Arbeitsgänge an. Kennzeichnend sind die Fertigungsstraßen mit der Sonderform der Fließbandfertigung, z.B. bei der Produktion von PKW oder Elektronikkomponenten. Verwendung findet die Fließbandfertigung in der Automobilindustrie sowie in der Fertigung des Verlags- und Druckergewerbes oder der Süßwarenindustrie.

Bei der Fließbandproduktion als konsequenteste Ausprägung der Fließfertigung erfolgt der Materialtransport zwischen den einzelnen Produktionsstellen mithilfe von Förderbändern. Die einzelnen Arbeitsschritte werden dabei meist auf wenige Handgriffe reduziert (in der klassischen Form ist ein Arbeitsschritt eine permanente Wiederholung einer genau determinierten Handgrifffolge).[255] Die ausführenden Arbeitsgänge und der Transport zwischen den Produktionsstellen erfolgen in festem zeitlichem Rhythmus. Dadurch ist die Bearbeitungsdauer an den einzelnen Stationen voneinander abhängig, Experten sprechen von einer zeitlich gebundenen Fließfertigung. Entscheidend für den reibungslosen Ablauf ist ein optimaler Fließbandabgleich.[256]

---

254   Vgl. Ohno 1990, S. 1ff.

255   Vgl. Porsche Akademie 2009a, S. 20ff.

256   Vgl. Helmold 2010, S. 22ff.

Die einzelnen Arbeitsschritte und Arbeitsstationen müssen so festgelegt werden, dass ihre Durchführung eine genau festgelegte Zeitdauer benötigt, die Taktzeit.

Die Vorteile der Fließfertigung bestehen darin, dass:[257]

- Halbfertigerzeugnisse auf ein Minimum reduziert werden,

- Zwischenlager weitgehend vermieden werden,

- die konsequente Anordnung der Arbeitsplätze Platz und Raum spart,

- Transportwege verkürzt und Transportkosten verringert werden,

- Arbeitsteilung und Spezialisierung Kostenvorteile bringen,

- Durchlaufzeiten verringert werden und so die Gesamtfertigungszeit verkürzen,

- die Prüfung der Erzeugnisse in den Arbeitsgang integriert werden kann und

- der Einsatz von Spezialmaschinen, vielfach sogar Automaten möglich ist.

Abbildung 2.32 zeigt die Gegenüberstellung der Losgrößenfertigung zur Fließfertigung unter Einbindung der Lieferantenkette.[258] Im Fließprinzip läuft die Produktion in einem „Ein-Stück-Fluss" ohne Zwischenpuffer.[259] Entscheidend, aber zugleich schwierig, sind die Einbindung der vorgelagerten Lieferanten und die Synchronisation der Fertigungsprozesse.[260]

---

257 Vgl. Porsche Akademie 2009A, S. 11ff.

258 Vgl. Helmold und Klumpp 2011, S. 10.

259 Vgl. Porsche Akademie 2009a, S. 11ff.

260 Vgl. Helmold und Klumpp 2011, S. 10.

In der Losgrößenfertigung sind lange Durchlaufzeiten und Puffer gegeben, die es bei der Ein-Stück-Fertigung (engl. One-piece-flow) so nicht gibt.

Abbildung 2.32 Fließfertigung in der Produktion

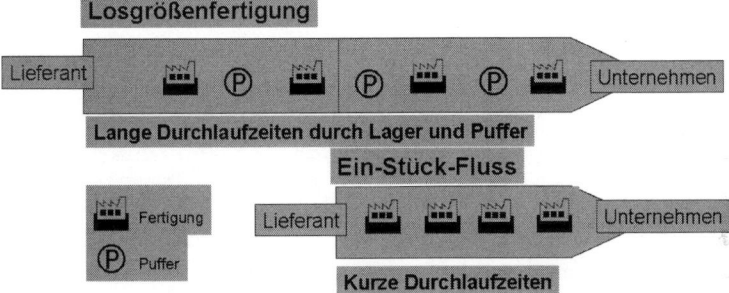

Quelle: Porsche Akademie 2009a

Bei der Fließfertigung, die auch **Reihenfertigung** genannt wird, wird die Fertigung eines Produktes in aufeinanderfolgende Arbeitsschritte und -prozesse untergliedert, die wiederum in einzelne Unterarbeitsschritte aufgeteilt sein können. Die Aufstellung der Betriebsmittel folgt diesem Produktionsablauf, die Maschinen und Werkzeuge werden am Arbeitsplatz so angeordnet, wie es der Abfolge des Arbeitsprozesses erfordert. Das bekannteste Beispiel für die Fließbandfertigung sind die Montagebänder im Automobilbau, die in Montagetakte unterteilt sind.

Die Fließbandfertigung ist eine Weiterentwicklung bzw. Spezialisierung der Fließfertigung. Bei dieser sind die Betriebsmittel oder Arbeitsplätze ebenfalls bereits in der Reihe angeordnet wie es der Arbeitsfolge entspricht. Bei der Fließfertigung erfolgt die Förderung jedoch noch losweise. In beiden Konzepten sind die Arbeitsgänge zeitlich vorbestimmt. Bei der Fließbandfertigung muss – bei festen Verkettungen – die vorgeschriebene „Taktzeit" eingehalten werden.[261] In vielen Organisationen wird an den Abteilungsgrenzen optimiert, werden Linien und

---

261 Das Taktprinzip wird im folgenden Kapitel beschrieben; es beinhaltet einen der vier Pfeiler des schlanken Produktionssystems.

Zellen mit höchster Produktivität gefahren, doch führt diese funktionsorientierte Denkweise nicht unbedingt zum Optimum. Schaut man aus der Produktsicht auf den Produktionsprozess, stellt man die vielen Stopps in Form von Zwischenlagern und Pufferbeständen fest.[262] Aus dem Blickwinkel des Lean Managements sind hier vielfach erhebliche Verbesserungspotenziale verborgen, die auch eine große Auswirkung auf die Effizienz des gesamten Wertstroms haben. Wenn es gelingt, Engpässe zu beseitigen, die Produktion zu harmonisieren und auf den Wertstrom auszurichten und möglichst kleine Lose kontinuierlich fließen zu lassen, dann ist eine wesentliche Voraussetzung dafür geschaffen, die Fertigung flexibel, auftragsbezogen und effizient zu steuern. Das klassische Losgrößensystem der Lieferkette ist gekennzeichnet von vielen Lagerstufen und isolierten Einzelfertigungsprozessen. Das Fließprinzip basiert auf der Zielsetzung des Ein-Stück-Flusses und der damit verbundenen Reduzierung der Durchlaufzeiten und Umlaufbestände, wie Abbildung 2.32 zeigt. Das Ideal der Fließfertigung[263] ist die Losgröße eins.[264] Aufgrund der Wertigkeit der Zulieferer von einem Wertschöpfungsanteil, der 70% meist übersteigt, ist die Sicherstellung einer fließenden Produktion in der Lieferkette als eine der zentralen Aufgabe des strategischen Lieferantenmanagements zu sehen. Daher können die eigene Produktion sowie die Produktion von Lieferanten nicht mehr getrennt voneinander gesehen werden. Abbildung 2.32 zeigt das Prinzip der Ein-Stück-Fluss-Fertigung im Vergleich zu der traditionellem Losgrößenfertigung.[265] Abbildung 2.33 zeigt die Integration von Zulieferteilen und deren Produktionsabläufen im Rahmen einer synchronisierten in Form eines Fischgrätenmodells in die eigene Fertigung.[266]

---

262   Vgl. Liker 2004, S. 113.

263   In Englisch heißt das Ein-Fluss-Prinzip „One-piece-flow".

264   Vgl. Porsche Akademie 2009a, S. 12.

265   Vgl. Helmold und Klumpp 2011, S. 10.

266   Vgl. ebenda, S. 11.

Abbildung 2.33 Fließfertigung mit Unterlieferanten

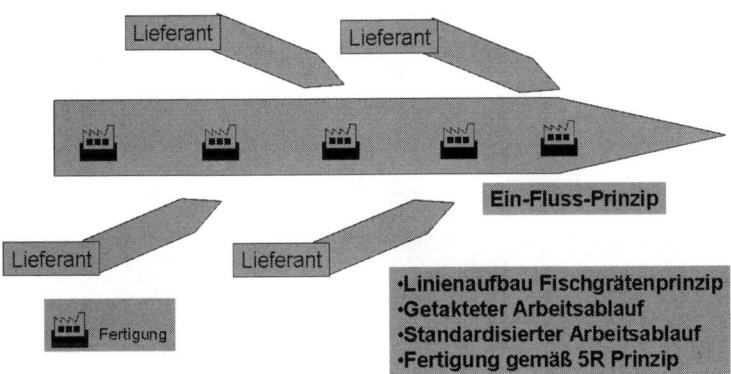

Quelle: In Anlehnung an Porsche Akademie 2009a

Es ist deutlich zu sehen, dass im herkömmlichen System zahlreiche Puffer bestehen, die in der Ein-Stück-Fluss-Fertigung nicht mehr existieren. Durch Abbildung 2.32 ist ersichtlich, dass das Prinzip der Fließfertigung mit reduzierten und optimierten Durchlaufzeiten gegenüber der traditionellen Losgrößenfertigung arbeitet. Um das Prinzip der Fließfertigung aufrecht zu halten, ist eine Synchronisierung der Lieferanten mit dem eigenen System unablässig. Die Abbildung 2.33 zeigt die optimale Vernetzung der Lieferkette mit dem eigenen Produktionsprozess auf Basis eines Fischgrätenmodells.[267] Auf Grundlage eines getakteten Produktionsablaufs und standardisierter Arbeitsabläufe liefern die Lieferanten ihre Komponenten direkt an die Linie des Kunden.[268]

Das Chaku-Chaku-Prinzip (jap. = laden, laden) ist eine Art des Fließprinzips. Bei diesem Prinzip handelt es sich um eine Variante der Fließ- bzw. Reihenproduktion wie Abbildung 2.34 zeigt, bei der alle an der Produktion eines Erzeugnisses beteiligten Arbeitsplätze (dem Objektprinzip folgend) sehr nahe beieinander (u-förmig) aufgestellt sind und der Werker den Transport von Station zu Station übernimmt. Die Ar-

---

267   Vgl. Helmold und Klumpp 2011, S. 10ff.

268   Vgl. Liker 2004, S. 113.

beitsschritte von 1 bis 7 können bei dieser u-förmigen Anordnung der Arbeitsstationen von nur einer Person durchgeführt werden.

Abbildung 2.34 Chaku-Chaku-Prinzip

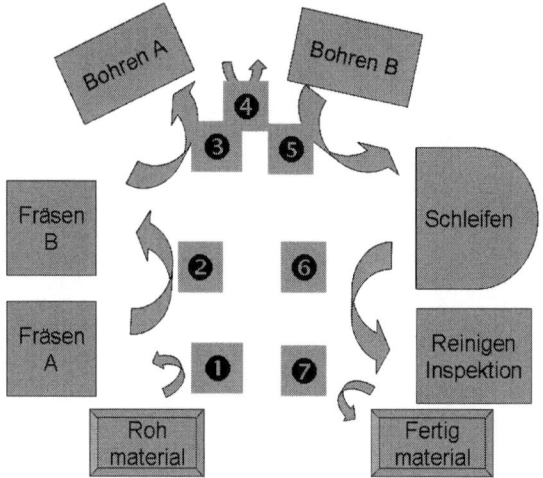

Quelle: Porsche Akademie 2009a

Der Beschäftigte geht an das erste Arbeitssystem zurück und startet seinen Prozess von neuem. Start und Endpunkt einer solchen Insel sollten daher räumlich möglichst eng zusammenliegen. Aus diesem Grund kommen u-förmige oder gar Omegalinien zum Einsatz. Solche auch U genannten Linien werden, soweit es die Werkshallen zulassen, zunehmend eingesetzt. Große Vorteile dieser Methode gegenüber der konventionellen Fließfertigung sind:

- eine hohe Flexibilität bezüglich Varianten,

- eine hohe (personelle) Flexibilität bei Produktionsmengen-schwankungen, da nicht alle Arbeitsplätze besetzt werden müssen,

- verringerte Lieferzeiten, da nicht gewartet werden muss, bis wieder ein Los für eine Variante zusammengekommen ist,

- verringerte Bestände und damit verringerter Flächen- und Kapitalbedarf durch die Losgröße 1,

- besser beherrschte Qualität sowie

bessere Voraussetzungen für Mass Customization oder adaptierbare Produktionssysteme.

2.3 Taktprinzip

Die zweite Säule der schlanken Produktion ist das Taktprinzip. Der Kundentakt bzw. die Taktzeit wird bestimmt von der Nachfrage des Kunden. Er gibt die Zeitspanne an, die für eine bestimmte Tätigkeit idealerweise in Anspruch genommen wird, um die Kundennachfrage genau zum richtigen Zeitpunkt (engl. just in time = JIT), also genau zum richtigen Termin, zu befriedigen.

Beispiel zur Berechnung: Bei einer verfügbaren Nettoarbeitszeit pro Schicht/Tag von 60 Minuten und einer täglichen Kundennachfrage von 10 Stück beträgt die Taktzeit 6 Minuten/Stück (60 Minuten/10 Stück).[269] Die Nachfrage des Marktes ist nur in wenigen Ausnahmefällen schwankungsfrei. Gerade die Finanzkrise hat zu massiven Einbrüchen geführt, die durch Maßnahmen, wie z.B. die Abwrackprämie, nur bedingt aufgefangen werden konnten. Darüber hinaus gibt es regelmäßig Unterschiede der Nachfrage durch:

- saisonale Auswirkungen,

- saisonale Varianten, die besonders nachgefragt werden,

- Werbeaktionen, Promotionen,

- Verkauf von Komplementärgütern,

- Wechselkursschwankungen.

Daneben ist es wichtig, Zykluszeiten der einzelnen Operationen (OP 1 – OP 6) dem Kundentakt anzugleichen wie Abbildung 2.35 zeigt.

---

269   Vgl. Porsche Akademie 2009a, S. 5.

Abbildung 2.35 Kundentakt und Zykluszeiten

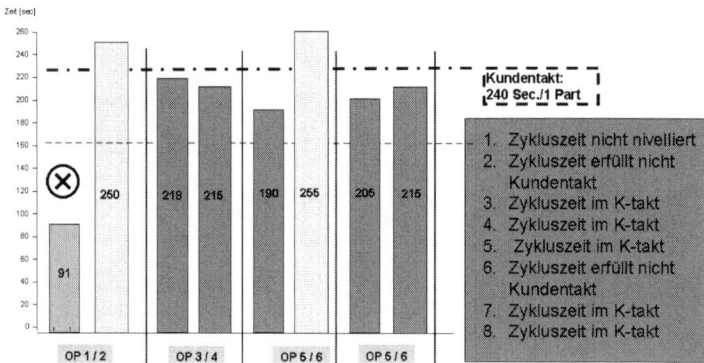

Quelle: Porsche Akademie 2009a

Die grünen Operationen OP3/4, OP5, OP5/6 befinden sich unter dem Kundentakt von 240 Sekunden, wohingegen die anderen Operation weit unter oder über diesem Wert liegen (OP 1 und OP 2: 91 Sekunden und 250 Sekunden, OP 6: 255 Sekunden).[270]

Die Produktion hat hier eine essentielle Aufgabe, die Kapazitäten in der Lieferkette regelmäßig zu überprüfen und zu verbessern.

Die dritte Säule des schlanken Produktionssystems besteht aus dem Zieh- oder Pullprinzip.[271] In vielen Unternehmen wird nach der Maßgabe der maximalen Maschinenauslastung produziert. Doch wenn das Unternehmen auf den Kunden ausgerichtet ist und der Wertstrom nach dem Flussprinzip organisiert wird, muss erst dann produziert werden, wenn der Kunde bestellt oder die Bestände ein Minimum erreicht haben. Diese Bestellpunkte bilden dann den Anstoß für die Produktion.[272] Bei dem Ziehprinzip bzw. der Produktion auf Abruf stellt die Produk-

---

270   Beispiel eines tatsächlichen Produktionsprozesses eines Schweißfachbetriebs im süddeutschen Raum. Produktion von geschweißten Kofferraumsystemen.

271   Vgl. Porsche Akademie 2009a, S. 11ff.

272   Vgl. Ohno 1990, S. 19ff.

tionssteuerung nicht mehr, im Gegensatz zum „Push-System" für jede Produktionsstufe eine detaillierte Planvorgabe bereit, sondern es wird nur ein Produktionsplan für die letzte Produktionsstufe, d. h. die Endmontage aufgestellt. Push bedeutet Drücken im Deutschen. Die Vorteile des Ziehprinzips sind:[273]

- permanente Qualitätssicherstellung,

- hohe Qualitätsstandards,

- geringe Losgrößen,

- kurze Rüstzeiten,

- standardisierte Ladevorgänge an den Arbeitsplätzen,

- enge Lieferantenbindungen,

- flexible Arbeiter,

- automatisierte Prozesse sowie

Produktfokus und regelmäßige Wartung der Maschinen (TPM).

2.4 Ziehprinzip

Wie bereits vorher beschrieben ist beinhaltet die dritte Säule die Abkehr vom Pushsystem hin zum Pullsystem. In vielen Unternehmen wird nach der Maßgabe der maximalen Maschinenauslastung produziert. Doch wenn das Unternehmen auf den Kunden ausgerichtet ist und der Wertstrom nach dem Flussprinzip organisiert wird, muss erst dann produziert werden, wenn der Kunde bestellt oder die Bestände ein Minimum erreicht haben. Diese Bestellpunkte bilden dann den Anstoß für die Produktion.

Bei dem Ziehprinzip (Englisch: pull) bzw. der Produktion auf Abruf stellt die Produktionssteuerung nicht mehr, im Gegensatz zum „Push-System" (Deutsch: drücken), für jede Produktionsstufe eine detaillierte Planvorgabe bereit, sondern es wird nur ein Produktionsplan für die

---

273   Vgl. Helmold 2011, S. 102ff.

letzte Produktionsstufe, d. h. die Endmontage aufgestellt.[274] Die Vorteile des Pullprinzips sind:[275]

- Permanente und hohe Qualität

- Geringe Losgrößen

- Kurze Rüstzeiten

- Standardisierte Ladevorgänge an den Arbeitsplätzen

- Enge Lieferantenbindungen

- Flexible Arbeiter

- Automatisierte Prozesse

- Produkt Fokus und regelmäßige Wartung der Maschinen (TPM)

Das Zieh- oder Pullprinzip (engl. „Pull": Ziehen) wird durch eine entsprechende Reorganisation des gesamten Produktionsprozesses und spezielle technische Maßnahmen erreicht. Es werden daher nacheinander gelagerte, selbststeuernde Regelkreise installiert, die eine Dezentralisierung der Bestandskontrolle und damit die Übertragung der kurzfristigen Produktionssteuerung an die ausführenden Mitarbeiter ermöglichen. Die stabile Umsetzung des Ziehprinzips innerhalb der eigenen Produktion (internes Pull-System) und der Lieferkette (externes Pull-System) ist eine fundamentale Aufgabe dieses Prinzips (siehe Abbildung 36).[276]

Ein wesentlicher Aspekt ist hierbei die Einführung eines Kanban-Systems.[277] Dem Einkauf bzw. strategischen Lieferantemanagement kommt dabei die Aufgabe zu, dieses System in der Lieferkette zu verankern.[278]

274　Vgl. Schneeweiß 1999, S. 227.

275　Vgl. Krajewski und Ritzman 1996, S. 722ff.

276　Vgl. Liker 2004, S. 108ff.

277　Vgl. Schneeweiß 1999, S. 227.

278　Vgl. Porsche Akademie 2009a, S. 5.

Nur durch eine enge Vernetzung und Synchronisation zwischen der eigenen Unternehmung und den Lieferanten ist eine 100-prozentige Liefertreue erreichbar, auch ohne sogenannte Terminjägerei. Es entfällt zudem nicht nur die Lagerung von Teilprodukten und Fertigwaren und der damit verbundene Such- und Transportaufwand, sondern häufig kann die Fertigung auch personell entlastet werden. Die stabile Umsetzung des Pullprinzips innerhalb der Lieferkette ist eine fundamentale Aufgabe der eigenen Produktion. Abbildung 2.36 zeigt das interne und externe Pull-system.

Abbildung 2.36 Externes und internes Ziehprinzip

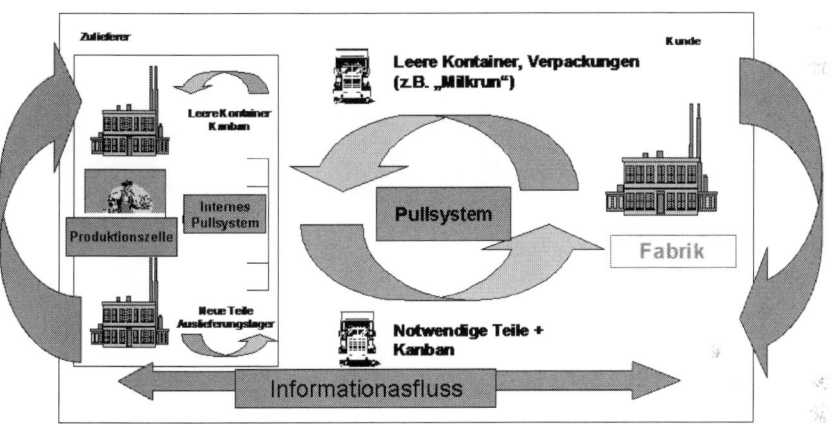

Quelle: In Anlehnung an Liker 2004

Abbildung 2.37 zeigt, dass das Ziehprinzip in den eigentlichen Wertschöpfungsprozessen und Unterstützungsprozessen mithilfe von Kanban, Supermärkten oder Milkruns eingeführt werden kann. Die jeweiligen Konzepte werden in den nachfolgenden Abschnitten beschrieben.[279]

---

279 Vgl. Porsche Akademie 2009a, S. 25.

Abbildung 2.37 Ziehprinzip und Prozesse

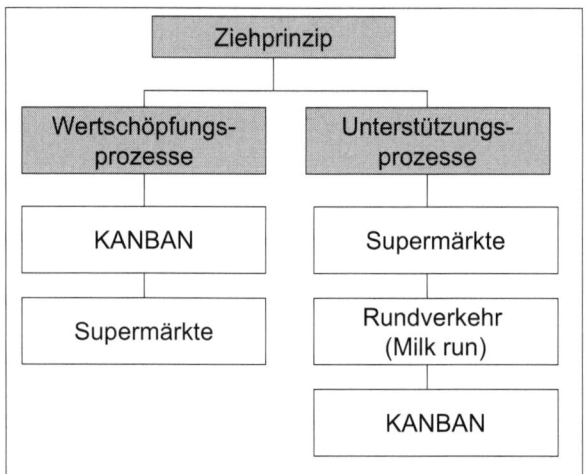

Quelle: In Anlehnung an Porsche Akademie 2009a

Das Kanban-System (Jap. 看板, auf deutsch „Karte", „Tafel", „Beleg")
ist eine Methode der Produktionsablaufsteuerung nach dem Ziehprinzip (Pullprinzip) und orientiert sich ausschließlich am Bedarf einer
verbrauchenden Stelle im Fertigungsablauf.[280] Im Unterschied zu herkömmlichen Pushsystemen, bei denen der gesamte Teilebedarf über
aufwendige Informationssysteme ermittelt wird, wird bei dem Pullprinzip der jeweilige Teilebedarf durch die konkrete Nachfrage und
konkrete Fertigung eines Loses auf einer höheren Stufe angestoßen.[281]
Der Materialfluss ist hierbei vorwärts gerichtet (vom Erzeuger zum
Verbraucher), während der Informationsfluss rückwärts ausgerichtet
ist (vom Verbraucher zum Erzeuger).[282]

---

280   Vgl. Helmold 2011, S. 104ff.

281   Vgl. Schneeweiß 1999, S. 227.

282   Vgl. Geiger et al. 2003, S. 12.

Unabhängige Regelkreise und Entscheidungsgremien auf Arbeitsebene bilden den Schlüssel dieser flexiblen Fertigungssteuerung. Sie ermöglicht eine nachhaltige Reduzierung der Bestände bestimmter Zwischenprodukte. Zudem ermöglicht das Kanban-System auch die Reduktion oder Optimierung von Beständen auf der Endproduktebene. Im günstigsten Fall kann die gesamte Wertschöpfungskette vom Endprodukt bis zur Bearbeitung des Einsatzmaterials auf der ersten Fertigungs- und Produktionsstufe gesteuert werden.

Das Kanban-System hat zwei Hauptfunktionen:[283]

1. Wird das entsprechende Teil in einer Produktionsstufe verbraucht, dient der Kanban als Bestellkarte, mit der die vorgelagerte Produktionsstufe zur erneuten Herstellung dieses Teils veranlasst wird.

2. Für das neu produzierte Teil dient der Kanban wieder als Identifikationskarte. Durch das Kanban-System werden jeweils zwei benachbarte Produktionsstufen zu einem Regelkreis verbunden. Das Kanban-System beruht auf dem Holprinzip. Nur wenn eine Produktionsstufe „Nachfrage" entfaltet, wird auf der vorgelagerten Stufe produziert.

Gerade bei größerer Variantenvielfalt oder komplexeren Zulieferketten kann Kanban sinnvoll intern und extern, also auf die ausgelagerten Produktionsketten, eingeführt werden, wenn beispielsweise moderne Informationstechnologie eingesetzt wird.[284] Zur Einführung ist jedoch ein erheblich größerer Planungs- und Koordinationsaufwand nötig, der mithilfe der schlanken Prinzipien in die Realität umgesetzt werden muss. In traditionellen Unternehmen mit zentral gesteuerten Planungssystemen der Produktionssteuerung wird der gesamte Materialbedarf an einer zentralen Stelle bis ins kleinste Detail vorausgeplant. Die einzelnen Produktionsstellen haben kaum die Möglichkeit, bei Schwankungen im Durchfluss den Zufluss an Vormaterial und Material zu beeinflussen. Als Konsequenz sind diese Systeme unflexibel

---

283   Vgl. Krajewski und Ritzmann 1996, S. 732f.

284   Vgl. Helmold 2011, S. 108ff.

und im Falle kurzfristiger Änderungen der zu produzierenden Teile auch träge, da diese Änderungen weitreichende Folgen und einen hohen Koordinationsaufwand nach sich ziehen.

Dies führt dazu, dass bei zentral geplanten Systemen eine hohe Vorratshaltung nötig ist, um die mangelnde Flexibilität zu kompensieren, was wiederum hohe Lagerhaltungskosten verursacht. Im Gegensatz hierzu bietet die Kanban-Systematik ein hohes Anpassungspotenzial bei kurzfristigen Änderungen des Bedarfes, da mit dem Zur-Neige-Gehen eines benötigten Artikels der Auftrag zur Nachproduktion zeitnah ausgelöst wird. Hier erfolgt die Informationsweiterleitung stets aktuell und somit angepasst an die momentane Bedarfssituation vom Verbraucher zum Produzenten oder zum Lieferanten. Dadurch lassen sich hohe Lagerbestände drastisch reduzieren und der Liefergrad deutlich erhöhen. Kanban stellt eine Möglichkeit für Unternehmen dar, die teilweise sehr aufwendige und verschachtelte Produktionssteuerung in selbstständige Regelkreise umzuwandeln, was den Steuerungsaufwand deutlich reduziert und die Transparenz der Prozesszusammenhänge erhöht. Im Vorfeld jedoch sind eben diese Prozesse und das Erzeugnisspektrum genau auf die Eignung für Kanban zu prüfen. Wenn diese Voraussetzung erfüllt ist, ist Kanban besonders für Unternehmen und Lieferanten mit relativ geringer Variantenvielfalt und relativ konstantem Verbrauch interessant, bei denen Lagerkosten ein großer Kostenfaktor sind.

Ungeeignet ist Kanban für Einzel- oder Sonderaufträge, da hier die benötigte Standardisierung des Produktionsprogramms nicht möglich ist. Um Kanban erfolgreich innerhalb der eigenen Unternehmung oder in der Lieferkette einzuführen bedarf es der folgenden Vorgehensweise:[285]

- Einbindung des Lieferanten,

- Untersuchung der Kanban-Fähigkeit,

- Auswahl und Festlegung der Regelkreise,

- Berechnung der Kanban-Größen,

---

285   Vgl. Geiger et al. 2003, S. 15.

- Auswahl der Kanban-Hilfsmittel,

- Einführung des Kanban-Systems.

2.5 Einführung des Kanban-Systems

Durch das sich ergebende hohe Maß an Flexibilität und Liefertreue sind sofort zu produzierende Aufträge mit Kanban leichter zu bewältigen als mit herkömmlichen PPS-Systemen.[286] Durch die gesteigerte Verantwortung und Qualifizierung innerhalb der Regelkreise kann die Motivation der Mitarbeiter erheblich gesteigert werden. Kanban-Karten sind im klassischen Kanban-System das vorrangige Steuerungselement und der elementare Informationsträger, welcher alle für Produktion, Lagerung, Einkauf und Transport von der Quelle zur Senke relevanten Daten enthält.[287] Diese sind unter anderem:

- Artikelnummern oder Identifizierungsnummern,

- Angaben über Art und Füllmenge der Transportbehälter,

- Bezeichnungen der Quellen und Senken,

- Arbeitsanweisungen und Qualitätsdaten,

- Nummer der Kanban-Karte.

Der Produktion kommt bei der Einführung von Kanban eine wesentliche Rolle zu, insbesondere bei der Synchronisation mit der Lieferkette. Die Werte der Wiederbeschaffungszeit werden aus den Fertigungsdaten von vorgelagerten produktiven Prozessen entnommen oder mit den Lieferanten abgesprochen. Die Wiederbeschaffungszeit sollte realistisch sein. Die Formel zeigt, wie der Sicherheitsbestand berechnet wird.[288]

---

286   Vgl. ebenda.

287   Vgl. Schneeweiß 1999, S. 227.

288   Vgl. ebenda, S. 16.

$$SB = DV \times (WBZ + SZ)$$	SB = Sicherheitsbestand
	DV = durchschnittlicher Tagesverbrauch
	WBZ = Wiederbeschaffungszeit in Arbeitstagen
	SZ = Sicherheitszuschlag

Der Sicherheitsbestand soll die Teileversorgung während der Wiederbeschaffungszeit sicherstellen. Die Festlegung erfolgt entweder über Erfahrungswerte oder durch Berechnung. Der Sicherheitsbestand kann um den Sicherheitszuschlag erweitert werden, um so noch weitere Bedarfsschwankungen zu berücksichtigen. Die ermittelte Kanban-Standardmenge entspricht im optimalen Fall der Menge, die durch den Kanban eingefordert wird; die Ermittlung erfolgt auf Basis nachfolgender Formel:[289]

$$Y = \frac{D \times WBZ \times (1 + SF)}{SM}$$	Y = Anzahl Karten im System (im Kanban-Kreis)
	SM = Standardmenge
	D = durchschnittlicher Teilperiodenbedarf
	WBZ = Wiederbeschaffungszeit in Arbeitstagen
	SF = Sicherheitsfaktor

Die Kanban-Standardmenge sollte ein voller Behälter sein und der optimalen Losgröße entsprechen. Sollte die optimale Losgröße mehr Teilen entsprechen, als in den Behälter passen, so muss eine bestimmte Anzahl von Kanbans gesammelt werden (Sammelmenge), bis die optimale Losgröße bei der Quelle erreicht ist. Entspricht die Standardmenge einem vollen Behälter, so entfallen Umfüll- und Abzählvorgänge.[290]

---

289   Vgl. Geiger et al. 2003, S. 36.

290   Vgl. Krajewski und Ritzmann 1996, S. 732f.

2.6 Kanban-Karten

Gemeinhin lassen sich die folgenden Kanban-Arten unterscheiden:[291]

1. Produktions-Kanban
2. Transport-Kanban
3. Kanban-Behälter
4. Kanban-Tafeln und Kanban-Tafeln mit Barcode
5. Signal-Kanban für Pufferbestände
6. Elektronischer Kanban

2.6.1 Produktions-Kanban

Diese Kanbans lösen einen Auftrag zur Produktion des auf der Karte genannten Materials aus und werden dem Material beigelegt, welches sich im Pufferlager der Senke befindet. Sobald die Senke Material aus dem Pufferlager entnimmt, wird das Produktions-Kanban an die Quelle weitergeleitet, worauf der Produktionsauftrag ausgelöst wird.[292]

Für den Fall, dass das erzeugte Material im selben Regelkreis bestellt wird, kann das Produktions-Kanban gleichzeitig als Transportauftrag von der Quelle zur Senke dienen. Wichtig ist, dass gemäß den aufgeführten Kanban-Regeln keine Produktion ohne Produktions-Kanban erfolgen darf, da andernfalls die Produktion nicht mehr verbrauchsgesteuert ist.

2.6.2 Transport-Kanban

Sobald eine Senke einen Behälter vollständig verbraucht hat, bezieht sie durch die Weiterleitung eines Transport-Kanbans Nachschub aus dem Pufferlager. Dort wird das dem Transportbehälter beiliegende Produktions-Kanban durch das Transport-Kanban der Senke ersetzt,

---

291   Vgl. Geiger et al. 2003, S. 40ff.

292   Vgl. ebenda, S. 45.

und das benötigte Material wird gemäß den Informationen auf der Karte der Senke zugeführt. Somit dient das Transport-Kanban als innerbetrieblicher Transportauftrag. Gleichzeitig wird das dem Kanban-Behälter beiliegende Produktions-Kanban an die Quelle geschickt und löst eine Nachproduktion aus.

2.6.3 Kanban-Behälter

Alternativ zu der dargestellten Kartensystematik lassen sich Kanban-Regelkreise auch über die zum Transport der Materialien nötigen Behälter steuern. Hierzu werden alle benötigten Informationen an den Transportbehältern selbst angebracht und die Steuerung der Produktion erfolgt über Beobachtung der verbrauchten Behälter. Das heißt also, dass mit dem Eingang eines leeren Behälters bei der Quelle der Produktionsauftrag entsteht (Behälter-Kanban). Unabhängig davon, ob nun mittels Zweikarten-Kanban oder Behälter-Kanban gesteuert wird, gilt es, bei der Gestaltung der Transportbehälter Größe sowie Form der Teile, Handling, Sicherheit und Unterscheidbarkeit der Behälter sicherzustellen. Um hier eventuellen Verwechselungen vorzubeugen, muss auf jedem Kanban-Behälter das mit dem Behälter zu transportierende Material z. B. über eine Artikelnummer vermerkt sein. Um unnötige und kostenträchtige Transporte zu vermeiden, sollte die Größe des Behälters der Produktionslosgröße des Materials angepasst sein.

2.6.4 Kanban-Tafeln

Kanban-Tafeln erfüllen mehrere Funktionen in den Regelkreisen. Zum einen dienen sie der Reihenfolgeplanung der durch verschiedene Kanban-Karten ausgelösten Produktionsaufträge, und zum anderen dienen sie der Kapazitätsplanung und der Einteilung der Kanbans in verschiedene Dringlichkeitsstufen. Durch Kanban-Tafeln wird auch dem Verlust von Kanban-Karten vorgebeugt, indem man ein einheitliches Aufbewahrungssystem für die am Produktionsablauf beteiligten Karten verwendet. Dieses Hilfsmittel ist zwar kein essentieller Bestandteil eines Kanban-Systems, jedoch empfiehlt sich die Verwendung solcher Tafeln aus oben genannten Gründen.

Eintreffende Kanban-Karten werden ihrer Artikelnummer entsprechend in die freien Felder der Tafel von links beginnend abgelegt. Sobald eine neu eingetroffene Karte das Feld „Start" erreicht, werden alle diese Artikelnummer betreffenden Produktionsaufträge ausgeführt. Zusätzlich kann das Feld „Eilt" für Sonderaufträge verwendet werden. Wichtig für eine funktionierende Kanban-Tafel ist, dass die Anzahl der zuzuordnenden Karten nicht zu hoch wird. Andernfalls entfällt der Vorteil der Übersichtlichkeit und mögliche Störungen oder Engpässe im System werden nicht erkannt.

2.6.5 Kanban-Tafeln mit Barcode

Neben der Signalisierung der Zustände „Voll" und „Nachzuliefern" besteht die Möglichkeit mit dreistufigen Informationen auch den Zustand „Bestellt" oder „Wird in Kürze geliefert" darzustellen. Es wird mit einem einfachen Schiebemechanismus der Zustand des Kanban-Behälters allen Beteiligten an dem Materialkreislauf dargestellt. So bedeutet z. B. die Farbe Grün „Voll" oder ausreichend Material enthalten. Wird durch Verschieben der Tafel der Barcode sichtbar z. B. auf gelben Untergrund, bedeutet das die Anforderung zur Nachlieferung. Durch Scannen des Barcodes wird der Lieferauftrag erzeugt und elektronisch verarbeitet, im gleichen Zuge wird die Tafel weiter verschoben auf z. B. Rot, so ist der Scanvorgang dokumentiert und allen wird signalisiert, dass die Ware in Kürze kommt. Besonders geeignet ist diese Vorgehensweise an den Endpunkten von EDV-Systemen, wo eine vollelektronische Erfassung umständlich oder zu zeitintensiv wäre.

2.6.6 Signal-Kanban für Pufferbestände

Eine weitere Kanban-Form funktioniert ohne bewegliche Karten als Hilfsmittel. Die Steuerung erfolgt durch visuelle Überwachung der Pufferbestände, welche an festgelegten Plätzen in der Nähe der Quelle gelagert werden. Diese Lagerplätze sind durch ortsfeste, meist dreieckige Karten, welche Maximal- und Minimalbestände ausweisen, gekennzeichnet. Sobald eine Materialart den Minimalbestand erreicht hat, beginnt die Nachproduktion. Es empfiehlt sich eine Einteilung einer solchen Lagerfläche in verschiedenfarbige Segmente, um die Übersichtlichkeit für die Quelle zu erhöhen.

2.6.7 Elektronischer Kanban

Moderne Produktionssysteme sind aufgrund ihrer Komplexität und Variantenvielfalt häufig auf starken Einsatz von Informationstechnologie angewiesen. Daher wurde es für Unternehmen wichtig, die eingeführte Kanban-Systematik in ihr PPS-System zu integrieren. Für diese Integration werden von verschiedenen Herstellern, wie z.B. SAP, Lösungen angeboten, die eine kanbangesteuerte Zuliefererkette auch über das Internet ermöglichen.[293]

Dadurch wird Kanban auch für Unternehmen möglich, deren Standorte weit verteilt sind, oder die auf andere Unternehmen als Zulieferer angewiesen sind. Jedoch entstehen hierbei zahlreiche Schnittstellen, die von einem solchen PPS-System bedient werden müssen.[294] Unter anderem sind die Bereiche Produktionssteuerung, Einkauf, Qualitätssicherung, Transport und Montage betroffen und müssen Elemente der EDV sein. Um eine von den Mitarbeitern leicht zu bedienende und damit fehlerarme Systematik zu schaffen, empfiehlt sich der Einsatz von Kanban-Karten, welche mit Barcodes versehen sind. Durch diese kann der Status eines Artikels von „vorhanden" auf „Nachproduktion" umgestellt werden und somit automatisch einen Produktionsauftrag beim Lieferanten auslösen. Bei Wareneingang wird das Material durch erneutes Abscannen wieder als „vorhanden" eingebucht. Von besonderer Wichtigkeit ist, dass sowohl Verbrauch als auch Eingang von Materialien von den Mitarbeitern konsequent erfasst werden. Andernfalls können sich aufgrund der unter Umständen langen Lieferzeiten wiederum Stockungen in der Produktion ergeben. Ein weiterer Vorteil eines EDV-gestützten Kanban-Systems ist, dass sich alle Regelkreise, Quellen und Senken sowie Pufferlager jederzeit grafisch darstellen lassen und somit Engpässen oder Problemen schnell entgegengewirkt werden kann.

---

293   Vgl. ebenda, S. 122.

294   Vgl. Internetseite der SAP AG 2014. Einführung von Kanban.

Oft wird die Zuliefererkette durch dynamische Netzpläne grafisch dargestellt, wodurch eine Identifikation von Schwachstellen in dieser Kette leichter erfolgen kann. Das SLM ist bei der Darstellung und Kooperation mit den Lieferanten als Koordinator zu sehen.

2.7 Supermärkte

Ein Supermarkt kann in einem Best-in-Class SLM als Instrument eingesetzt werden und dient als kontrollierter Puffer in der Nähe des Verbrauchsorts bzw. der Linie. Supermärkte werden zur Produktionskontrolle benutzt, wenn kein kontinuierlicher Fluss möglich ist (z.b. bei stark unterschiedlichen Taktzeiten) oder bei einer Vielfalt von Lieferanten mit relativ stabilen Bedarfen. In einem Supermarkt werden festgelegte Minimal- und Maximalmengen an Rohmaterial, Teilen und Fertigteilen für den Prozess bereitgehalten. Dies unterscheidet den Supermarkt vom herkömmlichen Lager.[295] Wird der Mindestbestand eines Teiles erreicht, wird dem vorgelagerten Prozess z.b. durch Kanban das Signal zum Bestellen, Transport bzw. zur Produktion eines festgelegten Loses des Teiles gegeben. Das heißt, wie in einem richtigen Lebensmittel-Supermarkt wird nur dann ein Fach wieder aufgefüllt, wenn eine bestimmte Menge vom nachgelagerten Prozess abgerufen wurde.[296] Die Supermarkt-Maximalbestände werden auf kleinstmöglichem Niveau festgelegt, um Überproduktion zu vermeiden und Bestände minimal zu halten, aber auch um Platz und Transparenz zu gewinnen. Der Supermarkt wird nach dem First-in-First-out (FiFo)-Prinzip beliefert.[297] Abbildung 2.38 zeigt eine Kette von Supermärkten vom Lieferanten über die Vor- und Endmontage bis zum Kunden.[298]

---

295 Vgl. ebenda, S. 45.

296 Vgl. ebenda.

297 Vgl. Helmold 2011, S. 113.

298 Vgl. ebenda.

Abbildung 2.38 Supermärkte als Teil der schlanken Produktion

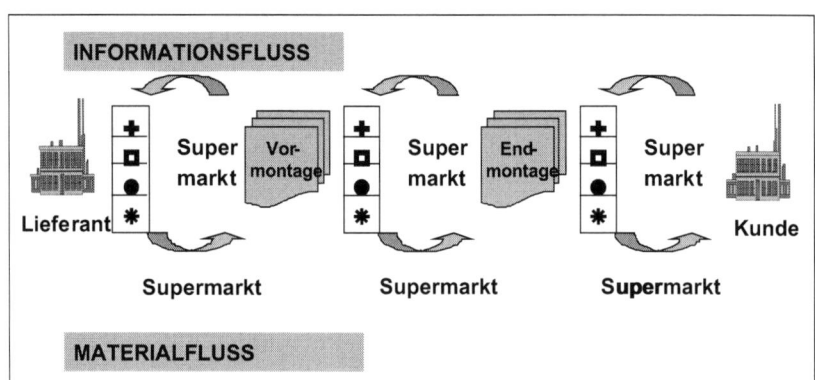

Quelle: Helmold 2011, S. 113

In Abbildung 2.39 ist ersichtlich, dass bei einer herkömmlichen Materialbeistellung die Transportwege um einiges größer sind als bei der Kommissionierung bei Supermärkten.[299] Daher ist es zwingend notwendig das Kanban-System oder das System der Supermärkte auf die Lieferantenkette zu übertragen, um diese effektiv zu optimieren.

---

299   Vgl. Porsche Akademie 2009, S. 21.

Abbildung 2.39 Supermärkte und Kommissionierung

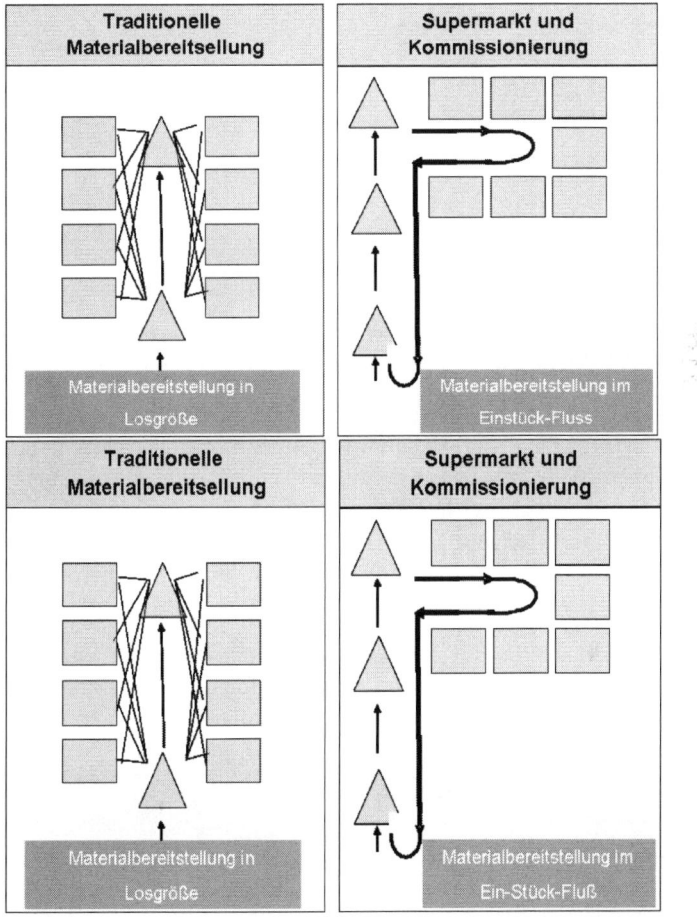

Quelle: Porsche Akademie 2009b

Supermärkte sind die Vorstufe der bedarfssynchronen Produktion und führen zu Transparenz der Bestände. Merkmalsausprägungen der Supermärkte sind:

- definierter Platz pro Variante,

- Kennzeichnung des Lagerorts,

- determinierter Minimal- und Maximalbestand,

- visuelle Steuerung des vorgelagerten Prozesses,

- „First in-First out" (FiFo)

2.8 Milkrun-Prinzip

Das „Milkrun"-Konzept ist eine Möglichkeit im Rahmen des Pull oder Ziehprinzips die Lieferkette zu optimieren, in dem ein LKW in einem Umlauf von verschiedenen, räumlich nahen Zulieferern Teile bzw. Teilesätze mit zeitlich gleicher Reichweite holt. Das „Milkrun"-Prinzip erhöht die Lieferfrequenz jedes Teils, führt so zu einer gleichmäßigeren Auslastung im Tagesverlauf und ermöglicht eine Senkung der Sicherheitsbestände.[300]

Milkrun ist eine Sonderform des Direkttransportes auf einer festgelegten Route mit vorgegebenen Abholzeiten ($A_1 \ldots A_n$) und Eintreffzeiten von Abholadressen direkt an einen Empfänger ($E_1 \ldots E_n$), normalerweise ohne Einbeziehung einer Umschlagsanlage (siehe Abbildung 2.40).[301]

---

300   Vgl. Porsche Akademie, 2009a, S. 55.

301   Vgl.: Hagedorn und Scheuermann 2004, S. 10.

Abbildung 2.40 Milkrun-Prinzip

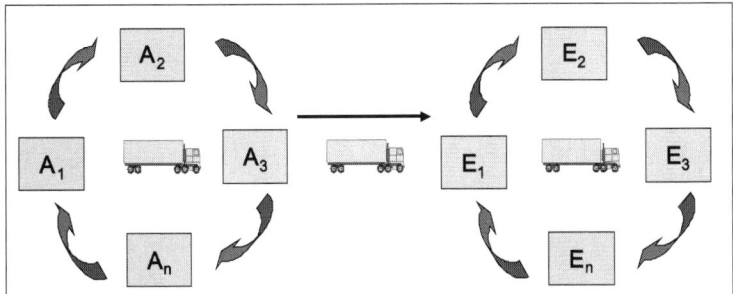

2.9 Null-Fehler-Prinzip

Die vierte und letzte Säule ist das Null-Fehler-Prinzip. Neben der Steigerung der Kundenzufriedenheit gehört die stetige Verminderung des Fehlerniveaus in allen Bereichen des Unternehmens und der Fertigungskette zu den großen Zielen innerhalb der Produktion.[302] Das Null-Fehler-Ziel muss dabei als ideelles Ziel angesehen und in der Praxis durch weniger Fehler machen interpretiert werden.[303] Die Fertigung verfolgt hier eine Aufgabe in der Änderung der Einstellung der Mitarbeiter zum Fehler. Fehler dürfen nicht als etwas Normales, Unvermeidliches angesehen werden, sondern die Vermeidung von Fehlern ist vielmehr eine Quelle für Kostenreduzierung und Verbesserung.[304] In vielen Unternehmen wird auch die Lieferantenkette in die Null-Fehler-Strategie mit einbezogen.[305]

---

302 Vgl. Ohno 1990, S. 1ff.

303 Das Null-Fehler-Prinzip ist ein wesentlicher Aspekt der schlanken Methoden in der Produktion und entstand aus dem Toyota-Produktionssystem.

304 Vgl. Helmold 2011, S. 86ff.

305 Vgl. Helmold und Klumpp 2011, S. 1ff.

Auftretende Fehler müssen durch systematische Anwendung der Qualitätswerkzeuge untersucht und dauerhaft abgestellt werden. Finanzielle und personelle Ressourcen müssen weg von der Fehlerbehebung, hin zur Fehlervermeidung verlagert werden.[306] Sauberkeit und Ordnung sind Grundlage für ein fehlerfreies Arbeiten, daher ist es notwendig den 5S-Ansatz zu verstehen, anzuwenden und auf seine Partner zu übertragen. 5S wird mittlerweile in zahlreichen Unternehmungen gelebt, nicht nur in den produzierenden, sondern auch in den administrativen Bereichen. Regelmäßige Überprüfungen sollten durchgeführt werden, um die Mitarbeiter zu sensibilisieren. Diese Begriffe kommen ebenso aus dem Japanischen und sind elementare Teilbereiche des TPS und der schlanken Philosophie wie Abbildung 2.41 zeigt.[307] Experten sagen, „eine Firma, die nicht in der Lage ist 5S erfolgreich umzusetzen, kann nicht erwarten, dass Just-in-Time-Produktion, Re-Engineering oder andere weitreichende Veränderungen effektiv integriert werden können. Mit der Einführung von 5S entwickeln sich gute Arbeitsplätze weiter, schlechte Arbeitsplätze fallen auseinander".[308]

5S bedeutet die Kontrolle über seinen Arbeitsplatz zu haben: Man bestimmt was wirklich gebraucht wird, wo und wann. Man definiert einen angemessenen und zweckdienlichen Platz für Werkzeuge und andere benötigte Materialien und man behält diesen Standard bei und pflegt ihn.

Die 5S-Methode ist ein strukturiertes Programm, um Arbeitsplatzorganisation einzuführen und zu standardisieren. Es verbessert die Arbeitseffizienz, erhöht die Produktivität durch verringerte Suchzeiten und verbessert auch die Arbeitssicherheit. Die Mitarbeiter werden durch einen gut durchorganisierten Arbeitsplatz motiviert. Durch wenig Aufwand und Kosten können somit Fehler leichter verhindert und Abweichungen entdeckt werden bevor sie Fehler verursachen.

---

306   Vgl. Liker 2004, S. 199ff.

307   Vgl. Ohno 1990, S. 17ff.

308   Vgl. TQM Training & Consulting 2014.

Die Bedeutung der 5S, in Deutschland spricht man auch von der **5A-Methode,** ist wie folgt:[309]

* aussortieren,

* aufräumen/Arbeitsmittel ergonomisch anordnen,

* Arbeitsplatzsauberkeit,

* Anordnung zur Regel machen,

* alle Punkte einhalten und stetig verbessern.

Abbildung 2.41 5S-Konzept

Begriff				
SEIRI Sortiere aus	SEITON Stelle hin	SEISO Säubere	SEIKATSU Sinn für Ordnung	SHITSUKE Selbstdisziplin
Entfernung des nicht Notwendigen vom Arbeitsplatz	Einwandfreier Zustand. Griffbereite Arbeitsmittel.	Sauberer Arbeitsplatz. Stetige Reinigung des Arbeitsplatzes.	Ordnung am eigenen Arbeitsplatz. Stetige und richtige Zuordnung von Arbeitsmitteln am Arbeitsplatz.	Selbstdisziplin, die Ordnung einzuhalten. Regelmäßige Säuberungen und Überprüfungen der Ordnung.
Bedeutung				

Quelle: In Anlehnung an Helmold 2010

Seiri bedeutet „selektiere aus" oder „sortiere aus".[310] Die Bedeutung im Produktionsbereich beinhaltet das Wegwerfen des Abfalls und das Entfernen des nicht benötigten Materials vom Arbeitsplatz. Seiton beinhaltet den einwandfreien Zustand der Arbeitsmittel.[311] Diese müssen griffbereit für den Werker zur Verfügung stehen. Seiso kann mit dem „Reinigen des Arbeitsplatzes" umschrieben werden.[312] Jeder Werker soll-

---

309   Vgl. Porsche Akademie 2009a, S. 25ff

310   Vgl. Porsche Akademie 2009a, S. 26ff.

311   Vgl. ebenda, S. 27ff.

312   Vgl. ebenda, S. 28ff

te sein eigener Hausmeister sein. Seikatsu steht für die Standardisierung und richtige Zuordnung der Arbeitsmittel am Arbeitsplatz. Als letzter Aspekt beinhaltet Shitsuke die Umsetzung dieser Regeln. Dieses ist mit „Selbstdisziplin" verbunden. Das 5S-Prinzip muss zur Lebensaufgabe gemacht werden.[313] In zahlreichen Firmen ist das 5S-Prinzip nicht nur Teil der Produktion, sondern auch Teil der unterstützenden Funktionen.[314] Aufgrund der Übertragung von Tätigkeiten auf Lieferantennetzwerke ist die Sicherstellung des 5S-Prinzips über die gesamte Wertschöpfungskette hin von signifikanter Bedeutung.[315] Weitere Methoden, die regelmäßig im Rahmen der schlanken Prinzipien in der Produktion angewendet werden, sind die folgenden:

- Poka Yoke,

- Lessons Learnt,

- Fehlerbaumanalyse,

- Fehlermöglichkeits- und Einflussanalyse (FMEA),

- Statistical Process Control (SPC).

Poka Yoke (engl. fail safing) ist eine Methode, um einfache menschliche Fehler bei der Arbeit zu vermeiden. Obwohl es diese Methode schon seit langer Zeit gibt, war es der Japaner Shigeo Shingo, der diese Methode als Ziel definierte, um eine Null-Fehler-Lenkung zu erreichen, welche dazu führen sollte, Qualitätslenkungsmethoden auszulöschen. Poka Yoke kann auch übersetzt werden als Fehlervermeidung von „Yokeru"; jap. „vermeidbar, zu vermeiden", und „Poka" ; jap. „versehentlicher Fehler".[316]

Lessons Learnt (Deutsch, in etwa „gezogene Lehren", „gesammelte Erfahrungen") ist ein Fachbegriff des Projektmanagements bzw. des Wissensmanagements und bezeichnet das systematische Sammeln, Bewer-

---

313   Vgl. Ohno 1990, S. 38ff.

314   Vgl. Helmold und Klumpp 2011, S. 16ff.

315   Vgl. ebenda, S. 17.

316   Vgl. Slack 1995, S. 789.

ten, Verdichten und die schriftliche Aufzeichnung von Erfahrungen, Entwicklungen, Hinweisen, Fehlern, Risiken etc., die in einem Projekt gemacht wurden und deren Beachtung oder Vermeidung sich unter Umständen als nützlich für zukünftige Projekte erweisen könnte.

Die **Fehlerbaumanalyse** (engl. fault tree analysis) ist ein deduktives Verfahren, um die Wahrscheinlichkeit eines Ausfalls zu bestimmen. Die für alle Systeme geeignete Analyse impliziert ein unerwünschtes Ereignis und sucht nach allen kritischen Pfaden, die dieses auslösen können. Sie ist eine Art der Systemanalyse und in der DIN 25424 beschrieben. Besonders in Funktionen wie in der Automobilindustrie wird die Fehlerbaumanalyse innerhalb der Produktentwicklung eingesetzt.

Die **Fehlermöglichkeits- und Einflussanalyse (FMEA)** ist eine analytische Methode, um mögliche Fehlerquellen und Schwachstellen aufzudecken und Gegenmaßnahmen zu definieren. Im Rahmen des Qualitätsmanagements bzw. Sicherheitsmanagements wird die FMEA zur Fehlervermeidung und Erhöhung der technischen Zuverlässigkeit präventiv eingesetzt. Die FMEA wird insbesondere im Anlauf einer Produktion (Prozess-FMEA) oder in Entwicklungsphasen (Konstruktions-FMEA) von Lieferanten von Serienteilen für die Automobilhersteller, aber auch anderen Industrien gefordert. Das Konzept der FMEA folgt dem Grundgedanken einer vorsorgenden Fehlerverhütung anstelle einer nachsorgenden Fehlererkennung und -korrektur (Fehlerbewältigung) durch frühzeitige Identifikation und Bewertung möglicher Fehlerquellen. Damit werden anfallende Kontroll- und Fehlerfolgekosten in der Produktionsphase oder gar im Feld (beim Kunden) vermieden und die Gesamtkosten signifikant gesenkt. Durch eine systematische Vorgehensweise und die dabei gewonnenen Erkenntnisse wird zudem die Wiederholung von Konstruktionsmängeln bei neuen Produkten und Prozessen vermieden. Die Methodik der FMEA soll schon in der frühen Phase der Produktentwicklung (Planung und Entwicklung) innerhalb des Produktlebenszyklus angewandt werden, da eine Kosten-/ Nutzenoptimierung in der Entwicklungsphase am wirtschaftlichsten ist. Denn je später ein Fehler entdeckt wird, desto schwieriger und kostenintensiver wird seine Korrektur sein.

Die **statistische Prozesslenkung** (SPC, auch statistische Prozessregelung oder statistische Prozesssteuerung; englisch „statistical process
control" genannt) wird üblicherweise als eine Vorgehensweise zur Optimierung von Produktions- und Serviceprozessen aufgrund statistischer
Verfahren verstanden.[317] Die statistische Prozessregelung unterstützt
nun maßgeblich das Aufdecken von Störungen in einem Fertigungs-
prozess „mit dem Ziel der Fehlervermeidung und der kontinuierlichen
Verbesserung durch Stichprobenprüfungen, statistische Auswertung
der Ergebnisse und anschließende Regelung der Prozessparameter", um
„eine qualitätsgeführte Produktion im Sinne einer fertigungsintegrierten
Qualitätssicherung" zu erreichen.[318]

Das **Ishikawa-Diagramm** ist nach seinem Erfinder, dem Japaner Ka-
oru Ishikawa, benannt. Das Diagramm ist ein Problemanalyse- und lö-
sungswerkzeug (auch Fischgrätendiagramm aufgrund der Ähnlichkeit zu einem Fischgerippe) und fokussiert auf die Visualisierung eines
Problemlösungsprozesses, bei dem nach den primären Ursachen eines Problems gesucht wird (Abbildung 2.42). Das Ishikawa-Diagramm
wird auch „Ursache-Wirkungs-Diagramm" genannt und zählt zu den
sogenannten „Sieben Qualitätswerkzeugen".

Ausgangspunkt ist ein horizontaler Pfeil nach rechts, an dessen Spitze das möglichst prägnant formulierte Problem steht (z.B.: große Aus-
schussmengen für eine bestimmte Fertigungslinie wie Abbildung 2.42
zeigt). Auf diesen Pfeil zielen nun von links oben und unten schrä-
ge Ursachenpfeile, die dem Ishikawa-Diagramm auch die weit verbreiteten Bezeichnungen Fishbone-, Fischgräten- oder Tannenbaum-Dia-
gramm eingetragen haben. Auch die gespiegelte Variante (Problem
links, Ursachenpfeile von rechts) ist üblich.[319]

Die Hauptpfeile werden meist mit den Grundkategorien Material, Maschine, Prozess, Methode, Mensch und Mileu (Umgebung) bezeichnet (sog. 5-oder 6-M-Methode). Weitere typische Kategorien sind:

---

317 Vgl. Ford Motor Company 1995, S. 5.

318 Vgl. Kamiske und Brauer 2007, S. 8.

319 Vgl. Helmold und Klumpp 2011, S. 5ff.

Management, Messung und Prozesse. Die Abbildung zeigt nun einen *Haken (√)* in den jeweiligen Kategorien, wo Teilprozesse funktionieren und *Kreuze* (X), wo Teilprozesse nicht funktionieren. Insbesondere dort wo Prozesse nicht funktionieren müssen Handlungsempfehlungen, Abstellmaßnahmen und Aktionen zu Verbesserungen definiert werden.[320]

Auf diese Hauptpfeile zielen nun wiederum horizontale Pfeile, an denen die gefundenen Problemursachen eingetragen werden. Im Wechsel der schrägen und horizontalen Pfeile kann nun nach immer tieferen Ursachen geforscht werden. Als Faustregel gilt hierbei die Technik der „Fünf Warums", d. h. man nimmt an, dass man bis zu fünf mal „Warum" fragen muss, um an die eigentliche Wurzel des Problems zu gelangen.

Abbildung 2.42 Ishikawa-Diagramm

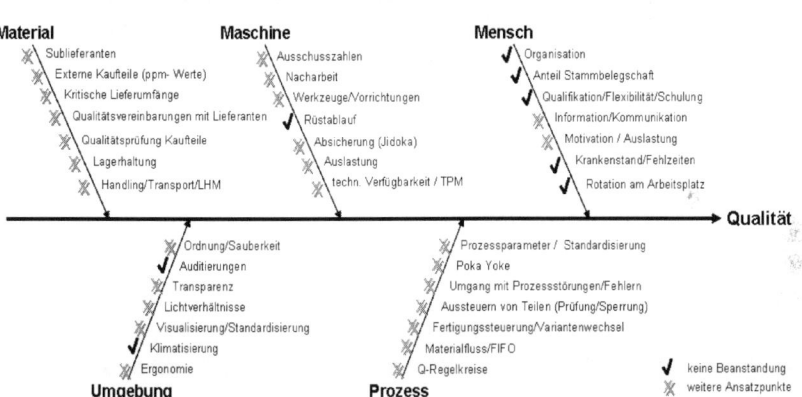

Quelle: Helmold und Klumpp 2011

---

320   Vgl. ebenda, S. 6.

3. Produktion der Zukunft: virtuelle Produktionssysteme

„Viele Fertigungsaufgaben erfordern einen langwierigen Einfahrbetrieb, um einen robusten und möglichst effizienten Prozess zu erreichen. Dies führt wegen der Belegung der Anlage und des Verschnitts von Halb- und Rohmaterialien oft zu hohen Kosten, wobei das Potenzial von Fertigungsanlage und -prozess meist nicht vollständig erschlossen wird. Mithilfe vielfältiger Planungs- und Simulationssysteme (virtuelle Produktionssysteme) existieren heute bereits mächtige Werkzeuge zur Unterstützung von Optimierungsvorhaben, die spezifische Bereiche detailgetreu abbilden."[321]

Das Geschäftsfeld virtueller Produktionssysteme liegt häufig in der Planung, Konzeptionierung und der Einführung von Fertigungsanlagen oder der Produktentwicklung. Spezialisten dieser Systeme arbeiten an der Entwicklung, Bereitstellung und Anpassung von Produktions- und Fertigungstechnologien sowie der erforderlichen Maschinen- und Steuerungstechnik zur Herstellung innovativer Produkte.[322] Ziel ist die langfristige Verbesserung der Wettbewerbsfähigkeit der eigenen Unternehmung durch anwendungsspezifische Detail- und Systemlösungen. Hierzu werden in den Abteilungen

- Fertigungstechnologien,

- Mikroproduktionstechnik,

- Produktionsmaschinen und Anlagenmanagement

neue Maschinen und Bearbeitungsstrategien entwickelt, bestehende Produktionsanlagen optimiert und zukunftsorientierte Werkzeugkonzepte realisiert.[323] Darüber hinaus werden Hersteller bei der Entwicklung und Einführung neuer produktbegleitender Dienstleistungsangebote unterstützt.

321　Vitr et al. 2007, S. 640ff.

322　Vgl. Fraunhofer IPK 2014.

323　Vgl. ebenda.

Die entwickelten Technologien und Systeme werden industriell sowohl im Makro- als auch im Mikrobereich angewendet und finden sich unter anderem im Fahrzeugbau und Zulieferbereich, Werkzeug- und Formenbau, in der Luft- und Raumfahrttechnik, der Energietechnik, dem Werkzeugmaschinen- und Anlagenbau, der Medizintechnik, der Druckmaschinenindustrie sowie der holzverarbeitenden Industrie wieder.[324]

„Jedoch führt erst die Kopplung dieser Einzellösungen zu einer umfassenden Beurteilungsgrundlage, bei der auch Wechselwirkungen Berücksichtigung finden. In einem Forschungsprojekt des von der Deutschen Forschungsgemeinschaft (DFG) geförderten Exzellenzclusters ,Integrative Produktionstechnik für Hochlohnländer' wird an der Technischen Hochschule in Aachen deshalb ein Systemverbund aufgebaut, der am Beispiel zerspanender Werkzeugmaschinen eine durchgängige Simulation von der CAM-Ebene bis hinunter zur makro- und mikroskopischen Betrachtung des Zerspanungsprozesses ermöglicht. Das daraus resultierende Engineering-Werkzeug soll dem Anwender bei der Optimierung von Bearbeitungsprozessen unter Einbezug von Bahnplanung, Maschinensteuerung, Maschine und Prozess (Werkstück/Werkzeug) unterstützen und so zu einer höheren Wirtschaftlichkeit, gerade auch in den frühen Phasen eines Produktionsbeginns, beitragen."[325]

„Analysiert man die Diskussion und Beiträge akademischer Artikel zukunftsorientierter Unternehmenskonzepte in der betriebswirtschaftlichen und fertigungsorientierten Literatur der letzten Jahre, wird man zunehmend mit Begriffen wie ,virtuelles Unternehmen' bzw. ,virtuelle Organisation' konfrontiert. Virtuelle Unternehmen können dabei als Netzwerke mehr oder weniger unabhängiger, spezialisierter Unternehmen verstanden werden. Ziel dieser Unternehmensform ist die Umsetzung zukunftsorientierter Managementphilosophien, wie ,Konzentration auf Kernkompetenzen', ,verteilte Produktion' oder ,höchstmögliche Kundenorientierung'.

---

324 Vgl. ebenda.

325 Vgl. Vitr et al. 2007.

Ein Produktionssystem stellt in diesem Kontext neben den Anlagen, Betriebsmitteln, etc. auch die Methoden und Verfahren dar, nach denen die Prozesse in der Produktion geführt werden. Die Planung und der Betrieb erfolgen unternehmensspezifisch auf allen Ebenen. Eine Klassifikation virtueller Unternehmen kann entsprechend ihrer institutionellen Einordnung zwischen den Polen Markt und Hierarchie auf Basis der Transaktionskostentheorie vorgenommen werden. Dabei wird deutlich, dass Art und Umfang der einzusetzenden Informations- und Kommunikationssysteme in erster Linie von der Spezifität und Häufigkeit der Transaktionen abhängen.

Ein weiterer Aspekt bei der Bildung virtueller Unternehmen betrifft die Ausgestaltung des unternehmerischen Zielsystems. Hierbei sind entsprechend dem Nachhaltigkeitsgrundsatz insbesondere ökonomische und ökologische Ziele zu berücksichtigen. Bei der Spezifikation des Zielkalküls spielt die Strategie der einzelnen Unternehmen bezüglich der Gewichtung der genannten Kriterien eine zentrale Rolle. Vor diesem Hintergrund werden […] Strategien untersucht, die rein ökonomische Ziele (reaktives Verhalten) als auch rein ökologische Ziele (proaktives Verhalten) verbinden."[326]

Die grundlegende Funktionalität des Produktionssystems hängt von den Beziehungen zwischen den einzelnen Elementen und der Umwelt ab (siehe Abbildung 2.43).[327]

Abbildung 2.43 Beziehungen zwischen Elementen und Umwelt

Elemente	Beziehungen	Umwelt
• Betriebsmittel • Mitarbeiter, Material • Informationen/Daten • etc.	• Materialflüsse • Arbeitsabläufe • Taktzeiten • etc.	• Engineering • Fabrikplanung • Logistik • etc.

---

326   Friedl et al. 2004 , S. 271ff.

327   Vgl. ebenda.

Virtuelle Produktionssysteme können sich auf Fabrikplanung, Produktionsplanung oder Produktion beziehen. Insbesondere auf Ebenen des Unternehmens, der Maschinen und Anlagen, der Zellen und des Prozesses bzw. der Fertigungsverfahren, wie die Beziehungsmatrix von Produktionssystemen (siehe Abbildung 2.44) zeigt.

Abbildung 2.44 Beziehungsmatrix von Produktionssystemen

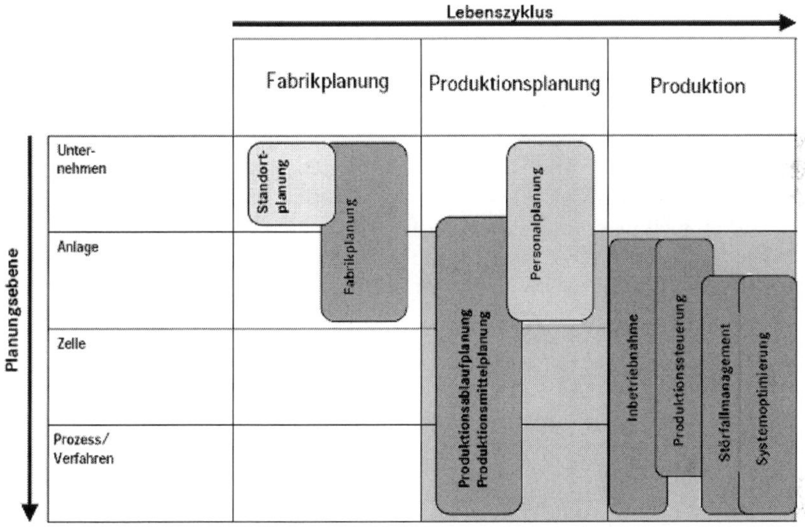

Quelle: In Anlehnung an Dust 2012

Als „Best-Practice"-System gilt das Toyota-Produktionssystem, welches durch spezifische Aspekte gekennzeichnet ist:

- prozessorientiertes, selbstoptimierendes Produktionssystem,

- entwickelt vor dem Hintergrund fehlender Investitionsmöglichkeiten,

- basiert auf permanenten und stetigen Verbesserungen,

- in einem Zeitraum von über 50 Jahren entwickelt,

- Vorlage für viele deutsche und internationale Unternehmen,

- fehlende Berücksichtigung der kulturellen Unterschiede,

- ausgelegt für die Serienproduktion,

- verbindet die Produktivität der Massenproduktion mit der Qualität der Werkstattfertigung,

- Ursprung für ein schlankes Produktionssystem und weitere Optimierungsmaßnahmen.

Wie in den vorherigen Kapiteln beschrieben ist das System ein prozessoptimiertes und selbstverbesserndes System, welches auf Basis von permanenten Verbesserungen und einer veränderten Unternehmenskultur funktioniert. Dieses System ist über einen Zeitraum von mehr als 50 Jahren in kleinen Schritten bei Toyota entwickelt worden. Das Konzept ist ausgelegt auf Serienproduktion mit einem geringen Änderungsgrad und wenigen Varianten. Aufbauend auf diesen Prinzipien lässt sich die Motivation virtueller Produktionssystem wie folgt darstellen (Abbildung 45):

- steigende Komplexität und Innovationsrate von Produkten und Prozessen

- zunehmende Individualisierung und Variantenzahl von Produkten

- kürzere Produktlebenszyklen

- beschleunigte Entwicklungszeiten und Projektlaufzeiten

- restriktive Kostenziele durch zunehmenden internationalen Wettbewerb

- steigende externe Wertschöpfungstiefe und Notwendigkeit zur effizienten Zusammenarbeit mit Zulieferern und Dienstleistern

- Forderung nach hoher Produktivität in globalen Produktionsverbund

- schnelle Reaktion auf Marktanforderungen mit steilen Anlaufkurven

Eine steigende Fertigungskomplexität führt zu erhöhten Kosten und Ressourcen im Produktionsentstehungsprozess, so dass durch virtuelle Produktionssysteme Zeit- und Kostenvorteile mit sich bringen. Ebenso führen eine höhere Variantenvielfalt sowie kürzere Produktentstehungszeiten zur Notwendigkeit auf diese Anforderungen flexibel zu reagieren. Abbildung 2.45 zeigt ein effizientes Vorgehen mit dem Einsatz von virtuellen Produktionssystemen.[328]

Abbildung 2.45 Konventionelles vs. effizientes Vorgehen

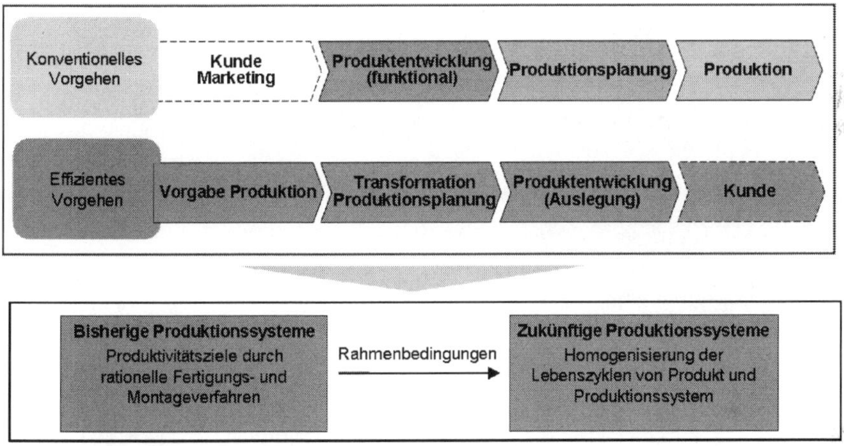

Quelle: In Anlehnung an Dust 2012

In virtuellen Produktionssystemen werden alle Abläufe, Produktteile und Produktionsmittel gleichzeitig getestet und optimiert.

Das virtuelle Produktionssystem beschreibt ein **Netzwerk von digitalen Modellen und Methoden,** unter anderem der **Simulation und Visualisierung.** Ihr Ziel ist die ganzheitliche und effiziente Planung, Realisierung, Steuerung und laufende Verbesserung aller wesentlichen Produktentstehungs- und Produktionsprozesse und -ressourcen (siehe auch Abbildung 2.46):

---

328   Dust 2012.

- digitale Werkzeuge vor **physischem Zusammentreffen** Produkt/Produktion,

- Untersuchung der **Wechselwirkung** zwischen Produkt und Produktion,

- Simulation des Fertigungsprozesses im **frühen Stadium** der Produktentwicklung,

- durchgängige Anwendung entlang der gesamten **Prozesskette,**

- Modelle auf verschiedenen **Abstraktionsebenen** (Kinematik-Simulation, Ablaufsimulation etc.)

- **integriertes Datenmodell** mit vollständigen Schnittstellen,

- räumliche und realitätsnahe **Visualisierung.**

Abbildung 2.46 Entwicklung der Produktentstehung und Produktionsplanung

Quelle: In Anlehnung an Dust 2012

Vorteile eines virtuellen Produktionssystems sind:

- realitätsnahe Visualisierung, kein abstraktes Simulationsmodell
- Abbildung von logischer Richtigkeit (Abläufe) und funktionaler Kriterien (Bewegungen, Raumkonzepte, Kollisionen etc.),
- Prüfung auf statische Störungen (z.B. Maschinenausfälle),
- Prüfung von Störungen durch menschliches Verhalten, (z.B. Eintreten in Schutzräume)
- Betrachter ist interaktiver Bestandteil des Systems,
- frühzeitige Erlebbarkeit von komplexen Produktionssystemen,
- intuitive Untersuchung und Modifikation der visualisierten Szene,
- Vermeidung von nachträglichen Änderungen bzw. Fehlinvestitionen
- Einbindung weniger qualifizierter Mitarbeiter in Planungs- und Entscheidungsprozesse,
- ortsunabhängige Modelle mit beliebiger Aufgabenteilung.

Anwendungsbeispiele in der Industrie sind vielfältig wie Abbildung 2.47 zeigt.

Abbildung 2.47 Anwendungsbeispiele in der Industrie

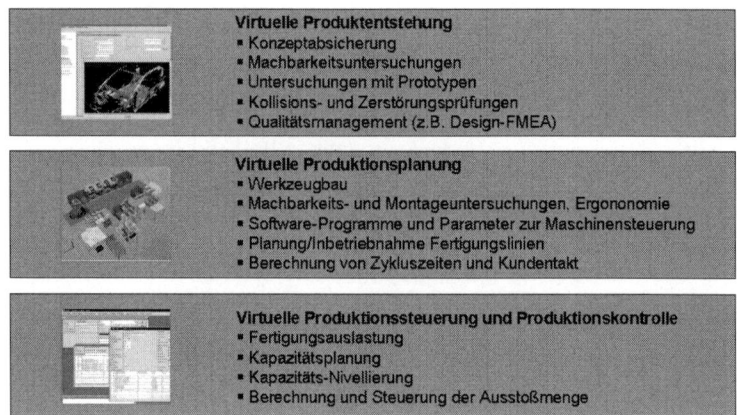

Virtuelle Produktentstehung
- Konzeptabsicherung
- Machbarkeitsuntersuchungen
- Untersuchungen mit Prototypen
- Kollisions- und Zerstörungsprüfungen
- Qualitätsmanagement (z.B. Design-FMEA)

Virtuelle Produktionsplanung
- Werkzeugbau
- Machbarkeits- und Montageuntersuchungen, Ergonomie
- Software-Programme und Parameter zur Maschinensteuerung
- Planung/Inbetriebnahme Fertigungslinien
- Berechnung von Zykluszeiten und Kundentakt

Virtuelle Produktionssteuerung und Produktionskontrolle
- Fertigungsauslastung
- Kapazitätsplanung
- Kapazitäts-Nivellierung
- Berechnung und Steuerung der Ausstoßmenge

Quelle: Eigene Darstellung

4. Produktion in Japan: Erfolgsfaktoren aus dem Toyota-Produktionssystem

Best-in-Class-Unternehmen wie Toyota, Nissan oder Panasonic arbeiten nach den Prinzipien Gemba (現場), Genjitsu (現実), Genchi (現地) und Genbutso (現物). Diese Prinzipien sind in den 1990er-Jahren von Firmen wie Daimler, Porsche oder Volkswagen übernommen worden.[329] Der Begriff „Gemba" bedeutet auf Japanisch „Ort des Geschehens". Mit Gemba bezeichnet man den Arbeitsplatz im Sinne des Ortes, an dem wertschöpfende Prozesse im Unternehmen stattfinden und an dem die Probleme entstehen, z. B. am Arbeitsplatz in der Produktion. Gemba wird oft in Verbindung mit Kaizen angesprochen und entstammt der japanischen Begriffssammlung des Toyota-Produktionsytems.

---

329 Die Prinzipien von Gemba (現場), Genjitsu (現実), Genchi (現地) und Genbutso (現物) sind Teil der PASE und PAG Lieferantenentwicklung.

Genjitsu bedeutet „die richtigen Fakten". Nur mit richtigen Fakten, die auf stabilen Daten einer soliden Leistungsdatenerhebung beruhen, lassen sich nachhaltige Verbesserungen erzielen. Genchi, Genbutsu bedeuten, vereinfacht gesagt, „Komm schneller zum Kern! Orientiere dich nicht am Hörensagen." Viele Unternehmen, so die Meinung der Anwender des Toyota-Systems, verbringen zu wenig Zeit mit der Formulierung des Problems und zu viel Zeit mit seiner Lösung. Der umgekehrte Weg ist der richtige. Das SLM sollte daher effizient, konsequent und professionell die Prinzipien von Gemba (現場), Genjitsu (現実), Genchi (現地) und Genbutso (現物) in der Produktion umsetzen, nämlich durch schnelle, effektive Untersuchungen und Definitionen von nachhaltigen Korrekturmaßnahmen am Ort des Geschehens.[330] Im Rahmen einer schlanken und optimierten Produktion muss daher das Lieferantenmanagement der eigenen Unternehmung die Produktionssysteme von Zulieferer berücksichtigen. Das Lieferantenmanagement muss sich daher auf das Kernproblem in der Lieferantenentwicklung fokussieren, nämlich wo die grundlegenden Störungen und Verschwendungen innerhalb der Wertschöpfungskette liegen. Meist beinhaltet dieses grundlegende Kernproblem die Frage, warum die richtigen Teile nicht zum richtigen Ort (innerhalb des Lieferanten oder zum eigenen Unternehmen) kommen, und das nicht zum richtigen Zeitpunkt in der richtigen Menge und Qualität.

Neben den eben genannten Begriffe gibt es innerhalb des Toyota-Systems die Prinzipien Muda (無駄), Mura (無ら), Muri (無理). Die Begriffe Muda, Mura und Muri stellen die Grundlage für die Verlustphilosophie von Toyota dar.[331] Muda ist Japanisch und bedeutet Verschwendung und ist ein Teil der „drei Mu". Die Schwerpunkte werden auf die Identifizierung von Verschwendung gelegt.

---

330   Vgl. Liker 2004, S. 267.

331   Vgl. ebenda, S. 114f.

Insgesamt gibt es sieben Verschwendungsarten:[332]

- Verschwendung durch Überproduktion,

- Verschwendung durch Wartezeiten,

- Verschwendung durch Transport,

- Verschwendung durch Arbeitsmethoden,

- Verschwendung durch Lagerhaltung,

- Verschwendung durch Ineffizienz

- Verschwendung durch Produktfehler.

Mura ist ebenfalls Japanisch und bedeutet Unausgeglichenheit und beschreibt zusammen mit Muri große Verlustpotenziale, deren Ursprünge in einer nicht optimal synchronisierten Produktion zu finden sind. Während manche Kapazitäten zu knapp bemessen sind und als Flaschenhals die Produktion größerer Stückzahlen verhindern (Überlastung, Muri), befinden sich andere Produktionsmittel unterhalb ihrer Auslastungsgrenze. Nicht ausgelastete Produktionsmittel stellen eine Verschwendung im Sinne von Muda dar.

Muri hat die fast identische Bedeutung von Mura. Muri ist ein Teil der drei Mu, die gemeinsam die großen Verlustpotenziale nach japanischer Kaizen-Philosophie beschreiben. Überlastung im Sinne von Muri bedeutet, dass sowohl Mitarbeiter als auch Maschinen betroffen sein können. Sie führt bei den Mitarbeitern zu körperlicher und geistiger Überbeanspruchung, die sich in Form von erhöhter Fehlerhäufigkeit, Unfallgefahr, Stress und sinkender Arbeitszufriedenheit äußert (siehe Abbildung 2.48).

Die gestiegene Fehlerhäufigkeit versucht man durch qualitätssichernde Maßnahmen wie Poka Yoke zu bekämpfen. Insbesondere die Überbeanspruchung und Überlastung von Mitarbeitern führt zu Qualitätseinbußen in der Produktion oder unterstützenden Bereichen. Die Nivel-

---

332   Vgl. Ohno 1990, S. 17.

lierung der Arbeitsinhalte ist eine Aufgabe des Managements und ist ein bedeutender Faktor für Motivation und Produktivität.

Die Überlastung der Maschinen führt zu Wartezeiten vor den voll ausgelasteten Maschinen und stellt damit ebenso eine Verschwendung im Sinne von Muda dar. Abhilfe für beide Formen von Überlastung schafft nur eine Anpassung und Harmonisierung des Produktionsablaufs.[333]

Die Lösungsansätze in schlanken Produktionssystemen zur Beseitigung von Muda, Mura, Muri sind vielfältig und abhängig von den jeweiligen Ursachen und Gründen. Neben klassischen Methoden sind hier Instrumente wie die Nivellierung von Arbeitsinhalten und Arbeitsschritten, die Standardisierung, das Ein-Fluss-Prinzip, TPM oder Rüstzeitoptimierung zu nennen.

Abbildung 2.48 Muri, Muda und Mura

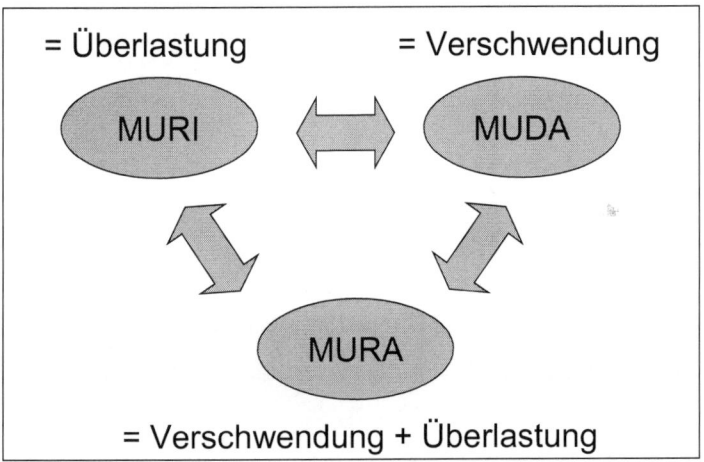

333   Vgl. ebenda.

5. Produktion in China: Wie gehe ich mit chinesischen Lieferanten um?

China ist mittlerweile die Volkswirtschaft Nummer zwei auf der Welt und den Vereinigten Staaten auf den Fersen. Zahlreiche Unternehmen verlagern Wertschöpfungsanteile und Produktion nach China aus. Hierbei gibt es einige Punkte zu beachten. „Long" bedeutet in der chinesischen Sprache „Drache", eines der Nationalsymbole im Land der Superlative; dieser wird als das nationale Identifikationsmerkmal in China betrachtet. „Long" beinhaltet Eigenschaften wie Stärke, Macht, Anmut, Wachstum, Prosperität oder Erfolg. Einer Sage nach verstehen die Chinesen sich selbst als Abkömmlinge des Drachen (chinesisch: Long de Chuan Ren). Diese Eigenschaften finden sich auch in der Industrie wieder, insbesondere in den Geschäftsbeziehungen mit chinesischen Lieferanten. „Guangxi" steht für Netzwerk, ein fundamental wichtiger Begriff in diesem so großen Land. „Gambei" beinhaltet den Begriff des „Bottom up", d. h., dass ein Glas sofort und auf einmal geleert werden muss. Alle diese Begriffe stehen im Einklang mit der interessanten und doch für Europäer und westliche geprägte Ländern so fremden Geschäftskultur in China. China umfasst in seiner Ausdehnung etwa 9,6 Mio. Quadratkilometer, was ungefähr Europa und ein Fünfzehntel der gesamten Landfläche unseres Planeten darstellt. In China leben etwa 1,3 Mrd. Menschen, etwa 16-mal mehr als in Deutschland. Auch wenn das Lohn- und Gehaltsniveau in China stetig steigt, bietet das Land mit seinen schier unbegrenzten Ressourcen noch riesige Potenziale für Hersteller und Zulieferer.

Während der lokale Markt stark durch das „Ministry of Railway (MOR)" und eine Vergabe von Aufträgen an lokale Anbieter geprägt ist, haben chinesische Unternehmen und Zulieferer mittlerweile ihre Strategie hinsichtlich Vertrieb, Ressourcen und Produktion dahingehend verändert, dass sie einen großen Anteil ihrer Kapazitäten für ausländische Kunden reservieren. Zum einen geschieht dieses, weil in den vergangenen Jahren das Auftragsvolumen der chinesischen Staatseisenbahn (engl. Minestery of Railway, MOR) drastisch gesunken ist, zum anderen weil die Fokussierung auf in- und ausländische Aufträge das Risiko der chinesischen Zulieferer und Produzenten reduziert. Noch vor zehn Jahren waren kaum englisch- oder deutschsprachige Mitarbeiter in einem klein und mittelständischen und familiengeführten Unternehmen oder dem staatsgeführten Unternehmen der chinesischen Zulieferindustrie anzutreffen – dieser Sachverhalt hat sich heute stark verändert. Chinesische Zulieferer sind sich bewusst, dass die Sprache der Kunden hinsichtlich Qualitäts-, Kosten-, Logistik und Technikaspekten (Q-K-L-T; Anmerkung vom Verfasser, dass neben den originären Aspekten auch die Human Ressource berücksichtigt werden müssen) verstanden werden muss. In diesem Zusammenhang ist eine Beobachtung in Richtung System- oder Modullieferanten mit einer ausgeprägten Infrastruktur von Fachkräften in Abteilungen wie Verkauf, Projektmanagement, Technologie, Logistik oder Qualitätswesen von chinesischen Zulieferern weg vom reinen Komponentenhersteller sichtbar, der in der Lage ist, in technischer Hinsicht als frühzeitig eingebundener Partner gemeinsam mit dem Kunden Produkte, Systeme und Module mit zu entwickeln (engl.: concurrent engineering oder early supplier involvement). Aufgrund der auch in China steigenden Lohnkosten ist eine Konzentration auf eine größere Wertschöpfung durchaus sinnvoll.

Erfahrungsgemäß konzentrieren sich deutsche und europäische Kunden vordergründig auf die sogenannten „Q-K-L-T"-Aspekte und vergessen wichtige kulturelle Aspekte für die erfolgreiche Gestaltung von nachhaltigen Geschäftsbeziehungen. „Q-K-L-T"-Aspekte beinhalten alle produkt- oder servicerelevanten Punkte im Rahmen der Qualität, der Kosten, der Logistik und der Technik oder Technologie. Durch die Erfahrungen mit lokalen und internationalen Mitarbeitern im Bereich der Automobil- und Transportindustrie konnte der Autor zwölf wichtige Fehler definieren, die den erfolgreichen Geschäftsverkehr in China verhindern. Die Fehler sind in teils weiche und teils harte Kategorien untergliedert und sind unabhängig voneinander zu berücksichtigen. Die weichen Fehler sind durch langjährige Beziehungen mit chinesischen Geschäftspartnern entwickelt worden. Diese beinhalten Aspekte wie den Beziehungsaufbau (Guangxi), Geduld, Lokalisierung und Einbindung der Mitarbeiter vor Ort, ein aktives Coaching, Nachhaltigkeit, die Berücksichtigung eines Informationsnetzwerks, Regelmäßigkeit, Verständnis der Entscheidungswege und die Gesichtswahrung aller Parteien. Insbesondere bei den weichen Faktoren machen westlich geprägte Unternehmen sehr oft Fehler, die im Nachhinein nicht mehr korrigierbar sind. „Guanxi" (chinesisch 關係/关系) bezeichnet das Netzwerk persönlicher Beziehungen, von dessen Wirken im chinesischen Raum kaum eine Entscheidung unbeeinflusst bleibt. Verträge und Absprachen werden in vielen Fällen nur als eine Richtschnur gesehen, von der im Zweifelsfall abgewichen werden darf. Guanxi ist ein vielschichtiges Wort. Im Wörterbuch ist es mit Verbindung, Beziehung, Netzwerk übersetzt.

Guanxi-Beziehungen basieren nicht auf Verbindungen zwischen Personengruppen oder Institutionen, sondern immer auf Beziehungen zwischen einzelnen Personen. Guanxi-Netzwerke sind asymmetrisch und meist virtuell, was es sehr schwierig macht, diese Strukturen zu verstehen und transparent zu machen. Bestehen zu einer anderen Person gute Beziehungen, können Kontakte zu weiteren Personen aus dessen Beziehungsgefüge geknüpft werden. Normalerweise wird ein Vermittler allerdings nur Personen miteinander bekannt machen, denen er vertraut, weil er mit seinem Gesicht und seiner Ehre einsteht. Das Vertrauensverhältnis muss dann erst langfristig aufgebaut werden, beginnt jedoch auf einem höheren Niveau. Das Beziehungsnetz wird unter Chinesen für Ausländer kaum bemerkbar eingesetzt. Beziehungen können daraus resultieren, dass zwei Personen im selben Dorf gewohnt oder an derselben Universität studiert haben. Guanxi stehen in der Regel in einem Gegenseitigkeitsverhältnis. Wer eine Gefälligkeit erbittet, muss irgendwann auch eine Gegenleistung erbringen. Dabei spielt die Zeit eine wichtige Rolle. Überdies müssen sie ständig gepflegt werden. Gegenseitige Gefälligkeiten sind der entscheidende Faktor zum Erhalt des Guanxi-Netzes. Eine Gegenleistung zu versagen, wird als eine unverzeihliche Beleidigung angesehen. Je mehr man von jemandem erbittet, desto mehr ist man demjenigen schuldig. Guanxi kann als ein endloser Zyklus von Gefälligkeiten betrachtet werden. Insbesondere lokale Mitarbeiter können hier als „Übersetzer" des Beziehungsnetzwerkes dienen, ggf. auch als Teil des Netzwerkes, werden aber die meist fehlenden Beziehungen zwischen Kunden und Lieferanten nicht gänzlich ersetzen können. Daneben stehen einige andere wichtige Regeln, die für ein erfolgreiches Lieferantenmanagement im Reich der Mitte unabdingbar sind. Die 12 entscheidenden Fehler für die Produktionsverlagerung nach China sehen wie folgt aus:

1. **Asymmetrischer Beziehungsaufbau:** Fehlende Berücksichtigung von Beziehungsstrukturen und -abhängigkeiten

2. **Geduld und Ausdauer:** Drängen auf zu schnelle und kurzfristige Erfolge

3. **Mitarbeiterentwicklung und -qualifizierung:** Fehlende Einbindung in Prozesse und Austausch mit der Mutterorganisation von lokalen Mitarbeitern

4. **Lieferantencoaching:** Intransparenz der kundenrelevanten Anforderungen und mangelhaftes Lieferantenmanagement

5. **Nachhaltigkeit:** Rasche Aufgabe durch anfängliche Misserfolge

6. **Netzwerkgedanke:** Außerachtlassung des Netzwerkgedankens für den Erfolg

7. **Lokalisierung:** Fehlende Einbindung lokaler Spieler und Besetzung von Schlüsselfunktionen an lokale Mitarbeiter

8. **Reziprozität:** Fehlendes Gleichgewicht und unzureichende Gegenseitigkeiten bei Geschäftsbeziehungen, insbesondere in Krisensituationen

9. **Hierarchieverständnis:** Fehlende Einhaltung der formalen Hierarchieebenen bei entscheidenden Transaktionen

10. **Involvierung der Entscheider:** Unverständnis über Entscheidungswege und Hierarchien des Kooperationspartners

11. **Gesichtswahrung:** Gesichtsverlust des Geschäftspartners durch fehlendes Verständnis der Kultur

12. **Lernen von einander:** Ungleichgewicht zwischen Lokalisierung und Lernen voneinander

Der vorher beschriebene Aufbau eines asymmetrischen Netzwerkes oder auch das „Guanxi" ist das wohl wichtigste Element in den Geschäftsbeziehungen in China. Fehlende Berücksichtigung des Beziehungsaufbaus führt oft zu weitreichenden Misserfolgen zwischen Geschäftspartnern.

Der zweite Aspekt ist die Geduld und Ausdauer, die für Geschäftsbeziehungen und Vertragsunterzeichnungen aufgebracht werden müssen. Drängen auf zu schnelle Erfolge ist ein Fehler, den die meisten Unternehmen beim Markteintritt in China machen. Erfahrungen zeigen, dass auch trotz anfänglicher Misserfolge der erfolgreiche Beziehungsaufbau über Jahre gestaltet werden muss. Sieht man das Beispiel von Volkswagen (VW) in China, so wird deutlich, dass sich die Markteroberung durch VW über Jahre hingezogen hat. Neben Geschäftsbeziehung und Geduld sind Einheimische (Local Players) von signifikanter Bedeutung, da sie die Sprache des Landes und Besonderheiten verstehen. Zu oft wird dieser Aspekt unterschätzt, insbesondere dahingehend, dass die lokalen Spieler die Prozesse, Kundenbedürfnisse und Anforderungen verstehen. Das Ausbildungsniveau in China erfüllt internationale Anforderungen, ebenso besteht eine eine immense Nachfrage im Bereich der Weiterbildung. Die Anzahl von Fortbildungen ist überdurchschnittlich im Vergleich mit einheimischen Mutterkonzernen aus Europa. Durch die Schulung der eigenen chinesischen Mitarbeiter hinsichtlich Qualität, Produktanforderungen oder Logistikprozessen kann ein intensives Lieferantencoaching vorgenommen werden. Noch immer sind technische Vorgaben im Bereich von Vormaterialien, Halb- oder Fertigerzeugnissen aus europäischen Ländern ein Hindernis, Komponenten, Systeme oder Module zu beziehen. Hier lohnt sich eine Analyse, wie diese Materialien durch lokale Erzeugnisse zu substituieren sind, da die chinesischen Lieferanten ihre Märkte fast immer sehr gut kennen und Alternativerzeugnisse anbieten können; meist auch zu niedrigeren Preisen. Die Substitution von Farben, Granulaten, Stahlsorten mit gleichen oder besseren Spezifikationsmerkmalen bietet Kostenreduktionen von 10 bis 25 Prozent der Bezugskosten. Darüber hinaus bietet die Implementierung von schlanken Lieferketten und Methoden Einsparpotenziale in ähnlicher Höhe von 10 bis 15 Prozent. Automatisierung und die Eliminierung von Verschwendungen sind noch nicht Prioritäten in China, Kapazitäten in Form von Arbeit können sehr schnell erhöht werden. Nachhaltige Verbesserungsmaßnahmen sind noch Mangelware in chinesischen Unternehmen, Unternehmen konzentrieren sich noch häufig auf kurzfristige Erfolge. Insbesondere das Bestellverhalten des MOR in sehr kurzfristigen Zyklen hat lokale Zulieferer geprägt. Oft arbeiten lokale Unternehmen über drei bis sechs Monate über sieben Tage, um die Bestellungen zu erfüllen und Termine einzuhalten. Der Netzwerkgedanke über den Beziehungsaufbau ist entscheidend für die erfolgreichen Lieferantenbeziehungen. Nicht nur auf der eigenen Seite (der Beschaffung) helfen hier Vereinigungen wie z.b. der Bundesverband Einkauf, Materialwirtschaft und Logistik (BME), sondern auch das Kennenlernen der Angebotsseite ist eine unabdingbare Voraussetzung für die erfolgreiche Beschaffung in China. Bei allen Beziehungen ist zu berücksichtigen, dass auch private Aspekte eine große Rolle spielen. Gerade vor oder nach harten Verhandlungen werden sehr viele Fragen über die Familie gestellt, vorwiegend Ehefrau, Kinder und Eltern. Lokale Mitarbeiter sind als Brücke zum Lieferanten zu verstehen. Zahlreiche Unternehmer der älteren Generation sprechen kein Englisch oder Deutsch und haben kaum Auslandserfahrung während ihres Studiums sammeln können. Gerade hier fangen die Schwierigkeiten für ausländische Einkäufer und Einkaufsmanager an, Hierarchien und Entscheidungswege beim Zulieferer zu verstehen. Entscheidungen werden selbst in stark hierarchischen und eigentümergeführten Unternehmen durch eine (meist kleine) Gruppe von Managern getroffen. Aufgrund von Sprachbarrieren sind hier Verständigungsschwierigkeiten an der Tagesordnung. Hier können gerade Regelkreise und Treffen auf „neutralem" Boden (z.B. Restaurant, Messen oder Golfplatz) ohne Zeitdruck helfen, diese Grenzen zu überwinden. Chinesische Lieferanten wollen insbesondere von den Deutschen bzw. Europäern lernen, insbesondere in den dominierten Industrien wie Maschinenbau-, Bahn- oder Automobilindustrie; den Europäern werden sehr viele Eigenschaften zugesprochen, die im Reich der Mitte sehr populär sind. Diese sind u. a. Nachhaltigkeit, Disziplin oder das steigende Umweltbewusstsein. Diese Eigenschaften finden Gefallen bei Chinesen, aber es ist wichtig zu verstehen, dass Chinesen nach ihren kulturellen Regeln von den Deutschen oder Europäern lernen wollen. Gerade das Essen wird in China als „Kunstakt" betrachtet. Abendessen können mehr als vier Stunden dauern und können reichlich Alkohol beinhalten. Hier empfiehlt es sich, Mitarbeiter auszuwählen, die „trinkfest" sind und am nächsten Tag nicht unbedingt benötigt werden, sollte man selber nicht trinkfest sein. In China wird privat selten Alkohol getrunken, jedoch werden bei Geschäftsessen diverse alkoholische Getränke in unterschiedlicher Reihenfolge angeboten, um Respekt zu erweisen.

Der Erfolg europäischer Firmen auf dem chinesischen Markt ist überall sichtbar in Bereichen wie Maschinenbau, Automobil- oder Bahnindustrie, insbesondere im Bereich der Qualität. Knorr-Bremse hat jüngst einen Auftrag für Hochgeschwindigkeitszüge im höheren dreistelligen Millionenbereich von der chinesischen Staatsbahn erhalten.[334] Europäern wird in China u. a. das Streben nach Erfolg, Prozessorientierung, Prozesssicherheit und Nachhaltigkeit zugeschrieben – Tugenden, die auch in China gut ankommen. Für in China agierende ausländische Konzerne ist es daher unabdingbar, die zuvor genannten Spielregeln zu verstehen und anzuwenden. Viele Unternehmen verstehen, dass eine Mischung aus „Expats" und sog. „Locals" Erfolg bringen kann, andere Unternehmen verlassen sich auf internationale Einkaufbüros oder „Consultants", die die Geschäftseintritte in das Reich der Mitte unterstützen. Darüber hinaus darf man nicht vergessen, dass die chinesische Kultur neben vielen asiatischen Kulturen (Südkorea, Japan) eine „Geschenkkultur" beinhaltet. Das Überreichen von Geschenken zeigt Respekt gegenüber der anderen Person. Oft werden bei privaten Anlässen wie Besuchen, Hochzeiten oder Geburtstagen, zu denen auch Vorgesetzte traditionell eingeladen werden, Geldgeschenke gemacht. Jedoch darf diese Kultur nicht auf den Beruf übertragen werden. Klare Richtlinien sollten daher in allen Unternehmen diese Aspekte berücksichtigen. Hier können interne und externe Regeln im Rahmen einer transparenten „Corporate Social Responsibility (CSR)-Richtlinie nützlich sein.

---

334   Seifert, E. 2013, S. 1.

6. Übertragung von Produktion und Wertschöpfungsanteilen auf die Lieferantenkette

Eigene Produktionsanteile, Wertschöpfungsanteile und Randkompetenzen werden zunehmend auf die Lieferantenkette übertragen. Die Konzentration auf Kernkompetenzen reduziert die eigene Fertigungstiefe und somit die Produktion. Als Konsequenz steigt die Abhängigkeit von Lieferantennetzwerken, wie diverse Autoren beschreiben. Die Übertragung von Fertigungsanteilen auf Lieferanten birgt enorme Gefahren, wenn Unternehmen bei der Übertragung signifikante Aspekte nicht berücksichtigen.[335] Beispiele aus der Vergangenheit in der Automobil- oder Bahnindustrie zeigen, dass eine Nichtberücksichtigung eines präventiven Lieferantenmanagements zu Verschwendung (jap.: Muda) in der Wertschöpfungskette und Verlustkosten führt. Im Jahr 2012 kam es z. B. durch Lieferausfälle seitens eines Unterlieferanten bei Hitachi zu Verzögerungen beim Bau von Hochgeschwindigkeitszügen. Defekte Zulieferteile verursachten 2011 einen Stopp des Eurostar-Zuges im Eurotunnel. Honda startete in 2010 einen weltweiten Rückruf von 437 Tsd. Fahrzeugen wegen defekter Airbags eines Zulieferers. Rückrufe durch Toyota in 2010 wegen angeblich defekter Fußmatten (Zulieferer) schädigten den Ruf der Marke erheblich. Modullieferant Plastech ging 2009 in die Insolvenz (Zulieferer von Chrysler), was zur temporären Schließung von Chryslerwerken führte. Auslieferungen von Fahrzeugen der Marke Chrysler an Kunden konnten daher nicht durchgeführt werden. Kunden waren als Ergebnis sehr unzufrieden. Dieses sind nur einige Beispiele, die zeigen, dass das Lieferantenmanagement nicht voll funktioniert hat. Als Konsequenz sieht man, dass ein fehlendes Lieferantenmanagement zu signifikanten Verlustkosten und Imageschäden führen kann. Nicht alle Unternehmen können jedoch sofort alle Kategorien umsetzen. Daher hat der Autor dieses Teils, Dr. Marc Helmold, mithilfe der Experten Prof. Dr. Brian Terry und Prof. Dr.-Ing. Robert Dust ein Modell entwickelt, welches Unternehmen hilft, in jeder der 15 Kategorien eine Standortbestimmung durchzuführen und die daraus notwendigen Handlungsbedarfe

---

335   Vgl. Dust 2011, S. 1ff.

abzuleiten, um Industrie „Best Practice" oder „Industrieexzellenz" zu erreichen. Empirische Ergebnisse zeigen, dass je nach Ausgangssituation, Ausprägung und Maturitätsgrad die Umsetzung in den jeweiligen Kategorien bis zu fünf Jahre dauern kann.[336]

6.1 Gezielte und systematische Umsetzung als Schlüssel für die Zukunft

Die Kategorien sind in Abbildung 2.50 dargestellt und umfassen Maturitätsstufen (Reifegrade) vom „Industrie-Zauderer", „Industrie-Standard", „Industrie-Best-Practice" und „Industrie-Exzellenz". Einzigartig, umfangreich und neu in der wissenschaftlichen Arbeit sind die detaillierte Beschreibung der Kategorien sowie ihrer Ausprägungen, die Maturitätsstufen (siehe Abbildung 2.49) und die Umsetzung jeder einzelnen Kategorie von der Stufe des Zauderers bis hin zur Stufe der Exzellenz.

Abbildung 2.49 Maturitätsstufen

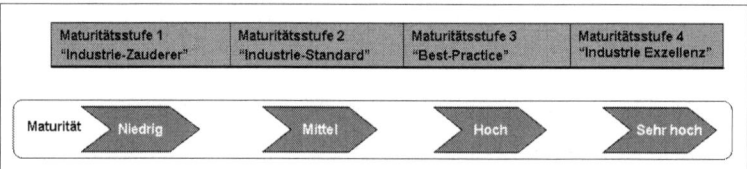

Quelle: In Anlehnung an Helmold 2014

Eine sich über drei Jahre hinziehende Literaturrecherche, Interviews mit den führenden Managern der Industrie sowie zwei Fallstudien haben zu der Entwicklung der Kategorien, der Beschreibung der Reifegrade sowie der Umsetzung der jeweiligen Kategorien (Best-Practices) beigetragen.[337] Insbesondere die Befragung der Topmanager der führenden Unternehmen der Transportindustrie hat zu den Ergebnissen beigetragen.

---

336   Vgl. Helmold 2014, S. 1.

337   Vgl. Helmold 2014, S. 1ff.

Abbildung 2.50 Kategorien der Standortbestimmung

Kategorien
1. Ausrichtung der Unternehmensstrategie
2. Organisatorische Ausrichtung
3. Lieferantenauswahl inkl. der Unterlieferanten
4. Kooperation mit Lieferanten
5. Überschaubarkeit der Wertschöpfungskette
6. B2B – Zusammenarbeit mit Lieferanten
7. Kostentransparenz in der Lieferkette
8. Risikomanagement in der Lieferkette
9. Bedarfsausrichtung und Synchronisierung der Produktionssysteme
10. Qualitätsperformance der Lieferanten
11. Lieferanten-Akademie
12. Lieferantenmanagement im internationalen Kontext
13. Lieferantenregression und Vertragsmanagement
14. Dualsourcingparadox
15. Etablierung von übergreifenden Teams zur präventiven Vermeidung von Lieferstörungen

Quelle: In Anlehnung an Helmold 2014

Ein erfolgreiches Lieferantenmanagement fängt bei der Unternehmensstrategie an; exzellente Unternehmen haben die Ziele eines präventiven Lieferantenmanagements in ihre Mission und Unternehmensziele integriert. Auf Basis der Unternehmensstrategie ist die organisatorische Ausrichtung einer der Schlüssel für ein „Best-in-Class" Lieferantenmanagement. Analog zu einem „Key-Account-Manager" im Verkauf haben exzellente Unternehmen einen einzigen Kontakt zum Lieferanten (Single Point of Contact), der alle Schnittstellenthemen zum Lieferanten nach außen wie innen vertritt. Die dritte Kategorie beinhaltet die Lieferantenauswahl inklusive der nachfolgenden Lieferanten. In den meisten Fällen der Studie haben Unternehmen Strategien mit ihren Lieferanten für drei bis fünf Jahre gemeinsam entwickelt. Kooperationen und Lieferantenbeziehungen werden von den herausragenden Unternehmen auf gleicher Augenhöhe gestaltet. Die Zusammenarbeit beinhaltet Logistik-, Qualitäts- und Produktionsprozesse und kann Zusammenschlüsse, Joint Venture, strategische Allianzen oder losere Verbindungen beinhalten. Insbesondere japanisch geprägte Unternehmen konzentrieren sich auf Wertschöpfung und die Eliminierung von Verschwendung entlang der Wertschöpfungskette. Zur Überschaubarkeit verwenden Unternehmen mit einem exzellenten Lieferantenmanagement IT-Systeme, die teilweise bis zu den Unterlieferanten der dritten Reihe (Tier 3) reichen. In der empirischen Studie war ersichtlich, dass selbst chinesische Zulieferer sich ihren Kunden SAP-seitig spiegeln, um eine größere Transparenz zu erreichen. Neben der SAP-seitigen Harmonisierung greifen exzellente Wertschöpfungsketten auf übergreifende Internetportale zu, die Prozesse in der Qualität, der Logistik und anderen Funktionen beinhalten. Neben der Transparenz entlang der Wertschöpfungsketten ist eine faire „offen Kostenpolitik" ein Teilbereich eines Best-in-Class-Lieferantenmanagements. Auch hier stellen japanische Unternehmen Exzellenz dar, indem sie schon im Produktentwicklungsprozess mit Lieferanten nach konzentrierten Kostenreduktionen und Optimierungen entlang der Werteketten aller Unternehmen suchen. Risiken werden von Kunden und Lieferanten gemeinsam getragen und transparent gemacht. Neben Makrorisiken wie Naturkatastrophen gibt es Mikrorisiken, die mehr in der Verantwortung der Lieferanten liegen. Exzellente Unternehmen haben ein Risikomanagement, welches die Lieferantenebenen eins, zwei und drei beinhalten (Tier 1, 2 und 3). Als neunte Kategorie gelten die optimale Bedarfsausrichtung und die stetige Umsetzung des Ziehprinzips. Qualitätsmeilensteine und -prozesse werden gemeinsam entwickelt und beinhalten die Unterlieferanten. Qualitätsdaten aus der Vergangenheit dienen hier zur Generierung von Zukunftstrends zur präventiven Vermeidung von Störfällen. Die Umwandlung von retroaktiven Daten in

Modelle zur Erkennung von zukünftigen oder potenziellen Störfällen ist eine der schwierigsten Kategorien in der Umsetzung der 15 Kategorien.

Durch eine Lieferantenakademie und eine lernende Organisation werden eigene Mitarbeiter und Lieferanten geschult. Gerade durch Budgetrestriktionen ist diese Kategorie eine teilweise nicht einfach umzusetzende Kategorie. Der Mehrwert ist aber durch Verbesserungen um ein Vielfaches höher als der monetäre Einsatz. Bei Geschäften im internationalen Kontext dienen Spezialisten und Einkaufbüros, die die Besonderheiten des jeweiligen Bezugslandes verstehen. Vertragsthemen im Lieferantenmanagement werden in exzellenten Unternehmen über sogenannte Vertragsmanager oder „Claim-Manager" mit juristischen Kenntnissen gehandhabt. Zwar sollten Streitigkeiten nicht auf gerichtlichem Weg ausgetragen werden, jedoch sollte die Zusammenarbeit auf vertraglich soliden Fundamenten bauen. Für wichtige Produkt- und Warengruppen präferieren exzellente Unternehmen eine duale Lieferantestrategie; selbst wenn nach Gesichtspunkten der schlanken Produktion eine Einlieferantenstrategie als sinnvoller erscheint, implementieren Unternehmen zur Sicherung der Wettbewerbsfähigkeit und Liefersicherheit eine Zweilieferantenstrategie. Unternehmen setzen mit einem Best-in-Class-Lieferantenmanagement übergreifende Teams ein, die mit qualitativen Methoden zur Verbesserung der Qualität, Kosten und Logistik beitragen. Entscheidend ist hier die Einbindung der Lieferanten in diese Teams und die offene Zusammenarbeit aller Beteiligten. Alle 15 Kategorien sind in der Forschungsarbeit detailliert beschrieben worden und reichen von dem Reifegrad niedrig bis sehr hoch, „Industrie-Zauderer", „Industrie-Standard", „Industrie-Best-Practice" und „Industrie-Exzellenz", wie Abbildung 2.49 zeigt.

Durch Zuhilfenahme der Studie können Unternehmen eine Analyse durchführen, wo sie in jeder einzelnen Kategorie stehen. Basierend auf der Analyse, die mit internen oder externen Experten durchgeführt werden kann, ist es zwingend notwendig, die erforderlichen Handlungsbedarfe zu definieren. Auf dieser Basis folgt ein Aktionsplan, der auf Umsetzung regelmäßig und kontinuierlich zu überprüfen ist. Während einige Kategorien einfach umzusetzen sind, sind Umset-

zungen in den Bereichen „Implementierung eines präventiven Lieferantenmanagements in die Unternehmensstrategie" von langfristiger
Natur. Unternehmen, die bei steigender Wertschöpfung in der Lieferkette diese Herausforderungen nicht umsetzen, werden auf lange Sicht
im Wettbewerb untergehen.[338] In der Lieferantenpyramide(vgl. Abbildung 2.51) ist zu sehen, dass das vordergründige Ziel von Lieferanten
sein muss, einen „A-Lieferant-Status" durch eine hohe Produktkom-
petenz und Prozesskompetenz zu erlangen. Dies gilt insbesondere für
alle Lieferanten wie Rohmaterialien-, Komponenten-, System-, Modul-
und Keiretsu-Lieferanten. Der Begriff „Keiretsu" kommt aus dem Japanischen (jap. Zuordnung, Eingliederung in das eigene System) und
bedeutet, dass der Lieferant in die eigenen Logistik- und Produktionsabläufe stark integriert ist. Keiretsu-Modelle sind in Japan sehr oft zu
sehen und beinhalten eine enge Partnerschaft auf Augenhöhe.[339] Sie
sind in der japanischen Automobilindustrie stark verbreitet.[340] Als Entscheidungskriterien für die Lieferanten sind Qualitäts-, Kosten- und
Logistikmerkmale (Q-K-L) verbunden mit speziellen Anforderungen.[341]

---

338   Vgl. Helmold 2014, S. 225.

339   Vgl. Liker und Choi 2005, S. 60.

340   Vgl. Ahmadin und Lincoln 2001, S. 683.

341   Vgl. Helmold 2014, S. 220.

Abbildung 2.51 Lieferantenpyramide unter Berücksichtigung von externer Produktion

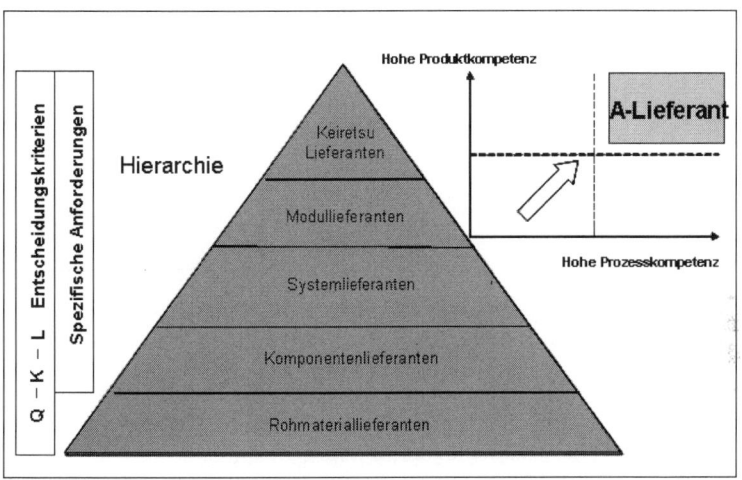

Literatur

Ahmadin, C., & Lincoln, E.J. (2001)	Keiretsu, Governance, and Learning: Case Studies in Change from the Japanese Automotive Industry. Organization Science. 12 (6).
Dust, R. (2012)	Virtuelle Produktionssysteme. Präsentation der MB-Tech Consulting.
Dust, R. (2013)	Total Supplier Management – Strategische Wettbewerbs- und Kostenvorteile durch ein ganzheitliches Lieferantenmanagement. https://www.hs-heilbronn.de/5265131/Studie-TSM-Prof-Dust-6_3.pdf. Zugegriffen: 11. Juli 2014.
Ford Motor Company (1995)	Statistical Process Control. Reference Manual. Chrysler, Ford Motor Company and General Motors. Carvin, Essex.
Friedl, J., Tuma, A., & Rager, M. (2004)	Logistik Management, Betriebswirtschaftliche Analyse und informationstechnische Umsetzung virtueller Produktionsnetzwerke. In: Spengler, T. S. (Hrsg.), Logistik Management. Heidelberg: Physika, S. 271-285.
Fraunhofer Institut und Technische Universitonsnetzw(2009)	Produktionslayoutoptimierung. http://loki61.lima-city.de/TU/PM%20Folien%20ss2009/08_Projektvorstellung_-_SS09.pdf. Zugegriffen: 14. Januar 2014
Fraunhofer IPK (2014)	Produktionssysteme. Fraunhofer IPK, Berlin. http://www.ipk.fraunhofer.de/geschaeftsfelder/produktionssysteme/. Zugegriffen: 23. Januar 2014
Gabler Wirtschaftslexikon (2013a)	Definition Produktion. http://wirtschaftslexikon.gabler.de/Definition/produktion.html. Zugegriffen: 3. Oktober 2013
Gabler Wirtschaftslexikon (2013b)	Definition Produktion. http://wirtschaftslexikon.gabler.de/Definition/produktionsplanung-und-steuerung.html. Zugegriffen: 15. November 2013

Geiger, G., Hering, E., Kummer, R. (2003)	Kanban. Optimale Steuerung von Prozessen. M., Aufl Hanser.
Hagedorn, G., & Scheuermann, W. (2004)	Stückgut-, Sammelladungs- und Kombiverkehr. In: Präsentation der FH Osnabrück. Fakultät für Wirtschafts- und Sozialwissenschaften. 13.10.2004
Helmold, M. (2010)	Lieferantenmanagement. An den Kunden denken. In: Beschaffung aktuell. 08.2010.
Helmold, M. (2011)	Lieferantenmanagement als nachhaltiger Wettbewerbsvorteil. Handbuch der strategischen Lieferantenentwicklung. Praxisbeispiele und Erfahrungsberichte als nachhaltiger Wettbewerbsvorteil. Aachen: Shaker.
Helmold, M., & Klumpp, M. (2011)	Schlanke Prinzipien im Lieferantenmanagement. In: FOM ild Schriftenreihe Logistikforschung, Bd. 22
Helmold, M. (2014)	Establishing a best-practice model of multinational SRM in multinational manufacturing companies in the European transportation industry. Berlin: Wissenschaftlicher Verlag.
Imai, M. (1997)	Kaizen: The key to Japan´s competitive success. New York: Mc-Graw Hill.
Kamiske, F., & Brauer, J.-P. (2007)	Qualit-P F., Graw Hill.n´s competitive success. nal SRM in multinational manufacturing compWiesbaden: Gabler.
Kennedy, M. (2003)	Product Development for the Lean Enterprise. Virginia: Oaklea Press.
Kettner, H., Schmidt, J. und Greim, H.-J. (2010)	Leitfaden der systematischen Fabrikplanung. München: Hanser Verlag.
Krajewski, L. J., & Ritzman, L. P. (1996)	Operations Management. Strategy and Analysis. Reading: Addison-Wesley.
Kummer, S., Grün, O., & Jammernegg, W. (2006)	Grundzüge der Beschaffung, Produktion und Logistik. München: Pearson.

Kurbel (2005)	Produktionsplanung und –steuerung im Enterprise Resource Planning und Supply Chain Management. 6. Auflage. München/ Wien: Oldenbourg.
Liker, J. (2004)	The Toyota Way. Madison: Mc Graw Hill.
Liker, J., & Choi, T. (2005)	Fordernde Liebe. Supply Chain Management. In: Harvard Business Manager, 3, S. 60–72.
Mercer Management Consulting und Fraunhofer-Institut (2004)	Future Automotive Industry Structure (FAST) 2015 – die neue Arbeitsteilung in der Automobilindustrie. Verband der Automobilindustrie (VDA), Frankfurt am Main.
Ohno, T. (1990)	Toyota Production System – Beyond Large Scale Production. New York: Productivity Press.
Olfert, K. (2009)	Investition. Leipzig: Kiehl.
Porsche Akademie (2009a)	Porsche Akademie. Produktion und Logistik. Just-in-Time Produktionssystem. Prinzipien der schlanken Produktion. Schulungsunterlagen. Porsche Akademie, Stuttgart-Zuffenhausen.
Porsche Akademie (2009b)	Just in Time. Das schlanke Produktionssystem. In: Schulungsunterlagen der Porsche Consulting.
SAP AG (2014)	Produktionssteuerung SAP. http://help.sap.com/saphelp_46c/helpdata/de/51/9531f7a1fa11d189ba0000e829fbbd/content.htm. Zugegriffen: 28. Juli 2014.
Scheer, A.-W. (1997)	Wirtschaftsinformatik – Referenzmodelle ftik phelp_46c/helpdata/de/51/9sse. Berlin: Springer.
Schneeweige.e. (1999)	Einftophige.elle ftik phelp_46c/helpdata/ Berlin: Springer.

Seifert, E. (2013)	Großaufträge aus China: Knorr-Bremse rüstet neue Hochgeschwindigkeitszüge aus. shttp://www.knorr-bremse.de/de/press/pressreleases/press_detail_22528.jsp. Zugegriffen am 8.8.2014.
Slack, N. (1995)	Operations Management. London: Pitman.
Spath, D. (2003)	Ganzheitlich produzieren. Innovative Führung und Organisation. Hamburg: Logis.
Thaler, K. (2003)	Supply Chain Management, Prozessoptimierung in der logistischen Kette. 4 Trosdorf: Fortis.
TQM Training & Consulting (2014)	5S Methode. Heilbronn. http://www.tqm.com/beratung/5s. Zugegriffen: 16. Januar 2014
Vahrenkamp, R. (2008)	Produktionsmanagement. M. Auflage. managemen
Vitr, M., Lohse, W., & Herfs, W. (2007)	Virtuelle Produktionssysteme. In: Zeitschrift fder logist11d189ba0000e82kbetrieb, 10, S. 640–644.

PRODUKTION UND MARKETING

Bereits in der Einführung zu diesem Buch wurde angesprochen, dass die grundsätzliche Idee in der Darstellung der Verknüpfung der unterschiedlichen betriebswirtschaftlichen Bereiche liegt. In den vorangegangenen Hauptkapiteln wurden die *Beschaffung* und die *Produktion* dargestellt sowie in dem entsprechenden Übergangskapitel der Zusammenhang zwischen beiden betriebswirtschaftlichen Aktivitäten erläutert.

Nicht nur in der Realität, auch in der theoretischen Befassung ist es dabei mitunter etwas schwierig, beide Bereiche sauber zu trennen, so dass es zu Überschneidungen kommen kann. Diese Überschneidungen sind beabsichtigt, zeigen sie doch sehr deutlich den engen Verbund zwischen den beiden Teildisziplinen.

Im Folgenden soll nun kurz erläutert werden, welcher Zusammenhang speziell zwischen der Produktion auf der einen Seite und dem Marketing auf der anderen Seite besteht.

Zum einen wurde im Einleitungskapitel der Produktion auf den wertschöpfenden Charakter der dort stattfindenden Aktivitäten hingewiesen. Dieser wertschöpfende Charakter spielt in seinen Ausprägungen auch für die Vermarktung eines Produktes eine entscheidende Rolle. So gibt die Art und Weise der Wertschöpfung oft einen Hinweis auf Kernkompetenzen, die wiederum im Rahmen der Vermarktung ihre Entsprechung im sog. USP (Unique Selling Proposition) finden können; eignet sich doch insbesondere eine Kernkompetenz dazu im Markt einen Wettbewerbsvorteil im Sinne eines Alleinstellungsmerkmals zu erzielen.

Darüber hinaus ist die Frage der geeigneten Aufbauorganisation der Produktion letztlich auch eine Frage des zu produzierenden Produktes und damit der Kundenbedürfnisse: Eine Einzelfertigung ergibt nur dann Sinn, wenn der Kunde nach einer individuellen Lösung fragt. Die Anfertigung von Individualgütern setzt nun aber auch eine entsprechende Zahlungsbereitschaft beim Kunden voraus und kann in der Regel beispielsweise bei Gütern des täglichen Bedarfs geringer eingeschätzt werden als bei langlebigen Wirtschaftsgütern.

Im Rahmen der Ablauforganisation wurden die Aspekte Losgrößenplanung, Durchlaufterminierung, Kapazitätsterminierung und Reihenfolgeplanung angesprochen. In diesem Zusammenhang ist auch das so genannte Kanban-System erwähnt worden, welches unter anderem zur Kostenreduktion eingesetzt wird. Tendenziell eignet sich das Kanban-System eher für Unternehmen mit geringer Variantenvielfalt und einer Notwendigkeit bzw. Möglichkeit der Kostenreduktion innerhalb der Produktionssteuerung. Entsprechend ist das System für Einzelfertigungen nicht sinnvoll einzusetzen und es stehen bei der Überlegung der Umsetzung der Ablauforganisation wieder die Kundenbedürfnisse um eine mögliche Individualisierung der Leistung des Unternehmens im Fokus.

An diesen beiden Beispielen im Rahmen der Aufbau-bzw. Ablauforganisation wird deutlich, welche Bedeutung die Marktforschung und die Befassung mit dem Kunden für die Wettbewerbsfähigkeit im Markt haben. Aus dieser Befassung folgen aber auch direkte Ergebnisse für die im Marketing üblichen operativen Instrumente, die in großer wissenschaftlicher Übereinstimmung bei Sachgütern mit den so genannten 4 P´s nach McCarthy bezeichnet werden. Bei diese 4 P´s handelt es sich um Product (Produktpolitik), Price (Preispolitik), Place (Distributionspolitik) und Promotion (Kommunikationspolitik). Tatsächlich findet sich diese Form der Gruppierung in der Realität in den Unternehmen relativ selten; vielmehr sind dort die vier Instrumente oft auf die beiden Bereiche Marketing und Vertrieb verteilt. Aus dieser Verteilung folgen häufig interne und externe Kommunikationsprobleme, da beispielsweise eine Trennung der Verantwortung für die Produktpolitik (häufig der Marketingabteilung zugeordnet) und der Preispolitik (häufig dem Vertrieb zugeordnet) gepaart mit den unterschiedlichen Zielsetzungen der Abteilungen eine inhaltliche Zugehörigkeit trennt, die zumindest theoretisch offensichtlich ist.

Neben dem unmittelbaren Einfluss der Produktion auf das Produkt und damit die Produktpolitik (bzw. der (Markt-)Erkenntnisse um das geeignete Produkt und damit auf die Produktion), ergibt sich ein mittelbarer Einfluss auf den für ein Produkt zu verlangenden Preis, zumindest insofern, als neben den Beschaffungs-und Produktionskosten das Unternehmen auch einen Gewinnaufschlag realisieren möchte und damit einen entsprechenden Verkaufspreis festlegt. Immer häufiger allerdings dreht sich die Denkrichtung aufgrund der zunehmenden Wettbewerbsintensität in vielen Märkten um, so dass einem so genannten Target Costing gefolgt wird. Hierbei orientiert sich das Unternehmen am Marktpreis und versucht die entsprechenden internen Kosten so zu gestalten, dass eine möglichst hohe Marge übrig bleibt, ohne den Marktpreis zu überschreiten.

Im vorangegangenen *Produktion* Kapitel wurde auch berücksichtigt, dass produzierte Ware gegebenenfalls nicht direkt vom Unternehmen verkauft wird, sondern einem Absatzmittler zur Verfügung gestellt wird, der das Produkt dann letztendlich an den Endkunden verkauft. Diese Problematik wird im Rahmen des Marketings in der Distributionspolitik, mit einem Fokus auf die für die Kunden optimale Distribution, diskutiert.

Abschließend ist es eine der wichtigsten Aufgaben des Unternehmens seine Leistungsfähigkeit zu kommunizieren. Dies bezieht sich nicht zwingend ausschließlich auf das eigentliche Produkt, sondern kann ebenso in Zusammenhang gebracht werden mit der Gesamtleistung des Unternehmens in Bezug auf Beschaffungsmärkte von Inputfaktoren oder den Arbeitsmarkt. Aus diesem Grund kommt der Kommunikationspolitik eine besondere Bedeutung zu, da sie im Rahmen der Öffentlichkeitsarbeit über die Leistungen des Unternehmens an sich berichtet und in einer Vielzahl von anderen kommunikationspolitischen Instrumenten versucht, den Kunden von der Eignung des eigenen Produktes zur Bedürfnisbefriedigung zu überzeugen.

Im folgenden Hauptkapitel werden neben dem operativen *Marketing* die für die Befassung notwendigen Rahmenbedingungen dargestellt.

Peter Kürble

TEIL 3: MARKETING

1. Einführung[342]

Die Definition des Begriffes wird in der Literatur auf die vielfältigste Art und Weise vorgenommen. Eine der am weitesten gefassten Definitionen findet sich beispielsweise bei Bruhn:

> „Marketing ist eine unternehmerische Denkhaltung. Sie konkretisiert sich in der Analyse, Planung, Umsetzung und Kontrolle sämtlicher interner und externer Unternehmensaktivitäten, die durch eine Ausrichtung der Unternehmensleistungen am Kundennutzen im Sinne einer konsequenten Kundenorientierung, die darauf abzielt, absatzmarktorientierte Unternehmensziele zu erreichen."[343]

Ein bedeutender Aspekt dieser wie vieler anderer Definitionen besteht darin, dass, anders als bei anderen betriebswirtschaftlichen Disziplinen, der Kundennutzen im Sinne einer Kundenorientierung im Vordergrund steht.

Dies ist nun deswegen bemerkenswert, nicht weil es sich hier um originäres Marketingwissen handelt, immerhin hat schon Peter Drucker in den 1970er-Jahren des letzten Jahrhunderts darauf hingewiesen, dass der einzige Unternehmenszweck sein muss, zufriedene Kunden zu generieren, sondern weil dieses Wissen sowohl in der Theorie als auch in der Realität selten zur Umsetzung kommt. Dass es eine eigene For-

---

342 Dieser Aufsatz basiert im Wesentlichen auf den Ausführungen aus: Kürble (2015).

343 Bruhn 2014, S. 14..

schungsrichtung Kundenbindungsmanagement im engen Zusammenhang mit der Problematik der Kundenzufriedenheit gibt, die häufig als übergeordnetes und innovatives Konzept verkauft wird, darf zumindest insoweit verwundern, als Kundenzufriedenheit eigentlich innerste Fokussierung eines jeden Marketers von jeher sein sollte. Die Betonung dieses Fokus im Rahmen der angesprochenen neuen Disziplin mag aber auch der Tatsache geschuldet sein, dass so manches Unternehmen genau diese ureigenste Aufgabe zu lange vernachlässigt hat.

In der Realität ist die Sichtweise der Kundenfokussierung eben eher selten vertreten. Gerade bei kleinen und mittelständischen Unternehmen wird das Marketing, beschnitten auch noch um den Vertrieb, vielmehr auf Werbung reduziert und im Zweifel eher sporadisch bis gar nicht betrieben. So wird in der unternehmerischen Praxis oft kolportiert, dass den hohen Kosten ein kaum zu messender Ertrag gegenüber steht. Diese weit verbreitete Meinung ist allerdings, wie noch zu zeigen sein wird, völlig unbegründet, betriebswirtschaftlich Unsinn, und beruht eher auf Unkenntnis um die Möglichkeiten des Marketings oder der fehlenden Bereitschaft, entsprechende Kontrollinstrumente zu etablieren.

Welche Definition und welche Zuordnung zum Marketing und zur Marketingabteilung auch immer bevorzugt werden, der wichtigste Faktor ist also die Orientierung am Kunden. Dies impliziert zum einen die genaue Kenntnis um den Kunden und zum anderen die Ausrichtung der Instrumente des Marketings am Kunden.

Die Instrumente des Marketings werden auch als Marketingmix bezeichnet. Der *Marketingmix* wird im weiteren Verlauf als „die von einem Unternehmen zu einem bestimmten Zeitpunkt eingesetzten **Kombinationen von marketingpolitischen Instrumenten**"[344] definiert. Diese marketingpolitischen Instrumente sind bei Sachgütern seit McCarthy[345] vier (Preis, Produkt, Kommunikation und Distribution).[346]

---

344 Weis 2013, S. 83. Hervorhebung im Original.

345 Vgl. McCarthy 1969.

346 Es wird sich im weiteren Verlauf zeigen, dass die Beziehung der Begrifflichkeiten *Marketingmix* und marketingpolitisch inzwischen nicht mehr eineindeutig ist. So ist der Marketingmix zwar immer mit den berühm-

Als Übersicht sei darauf hingewiesen, dass der Marketingmix als ein Bestandteil eines Marketingplans interpretiert werden kann. Der Marketingplan, oft auch als Marketing-Konzeption bezeichnet, macht deutlich, dass eine ökonomisch sinnvolle operative Marketing-Aktivität die Berücksichtigung verschiedenster Rahmenbedingungen verlangt: das operative Marketing ist nur effizient, wenn es die grundlegenden Ziele und strategischen Entscheidungen berücksichtigt und sich an der Ausrichtung des Unternehmens im Sinne einer Unternehmensphilosophie orientiert (vgl. Abbildung 3.1).

Abbildung 3.1 Marketingplan

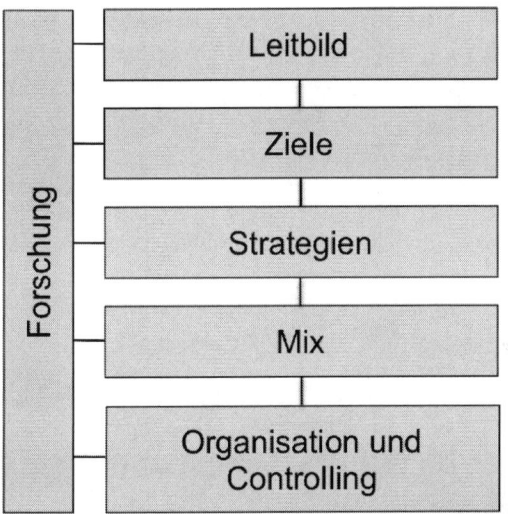

Quelle: Kürble (2015), S. 3.

---

ten Ps verbunden; diese sind aber nicht immer zwingend politisch einzusetzen, sondern zum Teil auch strategischer Natur. Es sei an dieser Stelle auch darauf hingewiesen, dass die Auflistung der 4 Ps in ihren Ursprüngen nicht von McCarthy stammt, sondern dass diese Ps von Erich Gutenberg schon fast 10 Jahre früher formuliert worden sind.

Der Marketingplan bildet die Struktur für die weiteren Betrachtungen in diesem Beitrag und da die Forschung Grundlage für ein planvolles Vorgehen sowohl in der Theorie als auch in der Realität ist, wird sie im Folgenden zuerst betrachtet.

2. Marketingforschung

Marketingforschung sei hier verstanden als die systematische Gewinnung, Aufbereitung und Interpretation von Daten, die für die Marketingplanung hinsichtlich der Absatz- und Beschaffungsmärkte relevant sind. Damit macht die Marketingforschung nur einen Teil der gesamten Marktforschung aus, da der Markt u. a. auch mit dem Blick auf das Risikomanagement oder das Finanzierungsmanagement untersucht werden kann.

2.1 Methoden

Zu den Methoden der Marketingforschung zählen die Sekundärforschung und die Primärforschung. Sie unterscheiden sich insbesondere hinsichtlich der Eigenschaften der Daten und der Art der Beschaffung. Während bei der Sekundärforschung die Daten bereits vorliegen und entweder, bspw. bei Marktforschungsinstituten, erkauft werden, oder durch eigene Bemühungen zum Beispiel über das Internet am Schreibtisch gesammelt werden (aus diesem Grund im Englischen auch *desk-research* genannt), werden die Daten im Rahmen der Primärforschung selber erstellt, das Untersuchungsfeld quasi selber beackert, weswegen diese Variante im Englischen *fieldresearch* genannt wird. Auch dies kann entweder tatsächlich in Eigenleistung geschehen oder an externe Experten vergeben werden. Unabhängig davon werden die Daten entweder über eine Befragung, eine Beobachtung oder ein Experiment erhoben.[347]

---

347 Wobei in der unternehmerischen Praxis das Experiment eine geringere Rolle spielt, weswegen es auch im Weiteren nicht betrachtet werden soll.

Die *Beobachtung* ist als die planmäßige direkte Erhebung von Gegebenheiten und Verhaltensweisen, die nicht auf Fragen und Antworten beruhen, zu verstehen. Damit klärt die Beobachtung in erster Linie die Frage nach dem *Was*.

Beispielhaft lässt sich das Einkaufsverhalten beim Einzelhandel, die Nutzung von bestimmten Verkehrswegen oder die Reaktion auf Werbespots beobachten. So konnte u. a. festgestellt werden, dass Konsumenten in Deutschland beim Einkaufen tendenziell nach rechts gehen, bestimmte Güter jeden Tag kaufen, manchmal auch zusammen (sog. *Verbundeffekte*) und, dass sie tendenziell auf Augenhöhe kaufen. Wenn ein Einzelhändler so etwas berücksichtigt, können entsprechend Ware angeordnet werden und bspw. die teuersten Produkte auf Augenhöhe und täglich benötigte Ware möglichst weit hinten im Laden platziert werden, oder komplementäre Güter wahlweise nebeneinander oder mit möglichst großer Distanz zueinander einsortiert werden, je nachdem, was das Ziel des Einzelhändlers ist.

Je nach Art der Beobachtung weiß der Proband nicht, dass er beobachtet wird, so dass hieraus ein wesentlicher Vorteil gegenüber der Befragung existiert: Der Proband verhält sich natürlich und ohne Einfluss durch die Situation. Daraus folgt auch, dass eine Bereitschaft für die Auskunft nicht notwendig ist und die Beobachtung, je nach Art, relativ kostengünstig ist. Andererseits sind bspw. Blickaufzeichnungsmessung oder Magnetenzephalografie zur Messung der Hirnaktivitäten relativ teuer und haben bisher in erster Linie den Krankenhäusern zur Finanzierung genutzt, denn dem Marketing zum Erkenntnisgewinn.

Ein wesentlicher Nachteil der Beobachtung liegt insbesondere darin, dass die Motive für das Verhalten nicht erkannt werden können. Die Frage nach dem *Warum* bleibt also ungeklärt.

Die *Befragung*, definiert als das systematische Vorgehen der Erhebung, bei dem Personen durch gezielte Fragen zur Abgabe von Informationen veranlasst werden sollen, kann diese Lücke füllen. Sie wird üblicherweise in eine mündliche, telefonische und schriftliche unterteilt, wobei die schriftliche noch einmal in eine internetbasierte und eine klassische Variante unterteilt werden kann.

Obwohl es aufgrund der vielfältigen Kombinationsmöglichkeiten der Befragungsformen nicht ganz einfach ist, deutliche Vor- und Nachteile der einzelnen Befragungsarten zu identifizieren, kann beispielsweise dennoch die Rücklaufquote ein Unterscheidungskriterium sein: Sie ist insbesondere bei der klassischen Variante der schriftlichen Befragung, den Briefen, sehr gering und liegt im unteren einstelligen Bereich. Etwas besser war bspw. die Einschätzung bei E-Mails.[348] Darüber hinaus ist die Beeinflussung durch Dritte bei dieser Befragungsform nicht auszuschließen und die Zuverlässigkeit damit eher niedrig.

Unabhängig von der Methode können die Daten sowohl unternehmensintern als auch unternehmensextern erhoben werden. Unter Umständen sind gerade unternehmensinterne Datenbanken, deren Einsatz und Bedeutung in den letzten Jahren deutlich gestiegen ist, geeignet, Fragestellungen effizient zu beantworten.

Nach der Betrachtung der Erhebungsmethoden sollen nun mögliche Instrumente kurz vorgestellt werden, um die Vielfalt deutlich zu machen, die auch im Rahmen nicht apparativer Verfahren, möglich ist.

Der erste Schritt der Marketingforschung sollte immer darin bestehen, den Markt, um den es geht, genau zu beschreiben. Diese Marktbeschreibung ist quasi die notwendige Bedingung, die Grundlage für alle weiteren Verfahren, die weiter unten angesprochen werden.

2.2 Der relevante Markt

Grundsätzliche Voraussetzung für eine sinnvolle Marktforschung ist die Beschäftigung mit dem sog. relevanten Markt. Die EU definiert den relevanten Markt wie folgt:

---

348 An dieser Stelle sei angemerkt, dass sich der kurzfristige Vorteil der höheren Rücklaufquote bei E-Mails oder dem Internet, grundsätzlich gegenüber der Briefvariante inzwischen relativiert. Dies mag auch damit zusammenhängen, dass der Neuheitseffekt und die überbordende Nutzung dieses Instruments bei den Nutzern zunehmend zu dem gleichen Abwehrverhalten führt wie bei anderen Formen der Befragung auch.

„Der relevante Markt kombiniert den sachlich und den räumlich relevanten Markt, die wie folgt definiert werden: ein sachlich relevanter Produktmarkt umfasst sämtliche Erzeugnisse und/oder Dienstleistungen, die von den Verbrauchern hinsichtlich ihrer Eigenschaften, Preise und ihres vorgesehenen Verwendungszwecks als austauschbar oder substituierbar angesehen werden; ein geografisch relevanter Markt umfasst das Gebiet, in dem die beteiligten Unternehmen die relevanten Produkte oder Dienstleistungen anbieten und in dem die Wettbewerbsbedingungen hinreichend homogen sind."[349]

Diese Möglichkeit der Abgrenzung kann noch ergänzt werden um die Abgrenzung in zeitlicher Hinsicht. Die zeitliche Betrachtung bezieht sich auf die saisonale Verfügbarkeit bestimmter Produkte, wie dies häufig in der Modebranche der Fall ist: So haben sich inzwischen vier verschiedene jahreszeitliche Abgrenzungen in Deutschland eingebürgert und der Konsument kann im Frühjahr, Sommer, Herbst und Winter seine bevorzugte Kleidung erwerben. Gleiches gilt aber auch für religiöse Feste wie Ostern oder Weihnachten, Karneval, Halloween oder St. Knut.

Gerade bei der letzten Abgrenzung zeigt sich sehr gut, dass die Festlegungen des relevanten Marktes im Zeitablauf nicht stabil sein müssen und sich durchaus weiterentwickeln können: So war lange Zeit der Markt für Speiseeisprodukte zeitlich auf den Sommer beschränkt und definierte sich durch die Öffnung oder Schließung der Eiscafés unserer italienischen Nachbarn. Durch die Angebote von Tiefkühleis und die besondere Kreativität der Branche bspw. ein Wintereis zu krönen, hat sich die Relevanz der Eingrenzung nach zeitlichen Gesichtspunkten erübrigt und das ganze Jahr ist als Absatzzeitraum relevant geworden.

Die verschiedenen Betrachtungsebenen werden in der Realität oft miteinander kombiniert, um die Komplexität eines Marktes erfassen zu können; so ist bspw. der Markt für (Weihnachts-)Tannenbäume sowohl zeitlich als auch räumlich und sachlich zu beschreiben: In zeit-

---

349 http://europa.eu/legislation_summaries/competition/firms/l26073_de.htm, 17.08.2011

licher Hinsicht lässt sich der relevante Zeitraum auf die Adventszeit eines Jahres begrenzen, in räumlicher Hinsicht spielen nur die Ländermärkte eine Rolle, in denen der christliche Glaube Relevanz hat und ein Tannenbaum die klimatischen Bedingungen vorfindet, zu denen er existieren kann und in sachlicher Hinsicht kann zwischen den verschiedenen Tannenarten und künstlichen Tannenbäumen oder andere Arten des weihnachtlichen Hausschmucks von einer Austauschbeziehung und damit von einem gemeinsamen Markt gesprochen werden.

Ein sehr beliebter Ansatz, der zu den Ansätzen in sachlicher Hinsicht zugeordnet werden kann, ist der sog. Substitution-in-use-Ansatz. Dieser Ansatz beschreibt die Austauschbeziehung in Abhängigkeit von der Nutzungssituation. Denn die Frage, ob Produkte sich ersetzen können, aus Sicht des Konsumenten also gleichwertig sind, hängt in hohem Maße davon ab, wozu Produkte genutzt werden. Hier spielen also die Eigenschaften der Produkte die herausragende Rolle, weniger das Produkt selber.

Um das obige Beispiel des Tannenbaums wieder aufzugreifen: Wird der Tannenbaum als Träger exorbitanten Weihnachtsschmucks und zur Klagemauer innerhäusiger musikalischer Vorträge genutzt, so wäre eine Steinmauer eine eher suboptimale Alternative. Wenn der Tannenbaum aber zur Abgrenzung eines Grundstücks im Sinne bspw. eines Sichtschutzes dienen soll, dann steht er sehr wohl in Konkurrenzbeziehung zur Steinmauer, da beide über das ganze Jahr blickdicht sind und damit den gleichen Nutzen erfüllen.

Die Diskussion um die Abgrenzung des relevanten Marktes hat Abell nun noch um einen weiteren Aspekt ergänzt. Aus seiner Sicht sind neben Kundenfunktion (oder auch: Kundennutzen) und Kundengruppen auch die für die Produktion genutzten alternativen Technologien ein wichtiges Unterscheidungskriterium,[350] da Unternehmen, wie bspw. in der Automobilindustrie, durchaus in der Lage sind, unterschiedliche Produktvariationen mit der gleichen Technologie zu produzieren, sodass es aufgrund geringer oder fehlender Umstellungskosten für die Unternehmen egal ist, welches Produkt sie produzieren.

---

350   Vgl. Abell 1980, S. 29ff.

Somit könnten aus Sicht der Produktionstechnologie ein Klein- und Mittelklassewagen durchaus einem relevanten Markt zugeordnet werden. Gleiches gilt z. B. für die Zulieferindustrie, die Armaturen entweder aus Metall, Aluminium, Holz oder Kunststoff herstellen kann. Insofern zählen alle Unternehmen zum relevanten Markt, die in der Lage sind, die entsprechenden Materialien auf die entsprechende Art und Weise zu verarbeiten. An dieser Stelle zeigt sich die enge Verknüpfung zwischen den marketingtechnischen Grundüberlegungen und den Bereichen Beschaffung und Produktion: Die Fortschritte, die in der Produktion gemacht werden, müssen in der Marktabgrenzung und den damit verknüpften strategischen und operativen Überlegungen Berücksichtigung finden, als Produkte ggf. ihr Größe oder ihr Design verändern können, oder kundenrelevante Aspekte wie eine besonders nachhaltige Produktion berühren. Ebenso müssen Veränderungen auf dem Lieferantenmarkt in die strategischen und operativen Ausrichtungen mit eingebracht werden. Die bezieht sich zum einen auf die Produktpolitik, da die genutzten Materialien, wie noch zu zeigen wird, unterschiedliche Interpretationen durch den Konsumenten zulassen. Zum anderen ist davon die Preispolitik berührt, welche die ggf. günstigeren Materialien durch sinkende Abverkaufspreise berücksichtigen kann und dies hat wiederum wenigstens Auswirkungen auf die Kommunikation der Produkte.

Ein aktuelles Beispiel zeigt sich bei den Überlegungen von Internetunternehmen wie Amazon oder Computerfirmen wie Apple, in den TV-Markt einzudringen. Ob nun Filme durch ein Streamingverfahren auf dem PC angeboten werden, oder mit einem zusätzlichen USB-Stick auf dem Fernsehbildschirm, ob auf dem Smart-Phone oder dem TV-Bildschirm, die Märkte liegen weder technologisch noch von der Nutzenbefriedigung weit auseinander, so dass durchaus von einem gemeinsamen relevanten Markt gesprochen werden kann. An dieser Stelle wird deutlich, wie elementar wichtig die richtige und immer wieder überprüfte Abgrenzung des Marktes ist, um solche Drohpotenziale möglicher Wettbewerber rechtzeitig erfassen zu können.[351]

---

351 Siehe hierzu auch Porters Five Forces insbesondere in Bezug auf die *Bedrohung durch neue Wettbewerber* und die *Bedrohung durch Substitute*.

Insbesondere der Automobilmarkt zeigt heute entsprechende Herausforderungen nicht nur in Bezug auf die alternativen Antriebsformen, sondern auch in Bezug auf die Abgrenzung des Marktes, so dass inzwischen nicht mehr vom Automobilmarkt, sondern vom Markt für Mobilität gesprochen wird und damit alternative Distanzüberwindungstechnologien wie Fahrrad, Flugzeug, Bahn, zu Fuß gehen mit in die Betrachtung einbezogen werden müssen. Gerade in den Großstädten ist das Elektrofahrrad eine ernst zu nehmende Konkurrenz zum klassischen Automobil.

In Ergänzung dazu könnte im Rahmen der alternativen Technologien Ähnliches auch für die Konsumentenseite angenommen werden: Sofern die Produkte mit der gleichen vorhandenen Technologie genutzt werden können, zählen sie auch aus Kundensicht zu einem gemeinsamen und damit relevanten Markt.[352] Hier müsste dann eher von einer Konsumtechnologie gesprochen werden. Denn auch für den Kunden können Wechselkosten ein Grund sein, von einem Produktwechsel abzusehen, und fehlende Wechselkosten dazu führen, dass er Produkte durchaus als Substitute empfindet: Ein PC ist dann ein Substitut für eine Schreibmaschine, wenn der Konsument mit der gleichen Technologie (in diesem Fall dem 10-Finger-Schreibsystem) den gleichen oder sogar einen höheren Nutzen erreichen kann. In diesem Moment gehören PC und Schreibmaschine, respektive deren Anbieter, zum gleichen relevanten Markt. Der Konsument hat dies in den 80er-Jahren des letzten Jahrhunderts in Deutschland sehr deutlich erkannt und entsprechend die Schreibmaschine durch den PC ersetzt.

Abbildung 3.2 zeigt die Abgrenzung des relevanten Marktes nach Abell am Beispiel des TV-Marktes. Hier kann bei den Konsumentenfunktionen zwischen Unterhaltung und Information unterschieden werden, bei den Konsumentengruppen klassischerweise nach dem Alter, da die werberelevante Zielgruppe für die TV-Unternehmen zwischen 14-49

---

352 Der Begriff der Technologie muss dann anders interpretiert werden: es handelt sich um die Fähigkeiten des Konsumenten, das Produkt zu nutzen, also eine Konsumtechnologie.

Jahren angenommen wird.[353] Bei den alternativen Technologien handelt es sich hier um die Konsumtechnologien im weitesten Sinne, als die Fernsehzuschauer, wie schon angesprochen, verschiedene Möglichkeiten haben, das TV-Programm zu empfangen.

Abbildung 3.2 Der relevante Markt nach Abell

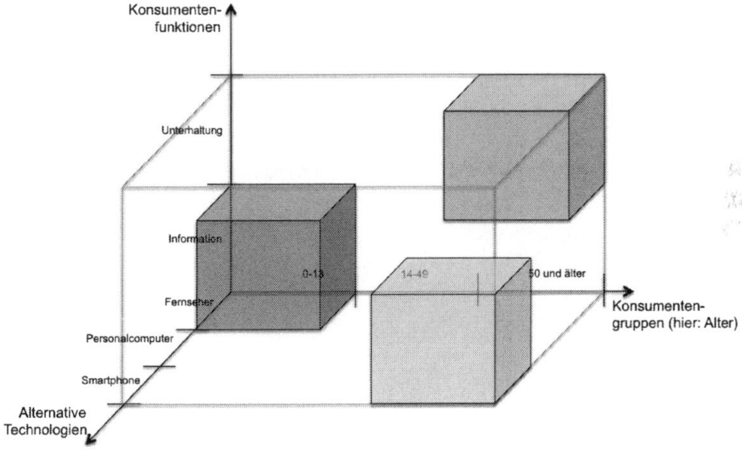

Quelle: Eigene Darstellung in Anlehnung an Abell (1980).

Im Anschluss an die Abgrenzung des relevanten Marktes besteht der nächste Schritt darin, sich der Instrumente zu bedienen, die, je nach Zielsetzung, einen Beitrag für die genauere Beschreibung des Marktes, in dem sich das Unternehmen befindet oder in Zukunft befinden möchte, leisten können.

Dem ersten *groben* Schritt der Annäherung an das eigene Betätigungsfeld folgt also nun auf einer nächsten Ebene die Verfeinerung der Betrachtung.

---

353 Hier muss allerdings gesagt werden, dass inzwischen oft auch mit einem Alter zwischen 20-59 Jahren gearbeitet wird.

2.3 Instrumente

Abbildung 3.3 Umfeld- und Marktanalyse

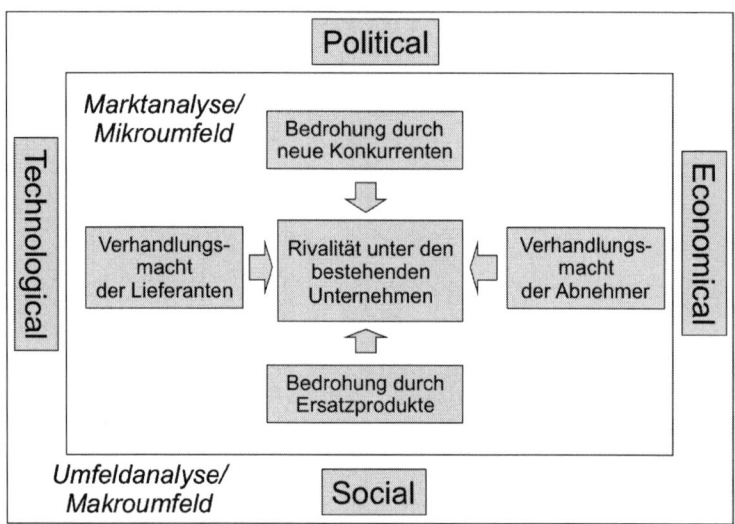

Die beiden hier nun kurz vorzustellenden Instrumente sind die PEST(EL)-Analyse (s. Abbildung 3.3) und die 5-Forces nach Porter. Die PEST(EL)-Analyse dient der Betrachtung des Makromfeldes eines Unternehmens und wird deswegen auch als Umfeldanalyse bezeichnet. Sie beschäftigt sich mit Faktoren, auf welche die Unternehmen keinen direkten Einfluss haben.[354]

Sie findet in zweierlei Hinsicht Anwendung: Zum einen kann sie bspw. der räumlichen Abgrenzung des relevanten Marktes dienen, indem sie die *unternehmensexternen* Kriterien liefert, welche zur räumlichen Abgrenzung sinnvoll sind. Dies könnte zum Beispiel bei der Identifikation von potenziell zu bearbeitenden Auslandsmärkten der Fall sein. Die PEST(EL)-Analyse umfasst u. a. das Pro-Kopf-Einkommen als ein

---

354   In der Literatur existieren die PEST- und die PESTEL-Analyse gleichberechtigt nebeneinander.

Kriterium. Hier könnte das Unternehmen einen Mindestwert beschließen, ab welchem Pro-Kopf-Einkommen die Bearbeitung eines Marktes Sinn macht und dann die entsprechenden Länder im Sinne eines klassischen Filterverfahrens auswählen.[355]

Zum anderen kann sie auch im Nachgang zur räumlichen Abgrenzung erfolgen, wenn ein Unternehmen aus *interner* Sicht (bspw. aus strategischen Gründen) beschließt, eine bestimmte, geografisch abzugrenzende Region zu bedienen. In diesem Fall würde sie dann die Kriterien liefern, um die ausgewählte Region zu analysieren.

Die einzelnen Buchstaben des Akronyms stehen für P(olitical), E(conomical), S(ocial), T(echnological), E(nvironmental) und L(egal). So sind bspw.

- Firmenenteignungen, wie sie 2007 in Simbabwe beschlossen wurden,

- Finanzkrisen, wie sie in den USA 2007 ausgelöst worden sind,

- die Familie als Lebensform, die in Deutschland zwischen 1996 und 2011 um 14,3 Prozent zurückgegangen ist und alternativen Lebensformen gewichen ist,[356]

- die Penetration von Telekommunikationsnetzen, die in Deutschland 2014 bezogen auf das Breitbandnetz bei 66,4 Prozent liegt,[357]

- die klimatischen Bedingungen, die einen wesentlichen Einfluss auf die Arbeitsbereitschaft von Mitarbeitern haben können[358]

---

355 Deutschland liegt hier bspw. 2013 je nach Methode auf Rang 18! Deutlich hinter Österreich und den Niederlanden. Man mag sich damit beruhigen, dass Geld alleine nicht glücklich macht – eine gewonnene Fußballweltmeisterschaft schon (vgl. IMF 2014).

356 Vgl. http://www.bpb.de/nachschlagen/zahlen-und-fakten/soziale-situation-in-deutschland/61594/eltern-und-kinder, 20.07.2014

357 Diese Angaben beziehen sich auf eine Übertragungsrate von über 50Mbit/s, können in ländlichen Gegenden aber auch unter 23,3% betragen, vgl.: TÜV Rheinland (2014), S. 5ff.

358 Vgl. Dülfer 1999, S. 237ff.

- das TTIP-Abkommen[359] und

- die rechtlichen Vorgaben zur Firmengründung.

Faktoren, die den (potenziellen) Erfolg eines Unternehmens beeinflussen können.

Neben diesen sich auf der Ebene des Makroumfelds befindenden Faktoren, können auch auf der Ebene des Mikroumfeldes eines Unternehmens Faktoren bestimmt werden, die den Erfolg eines Unternehmens beeinflussen können und die von den fünf Wettbewerbskräften nach Porter beschrieben werden können.

Die 5-Forces (im Folgenden mit 5F abgekürzt) gehören sicherlich zu den in der Managementliteratur am meisten beschriebenen Instrumenten zur Bestimmung der ökonomischen Attraktivität eines Marktes. Es ist Porters Verdienst, die schon weit vor ihm existierende vielschichtige Literatur zu diesem Thema und die dort beschriebenen Zusammenhänge und Ergebnisse grafisch und inhaltlich geschickt verknüpft und somit auch einem eher praktisch orientierten Publikum zugänglich gemacht zu haben.

Und dies, obwohl die Anwendung in der Realität zeitlich extrem aufwendig und zum Teil auch schwierig ist. Aufgrund der vielfältigen Literatur zu diesem Instrument seien die 5F nur in ihren Grundzügen vorgestellt, ohne auf die eigentlich notwendigen Details einzugehen.[360]

Das Ziel der 5F besteht darin, das (potenzielle) Mikroumfeld eines Unternehmens zu beschreiben. Die 5F eignen sich somit dazu, den Markt, in dem das Unternehmen bereits aktiv ist *oder* in dem es noch aktiv werden möchte, mit seinen relevanten Faktoren zu beschreiben.[361] Je nach Ausgangssituation sind die Ergebnisse der Analyse also unter-

---

359 Vgl. unter anderem die Seite der EU über den Verhandlungsstand, http://ec.europa.eu/trade/policy/in-focus/ttip/, 10.07.2015.

360 Vgl. Porter (1980).

361 Die Sichtweise folgt dem sog. Market-based view, der in der Ökonomie in den 70er- und 80er-Jahren des letzten Jahrhunderts im Fokus der Betrachtungen stand.

schiedlich zu bewerten: So sind bspw. hohe Markteintrittsbarrieren für ein Unternehmen, welches sich im Markt befindet, durchaus positiv; für ein Unternehmen, welches in den Markt eintreten möchte, aber nicht.

Darüber hinaus ist es notwendig, sich Gedanken darüber zu machen, welche der von Porter identifizierten Faktoren in welchem Maße für den untersuchten Markt tatsächlich relevant sind. Lizenzen stellen bspw. im Mobilfunkmarkt eine relevante Markteintrittsbarriere dar, weil ohne eine freie Netzlizenz der Betrieb nicht möglich ist und die Kosten für den Erwerb solcher Lizenzen vergleichsweise hoch sind; im Markt für Lebenshilfe existieren solche Lizenzen nicht: Kartenlegen für Kunden gegen Bezahlung darf jeder, hier stellt lediglich der (fehlende) Intellekt eine Barriere dar.

Im Folgenden werden nun die Wettbewerbskräfte übersichtsartig vorgestellt, um einen Eindruck von der Vielschichtigkeit des Instruments und seinem Potenzial zu vermitteln, es sei allerdings noch einmal darauf hingewiesen, dass die praktische Anwendung sehr häufig bei Weitem nicht so intensiv möglich ist und durchgeführt wird, wie das Instrument in der theoretischen Diskussion Raum gefunden hat. Oft findet die praktische Anwendung aufgrund der Schwierigkeiten bei der Datenerhebung nur rudimentär statt und führt dann zu entsprechend rudimentären oder gänzlich unbrauchbaren Ergebnissen.

2.3.1 Bedrohung durch neue Konkurrenten[362]

Die Bedrohung durch neue Konkurrenten kann auf das Kriterium der Markteintrittsbarrieren (MEB) fokussiert werden. Dabei ist die Be-

---

362 Es sei an dieser Stelle darauf hingewiesen, dass diese sehr exakten Bezeichnungen von Porter, die in vielen Ausführungen gerne mal unterschlagen werden, einen wichtigen Hinweis darauf geben, was eigentlich untersucht werden soll. Denn grundsätzlich kann der Aspekt potenzieller Konkurrenten aus verschiedensten Richtungen betrachtet werden. Dass es hier um die *Bedrohung* geht, weist deutlich auf die zu überprüfenden Kriterien und das angestrebte Ziel des Instruments hin.

drohung hoch, wenn die Markteintrittsbarrieren niedrig sind und vice versa.

Im Wesentlichen können drei Arten von Eintrittsbarrieren beschrieben werden: regulatorische, ökonomische und strategische.

Die regulatorischen sind bspw. vom Staat vorgegebene Mindeststandards, wie sie im Rundfunk inhaltlicher Art festgelegt sind und sich unter anderem auf die Einhaltung des Jugendschutzes beziehen und, ähnlich wie bei anderen Medien, solche Inhalte verbieten, die gewaltverherrlichend oder pornografischer Natur sind.

Genauso gut zählen Subventionen zu den regulatorischen MEB, die sowohl national als auch international eine wichtige Rolle spielen: So wird der europäische Agrarmarkt mit 58 Mrd. Euro im Jahr 2014, was immerhin 38 Prozent des EU-Budgets sind, unterstützt.

Schließlich können auch Lizenzen zu MEB werden. Ein bekanntes Beispiel ist sicherlich der Mobilfunk: Hier gab es Anfang des Jahrtausends Auktionen um die wenigen freien UMTS-Frequenzen. Wer keine Lizenz erworben hatte, konnte in diesem Markt nicht tätig werden. Da die Erfahrung gezeigt hat, dass Unternehmen solche knappen Zugänge gerne auch schon mal dadurch künstlich verknappen, dass sie zwar die Frequenzen erwerben, sie dann aber nicht nutzen, ist mit dem Erwerb auch immer eine verpflichtende Inbetriebnahme verbunden und bei zu eindeutiger Untätigkeit kann die Lizenz auch wieder entzogen werden.

Ökonomische Markteintrittsbarrieren sind die Markteintrittsbarrieren, die im Zusammenhang mit ökonomischen Zielgrößen stehen, wie etwa die Einflussfaktoren auf die Erträge oder Kosten: So stellen Betriebsgrößenvorteile unter bestimmten Umständen eine Markteintrittsbarriere dar, wenn eine bestimmte Betriebsgröße notwendig ist, um das im Markt vorhandene Produkt gleichermaßen kostengünstig anbieten zu können. Gerade bei homogenen Massengütern ist dies der Fall. Ein anderes Beispiel für ökonomische Markteintrittsbarrieren sind fehlende Möglichkeiten der Differenzierung, da dies zu einer fehlenden Möglichkeit der Unterscheidung von etablierten Unternehmen führt. Dies kann aufgrund von Imagevorteilen der etablierten Firmen oder aufgrund von anderen Kundenbindungsmaßnahmen ebenfalls zu Problemen für die neuen Wettbewerber führen.

Schließlich können die Zugriffe auf Distributionskanäle bzw. seltene Inputfaktoren eine Markteintrittsbarriere darstellen, wenn bspw. die Regalplätze im Handel belegt sind, knappe Senderplätze auf TV-Satelliten gekauft werden, Ölfelder oder Diamantenminen nicht mehr zu den gleichen Konditionen zur Verfügung stehen oder ein bekannter deutscher Fußballclub die besten Fußballer aufkauft und auf der Reservebank sitzen lässt, um zu verhindern, dass sie für andere Mannschaften Tore schießen.

Unter die strategischen Markteintrittsbarrieren fallen u. a.

- das sog. Limit Pricing, bei dem Unternehmen die bereits im Markt sind damit drohen, den Preis für ein homogenes Gut so weit zu senken, dass es für potenzielle Wettbewerber u. a. aufgrund der fehlenden Größenvorteile nicht lohnend wäre, in den Markt einzudringen, oder

- freie Kapazitäten, die im Bedrohungsfall aktiviert werden können und dadurch die Produktion ausdehnen würden, was bei homogenen Gütern und der entsprechenden Nachfrage zu Preissenkungen im Markt führen würde (insbesondere die OPEC droht regelmäßig mit Kapazitätssenkungen oder -ausdehnungen, je nachdem, was das Ziel dieser Aktivitäten ist) oder

- strategisch genutzte Werbeaktivitäten, wenn bspw. durch die Belegung von Werbekanälen dem potenziellen Wettbewerber die Chance genommen wird, sich bekannt zu machen. Der amerikanische Cerealien-Markt ist hier ein Klassiker.[363]

---

363   Vgl. Kürble (2000), S. 125.

2.3.2 Verhandlungsmacht der Anbieter/Nachfrager

Die Verhandlungsmacht der Anbieter und Nachfrager kann, da sich die Einflussfaktoren in den meisten Fällen nur in ihren Vorzeichen unterscheiden, zumindest in dieser Übersicht parallel behandelt werden. Grundsätzlich gilt, dass die Attraktivität des Marktes umso größer ist, je geringer die Verhandlungsmacht der beiden Gruppen, da dies dem Unternehmen im Markt erlaubt, eigene Vorstellungen durchzusetzen.

Wie wichtig die Bedeutung dieses Kriteriums ist, zeigt sich sehr gut in der deutschen Lebensmittelbranche: Zum einen können die Hard-Discounter, wie u. a. Aldi oder Lidl, in bestimmten Fällen z.B. die Qualitätskriterien für die Lieferanten bestimmen und die Margen festlegen, weil sie eine so große Marktmacht haben, dass es sich kaum ein Lieferant erlauben kann ohne sie auszukommen. Andererseits gibt es auch auf der Lieferantenseite Unternehmen, die aufgrund ihrer Produkte eine so große Bedeutung haben, dass es sich manche Unternehmen im Lebensmitteleinzelhandel nicht erlauben können, auf diese Produkte zu verzichten. Ein wichtiger Einflussfaktor für die Bedrohung ist also die Bedeutung des Produktes für den Handel (z. B. aufgrund der dadurch erzielten Umsätze) bzw. für den Abnehmer: Ist das Produkt im Sortiment des Handels eher von untergeordneter Bedeutung, kann es leicht ausgelistet werden und die Verhandlungsmacht des Lieferanten ist gering. Ist das Produkt aus Sicht des Abnehmers eher unbedeutend, sei es, weil er es nur selten nutzt, oder weil es eine Vielzahl von Ersatzprodukten gibt, dann ist die Verhandlungsmacht des Abnehmers tendenziell groß.[364]

2.3.3 Bedrohung durch Ersatzprodukte

Die Bedrohung durch Ersatzprodukte oder -dienstleistungen beruht auf der Annahme, dass es Substitutionsbeziehungen geben könnte, die dafür sorgen, dass der Konsument das Produkt der Branche durch ein

---

364   Die endgültige Beurteilung der Machtverhältnisse basiert natürlich auf mehr als nur auf einem Kriterium und muss entsprechend differenziert betrachtet werden.

aus seiner Sicht alternatives ersetzt. Hierzu gibt es eine Vielzahl von Instrumenten, mit denen Substitutionsbeziehungen gemessen werden können. Letztlich geht es immer um das Verhältnis von Preis zu Leistung, oder Kosten zu Nutzen: Konsumenten werden nur solche Produkte anderen vorziehen, die bei konstantem Nutzen geringere Kosten oder bei zunehmendem Nutzen gleiche Kosten verursachen. In manchen Fällen können sogar der Nutzen höher und die Kosten niedriger sein als bei dem Produkt der Branche.

Ein Instrument um die Substitution zu messen ist bspw. die aus der Mikroökonomie bekannte Kreuzpreiselastizität. Sie besagt, dass Konsumenten solche Produkte als Substitute empfinden, bei denen sich feststellen lässt, dass die Konsumenten aufgrund einer Preisänderung des einen Gutes das andere verstärkt nachfragen.[365] Hier wird also vom Marktbeobachter eine Substitutionsbeziehung aufgrund von Mengenreaktionen unterstellt. Andere Instrumente sind bspw. der Substitution-in-use-Ansatz oder das Konzept der subjektiven Ähnlichkeit. Es wird deutlich, dass die Ansätze mit denen verglichen werden können, die zur Abgrenzung des relevanten Marktes bereits beschrieben worden sind.

Unabhängig vom gewählten Instrument wird deutlich, wie wichtig dieses Kriterium für die Einschätzung der ökonomischen Attraktivität des Marktes ist: Der Konsument vergleicht Preis und Leistung und für ihn spielen die verschiedenen Kombinationen dieser beiden Kriterien die entscheidende Rolle; der USB-Stick hat die Floppy Disk nicht deshalb als Speichermedium verdrängt, weil er so schick ist, sondern weil seine Speicherleistung bei identischem Preis um ein Vielfaches höher und er gleichzeitig auch noch kleiner ist. Dies ließ sich auch beobachten im Vergleich von PC und Schreibmaschine, zwischen Videorekorder und DVD-Player, Plattenspieler und CD-Spieler oder E-Mail und Brief.

---

365   Hier sind *Butter* und *Margarine* ein gerne gewähltes Beispiel in der Literatur. Von den grundsätzlichen Problemen mit diesem Instrument abstrahiert sei noch darauf hingewiesen, dass es sich um *aus Sicht des Konsumenten* homogene Güter handeln muss.

Insbesondere in der Medienbranche wird seit vielen Jahren darüber nachgedacht, ob bspw. das Internet das Fernsehen als Medium ablösen wird. Es lassen sich einige Aktivitäten der Internetfirmen in Richtung TV-Programmformat erkennen und vice versa. Letztlich ist das Ausmaß an Konvergenz oder Ersatz aber wohl eine Generationenfrage. In den nächsten 20 bis 30 Jahren, wenn die Generation der „Digital Natives" in die Jahre kommt, wird sich zeigen, ob ihr unbändiger Informations- und Mitteilungsdrang entweder genauso nachlässt wie bei allen Generationen vor ihr und die Konzentration wieder eher auf dem nahen sozialen Umfeld liegt oder ob sie tatsächlich weltweit vernetzt bleibt.

2.3.4 Rivalität zwischen den bestehenden Unternehmen

Schließlich bleibt noch der eigentliche Markt, in dem das Unternehmen bereits aktiv ist oder aktiv werden möchte. Auch hier spielen grundlegende ökonomische Faktoren wie die Marktform, der Marktlebenszyklus oder das Verhältnis von Angebot und Nachfrage eine entscheidende Rolle für die Rivalität unter den bestehenden Unternehmen.

Die Rivalität ist bspw. regelmäßig in der Marktform des Oligopols am höchsten, da dort die Reaktionsverbundenheit unter den bestehenden Unternehmen am größten ist und entweder zu ruinöser Konkurrenz führen kann oder zu (nicht erlaubten) Absprachen zwischen den Unternehmen: der deutsche Mineralölmarkt ist ein klassisches Beispiel dafür.

Anderseits ergeben sich unterschiedliche Rivalitätsausprägungen entlang des Marktlebenszyklus: Solange der Markt wächst, der zu verteilende Kuchen also immer größer wird, solange ist die Rivalität vergleichsweise gering. Mit zunehmendem Alter des Marktes und damit sinkenden Wachstumsmöglichkeiten steigt die Rivalität. Wird dies begleitet von hohen Marktaustrittsbarrieren, entbrennt am Ende des Marktlebenszyklus ein Kampf um die Kunden, der meistens über den Preis ausgefochten wird.

Im Folgenden sind die Porters Wettbewerbskräfte und deren Einflussfaktoren noch einmal im Einzelnen aufgeführt:

Tabelle 1: Die Wettbewerbskräfte und ihre Einflussfaktoren

Wettbewerbskraft	Einflussfaktor
Bedrohung durch neue Wettbewerber	Ökonomische MEB - EOS - Produktdifferenzierung - Kapitalanforderungen - größenunabhängige Kosten - Zugriff auf Distributionskanäle Regulatorische MEB - Subventionen - Lizenzen - Standards Strategische MEB - Preise - Kapazitäten - Werbung
Verhandlungsmacht der Lieferanten und Abnehmer	- Relative Marktstruktur - Differenzierung - Wechselkosten - Bedrohung durch Vorwärts- bzw. Rückwärtsintegration - Bedeutung der Branche
Bedrohung durch Ersatzprodukte	- Preis-Leistungsverhältnis - Wechselkosten
Rivalität zwischen den bestehenden Unternehmen	- Marktstruktur - Marktlebenszyklus - Differenzierung - Wechselkosten - Verhältnis Angebot-Nachfrage - hohe Austrittsbarrieren

Die Kritik an Porters 5F ist vielschichtig. Müller-Stewens und Lechner sehen ein wesentliches Problem in der Schwierigkeit der Definition des Marktes und schlagen stattdessen eine Fokussierung auf Wertschöpfungsebenen vor. Darüber hinaus sehen sie ein Problem in einer der grundlegenden Annahmen, nämlich dem Einfluss der Branchenstruktur auf die Profitabilität des Unternehmens.[366]

Downes glaubt, dass durch die zunehmende Globalisierung, Deregulierung und Digitalisierung Porters Modell zu kurz greift, weil es die Dynamik der Entwicklungen nicht erfassen kann und zu statisch ist. Technologie sei mehr eine Triebkraft wirtschaftlicher Entwicklung, denn eine Rahmenbedingung.[367]

Shapiro und Varian gehen davon aus, dass Informationsgüter, deren Bedeutung in der Vergangenheit stark zugenommen hat, anderen Gesetzmäßigkeiten gehorchen als den von Porter identifizierten.[368]

Hierzu sei angemerkt, dass Modelle wie die Five Forces von Porter immer statischer Natur sind, weil sie einen Status quo beschreiben; die Dynamisierung des Modells würde es aufgrund der damit verbundenen Komplexität für die praktische Nutzung unbrauchbar machen. Aus diesem Grund ist die ständige Überprüfung der Ergebnisse als ein Ersatz wesentlich und unabdingbar für die Nützlichkeit des Instruments. Dies widerlegt aber nicht die Brauchbarkeit. Letztlich haben insbesondere der Dotcom-Hype, das Platzen der Internetblase sowie die Finanzkrise der letzten Jahre sehr deutlich gemacht, wie relevant

---

366 Vgl. Müller-Stewens und Lechner 2003, S. 193f. Insbesondere zu dem letzten Punkt sei allerdings angemerkt, dass es sich um eine alte Diskussion in der Ökonomie handelt, die unter dem Structure-conduct-performance-Paradigma in der Industrieökonomik bekannt geworden ist. Und ob die Struktur das Ergebnis oder vielleicht das Ergebnis die Struktur bestimmt, lässt sich nicht abschließend klären. Sicherlich wichtig für die Einschätzung des Instruments ist aber, dass Porter zu den Verfechtern des sog. Market-based View gehört.

367 Vgl. Downes; Larry: Beyond Porter ;www.contextmag.com/setFrameRedirect.asp?src=/archives/199712/technosynthesis.asp, 12.08.2009.

368 Vgl. Shapiro und Varian 1998.

grundlegende mikroökonomische Zusammenhänge sind. Nichts anderes aber wird bei Porter beschrieben. Das diese bspw. bei Informationsgütern angepasst werden müssen, weil diese sich u. a. durch eine Tendenz zur Marktform der monopolistischen Konkurrenz auszeichnen und es sich um Netzwerkgüter handelt, ist unbestritten, ändert aber ebenfalls nichts an der grundlegenden Richtigkeit der Porter'schen Ausführungen.

Nach dieser kurzen Einführung in die Marktforschung erfolgen nun Betrachtungen des Marketingmix und der dort üblicherweise genutzten Instrumente.

3. Marketingmix

Wie bereits angesprochen, setzt sich der Marketingmix im klassischen Verständnis aus den sog. vier Ps zusammen. Diese Abkürzung resultiert aus den angloamerikanischen Begrifflichkeiten für die dem Marketingmix zugesprochenen unternehmenspolitischen Bereichen Produktpolitik (Product), Preispolitik (Price), Distributionspolitik (Place) und Kommunikationspolitik (Promotion).[369] Sofern es sich um eine Betrachtung des Dienstleistungssektors handelt, kommen drei zusätzliche Ps hinzu: Personalpolitik (Personnel), Prozesspolitik (Process) und Ausstattungspolitik (Physical Facility).[370] Darüber hinaus finden sich in der Literatur auch noch andere Möglichkeiten der Abgrenzung, die u. a. damit befasst sind, Preis- und Produktpolitik zur Angebotspolitik zusammenzufassen, da beide untrennbar miteinander verbunden sind oder für bestimmte Branchen eine andere Begrifflichkeit oder Sortierung bemühen. Grundsätzlich gilt aber für alle Abgrenzungen, dass der einzige Zweck des Marketingmix in der Erfüllung der psychologischen oder ökonomischen Ziele des Marketings besteht. Hierzu ist es immer wieder wichtig, daran zu erinnern, dass letztlich der Kunde im Zentrum der Betrachtung steht. Der nun wiederum ist, vereinfacht gesagt, an einem möglichst optimalen Verhältnis von Preis und Leis-

---

369 Vgl. Mc Carthy 1960.
370 Vgl. Magrath 1986, S. 45.

tung interessiert (siehe Abbildung 3.4).[371] Der Marketingmix muss nun so optimiert sein, dass der Abnehmer durch die Kommunikationspolitik den Eindruck bekommt, dass das vorgestellte Produkt das Ideal darstellt. Hierzu ist es wichtig, dass im Rahmen der Kontrahierungspolitik die Preisgestaltung optimiert wird, im Rahmen der Produktpolitik das Produkt und im Zusammenhang mit der Distributionspolitik die Erreichbarkeit der Leistung für den Abnehmer.

Abbildung 3.4 Die 4 Ps und ihre Zusammenhänge

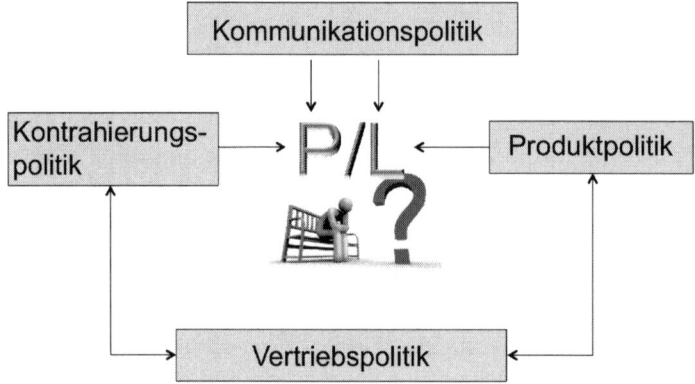

Die einzelnen Elemente des Marketingmix werden im Folgenden kurz dargestellt und schließlich zusammengeführt.

---

371 Der Begriff an sich ist, aufgrund der Definition des Preises als das Verhältnis einer Geldeinheit zu einer Mengeneinheit (mithin einer Leistung) ökonomisch unsinnig, soll aber, aufgrund der flächendeckenden Nutzung in der Realität auch hier Anwendung finden.

3.1 Produktpolitik

3.1.1 Einleitende Betrachtungen

Die Produktpolitik ist auf *alle Entscheidungstatbestände* fokussiert, *die sich auf die marktgerechte Gestaltung aller vom Unternehmen im Absatzmarkt angebotenen Leistungen beziehen.*

Damit fallen unter die Produktpolitik die materiellen Güter ebenso wie die immateriellen Dienstleistungen. Der Begriff des Produkts dient also als Klammer für diese beiden angesprochenen Formen.

Hier lassen sich nun verschiedene Arten der *Klassifizierung* finden, wobei im Folgenden beispielhaft der *Beschaffungsaufwand* als Kriterium genutzt werden soll.

Dabei bezeichnet Beschaffungsaufwand jeden Aufwand[372], der mit der Versorgung des Konsumenten mit dem Gut verbunden ist. Hierzu zählen monetäre und nicht monetäre Kosten. Während monetäre Kosten u. a. den Preis des Gutes und alle damit verbundenen Auf- oder Abschläge beinhalten (also Boni, Skonti, Zinszahlungen ...), fallen unter die nicht monetären Kosten die Kosten für die aufgewandte Zeit, z. B. für die Suche nach einem Parkplatz (in der Ökonomie gerne mit dem Begriff Opportunitätskosten versehen) oder nach Information über das Produkt (gerne im Rahmen der Transaktionskosten diskutiert) sowie die physischen und die psychischen Kosten.

Zu den physischen Kosten zählen der einem lebenden Organismus eigene Kraftaufwand für die Erbringung einer Leistung in Form von Kalorien und der damit verbundene Verschleiß. Hier mag der eine oder andere zu leichtem Schmunzeln neigen. Gerade die Bedeutung dieser physischen Kosten wird allerdings in Zukunft immer weiter zunehmen, denn physische Kosten, die für junge Menschen kein spürbares

---

372 Auch wenn *Kosten* und *Aufwand* natürlich streng genommen nicht identisch sind, da der neutrale Aufwand keine Kosten darstellt und die Zusatzkosten keinen Aufwand, so mögen sie hier als Synonyme verwandt werden.

Problem sind, stellen mit zunehmendem Alter eine reale Herausforderung dar. Umso anstrengender der Weg zum Einzelhändler wird, umso eher überlegt sich der Kunde, ob er sich diese Mühe macht. Da auch in Deutschland immer mehr Menschen immer älter werden, ist hier ein wichtiger Ansatzpunkt für zusätzliche Dienstleistungen, die dem Kunden in Form von Bringdiensten angeboten werden können.[373]

Die psychischen Kosten, also die Kosten, die mit dem Denken und Gefühlsleben verbunden sind, sind entsprechend vielschichtiger Natur und sollen hier nur am Beispiel der Konsumentenverwirrtheit diskutiert werden: Der Konsument erlebt bspw. den Einkauf ab einer bestimmten Menge des Produktangebots nicht mehr zwingend als angenehm. So zeigen Untersuchungen, dass Konsumenten ab einer größeren Anzahl von Produkten einer Produktkategorie diese Menge nicht mehr nur als positiv empfinden, sondern vielmehr die Unsicherheit in der Kaufentscheidung zunimmt. Diese Unsicherheit kann im Extremfall dazu führen, dass der Konsument vom Kauf absieht, weil er die Vielzahl an Produktinformationen nicht verarbeiten und sich nicht entscheiden kann. Dem grundsätzlich positiven Effekt des *einmal hin, alles drin* steht also ein negativer Effekt der Überlastung des Konsumenten entgegen. Das ist einer der Gründe, warum Konsumenten in hohem Maße auf Discounter zurückgreifen, dort ist das Angebot übersichtlich und damit findet die Entscheidungssituation deutlich vereinfacht statt.

Wird nun nach Beschaffungsaufwand unterschieden, so können folgende Produktkategorien beschrieben werden:[374]

Güter, die gekauft werden, ohne dies vorher zu planen, werden als *Unsought Goods* (also *nicht gesuchte Güter*) bezeichnet. Der Beschaffungsaufwand ist, da vorab keine Opportunitäts- oder Transaktionskosten

---

373 Siehe hierzu auch die Ausführungen im Rahmen der produktbegleitenden Dienstleistungen.

374 Da die Unterscheidung in hohem Maße vom Informationsstand des Individuums in Bezug auf die gewählten Produkte abhängig ist, sind die genutzten Beispiele völlig subjektiv. Hier mag der geneigte Leser ggf. eigene Produkte finden, die aus seiner Sicht sinnvoller sind.

und keine physischen oder psychischen Kosten zugeordnet werden können, sehr gering. Hierbei handelt es sich um sog. Impulskäufe, die bspw. im Kassenbereich von Einzelhändlern zu beobachten sind oder auch im Rahmen von Zweitplatzierungen generiert werden sollen.

Güter des täglichen Bedarfs, die aufgrund ihres häufigen Erwerbs mit eher geringem Beschaffungsaufwand verbunden sind, werden als *Convenience Goods* bezeichnet. Hier besteht der Beschaffungsaufwand lediglich z.b. in der Überwindung räumlicher Distanzen, also der Fahrt zum Einzelhändler, mithin den Opportunitätskosten.[375] Die Informationskosten sind durch den häufigen Kauf wieder nahe null und könnten allenfalls zum Beispiel darin bestehen, zu überprüfen, ob sich die Preise für diese Güter seit dem letzten Kauf geändert haben oder die Mengen verändert worden sind. Gerade Letzteres ist seit der europaweiten Freigabe der Verpackungsgrößen zum 11. April 2009 relativ häufig geschehen und hat in vielen Fällen zu versteckten Preiserhöhungen geführt, da die Mengenveränderungen nicht immer auf den ersten Blick zu erkennen waren.

Die nächste Kategorie mit zunehmendem Beschaffungsaufwand wird als *Shopping Goods* bezeichnet. Shopping Goods werden seltener gekauft als Convenience Goods, so dass der Kunde hier einen höheren Informationsbedarf und Suchaufwand hat, als bei Convenience Goods. Beispiele wären der Kauf von Schuhen oder Pflanzen.

Die Güter mit dem höchsten Beschaffungsaufwand sind die sog. *Specialty Goods*. Hierbei handelt es sich um Güter, die nur in besonderen Fällen und vergleichsweise selten gekauft werden, wie z. B. Hochzeitskleider oder Waschmaschinen. Der Beschaffungsaufwand ist aufgrund der fehlenden Kenntnisse der aktuellen Angebote hoch und führt oft dazu, dass Kunden Informationshilfen, wie bspw. Bewertungen durch unabhängige Institutionen oder andere Kunden, z. B. im Freundeskreis oder in sozialen Netzwerken, für die Kaufentscheidung nutzen.

---

375   Hier wird noch einmal der Unterschied zu den vorab beschriebenen Unsought Goods deutlich: Da deren Kauf beim Aufsuchen des Einzelhandels nicht geplant war, lassen sich die Kosten auch nicht zurechnen; die Fahrt hätte ja alleine für die Unsought Goods nicht stattgefunden.

Die erläuterte Unterscheidung nach dem Beschaffungsaufwand ist aus Sicht des Marketings elementar für die Frage möglicher Kostenreduzierungsansätze für den Kunden und damit die Erhöhung des vom Kunden wahrgenommenen Nettonutzens des Produktes oder der Dienstleistung: Da der Kunde einem Produkt einen bestimmten Nutzen zuschreibt, stellt der diesem Nutzen die anfallenden Kosten gegenüber und wird das Produkt nur dann erwerben wollen, wenn aus seiner Sicht der Nutzen die Kosten überwiegt. Neben der u. a. kommunikationspolitischen Einflussnahme auf den wahrgenommenen Nutzen, zeigt die Unterscheidung nach dem Beschaffungsaufwand also auch Möglichkeiten auf, die wahrgenommenen Kosten zu reduzieren.

Die offensichtlichste Variante wäre die Reduzierung der monetären Kosten, also u. a. des Barpreises. Daneben könnten Unternehmen aber auch über Möglichkeiten der Reduzierung der nicht-monetären Kosten nachdenken: Zurzeit gibt es im Lebensmitteleinzelhandel bspw. Versuche mit einem Abholservice. Der Kunde kann seine Einkaufswünsche dem Einzelhändel vorab mitteilen, der stellt die Ware fertig verpackt bereit und der Kunde muss, quasi wie bei einem Drive-in, nur noch hinfahren, die Ware einladen sowie bezahlen und spart sich somit den Gang durch den Laden. Eine andere Möglichkeit sind die bereits teilweise etablierten Bring-Dienste, welche die Waren direkt bis zur Haustüre bringen, so dass der Kunde zuvor nur noch bestellen muss. In manchen Fällen kann sogar die einzelne Bestellung entfallen, wenn immer wiederkehrende Käufe in regelmäßigen Abständen getätigt werden.[376] Viele dieser hier nur skizzierten Möglichkeiten werden zukünftig eine wichtige Rolle für die Differenzierung von Wettbewerbern ausmachen; zum einen, weil die Produkte selber aus Sicht der Konsumenten immer schwieriger zu unterscheiden sind und zum anderen, weil die Kunden immer älter und die physischen und psychischen Kosten in ihrer Kaufentscheidungsrelevanz zunehmen werden.

---

376 Eine Variante, die zu früheren Zeiten insbesondere in Dörfern bspw. durch den Bäcker üblich war, wenn dieser jeden Morgen eine bestimmte Anzahl Brötchen vor die Haustüre legte.

3.1.2 Produktprogramm

Ein weiteres wichtiges Kriterium zur Analyse von Produkten stellt, neben dem Beschaffungsaufwand, die Beschreibung des Produktprogramms bzw. Sortiments dar.

Bietet ein Unternehmen mehr als ein Produkt an, so wird von einem Produktprogramm, wenn es sich um Unternehmen des Handels handelt, einem Sortiment gesprochen. Dieses Produktprogramm kann bezüglich seiner Tiefe und seiner Breite unterschieden werden.

Die Produktprogramm*tiefe* beschreibt die Anzahl der Produktdifferenzierungen innerhalb einer Produktlinie (Warengruppen im Handel), also z.B. verschiedene Sorten von Tafelschokolade (im Handel sind dies Artikel); die Produktprogramm*breite* gibt dabei an, wie viele Produktlinien in einem Unternehmen existieren, z. B. neben der Tafelschokolade noch Kekse, Kuchen, Kaffee.

Entsprechend werden Unternehmen mit einer geringen Breite und einer hohen Tiefe als Spezialgeschäfte bezeichnet und Unternehmen mit einer hohen Breite und einer geringen Tiefe als ALUEDA-(Alles-unter-einem-Dach)-Märkte oder Warenhäuser.

Innerhalb des Produktprogramms können für die Nachfrager sog. *Verbundeffekte* (Economies of Scope) existieren. Sie beschreiben die Auswirkungen von Aktivitäten in Bezug auf ein Gut auf andere Güter, sei es aufgrund des Bedarfs (Bedarfsverbund), der Nachfrage (Nachfrageverbund) oder des Kaufs (Kaufverbund).

In erstem Fall existieren Verbundeffekte bei der Nutzung: So macht üblicherweise der Kauf von Benzin nur Sinn, wenn in irgendeiner Form ein Verbrennungsmotor (Auto, Motorrad, Rasenmäher, Kettensäge) vorhanden ist; hier wird auch von komplementären Gütern gesprochen.

Im Zusammenhang mit dem Nachfrageverbund existieren die Economies of Scope, wenn diese komplementären Güter so eng miteinander verknüpft sind, dass sie in ein und demselben Geschäft angeboten und nachgefragt werden, wie bspw. Tabak und Blättchen.

Schließlich kann noch ein Zusammenhang im Rahmen des Einkaufs vorliegen. Es lässt sich insbesondere im Einzelhandel sehr gut nachweisen, dass Konsumenten, die ein bestimmtes Produkt gekauft haben, auch oft eines oder mehrere andere Produkte bei der gleichen Gelegenheit kaufen. So werden Obst und Wurst durchaus aus ähnlichen Gründen täglich gekauft, haben aber keine komplementäre Beziehung zueinander. In diesem Fall wird von Kaufverbund gesprochen. Gleiches ist oft an Tankstellen zu beobachten, wenn nicht nur getankt wird, sondern auch gleichzeitig das Frühstücksbrötchen gekauft wird.

Nach den grundlegenden Betrachtungen zur Einordnung und Unterscheidung von Produkten soll im weiteren Verlauf auf die Instrumente der Produktpolitik eingegangen werden.

Zu Beginn der Betrachtungen muss ein kleiner Einschub vorgenommen werden:

Mit Lancaster wurde gezeigt, dass der Konsument keine Produkte nachfragt, sondern Eigenschaften. Wie schon weiter oben beschrieben, geht es dem Konsumenten darum, sein Problem, meist in Form einer Defizitempfindung, zu lösen. Eine erste Klassifizierung der Bedürfnisse wurde auf bekannte Weise durch Maslow und seine Bedürfnispyramide vorgenommen, wo sich auf der unteren Ebene die physiologischen Bedürfnisse Hunger, Schlaf, Durst und Sexualität befinden.[377] Hat nun ein Konsument bspw. Durst, so fragt er zwar u. U. ein bestimmtes Produkt nach, z. B. eine bestimmte koffeinhaltige Limonade, weil er davon ausgeht, dass genau dieses Getränk seinen Durst am besten löscht. Dies tut er aber nicht wegen des Produkts an sich, sondern weil das Produkt eine Vielzahl von Eigenschaften vereinigt, die in ihrer Gesamtheit die für den Konsumenten subjektiv empfundene beste Problemlösung bieten. Der Konsument fragt also Eigenschaftenkombinationen nach. Im angesprochenen Fall vielleicht ein bestimmtes Verhältnis von Zucker, Wasser und Koffein.

Wäre dem Konsumenten der Gesundheitsaspekt des Getränks bspw. wichtiger als die aufmunternde Wirkung, so würde er vielleicht eher

---

377 Vgl. Maslow (1981).

Mineralwasser trinken, um den Durst zu löschen und würde er eher einen vermeintlich geselligkeitsfördernden Aspekt bevorzugen, so würde er vielleicht zu Bier greifen.

Aufbauend auf dieser Idee der entscheidungsrelevanten Eigenschaftenkombination von Produkten besteht die Notwendigkeit, nach den Eigenschaften und ihren Klassifizierungen zu fragen, die ein Produkt in der Summe ausmachen können.

3.1.3 Zeitliche und sachliche Struktur

Es ist in einem ersten Schritt relevant, sich die zeitliche und sachliche Struktur von Produkten deutlich zu machen.

Während bei der *zeitlichen* Struktur in Innovation, Modifikation, Differenzierung und Elimination unterschieden werden kann (vgl. Abbildung 3.5), lässt sich die *sachliche* Struktur eines Produktes in Produktkern, Produktdesign, Verpackung, Markierung und produktbegleitende Dienstleistungen unterteilen.[378]

Abbildung 3.5 Sachliche und zeitliche Struktur von Produkten

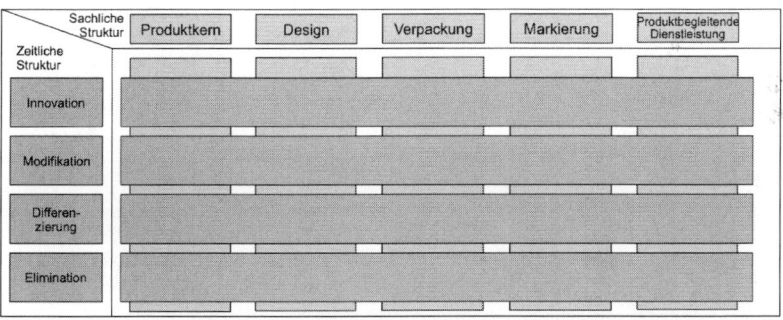

Quelle: In Anlehnung an Backhaus et al. 2005, S. 147

---

378 Grundsätzlich besteht auch noch die Möglichkeit der Produktprogrammbetrachtungen. Aus Platzgründen sei hier aber auf weiterführende Stellen verwiesen, u. a. Becker (2002, S. 507ff).

3.1.3.1 Zeitliche Produktstruktur

Die zeitliche Struktur eines Produktes orientiert sich vom Ablauf an der grundsätzlichen Beobachtung, dass Produkte, wenn sie einmal in einen Markt eingeführt sind, irgendwann auch wieder aus dem Markt verschwinden. Zwischen diesen beiden Zeitpunkten erfahren sie mehr oder weniger starke Veränderungen, die technischen Entwicklungen oder dem Zeitgeist geschuldet sein können. Dieser Verlauf wird in Anlehnung an biologische Entitäten, als Lebenszyklus bezeichnet. Da es sich in der Regel um Produkte handelt, die betrachtet werden, wird vom Produktlebenszyklus gesprochen.

Dabei wird davon ausgegangen, dass sich den einzelnen Phasen unterschiedliche Aktivitäten im operativen Marketing zuordnen lassen, so dass idealerweise der zu beobachtende Abschwung vermieden werden kann.[379]

Der Begriff der *Innovation* wird vielfältig genutzt,[380] so kann u. a. zwischen Markt- und Unternehmensinnovationen unterschieden werden. Während Ersteres meint, dass die Innovation auch aus Kunden- und Wettbewerbersicht eine Innovation darstellt, bezieht sich Unternehmensinnovation lediglich auf Neuerung, die für das Unternehmen neu sind. So war bspw. das Handy Ende der 1980er-Jahre eine Innovation für Nokia, weil das Unternehmen vorher andere Produkte (u. a. Gummistiefel und Fahrradschläuche) produziert hat, während auf dem Handy-Markt bereits seit 1983 die ersten kommerziellen Mobiltelefone verfügbar waren.

379　Interessanterweise liegt hier eine logisches Problem vor: Entweder ist der Verlauf oft zu beobachten und es wurden deswegen Marketingmaßnahmen entwickelt, empfohlen und durchgeführt, damit der Verlauf ein anderer wird. Dann aber dürfte der Verlauf nicht oft zu beobachten sein. Entweder ignorieren die Unternehmen die theoretischen Erkenntnisse also oder die theoretischen Empfehlungen sind wirkungslos oder der Verlauf ist gar nicht so typisch wie allgemein propagiert. Und tatsächlich lässt sich der beschriebene Kurvenverlauf in der Realität eher selten beobachten und es bleibt von dem Konzept eigentlich nicht viel mehr übrig als die Erkenntnis, dass alles mal ein Ende hat.

380　Siehe beispielhaft Koppelmann 2006.

Die meisten Innovationen scheitern daran, dass die Kunden den Nutzen nicht einschätzen können. Dies gilt grundsätzlich für radikale Innovationen (wie bspw. das Auto), aber auch für leichte Modifizierungen (wie bspw. die Steigerung der Reinigungskraft bei Waschmitteln). Während die Hersteller radikaler Innovationen darunter leiden, dass sich der Konsument nichts darunter vorstellen kann, weil ihm Vergleiche fehlen,[381] fällt es dem Konsumenten bei Modifizierungen mitunter schwer, den Unterschied zum ursprünglichen Produkt als Mehrwert zu identifizieren.[382]

Dies zeigte sich lange in Deutschland u. a. im Rahmen von UMTS oder LTE als Mobilfunktechnologie und den damit verbundenen Anwendungen, deren Nutzen vom Konsumenten nicht in dem Maße akzeptiert wurden und werden. Aktuell beschloss die Bundesregierung eine „Digitale Agenda", in der sie festhält, dass das schnelle Internet 2018 flächendeckend in Deutschland zur Verfügung steht. Wofür das gut sein soll, ist allerdings nicht wirklich klar; besteht doch die Hauptnutzung schon heute in der Übertragung von Musik- oder Video-Titeln bspw. über Youtube oder Amazon. Inwieweit hier eine weitere Zunahme für den privaten Haushalt sinnstiftend ist, sei dahingestellt.

Gleiches lies sich bei der Einführung von Pay-TV in Deutschland beobachten: Seit dem Start von Teleclub 1986 ist Pay-TV bis auf wenige Ausnahmejahre ein Zuschussgeschäft, weil dem Kunden nicht klar ist, warum er bei über einhundert frei empfangbaren Programmen für einen Bruchteil davon Geld bezahlen soll. Erst seit der Bezahlsender Sky die exklusiven Fußball-Bundesligarechte hat, gewinnt der Sender an Attraktivität, da hier ein vermeintlicher Zeitvorteil die entscheiden-

---

381   Aus diesem Grund wird bei radikalen Innovation in der Bewerbung auch häufig auf bekannte Begrifflichkeiten zurückgegriffen: Das Auto wurde als motorisierte Pferdekutsche bezeichnet, um dem potenziellen Nutzer klar zu machen, wofür er das Produkt nutzen kann.

382   Wer kann schon mit Sicherheit sagen, dass die vielen Differenzierungen von Shampoos oder Waschmitteln für eine Leistungssteigerung wirklich nötig sind?

de Rolle spielt: Der Fußballfan möchte live und im vollen Umfang dabei sein und nicht Stunden später in einer kurzen Zusammenfassung.

Die Erfolgsträchtigkeit von Innovationen kann also in hohem Maße von der frühzeitigen Einbeziehung des Kunden in die Produktentwicklung abhängen, um damit den für den Kunden empfundenen Nutzen identifizieren zu können und um bereits vor der Einführung der Produkte in den Markt ein schlüssiges Werbekonzept zur Verfügung zu haben.[383]

Produktinnovationen

Unabhängig von der Definition des Begriffs der Innovation ist die Erfolgsträchtigkeit, wie bereits angedeutet, eher gering: so ist, je nach Branche und Marktsituation, nur ein Produkt von 1000 nach einem Jahr noch im Markt.

Innovationen zu erschaffen ist immer ein kreativer Prozess und insbesondere Kreativität lässt sich schwer steuern. Unabhängig davon kann aber der Versuch unternommen werden, Kreativität zu fördern und den Innovationsprozess nach bestem Wissen und Gewissen so zu gestalten, dass die Erfolgswahrscheinlichkeit des neuen Produktes zunimmt (vgl. Abbildung 3.6).

Abbildung 3.6 Klassischer Innovationsprozess

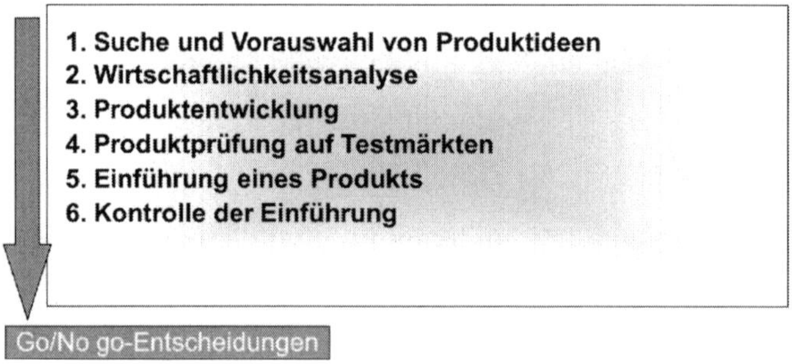

1. Suche und Vorauswahl von Produktideen
2. Wirtschaftlichkeitsanalyse
3. Produktentwicklung
4. Produktprüfung auf Testmärkten
5. Einführung eines Produkts
6. Kontrolle der Einführung

Go/No go-Entscheidungen

---

383   Vgl. Kürble 2009b, S. 391ff.

Im weiteren Verlauf wird nur der erste Schritt kurz dargestellt. Zum einen, um die Betrachtungen in diesem Einführungswerk kurz zu halten und zum anderen, weil insbesondere dieser Punkt in den letzten Jahren im Rahmen anderer Methoden anders interpretiert wurde, so dass eine Gegenüberstellung das Kapitel der Produktinnovationen abschließen soll.

Wie aus Abbildung 6 ersichtlich wird, beginnt der Innovationsprozess mit der Ideenfindung. Hierzu sind in der Literatur eine Vielzahl von Instrumenten beschrieben worden, die in mehr oder weniger starkem Maße innovationsfördernd sind. So reicht die Bandbreite vom Benchmarking[384] über die Synektik[385] bis hin zum morphologischen Kasten[386].

Beispielhaft soll an dieser Stelle nur die *Synektik* erläutert werden:

Bei der Synektik steht die systematische Verfremdung im Zentrum. Das bedeutet, dass aus gleichen, ähnlichen oder völlig anderen Bereichen des Lebens Analogien hergestellt werden. Wie bei allen anderen Kreativitätstechniken auch, ist bei der Synektik eine kleine Anzahl von Personen (in der Regel zwischen 5 und 7) aus den unterschiedlichsten Wissensgebieten gleichzeitig für eine relativ kurze Zeit (hier etwa 2 Stunden) damit beschäftigt, diese Analogien zu finden. Insbesondere die Biologie ist in vielen Fällen für die Ökonomie hilfreich gewesen. Das militärische Problem, eine 20 Meter lange Antenne so durch einen Dschungel zu transportieren, dass sie schnell auf- und wieder abgebaut und von einem Mann getragen werden konnte, wurde beispielsweise mithilfe der Anatomie des Skeletts eines Dinosauriers, wie bspw. des Skeletts eines Diplodocus, bei dem allein der Schwanz aus 80 Wirbeln bestand, gelöst. So wie die einzelnen Wirbel den Wirbelkanal bildeten, der die Nervenbahnen schützend umschloss, bestand die Antenne aus einzelnen Gliedern, durch deren Inneres ein Stahlseil verlief, das sie miteinander verband und es ermöglichte, die Glieder ineinanderzustecken. Dieses System wird heutzutage auch bei den Zeltstan-

---

384 Vgl. Camp (1989).
385 Vgl. Gordon (1961).
386 Vgl. Zwicky (1989).

gen von Campingzelten eingesetzt. Darüber hinaus lässt sich noch eine Vielzahl von erfolgreichen Analogien finden. Die bekannteste dürfte der Lotuseffekt sein: Hier werden Oberflächenstrukturen der Lotusblüte nachempfunden, die eine wasserabweisende Doppelstruktur hat. Der Einsatz ist fast bei jeder Oberfläche möglich, die in irgendeiner Form wasser- und schmutzabweisende Eigenschaften aufweisen muss, wie bspw. bei Fenstern, Häuserwänden, Textilien oder den inzwischen für den Wettkampf wieder verbotenen Schwimmanzügen.

Da in den meisten Fällen im Rahmen der Ideenfindung nicht eine, sondern mehrere Ideen gefunden werden, muss eine Vorauswahl stattfinden, welche entweder Ideen eliminiert oder eine bewertete Reihenfolge zum Ergebnis hat. Dies kann entweder unternehmensintern, bspw. auch im Rahmen einer ersten groben Wirtschaftlichkeitsanalyse, erfolgen und/oder unternehmensextern über sogenannte Peergroups geschehen, also ausgewählte Personen einer Interessengruppe. Diese können zu den Ideen per Fragebogen oder im Rahmen eines Conjoint Measurement (CM) befragt werden. Das Conjoint Measurement ist eine multivariate Analysemethode und funktioniert über die Dekomposition, wie sie ähnlich beim morphologischen Kasten genutzt wird. Beim CM wird davon ausgegangen, dass Kunden einem Produkt einen Gesamtnutzen zuordnen können, der sich durch die Summation der Teilnutzen von Produkteigenschaften ermitteln lässt. Es wird somit versucht, die Frage zu beantworten, welchen Teilnutzen liefern einzelne Produkteigenschaften zum Gesamtnutzen. Der Proband bekommt dazu Eigenschaften und Eigenschaftenkombinationen vorgelegt, die er bewerten muss. Am Ende des Verfahrens werden diese Bewertungen zu einem Gesamtnutzen aufsummiert.

So kann zum Beispiel eine Handtasche in die Teilnutzen Farbe, Form, Marke, Preis, Material aufgeteilt werden. Wird jedem Teilnutzen oder jeder Eigenschaft ein Wert zugeordnet, so kann der Gesamtwert durch die Summation ermittelt werden. Hier wird allerdings auch schnell deutlich, wo die Grenzen dieser Methode liegen, denn es ist wenigstens problematisch davon auszugehen, dass Konsumenten den Gesamtnutzen und damit die Wertigkeit eines Produktes realistischerweise ebenso ermitteln. Der unterstellte rational handelnde Konsument ist nur in seltenen Fällen anzutreffen. Vielmehr muss davon ausgegangen werden, dass die Faktoren unterschiedliche Gewichtungen haben und darüber hinaus situative Faktoren beim Kaufentscheid eine größere Rolle spielen können als die Eigenschaften.

Außerdem ist es insbesondere in der Phase der Entwicklung einer Produktidee für Privatkunden schwierig, den wirklichen Wert einer Neuerung, und umso mehr, wenn es sich um eine radikale Innovation handelt, festzulegen. Wahrscheinlich hätte zum Beispiel niemand den Erfolg von SMS beim Mobilfunk vorhersagen können. Die Trefferquote bei solchen Einschätzungen ist in hohem Maße vom Neuheitsgrad der Innovation abhängig: Radikale Innovationen wie bspw. der PC oder das Internet haben selbst bei Experten zu eklatanten Fehleinschätzungen geführt. So wird Bill Gates nachgesagt, er habe noch in den 1990er Jahren das Internet als kurzfristige Modeerscheinung bezeichnet.

Es wird deutlich, dass insbesondere bei der klassischen Vorgehensweise der mögliche Kunde frühestens dann einbezogen wird, wenn die Ideenfindung abgeschlossen ist und er nur noch zwischen bereits (vor-)ausgewählten Alternativen entscheiden soll.

Eine dazu alternative Methode wird als *Open Innovation* bezeichnet und wurde von Chesbrough (2006) geprägt. Im Wesentlichen ist hiermit gemeint, dass sich die Unternehmensgrenzen auflösen und Innovationen in Zusammenarbeit mit anderen Unternehmen und/oder Kunden erzielt werden können. Bei diesem Ansatz wechselt die Sichtweise damit von der Kundenorientierung zur Kundenintegration in den Innovationsprozess.[387] Ohne auch hier auf die vielfältigen Details einzugehen, soll ein Instrument kurz vorgestellt werden, mit dem eine bessere Integration des Kunden erfolgen kann: die sog. Lead-User-Methode. Hier geht es darum, sogenannte Lead User[388], also trendführende Nutzer, bereits bei der Ideenfindung einzubringen.

---

387 Eine sehr gute deutschsprachige Bearbeitung des Themas stammt von Reichwald und Piller (2009).

388 Die Bezeichnung geht auf Hippel (1986) zurück.

Der damit verbundene Prozess startet innerhalb des Unternehmens mit der Initiierung des Projektes und einer Trendanalyse, die bspw. durch die Delphi-Methode und/oder Szenariotechnik durchgeführt werden kann. Dann werden die Lead User identifiziert und in einem Workshop zusammengeführt, so dass nun mithilfe der bereits angesprochenen Kreativitätstechniken Ideen erarbeitet werden können.[389]

Hat ein Produkt alle Phasen des Innovationsprozesses erfolgreich überstanden und ist die Produktprüfung im Rahmen von Produkt-, Markt- und Storetests erfolgreich verlaufen, dann wird das Produkt in den Markt eingeführt und der Innovationsprozess geht in den Adoptionsprozess über (vgl. Abbildung 3.7).[390]

Abbildung 3.7 Der Adoptionsprozess

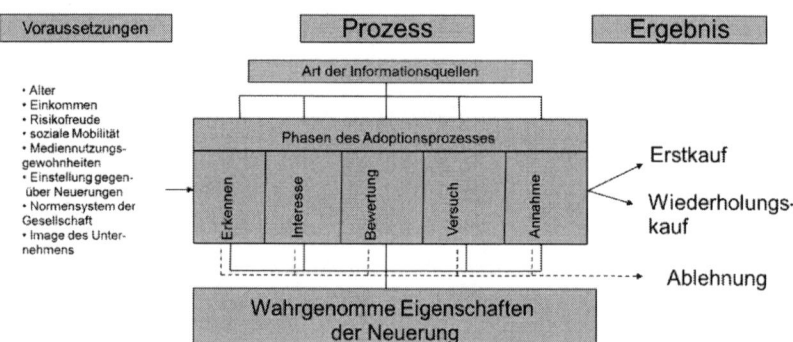

Die Adoption des Produktes ist die individuelle Annahme des Produktes, ihre Aggregation die sog. Diffusion. Neben den produktbezogenen Faktoren, die den Erfolg der Diffusion beeinflussen, wie bspw. das Preis-Leistungs-Verhältnis, die Kompatibilität und die Komplexität, sind Persönlichkeitsmerkmale eine entscheidende Voraussetzung für den Zeitpunkt und die Geschwindigkeit der Annahme von Innova-

---

389   Auch die Deutsche Telekom nutzt die Methode bereits in vielen Fällen zur Weiterentwicklung (vgl. Rohrbeck et al. 2009, S. 420ff.).

390   Siehe insbesondere Rogers 2003.

tionen. So wird bspw. älteren Menschen eine eher geringe Bereitschaft zugesprochen, Innovationen anzunehmen. Dies kann vielfältige Gründe haben, wie eine zunehmende Risikoaversion im Alter oder gestiegene Erfahrungswerte.

Die einzelnen Phasen des Adoptionsprozesses können der Abbildung 7 entnommen werden und erklären sich begrifflich sicherlich von selbst. Einige Aspekte sollen aber dennoch herausgegriffen werden.

Zum einen zeigen die Phasen, dass es elementar für die Innovation ist, dass der (potenzielle) Konsument die Innovation überhaupt wahrnimmt. Und auch hier zeigt sich, wie schon weiter oben beschrieben, das enge Zusammenspiel der Instrumente im Marketingmix: Durch die Kommunikationspolitik muss dafür gesorgt werden, dass der Konsument von dem Produkt erfährt, durch die Distributionspolitik muss das Produkt am POS zur Verfügung gestellt werden und durch die Preispolitik muss das Produkt im Wettbewerb mit anderen Alternativen konkurrenzfähig gemacht werden. So ist eine wesentliche Funktion der Verpackung von Produkten ihre Auffälligkeit am POS: Cillit Bang war einer der ersten Reiniger, der mit einer bunten, statt einer bis dato üblichen, weißen Flasche angeboten wurde. Aufgrund der bunten Verpackung fiel das Produkt sofort im Regal auf.

Zum anderen zeigt die Abbildung 7, dass, unabhängig von den Phasen, der potenzielle Kunde jederzeit den Prozess abbrechen und die Innovation ablehnen kann. Dies bedeutet für das Marketing, dass es den Konsumenten über alle Phasen begleiten und zum Kauf motivieren muss.

Hier zeigt sich auch noch einmal, wie wichtig im Rahmen der Kommunikationspolitik die Wiederholung der Werbebotschaft über die adäquaten Kanäle ist. Es reicht nicht aus, einmal eine Anzeige zu schalten, um den Konsumenten zu irgendetwas zu bewegen. Nicht umsonst gab beispielsweise Coca-Cola in Deutschland 2014 über 151 Mio. Euro für Werbung aus.[391]

Am Ende des Adoptionsprozesses kommt es zum Erstkauf und, wenn die Adoption erfolgreich war, auch zum Wiederholungskauf.

---

391   Vgl.: http://de.statista.com/themen/237/coca-cola/, 10.07.2015.

Produktmodifikation

Produktmodifikation, manchmal auch als Produktvariation bezeichnet, findet häufig in den frühen Phasen des Produktlebenszyklus statt. Die bis dahin gemachten Erfahrungen mit dem Produkt im Markt werden vom Unternehmen genutzt, um das Produkt den Konsumentenbedürfnissen noch genauer anzupassen. Dies kann funktionale Gründe haben und/oder technische bzw. ästhetische.

In manchen Fällen ist es bspw. sinnvoll, das Produkt wieder zu verschlanken und Funktionen herauszunehmen (sog. *Downgrading*), wie dies teilweise in der Automobilindustrie geschehen ist, weil entweder der Nutzer oder die Elektronik selber mit den zahlreichen Funktionen überfordert war und so mehr Probleme generiert wurden als die Fahrer Nutzen aus den Funktionen zogen.

In anderen Fällen haben sich ausgefallene Formen im Markt nicht behaupten können, weil sie für den Nutzer in der Nutzung selber nicht sinnvoll waren, oder weil sich der Zeitgeist geändert hat. In diesen Fällen wird von Sidegrading gesprochen. So gab es unterschiedliche Versuche mit dem Design von Mobiltelefonen, deren Format und Tastenanordnung zum Verschicken von Kurznachrichten, wozu sie überwiegend genutzt wurden, nicht geeignet waren (siehe Abbildung 3.8).

Abbildung 3.8 Top-Flop-Handy

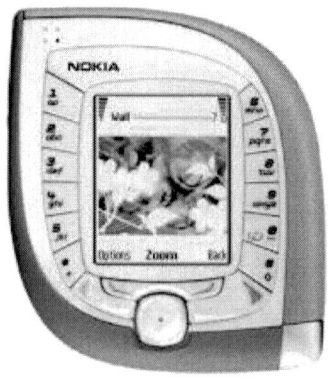

Quelle: Michel (2011).

Schließlich kann ein Produkt auch ein *Upgrade* erfahren, wie dies bspw. vielen Waschmitteln zu beobachten ist, u. a. bei Persil, die mit dem Slogan geworben haben: *Das beste Persil, das es je gab.*

Die Anzahl der Produkte im Produktprogramm bleibt bei der Produktmodifikation gleich, somit ersetzt das veränderte Produkt das Ursprungsprodukt.[392]

Produktdifferenzierung

Die *Produktdifferenzierung* findet in erster Linie in Phasen des Produktlebenszyklus statt, die sich durch zunehmenden Wettbewerbsdruck und/oder eine abnehmende Wachstumsrate des Umsatzes auszeichnen. In diesen Phasen bietet die Produktdifferenzierung die Möglichkeit, neue Marktsegmente im Sinne neuer Kunden zu erreichen. Sie bedeutet im Gegensatz zur Produktmodifikation eine Erweiterung des Produktprogramms. Das Ursprungsprodukt wird um zusätzliche Produkte ergänzt, die sich in bestimmten Eigenschaften oder Eigenschaftenkombinationen vom Ursprungsprodukt unterscheiden.[393]

Ähnlich wie bei der Produktmodifikation kann es sich hier um funktionale, technische oder auch ästhetische Differenzierungen handeln. Diese produktpolitische Maßnahme bietet sich allerdings nur an, wenn sich die neue Kundengruppe so eindeutig von der bisherigen Kundengruppe segmentieren lässt, dass das zusätzliche Engagement wirtschaftlich ist und z.B. Überschneidungen und damit sogenannte Kannibalisierungseffekte möglichst ausgeschlossen werden können, mindestens aber ein positiver Nettoeffekt bleibt. Ein Beispiel hierfür ist die Produktvielfalt bei iglos panierten Fischen: Neben den ursprünglich eingeführten Fischstäbchen (1959) erweiterte iglo das Produktprogramm, genauer gesagt, es erhöhte die Produktprogrammtiefe innerhalb der Produktlinie Fisch zum Beispiel um Schlemmer-Filet (1970), Lachsfilet-Stäbchen (2009) und Vollkorn-Fischstäbchen (2015). Interessanterweise bot iglo mit dem 40-jährigen Jubiläum des Schlemmer-Filets à la

---

392   Vgl. Weis 2013, S. 183.
393   Vgl. Meffert et al. 2008, S. 456.

Bordelaise dieses auch wieder in der ursprünglichen Version mit weniger Auflage und mehr Fisch an und nennt diese Variation *Classic*.[394]

Produktelimination

Schließlich steht am Ende des Produktlebenszyklus die *Elimination* des Produktes, d. h. die Entfernung des Produktes aus dem Markt. Auch dieser Schritt muss gründlich überdacht werden, da u. a. Imagegründe und/oder Verbundeffekte dafür sorgen könnten, dass das gesamte Unternehmen bzw. weitere Produkte des Unternehmens aufgrund der Elimination im Markt geschwächt werden. Grundsätzlich kann unterschieden werden zwischen einer Beendigung der Produktion und/oder des Verkaufs.

Produkte, die nicht produziert und nicht verkauft werden, stellen den eindeutigsten Fall der Elimination dar und auf lange Sicht enden auch die beiden folgenden Varianten in dieser Form. Produkte, die nicht mehr produziert, aber noch verkauft werden, finden sich bspw. bei saisonalen Produkten häufiger. Der Abverkauf der Ware dient hier der Leerung der Lager. Produkte, die noch produziert, aber aus dem Verkaufsprogramm genommen werden, dienen bspw. der Sicherung von Garantieansprüchen.

Im folgenden Abschnitt wird die sachliche Produktstruktur vorgestellt und anschließend werden beide Teile zusammengefügt.

3.1.3.2 Sachliche Produktstruktur

Die sachliche Struktur eines Produktes lässt sich, wie in Abbildung 3.5 dargestellt, in Produktkern, Produktdesign, Verpackung, Markierung und Dienstleistungen unterteilen.

---

394   Vgl. http://www.iglo.de/de-de/Produkte/fisch-und-co/schlemmer_filet_a_la_bordelaise_classic_96002983/, zugegriffen: 14. Juli 2014. Dies erinnert an die Reaktion von Coca-Cola in den 80er-Jahren des letzten Jahrhunderts, die als Ergebnis der wütenden Reaktionen von Konsumenten auf die Veränderung der Rezeptur ebenfalls mit der Wiedereinführung der ursprünglichen Variante geantwortet haben.

Produktkern

Abbildung 3.9 Produktkern

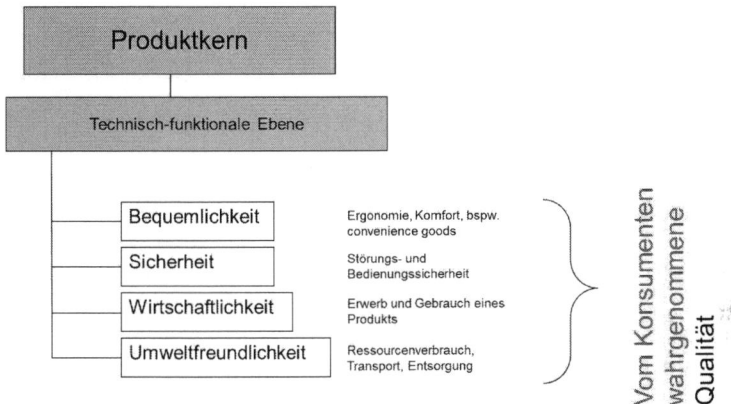

Quelle: In Anlehnung an Nieschlag et al., 2002, S. 666ff.

Der *Produktkern* orientiert sich am Grundnutzen des Produktes und bezieht sich auf die technisch-funktionalen Leistungen. Entsprechend beschreibt der Produktkern die grundlegenden Eigenschaften eines Produktes oder einer Dienstleistung. Es handelt sich also, mathematisch formuliert, sozusagen um die notwendige Bedingung. Tatsächlich bereitet die Erkenntnis um die Frage, was aus Kundensicht die grundlegenden Eigenschaften sind, mitunter Probleme. So ist die grundlegende Eigenschaft eines Mobiltelefons die Kommunikation, unabhängig davon, wie komplex es ist und welche Anwendungen sich damit erfüllen lassen. Dabei kann es im Laufe der Produktentwicklung durchaus dazu kommen, dass sich diese grundlegende Eigenschaft verändert: der heutige PC in Form eines Tablet-PC hat als grundlegende Eigenschaft nicht mehr die Möglichkeit der Textverarbeitung, wie das ursprünglich bei PC der Fall war, als sie die Schreibmaschine aus den Büros verdrängten. Vielmehr dient der Tablet-PC in stärkerem Maße der Unterhaltung und Kommunikation über Soziale Netzwerke.

Dem Produktkern werden folgende Elemente zugeordnet: Qualität, Bequemlichkeit, Sicherheit, Wirtschaftlichkeit und Umweltfreundlichkeit. Diese Elemente lassen sich aus verschiedenen Blickwinkeln betrachten. An dieser Stelle soll hier ausschließlich die subjektive Konsumentensicht erläutert werden, wissend, dass dies nicht die einzige Möglichkeit der Betrachtung darstellt.

Der Konsument bewertet die Qualität eines Produktes weniger nach der objektiv messbaren Qualität, sondern an der von ihm erwarteten Qualität. Es wurde bereits angesprochen, dass die Erwartung bezüglich des Grundnutzens bei Mobiltelefonen darin besteht, dass der Nutzer überall erreichbar und damit in seiner Nutzung räumlich und zeitlich flexibel ist. Die Qualität wird in diesem Fall also an der Erreichbarkeit gemessen, deren Einschätzung geprägt ist von der, eventuell auch durch Werbung und Preis suggerierten, Überall-Erreichbarkeit und/ oder einem Vergleich mit den Leistungen der Wettbewerber.

Da der Mensch von Natur aus ein faules Geschöpf ist, spielt auch die Bequemlichkeit in der Nutzung eine entscheidende Rolle für die Entscheidung. Während die Umsätze im gesamten Lebensmittelmarkt seit 1998 um 18 Prozent gestiegen sind, sind die Umsätze für Convenience-Produkte um 24 Prozent gestiegen[395], und nicht umsonst zählt die Tiefkühlpizza „Salami" zu des Deutschen liebster Nahrung, und er vertilgt davon im Durchschnitt 3 Kilo pro Jahr.

Bei elektronischen Geräten findet sich diese Bequemlichkeit unter dem Begriff Plug and Play wieder, oft auch in Plug and Pray umgetauft, weil das Nutzungsversprechen der Unternehmen nicht selten in ein Nutzungsdesaster durch den Anwender ausartete. Grundsätzlich war damit aber gemeint, dass der Konsument keine langen Bedienungsanleitungen lesen will oder kann und somit das Gerät direkt intuitiv funktionieren soll. Gerade Apple ist damit bekannt geworden, dass seine Produkte in hohem Maße intuitiv zu bedienen sind. Dies ist wiederum ein Grund, warum viele Firmen ihre (ausführlichen) Bedienungs-

---

395 Vgl. http://de.statista.com/statistik/daten/studie/248844/umfrage/um-satzentwicklung-auf-dem-lebensmittel-gesamtmarkt-und-im-convenience-segment/

anleitung nur noch als PDF im Internet zur Verfügung stellen und der Ware selber nur eine viel bebilderte Kurzanleitung beifügen.

Wirtschaftlichkeit, definiert als das Verhältnis von Input zu Output, versteht sich beim Konsumenten als das Verhältnis von Kosten zu Nutzen, also: Wie viel muss ich an Zeit, Geld, physischen und psychischen Kosten investieren, damit ein mindestens ebenso hoher Nutzen entsteht? Interessanterweise lässt sich allerdings beobachten, dass die meisten Käufer die Bedeutung der Wirtschaftlichkeit des Erwerbs deutlich höher einschätzen als die Bedeutung der Wirtschaftlichkeit des Gebrauchs. Viele Sonderangebote oder Billigprodukte werden aufgrund des niedrigen Preises gekauft, ohne dass der Käufer zwingend darüber nachdenkt, dass eventuell die Nutzungsdauer geringer ist als bei teureren Produkten, oder die Fehleranfälligkeit größer.

In Deutschland ist der Aspekt der Umweltfreundlichkeit seit den 1970er-Jahren in den Fokus gerückt. Anfänglich eher etwas verschrien und lediglich von linken Aktivisten favorisiert, hat inzwischen auch die breite Masse der Bevölkerung verstanden, dass manche Ressourcen endlich sind und ein schonender Umgang mit der Natur im Sinne aller sein kann; die Bedeutung des Begriffes *Nachhaltigkeit* in der heutigen Zeit macht dieses Bewusstsein deutlich. Allerdings zeigen viele Versuche seitens der Umweltaktivisten, Politik, Wissenschaft und Wirtschaft, dass die Naturliebe des Konsumenten eher der Idee folgt: „Wasch mir den Pelz, aber mach mich nicht nass." Ob es sich um Energiesparbirnen, Mülltrennung oder Benzinverbrauch handelt: in den meisten Fällen ist Umweltschutz nur so langen relevant, solange er für den einzelnen keine Kosten verursacht oder die kostenmäßigen Nachteile die imageträchtigen Vorteile nicht übersteigen. Typische Beispiele zeigten sich in der Automobilindustrie, die auf diesen Zug aufspringen wollte und versuchte, ihre bisherigen Fahrzeuge durch eine Imagekampagne *Grün* zu machen: So reichte beim Porsche Cayenne der emissionsfreie Teil des Hybridantriebs nur 2 km.[396]

---

396 Vgl. http://www.wiwo.de/technik-wissen/porsche-cayenne-hybrid-ele-fant-im-oekoladen-440270/, 02.10.2011.

Produktdesign

Während der Produktkern den Grundnutzen eines Produktes verkörpert, stellt das *Produktdesign* eher den Zusatznutzen dar und orientiert sich an formal-ästhetischen Gesichtspunkten. Der Zusatznutzen kann in eine produktumgangsbezogene (Erbauungsnutzen), eine wahrnehmungsbezogene (Erbauungsnutzen) und sozial-semantische (Geltungsnutzen) Dimension unterschieden werden (vgl. Abbildung 3.10).

Abbildung 3.10 Produktdesign

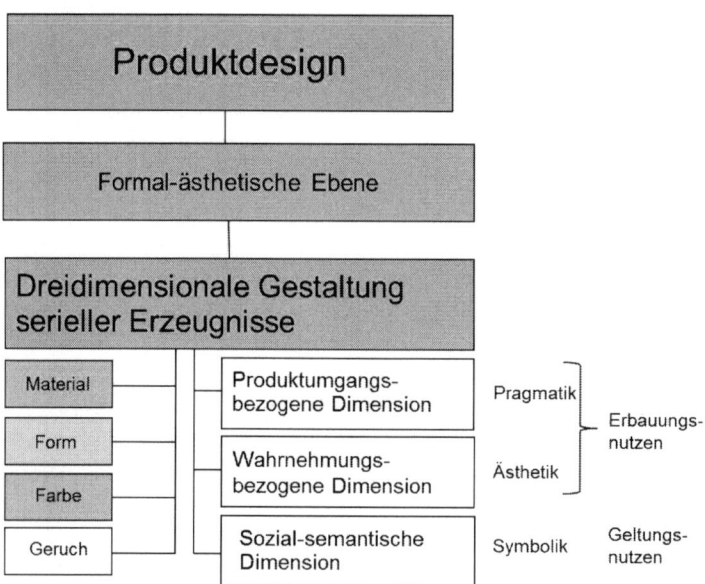

Die produktumgangsbezogene Dimension beschäftigt sich mit der Frage, welche Anwendungsfunktionen das Produkt besitzt und ob es gebrauchstauglich und nutzbar ist. Diese Eigenschaft kann auch als Pragmatik bezeichnet werden.[397] Da es sich hier um eine Dimension handelt, die dem Konsumenten selber dient, handelt es sich um ei-

---

397   Vgl. Koppelmann 2001, S. 450ff.

nen Erbauungsnutzen, den das Produkt stiften kann. Für die Pragmatik gibt es eine Vielzahl von mehr oder weniger gelungenen Beispielen in der Realität. Zum einen unterstützt das Design die vorab schon angesprochenen Möglichkeiten der Nutzung bspw. bei Mobiltelefonen, aber auch bei Stühlen, Gebäuden oder Kleidung: Ob ein Motorradhelm Lüftungsschlitze hat oder nicht, fördert nicht so sehr die Symbolik oder Ästhetik, ist aber für den Umgang und die Nutzung eines solchen Helms von entscheidender Bedeutung.

Die wahrnehmungsbezogene Dimension bezieht sich seitens des Konsumenten auf das subjektive Gefallen des Produktes. Aus diesem Grund kann hier wieder von Erbauungsnutzen gesprochen werden. Der Kunde kauft das Produkt, weil er es auf eine bestimmte, für ihn passende Art und Weise wahrnimmt. Dieser Aspekt wird im Rahmen von Markenpersönlichkeiten häufiger diskutiert, da der sinnvolle Aufbau einer Markenpersönlichkeit eng mit dem idealen Selbstkonzept des Kunden verbunden ist. Der Kunde nimmt solche Marken als für ihn *passend* wahr, die ihm helfen, seinem idealen Selbstkonzept zu entsprechen: Wer gerne maskulin ist, wird eher einen Porsche 911 fahren wollen als einen Seat Ibiza; wer seine weibliche Seite betonen möchte, wird eher seine Hände maniküren als Vergaser ausbauen. Interessant ist an dieser Stelle, dass bspw. Alpecin seine Haartönung für Männer mit dem Slogan bewirbt: *Männer färben nicht, Männer tunen.* Hier wird etwas tendenziell eher Unmännliches wie Haarefärben durch einen im männlichen Sprachgebrauch geläufigen Begriff mit einer neuen Tonalität versehen und damit die Wahrnehmung des Produktes verschoben: Färben wird männlich!

Neben der wahrnehmungsbezogenen Dimension spielt auch die sozialsemantische Dimension eine wichtige Rolle für die Kaufentscheidung. Diese Dimension zielt eher auf den Zusatznutzen in Form eines Geltungsnutzens ab und wird auch mit Symbolik bezeichnet. Hier fungiert die gesellschaftliche Wahrnehmung des Produktes als kaufentscheidendes Element: „Was sagt das Produkt über seinen Besitzer aus? Was soll es aussagen?"[398]

---

398   Koppelmann 2013, S. 451.

Auch bei der sozialsemantischen Dimension sollte die Markenpersönlichkeit mit dem idealen Selbstkonzept des Kunden übereinstimmen. Während bei der wahrnehmungsbezogenen Dimension aber eher die Produkt-Kunde-Beziehung im Vordergrund steht, fokussiert die sozialsemantische Dimension eher auf die Kunde-Umwelt-Beziehung. So kann der Hype um Apple-Produkte auch auf den Geltungsnutzen bezogen werden. Apple-Händler berichten, dass es Kunden gibt, die bereit sind, zusätzliches Geld dafür auszugeben, das Apple iPad früher als andere zu bekommen.

Gerade bei Produkten, die in ihrer Leistung nahezu homogen wahrgenommen werden, spielt das Produktdesign eine entscheidende Rolle für einen erfolgreichen Verkauf, da es einerseits dem Unternehmen am POS, andererseits aber auch dem Konsumenten die Möglichkeit gibt, sich zu differenzieren und ggf. Aufmerksamkeit zu erregen.[399] Die weißen Ohrstöpsel des Apple iPod galten als ein sicheres Erkennungszeichen für diesen MP3-Player.

Verpackung

Die *Verpackung* dient der Umhüllung des sog. Packgutes. Nach § 3 der deutschen Verpackungsverordnung können drei verschiedene Formen von Verpackungen unterschieden werden:

---

[399] Vgl. Becke, 2002, S. 492 ff. und Franck 1998, der aufgrund einer zunehmend multimedial orientierten Welt einen Entwurf einer Ökonomie der Aufmerksamkeit. Die Problematik lässt sich unmittelbar im deutschen Mobilfunkmarkt beobachten: Siemens produziert zwar kostengünstiger als andere Anbieter und bietet dennoch den gleichen Grundnutzen; die Leistungen auf der Zusatznutzenebene, d. h. unter anderem auch im formal-ästhetischen Bereich sind aber differenzierungsuntauglich, weswegen Siemens seine verlustbringende Mobilfunksparte an BenQ verkauft hat. Ähnliche Probleme hatte auch Nokia: In den 1990er-Jahren ist es Nokia nicht gelungen, im Zeitalter der Smartphones ein differenzierungstaugliches Produkt auf den Markt zu bringen. Siehe auch: o.V., 2011b, S. 30ff.

Verkaufsverpackungen sind Verpackungen, die „als eine Verkaufseinheit angeboten werden und beim Endverbraucher anfallen" (§ 3 Abs. 1 Nr. 2 VerpackV). Hersteller oder Vertreiber der Produkte sind verpflichtet, *entweder* die Verpackungsabfälle im Geschäft oder in der unmittelbaren Nähe unentgeltlich (§ 6 Abs. 1) zurückzunehmen (Selbstversorger) *oder* sich an einem flächendeckenden System zu beteiligen, das die Verpackungsabfälle beim privaten Endverbraucher oder in dessen Nähe abholt (Duales System). Bsp.: Milchtüten oder Joghurtverpackungen.

Umverpackungen sind zusätzliche Verpackungen, die aus Marketinggründen verwendet werden und nicht zwingend nötig sind. Endverbraucher haben das Recht, Umverpackungen beim Einkauf in der Verkaufsstelle zurückzulassen. Im Wesentlichen werden Umverpackungen wie Verkaufsverpackungen behandelt. Bsp.: Pappschachtel bei Kosmetikprodukten oder bei Frühstückscerealien.

Transportverpackungen dienen dem Schutz der Waren beim Transport und sollen den Transport u. a. durch ihr einheitliches Format erleichtern. Je nach Branche und Distributionsart fallen die Transportverpackungen nicht beim Endverbraucher an, sondern verbleiben bei den Distributionsorganen, wie bspw. bei Joghurt-Trays. Während im Lebensmitteleinzelhandel die Ware aus der Transportverpackung entnommen und verkaufsfördernd präsentiert wird, sichert die Transportverpackung die Ware insbesondere auch bei dem zunehmenden Internetverkauf elektronischer Geräte bis zum Endverbraucher, der dann für die Entsorgung aufkommt.

Neben den gesetzlichen Aspekten erfüllt die Verpackung drei betriebswirtschaftlich relevante Funktionen: die technische Funktion, die ökologische Funktion und die absatzwirtschaftliche Funktion.[400]

Die *technische Funktion* umfasst insbesondere die Schutz-, Lager- und Transportleistungen.[401] Alle Aspekte beziehen sich auf alle Stufen der

---

400 Vgl. Becker 2002, S. 497ff.

401 Siehe hierzu auch die Anmerkungen im Rahmen der Betrachtungen zur Beschaffung.

Wertschöpfungskette, auch wenn die einzelnen Stufen durchaus unterschiedliche Schwerpunkte bei der technischen Funktion setzen. So muss die Transportleistung hilfsmittelgerecht und transportmittelbezogen gestaltet sein, gleichzeitig aber auch stapelbar und klimafest. Hier ist bspw. an Getränkekästen zu denken oder an Transportverpackungen, wie bei Personalcomputern oder TV-Bildschirmen bzw. im Rahmen des Versand- und Onlinehandels wie bei Custom Chrome oder Amazon.

Die ökologische Funktion beinhaltet u. a. die Umweltverträglichkeit und Recyclingfähigkeit. Es wurde mitunter auch mit essbarer Verpackung experimentiert, die auf der ANUGA 1989 zum ersten Mal vorgestellt wurde. Da diese Verpackungsformen aber den gleichen lebensmittelrechtlichen Bestimmungen unterliegen wie Lebensmittel, stößt eine umweltfreundliche Form schnell an ihre Grenzen. Auch die Möglichkeit der Verwendung von Verpackung im Rahmen der Nutzung des eigentlichen Produkts kann eine wesentliche Rolle für die Nachfrage spielen. Hier seien als Beispiel wiederverschließbare Verpackungen von verderblicher Ware genannt oder die Wiederverwendbarkeit von Verpackungen, wie dies bei Waschmitteln der Fall ist oder mitunter bei Glasverpackungen, die dann im weiteren Verlauf als Trinkgläser genutzt werden.[402] Gerade die bei den Konsumenten besonders beliebten Nachfüllverpackungen machen die Bedeutung dieses Faktors deutlich. Dies umso mehr, als die Berücksichtigung umweltpolitischer Aspekte heutzutage nicht mehr nur bei ein paar langhaarigen Wollsockenträgern kaufentscheidende Bedeutung haben kann.

Die *absatzwirtschaftliche Funktion* umfasst die Informationsleistung, die Verkaufsleistung und die Verwendungsleistung. So dient jede Verpackung der Information über den Inhalt. Zum Teil sind die Informationen branchenbezogen gesetzlich vorgeschrieben, wie bspw. bei Tabakerzeugnissen, zum Teil besteht branchenübergreifende Informa-

---

402   Früher war dies bspw. bei Senfgläsern der Fall, mitunter bietet ein Harddiscounter fertiges Tiramisu in Gläsern an, die als Trinkgläser wiederverwertet werden können.

tionspflicht, wie bspw. in Bezug auf die Menge, die Haltbarkeit, den Hersteller und die Inhaltsstoffe.

Darüber hinaus kann die Kennzeichnung aber auch als Differenzierungsmöglichkeit dienen, wenn bspw. die Inhaltsstoffe besonders positive Auswirkungen auf die Konsumenten haben sollen (sog. *Functional Food*). Seit 2001 ist die EFSA (European Food Safety Authority) dafür zuständig, sog. Health Claims zu überprüfen. So musste Danone die heilsbringende Wirkung von Activia bspw. auf die „Hilfe im Rahmen einer ausgewogenen Ernährung und eines gesunden Lebensstils [… und …] die träge Verdauung bezogen auf die Darmpassagezeit"[403] reduzieren.

Verpackungen, insbesondere die Schutzverpackungen für verderbliche Ware wie bspw. Milch, dienen auch der Verkaufsleistung. Da in besagtem Fall das Produkt nahezu homogen ist, spielt neben dem Preis die Verpackung eine entscheidende Rolle für den Kauf durch den Konsumenten. Die Verkaufsleistung kann in einer besonderen Form oder Farbgestaltung begründet sein. Die Verpackung kann sich damit von anderen Verpackungen im Regal unterscheiden und die Aufmerksamkeit des Käufers auf sich lenken. So fielen Gattungsmarken[404] lange Zeit durch ihre besonders schlichte Gestaltung auf und kamen oft in einer durchgängig weißen Verpackung daher, weswegen ihnen die Bezeichnung *weiße Ware* zukam.[405] Anderseits kann durch die sog. Konturenverpackung bereits auf die Verwendung hingewiesen werden: Cillit BANG fiel anfänglich nicht nur durch eine besonders bunte Farbgestaltung für ein Reinigungsmittel auf, sondern besaß, wie für diese Art der Reinigungsmittel üblich, den klassischen Sprühkopf und die Griffmulden, so dass schon die Form deutlich machte, wie das Produkt zu

---

403   http://www.activia.de/danone-activia/activia-entdecken/was-ist-activia. php, 02.10.2011.Ebenda.

404   Hier verstanden im Sinne von „Niedrigpreis-Marken von nicht discountorientierten Handelsunternehmen" (Nieschlag et al. 2002, S. 245).

405   Diese Bezeichnung ist aber eigentlich irreführend, da der Begriff weiße Ware auch für elektrische Haushaltsgeräte benutzt wird, weswegen im Folgenden der Begriff No Names synonym genutzt werden soll.

nutzen sei. Schließlich ist bspw. ein ästhetischer Parfümflakon weniger ein wichtiges Argument für den Transport, sondern vielmehr für den Anreiz in der Kaufsituation und für die spätere Verwendung als Dekorationsstück in Badezimmern.

Markierung

Die *Markierung*, mit der die Differenzierung von Produkten einhergeht, ist vor dem Hintergrund der vom Konsumenten zunehmend gewünschten Individualisierung eines der am meisten diskutierten Elemente der sachlichen Struktur dar. In dem hier vorliegenden Zusammenhang geht es um die grundsätzliche Frage der Notwendigkeit und Sinnhaftigkeit der Markierung eines Produktes über seinen Namen. Grundsätzlich können Produkte lediglich mit einem Produktnamen in den Markt gebracht werden, der der Identifizierung und Abgrenzung des Produktes von anderen Produkten dient. Der Produktname kann, muss aber nicht zwingend notwendig, zu einer Marke ausgebaut wird. Sie kann als „unternehmensspezifische Produktkennzeichnung"[406] beschrieben werden.

Ob aus einem Produktnamen eine Marke wird, hängt entscheidend davon ab, ob der Konsument dies akzeptiert. Letzlich definiert sich eine Marke über zwei Eigenschaften: den Bekanntheitsgrad und die Wertschätzung: Die Wertschätzung resultiert häufig aus der Außenwirkung der Marke, hierzu ist aber die Kenntnis um die Marke notwendig.

Nicht immer und nicht in jedem Markt ist seine Bereitschaft ausgeprägt, einen Produktnamen mit einer Persönlichkeit zu versehen und ein komplexes Image damit zu verbinden, das dann eine Marke auszeichnen würde: So ist zwar vielen Konsumenten *Bruzzler* ein Begriff, nicht aber unbedingt *Gebirgsjäger*. In beiden Fällen handelt es sich um Bratwurst.[407]

---

406 Becker 2002, S. 501. Natürlich lässt sich hierzu eine Reihe weit differenzierter Definitionsansätze finden, siehe u. a. Weis 2013, S. 239. Im Folgenden soll die verwendete Definition aber ausreichen.

407 Markierungen von Produkten sind nicht in jedem Fall ökonomisch sinnvoll: Unter anderem stellen die Markenbereitschaft und Marken-

Entsprechend der Eigenschaften einer Marke hat die Markierung hat aus Nachfragersicht vier Funktionen:

- eine Orientierungs- und Informationsfunktion,
- eine Vertrauensfunktion und
- eine symbolische Funktion.[408]

Es konnte im Rahmen der Untersuchungen zum Einkaufsverhalten von Konsumenten festgestellt werden, dass zu viele Produktangebote in einer Produktkategorie den Konsumenten eher verwirren, als dass sie ihn zufriedenstellen. Der Freude eines Mehr an Angebot steht also der Frust einer schwieriger werdenden Entscheidungsfindung gegenüber. Hier sucht der Konsument nach Orientierung, nach einer Komplexitätsreduktion. Dies kann zum einen dadurch erreicht werden, dass das Angebot durch das Unternehmen grundsätzlich begrenzt wird, wie dies bei Discountern der Fall ist, oder dadurch, dass der Konsument diese Begrenzung durch eine fokussierte Orientierung, zum Beispiel aufgrund von Informationen, die er von der Marke hat, selber vornimmt. Marken reduzieren also die Komplexität, dienen als sog. *Information Chunks* und reduzieren damit letztlich die Transaktionskosten. Hierfür, so die Grundidee, ist der Konsument bereit, einen etwas höheren Preis für das markierte Produkt zu zahlen. Die Marktform wird in solchen Fällen als *monopolistische Konkurrenz* bezeichnet; eine Marktform, in der es dem Unternehmen mit seinem Produkt gelingt, einen preispolitischen Spielraum aufzubauen, innerhalb dessen die Konsumenten bereit sind, aufgrund der vermeintlich vorliegenden produktbezogenen Unterschiede auch Preisunterschiede zu akzeptieren. Dies wird er machen, solange der Nettonutzen wenigstens null ist.

---

treue der Konsumenten sowie deren Involvement wesentliche Einflussfaktoren dar. Dass Markenbekanntheit nicht zwingend ökonomischen Erfolg mit sich bringt, zeigte das Beispiel von Charmin im deutschen Toilettenpapiermarkt sehr gut.

408　Vgl. Burmann 2005, S. 11f.

Die Vertrauensfunktion bezieht sich insbesondere auf die mit dem Produkt subjektiv verbundene Qualität im weitesten Sinne. Da jedes Produkt Vertrauensguteigenschaften im Sinne der Informationsökonomie hat, besteht beim Konsumenten immer ein gewisses Maß an Unsicherheit in Bezug auf die tatsächlichen Eigenschaften eines Produkts. Dies wird besonders deutlich bei Dienstleistungen, die immateriell sind und dem Uno-actu-Prinzip unterliegen, so dass die Qualität vor der Nutzung nicht vollständig zu überprüfen ist und in manchen Fällen auch nie abschließend überprüft werden kann. Marken liefern in diesem Fall der fehlenden Information eine Reduzierung des subjektiv empfundenen Risikos.

Die symbolische Funktion einer Marke liegt insbesondere in ihrer Möglichkeit des Imagetransfers und der Prestigefunktion für den Konsumenten. Dies gilt sowohl in Bezug auf das Verhältnis von Konsument zur Marke, als auch von Marke zum Umfeld des Konsumenten. Eine Marke kann somit, wie bereits vorab im Rahmen der Betrachtungen zum Design beschrieben, einen Erbauungs- und einen Geltungsnutzen haben oder, mit anderen Worten, eine identitätsstiftende und identitätsvermittelnde Wirkung. In welchem Ausmaß dies eine Rolle spielt, hängt zum einen vom Produkt, zum anderen vom Umfeld des Konsumenten ab: Der Kauf von Gütern des täglichen Bedarfs hat tendenziell weniger symbolischen Charakter als der Kauf von Markenkleidung oder Markenfahrzeugen. Andererseits kann in bestimmten Bezugsgruppen der Kauf hochwertiger Weine oder bestimmter koffeinhaltiger Limonaden auch symbolische Funktion haben.

Produktbegleitende Dienstleistung

Die *Dienstleistungen*, als letztes Element der sachlichen Struktur, beschränken sich in dem hier dargestellten Zusammenhang auf *produktbegleitende Dienstleistungen*, so dass sich die Betrachtungen auf ausgewählte Aspekte beziehen werden. Unabhängig davon weisen auch diese Dienstleistungen die klassischen Eigenschaften von Dienstleistungen auf, die hier kurz diskutiert werden sollen.

Dienstleistungen zeichnen sich grundsätzlich dadurch aus, dass sie

- als immaterielle Verrichtungen,

- an Subjekten (Menschen) oder Objekten (z.B. Auto) verrichtet werden (sog. Integration des externen Faktors),

- unter Vorhaltung entsprechender Ressourcen in Form einer geistigen Leistung manuell oder maschinell,

- nach dem Uno-actu-Prinzip erbracht werden,

- aber weder auf Vorrat produziert noch gelagert noch transportiert oder weiterveräußert werden können.

Aus diesen grundlegenden Eigenschaften folgt für das Marketing eine seit Magrath beschriebene Erweiterung der 4 Ps auf 7 Ps.[409] Es kommen neben den klassischen Ps Product, Price, Place und Promotion Process, Personnel (People) und Physical Facility (Evidence) hinzu (vgl. Abbildung 3.11). Im Deutschen werden die Ps Prozess-, Personal- und Ausstattungspolitik genannt und sollen im Folgenden kurz erläutert werden. Hierbei ist es noch einmal wichtig zu erwähnen, dass es nicht darum geht den betriebswirtschaftlichen Disziplinen Human Ressource oder Produktion den Rang abzulaufen. In allen Fällen hat die Betrachtung einen marketingtechnischen und damit kundenbezogenen Fokus, es geht also beispielsweise weniger um die Frage der Personalentlohnung oder der Personalbeförderung z.B. im Zusammenhang mit Jobenlargement und Jobenrichment, es geht eher darum, welche Eigenschaften und Organisation das Personal erfahren muss, um im Sinne der Kundenzufriedenheit optimal aufgestellt zu sein; ähnlich geht es bei der Betrachtung des Prozesses nicht um produktionstheoretische Erläuterungen und Ableitungen daraus, sondern vielmehr um die grundsätzliche wertschöpfungskettenorientierte Frage nach der aus Konsumentensicht besten und für das Unternehmen effizienten Lösung des Zusammenspiels der verschiedenen Inputfaktoren.

---

409   Vgl. Magrath 1986.

Abbildung 3.11 Die sieben Ps

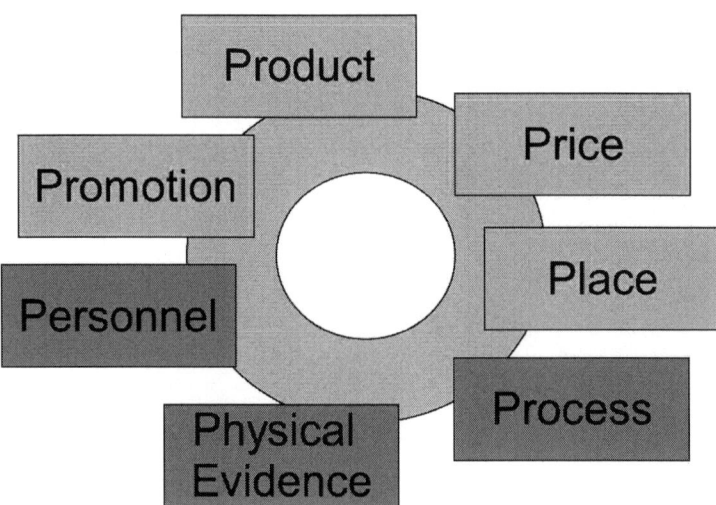

Quelle: In Anlehnung an Magrath 1986

Process

Im Rahmen der Betrachtungen zum Prozess einer Dienstleistung stellt insbesondere die Integration des externen Faktors eine Herausforderung dar: Weder vor noch während der Leistungserstellung können seine Eigenschaften exakt bestimmt werden (zumindest nicht, wenn der externe Faktor eine Person ist) oder nur mit viel Aufwand ermittelt werden (z.B. bei einem Auto). Erst am Ende der Dienstleistungsproduktion sind dem Anbieter alle Eigenschaften des externen Faktors klar. Im Rahmen wiederkehrender Dienstleistungen (siehe Abbildung 3.12) verringert sich die Informationsasymmetrie und es kommt zu Anpassungsprozessen, welche die Durchführung der Leistungserstellung verbessern. Abbildung 3.12 macht noch einmal deutlich, dass zu Beginn die Akquisition einen entscheidenden Faktor darstellt: Insbesondere bei Dienstleistungen muss dem (potenziellen) Kunden die Möglichkeit gegebenen werden, die Unsicherheit über die wirkliche Leistungsfähigkeit des Dienstleistungsanbieters abzubauen, indem die

Leistung bspw. demonstriert wird oder durch möglichst unabhängige Bewertungen bestätigt wird. Trailer von Kinofilmen sind hier ein geeignetes Beispiel: um potenzielle Kinobesucher zum Besuch zu bewegen, zeigen Kinobetreiber möglichst attraktive Ausschnitte aus einem für den Kunden unbekannten Film, die ihn dazu bewegen sollen, sich den Film vollständig anzusehen. Ähnliches gilt für Probevorlesungen an Hochschulen, Reisevideos von Reiseveranstaltern oder Werbespots von Versicherungen.

Abbildung 3.12 Wertschöpfungskette bei kontinuierlichen Dienstleistungen

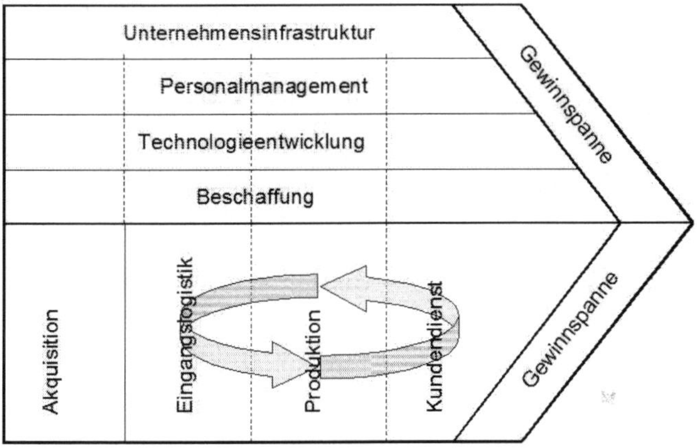

Die Herausforderungen liegen, im Rahmen der Prozesspolitik, bei den Faktoren Qualität, Koordination und Flexibilität.

Dies deswegen, da in Bezug auf die unternehmerischen Inputfaktoren (Mitarbeiter und Material) eine entsprechende Flexibilität notwendig ist, die sicherstellen muss, dass die Leistung am Subjekt/Objekt erbracht werden kann: So muss sich jeder Bankmitarbeiter in einem Beratungsgespräch auf sein Gegenüber einstellen können, den Kunden dort abholen, wo er mit seinem Wissen steht und sich in die Welt des Kunden hineindenken können (Empathie).[410]

Dies ist umso wichtiger, als der reibungslose Ablauf von der Bereitschaft des Kunden zur Mitarbeit abhängt: Ein Friseur kann nur dann einen zufriedenstellenden Haarschnitt herstellen, wenn der Kunde nicht die ganze Zeit mit dem Kopf wackelt!

Ein wesentliches Problem der Integration des externen Faktors ist, neben der Abschätzung der zeitlichen Komponente, die Sicherstellung der Qualität des Ergebnisses:

Es ist für den Mediziner, für den Berater, für den Friseur oder für den Automechaniker ohne Vorkenntnisse zur Person, zum Unternehmen oder zum Auto nur schwer abzuschätzen, wie zeitlich zu disponieren ist. Hier ist es also sinnvoll, wenn möglich, in Vorgesprächen einen Eindruck davon zu bekommen, wie viel und welche Art von Arbeit auf den Dienstleister zukommt. Sollte dies nicht möglich sein, so ist der Dienstleister auf seine Erfahrungswerte oder die seiner Kollegen angewiesen. In diesen Fällen muss das Zeitproblem also heuristisch gelöst werden. So weiß der Arzt, dass die Wartezimmer montags meist voll, und der Kinobesitzer, dass seine Säle montags meist leer sind. Zumindest in letzterem Fall werden häufig zeitliche Preisdifferenzierungen genutzt, um die Besucherströme ansatzweise steuern zu können.

Wie bereits angesprochen, ist nicht nur der mögliche Beginn einer Dienstleistung nicht immer festzulegen, sondern auch deren Ende in vielen Fällen schwierig zu prognostizieren. Haben es Dozenten dabei noch relativ einfach, weil ihnen die Zeiteinheit vorgegeben ist, so kann die Dauer einer zahnärztlichen Behandlung vorab nicht abgeschätzt werden und wird erst im Prozess selber deutlich, Ähnliches gilt für Beratungsleistungen.

Aus Unternehmenssicht besteht das Bestreben, diese Unsicherheiten durch eine möglichst hohe Standardisierung zu minimieren und möglichst viele Prozessschritte vom individuellen Fall unabhängig zu ma-

---

410   Dieser Aspekt wird im Rahmen der pesonalbezogenen Betrachtungen noch einmal vertieft.

chen. Grundsätzlich gilt also: so viel Standardisierung wie möglich, so wenig Individualisierung wie nötig.[411]

Aus Sicht des Kunden ist ein wesentliches Problem die fehlende Möglichkeit der Abschätzung der Leistung vor der Inanspruchnahme. Hier liegen wieder Informationsasymmetrien vor. Die Asymmetrien bestehen zwischen Anbieter und Nachfrager, da es insbesondere bei Dienstleistungen aufgrund ihrer Immaterialität nur schwer möglich ist, diese vorab einzuschätzen. Hinzu kommt das Uno-actu-Prinzip. Beides nimmt der Nachfrager als ein zunehmendes Risiko wahr und dies führt zur Unsicherheit oder anders ausgedrückt: zu zusätzlichen Kosten. Wenn der Kunden Prozesse aber nicht abschätzen kann, müssen aus marketingtechnischer Sicht Möglichkeiten gefunden werden, die Prozesse für den Kunden so transparent wie möglich darzustellen, um somit dessen Unsicherheit bzw. Kosten zu verringern. Aus diesem Grund werden Prozesse dem Kunden oft vorab deutlich gemacht, so dass er weiß, worauf er sich einlässt. Insbesondere bei ärztlichen Dienstleistungen ist dies inzwischen üblich.

Personnel

In Bezug auf das Personal sind insbesondere die Quantität und die Qualität ein relevantes Kriterium. Aufgrund des hohen Anteils der Personalkosten an den Gesamtkosten der Produktion wird oftmals versucht, die Personalkosten zu reduzieren.

Dies ist aus mehreren Gründen diskutabel, denn zum einen muss die entsprechende Strategie hinter einer solchen operativen Maßnahme liegen, und dies ist im Wesentlichen die Kostenführerschaft, und zum anderen muss bedacht werden, dass die Reduzierung von Personal insbesondere bei Dienstleistungen zu einer zunehmenden Unzufriedenheit beim Kunden und damit zu rückläufiger Nachfrage führen kann.

---

411   Es ist klar, dass die Möglichkeiten der Standardisierung von der Art der Dienstleistungen abhängen: Eine Operation ist (hoffentlich) möglichst individuell, eine Bankberatung (in Abhängigkeit von den zu diskutierenden Summen) in höchstem Maße standardisiert.

Damit konterkariert die zunehmende Unzufriedenheit letztlich die Kostenreduzierung und die daraus erhoffte Nachfragesteigerung aufgrund sinkender Preise.

Die für das Marketing relevanten Aspekte bezüglich der Personalentscheidungen sind deswegen die aus Kundensicht optimale Quantität und Qualität. Dabei setzen sich die Aspekte wiederum aus unterschiedlichen Faktoren zusammen, die nicht in aller Tiefe im Einzelnen diskutiert werden können und hier nur kurz angerissen werden.

Die Quantität ist insbesondere bei Dienstleistungen schwierig zu prognostizieren, da es sich bei dem externen Faktor, der zu integrieren ist, um einen Einflussfaktor handelt, der sich der Steuerung des Unternehmens entzieht: Grundsätzlich kann der Konsument die Dienstleistung nachfragen, wann immer er möchte. Da die Dienstleistung jedoch, im Gegensatz zu Sachgütern, nicht im Voraus produziert werden kann und auch nicht lagerfähig ist, muss sie grundsätzlich erbracht werden, wann immer der Konsument sie nachfragt. Dies ist in der Realität natürlich nicht zu leisten, also versucht ein Unternehmen, die Nachfrageströme aus Vergangenheitswerten zu prognostizieren oder durch Anreizsysteme zu steuern.

So ist, wie oben schon erwähnt, bekannt, dass an Montagen tendenziell eher weniger Menschen ins Kino gehen als an Samstagen. Ein Kinobetreiber reagiert nun entweder, indem er seine Personalkosten dadurch reduziert, dass er das Personal z.B. nur in Teilzeit einstellt und/oder versucht, die Nachfrageströme dadurch zu lenken, dass er bspw. unterschiedliche Preisdifferenzierungsmaßnahmen anwendet und die Preise an den weniger frequentierten Tagen reduziert oder das Programm an solchen Tagen für besondere Besuchergruppen attraktiv macht (Previews etc.).[412]

Die Qualität des Personals ist, wie schon weiter oben angesprochen, einer der entscheidenden Faktoren für die Zufriedenheit des Kunden.

---

412 Manchen Harddiscountern wird auch nachgesagt, dass sie früher das Kassenpersonal auf Abruf haben zu Hause sitzen lassen, um es dann in sich andeutenden Spitzenzeiten zur Verfügung zu haben.

Der Begriff Qualität ist sehr vielschichtig und bezieht sich hier, wie bereits beschrieben, auf die vom Kunden empfundene Qualität. Diese setzt sich im Wesentlichen zusammen aus dem für den Kunden notwendigen Know-how und der Empathie.

Zum einen also aus dem, was der Mitarbeiter notwendigerweise wissen muss. Das kann von Kunde zu Kunde durchaus variieren – so ist das Wissen bei Kunden im Baumarkt oft deutlich unterschiedlich ausgeprägt: Von der völlig ahnungslosen Hausfrau, die auf Geheiß ihres mit dem Bohrer auf der Leiter stehenden Ehemannes Begriffe zugeworfen bekommt, mit denen sie hilflos im Baumarkt steht, bis zum gewieften Heimwerker, der seit Jahren nichts anderes macht, als sein Haus umzubauen, ist alles vertreten.

Die Einschätzung der Beratungsfähigkeit wird durch den Kunden auf den ersten Blick über die Kleidung durchgeführt: So erwartet der Patient vom Arzt, dass dieser in Weiß gekleidet und seine Kleidung, anders als beim Metzger, der auch oft weiße Kleidung trägt, sauber ist. Aus diesem Grund trägt der Mechaniker eine Werkstattkleidung, die verschmiert und verölt sein muss, und der Bankangestellte einen Anzug, der genau dies nicht sein sollte.

Neben dem Know-how ist zum anderen auch das Einfühlungsvermögen relevant. Die Frage also, inwieweit man sich in die jeweils andere Person hineinversetzen kann. Dabei ist wichtig, dass die Authentizität der Person nicht verloren geht.

Die eine Variante, diesen Punkt zu erreichen ist die Möglichkeit, der jeweiligen Zielgruppe ein entsprechendes Gegenüber zur Verfügung zu stellen, wie es bei Dienstleistern im Bankensektor mitunter funktioniert, wo bspw. für türkischstämmige Kunden türkische Bankmitarbeiter zur Verfügung stehen.

Die andere Variante ist es, die Mitarbeiter entsprechend zu schulen. Hierzu wird eine Vielzahl von Varianten angeboten, um den Mitarbeitern eine entsprechende Schulung angedeihen zu lassen. In der praktischen Nutzung wird beispielsweise das Verfahren der Neurolinguistischen Programmierung (NLP) angewandt, das allerdings in seiner Wirkungsweise fragwürdig und wissenschaftlich nicht haltbar ist.

Physical Facility

Die Ausstattungspolitik bezieht sich sowohl auf die Ausstattungspolitik innerhalb des Unternehmens als auch auf die Ausstattungspolitik außerhalb des Unternehmens.

Aufgrund der Eigenschaften von Dienstleistungen ist die Demonstration der Leistungsfähigkeit durch die Gestaltung der Gebäude von außen und von innen ein wichtiges Indiz für den Kunden. Nicht umsonst bauen (nicht nur) Banken „Paläste", um ihre erfolgreiche Arbeit zu kommunizieren. Hier finden sich also die gleichen Argumente wieder wie bei der Beurteilung des Personals: der äußere Eindruck zählt.

Die Ausstattungspolitik wird häufig unter dem Begriff Corporate Architecture zusammengefasst, der sich darauf bezieht, die Corporate Identity durch architektonische Zeichen zu demonstrieren. Hier ist die AEG eines der ersten Unternehmen gewesen, welches Anfang des letzten Jahrhunderts bereits versucht hatte, über den Architekten seine Corporate Identity auf die genutzten Gebäude übertragen zu lassen. Oft können diese Gebäude auch ganze Stadtteile oder Umgebungen prägen und die CI einer Stadt demonstrieren, wie bspw. der Neue Zollhof mit den *schiefen* Gehry-Gebäuden im Düsseldorfer Medienhafen, oder das Guggenheim-Museum in Bilbao.

Die Bedeutung eines einheitlichen Auftritts wird bei Dienstleistungen zunehmend wichtiger, da auch in diesem Wirtschaftssektor der Wettbewerb durch die Steigerung der Leistungsvielfalt derart zugenommen hat, dass ein stimmiges Erscheinungsbild zur Festigung der Differenzierung immer notwendiger wird. Zumal diese, wie bereits dargelegt, bei Dienstleistungen für den Kunden noch schwieriger nachzuvollziehen ist als bei Sachgütern.

Nach diesem kurzen Überblick über die im Marketing inzwischen üblichen 7 Ps für Dienstleistungen zurück zur Fokussierung auf die produktbegleitenden Aspekte.

Die produktbegleitenden Dienstleistungen beziehen sich auf alle möglichen Zusatzleistungen, die den Konsumenten im Rahmen des Produktangebotes offeriert werden können, wie bspw. technischer oder kaufmännischer Kundendienst.[413] Hier gilt die weiter oben bereits angesprochene Unterteilung der Dienstleistung in Bezug auf die Art der Subjekt/Objekt-Beziehung: So kann eine produktbegleitende Dienstleistung darin bestehen, dass dem Kunden eine 24/7-Hotline zur Verfügung steht oder ein Geldautomat. Solche Angebote lassen sich dem Erbauungsnutzen zuordnen, da sie das Bedürfnis nach jederzeitiger Unterstützung erfüllen und durchaus als kommunikationspolitisches Instrument genutzt werden können.[414]

Neben solchen, eher technischen Dienstleistungen, kann eine kaufmännische Dienstleistung beispielsweise darin bestehen, dass der Kunde

- verschiedene Formen von Zahlungsmöglichkeiten, Finanzierungsmöglichkeiten oder Kreditlinien eingeräumt bekommt. Insbesondere im Internethandel werden Zahlungen über Online-Zahlungsanbieter wie Paypal immer beliebter.

- Garantien oder Gewährleistungen erhält, die entweder gesetzlich gefordert oder zusätzlich angeboten werden, oder

- Umtauschrechte wahrnehmen kann, die über das gesetzlich vorgeschrieben Maß hinausgehen: Im Internethandel bieten sich vielfältige Möglichkeiten, die beispielsweise in der Einfachheit der Rückgabe und der Abwicklung von Rücküberweisungen deutlich werden können, wie sie von Anbietern

---

413 Vgl. Weis 1999, S. 262ff.

414 So warb die Sparkasse lange Zeit u. a. damit, dass ihre Filialen immer in der Nähe seien und der Kunde somit keine langen Laufwege habe. Dieses Argument ist natürlich immer dann wichtig, wenn es sich um Dienstleistungen handelt, die eine Mobilität aufseiten des Kunden verlangen, der Kunde also die Dienstleistungen nicht an einem von ihm zu bestimmenden Ort wahrnehmen kann, sondern er die Leistung abholen muss.

aus der Bekleidungsbranche, von Zalando bis hin zu Outfittery, oder dem Handel, von Amazon bis MediaMarkt, angeboten werden.

Es kann nicht oft genug deutlich gemacht werden und soll deswegen an dieser Stelle noch einmal wiederholt werden: Auch bei den Dienstleistungen gilt, dass es für den Erfolg entscheidend ist, ob vom Kunden eine wenigstens befriedigende Qualität *wahrgenommen* wird. Halbherzige Dienstleistungen, wie nie erreichbare Hotlines, sind kontraproduktiv.

Damit sind die Betrachtungen zur sachlichen Struktur der Produktpolitik abgeschlossen und es soll nun kurz gezeigt werden, in welcher Art die Zusammenführung der vorab angesprochenen zeitlichen Struktur mit der sachlichen Struktur erfolgen kann.

Die Unterscheidung in die beiden Strukturarten sollte deutlich machen, welche zeitbezogenen Aktivitäten im Rahmen der Produktpolitik möglich sind und welche „Stellschrauben" dem Marketer verbleiben, um die zeitlichen Anforderungen aufzunehmen. In der Kombination wird nun ersichtlich, welche Möglichkeiten der Veränderung des Produktes in sachlicher Hinsicht denkbar sind, um die zeitbezogenen Aktivitäten marktgerecht durchzuführen. Grundsätzlich kann davon ausgegangen werden, dass Produkte, sobald sie im Markt erfolgreich eingeführt sind, im Rahmen ihres Lebenszyklus die verschiedenen Phasen durchlaufen werden, da eine Anpassung des Produktes u. a. an den Zeitgeist (Produktmodifikation) und ein Ausbau des Produktprogramms bei Erfolg des Ausgangsproduktes (Produktdifferenzierung) u. a. durch verschiedene Varianten für verschiedene Zielgruppen ökonomisch opportun ist, bis schließlich irgendwann die Entscheidung für die Elimination fällt. Produkte, die nun bspw. einer Modifikation bedürfen, können hinsichtlich des Produktkerns, des Produktdesigns, der Verpackung, der Markierung oder der produktbegleitenden Dienstleistungen den Konsumentenbedürfnissen oder anderen externen Einflussfaktoren angepasst werden: So wie sich die Verpackungen von Kinderschokolade oder Persil im Laufe der Zeit den sich ändernden Geschmäckern der Zielgruppe angepasst haben oder sich das Design der Autos im Laufe der Zeit u. a. auch neueren Erkenntnissen über den Luftwiderstand und sich veränderten Sicherheitsbestimmungen angepasst hat.

Wird festgestellt, dass bspw. ein Teil der Zielgruppe nicht erreicht wird, so kann im Rahmen von Produktdifferenzierung darüber nachgedacht werden, welche Variation des Produktes dazu führen könnte, dass entweder die bisherigen Nichtverwender das Produkt schließlich auch nutzen, oder die aktuellen Kunden aufgrund der neuen Variante zusätzlich konsumieren: Ältere Leute brauchen nicht zwingend ein Smartphone, mit dem Videos aufgenommen werden können, aber vielleicht eines, welches einfacher in der Bedienung ist, indem die Tasten vergrößert werden. Nicht jeder Kunde möchte Weißbrot essen, vielleicht erreicht ein Bäcker die gesundheitsbewussten Kunden aber mit Roggenbrot. Nicht immer muss es die Familienpackung bei Nahrungsmitteln sein, die Entwicklung in den deutschen Haushalten zeigt, dass Verpackungen für weniger als 3 Personen durchaus ihren Absatz finden können.

3.2 Kontrahierungspolitik

3.2.1 Grundsätzliche Überlegungen

Mittels des Kontrahierungsmix werden die monetären Rahmenbedingungen einer Transaktion mit dem Kunden festgelegt. Neben der Preisfestsetzung dienen dazu die Rabatt-, Konditionen- und Kreditpolitik.[415] Im Wesentlichen wird die Preisfestsetzung durch die Größe des sogenannten *preispolitischen Spielraums* beeinflusst. Dieser wiederum hängt von vier Faktoren ab: den Kosten, der Konkurrenz, dem Kunden und den gesetzlichen Rahmenbedingungen. Anders formuliert besteht die Aufgabe der Kontrahierungspolitik zusammengefasst in der Ermittlung der optimalen Preisforderung unter Berücksichtigung unternehmerischer Ziele und der Marktsituation.

---

415 Aus diesem Grund wird an dieser Stelle von der eher üblichen Bezeichnung dieses Ps als Preispolitik abgewichen. Wenn im weiteren Verlauf der Begriff Preispolitik genutzt wird, so ist damit das erweiterte Verständnis des Begriffes gemeint.

Darüber hinaus muss die Kontrahierungspolitik festlegen, in welcher Preisklasse die Produkte angeboten werden sollen, sog. Preisstrukturpolitik: In nahezu jedem Markt lassen sich wenigstens drei Preisklassen im Sinne eines niedrigpreisigen, eines mittelpreisigen oder eines hochpreisigen Segments finden. Darauf aufbauend muss auch festgelegt werden, in welchem Ausmaß Variationen des Preises innerhalb einer Preisklasse vorzunehmen sind (sog. Preislagenpolitik). Beide Aspekte werden innerhalb der folgenden preispolitischen Ziele wieder aufgegriffen.

Da unternehmerische Ziele aus marketingpolitischer Sicht immer aus zwei Zielkategorien bestehen, spiegelt sich dies auch in der Kontrahierungspolitik wieder: Hier lassen sich diese beiden Zielkategorien noch einmal konkretisieren in

- unternehmensbezogene Ziele,

- handelsbezogene Ziele des Produzenten und

- kundenbezogene Ziele.

Die *unternehmensbezogenen Ziele* können mit den ökonomischen Zielen gleichgesetzt werden und bestehen u. a. in der Erhöhung von Absatz, Umsatz oder Marktanteil, Deckungsbeitrag, Gewinn oder Rentabilität.

Die *handelsbezogenen Ziele* dienen im Wesentlichen der Optimierung der Distribution in Bezug auf die unternehmerischen Ziele:

Erstens kann die Präsenzsteigerung in den Handelskanälen im Vordergrund stehen. Dies kann durch Preisdifferenzierung erfolgen, wie dies bspw. Markenproduzenten im Lebensmitteleinzelhandel machen, indem sie das gleiche Produkt je nach Absatzkanal unterschiedlich bepreisen. Zweitens kann eine Verbesserung der Produktplatzierung oder -präsentation angestrebt werden. Dies kann bspw. dadurch erfolgen, dass Preiszugeständnisse an den Handel erfolgen, die z.B. in Form von Rabatten möglich sind. Drittens kann eine werbliche Unterstützung durch den Handel ein Ziel sein, hier kommen insbesondere Werbekostenzuschüsse als Instrument infrage und schließlich kann viertens die Sicherung eines einheitlichen Preisniveaus ein Ziel sein. Die Frage, ob sich dies durchsetzen lässt ist in hohem Maße von der Verteilung der Marktmacht abhängig, auch wenn offiziell die vertikale Preisbindung in Deutschland seit 1974 verboten und einer *unverbindlichen Preisempfehlung* gewichen ist: Im Schmuckmarkt ist es nicht unüblich, Preisvorstellungen dadurch durchzusetzen, dass ansonsten mit Lieferstopp gedroht wird, im Lebensmitteleinzelhandel sind insbesondere die Harddiscounter in der Lage, ihre Preisvorstellungen durchzusetzen.

Die *kundenbezogenen Ziele*, die eher psychologische Ziele darstellen, können unterteilt werden in die Verbesserung der wahrgenommenen Preiswürdigkeit und der Preisgünstigkeit, die Beeinflussung der Preiswahrnehmung und die Gestaltung der Preiserwartung.

Die Preiswürdigkeit bezeichnet das Preis-Leistungs-Verhältnis (siehe hierzu auch Abbildung 13) und zielt darauf ab, dass der Konsument die Relation von Kosten und Nutzen als aus seiner Sicht optimal ansieht.

Die Preisgünstigkeit bezieht sich auf den Vergleich des Preises des eigenen Produktes mit dem Preis der Konkurrenzprodukte. Hier können insbesondere unterschiedliche Möglichkeiten der Konditionengestaltung zu einer Beeinflussung der Wahrnehmung führen.

Ähnliches gilt für die Preiswahrnehmung, die auf die grundsätzliche Überlegung des Preises als Qualitätsindikator beim Abnehmer fokussiert. Dieser Aspekt ist insbesondere bei den Markenprodukten ein wichtiges preispolitisches Ziel.

Die Preiserwartung geht in eine vergleichbare Richtung: Gerade bei Markenprodukten haben Produzenten einen preispolitischen Spielraum, der es ihnen erlaubt, die Preise in einem gewissen Rahmen anzuheben und zu senken. Letzteres darf aber, aufgrund der schon angesprochenen Aspekte der Preisstruktur und Preislagenpolitik nicht zu oft und zu intensiv erfolgen, da der Konsument ansonsten zum einen auf kommende Preissenkungen spekuliert und zum anderen bei einer zu starken Preissenkung die Preiswahrnehmung gestört wird.

Nun lassen sich Kosten grundsätzlich in nichtmonetäre und monetäre Kosten unterteilen (siehe oben) und beide Kategorien unter ökonomischen und psychologischen Aspekten beurteilen. Wenn in der Abbildung die Betrachtung der Kosten und der Konkurrenz schwerpunktmäßig der Ökonomie und die Betrachtung des Kunden schwerpunktmäßig der Psychologie zugeordnet wird, so ist damit nicht intendiert, dass nicht beide Wissenschaften auch zu den jeweils anderen Aspekten etwas beizutragen haben. Die Zuordnung hat eher einen durch dieses Buch leitenden Charakter.

Die Tatsache, dass aus Kundensicht das Preis-Leistungs-Verhältnis relevant ist, spiegelt sich in Abbildung 3.13 insofern wieder, als die Aufgabe der Kontrahierungspolitik, wie beschrieben, darin besteht, psychologische Ziele im Hinblick auf Preisgünstigkeit, Preiswürdigkeit, Preiserwartung und Preiswahrnehmung zu verfolgen.

Abbildung 3.13 Preispolitische Struktur

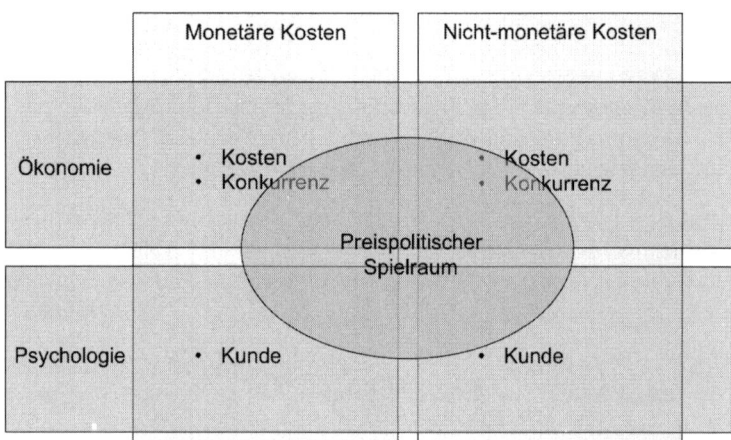

Aus den Kunden, Kosten und der Konkurrenz ergibt sich der preispolitische Spielraum. Das hier die gesetzlichen Rahmenbedingungen unerwähnt bleiben, hängt damit zusammen, dass diese im weiteren Verlauf als gegeben angenommen werden und außerhalb der hier vorgenommenen Betrachtungsweise liegen.

3.2.2 Formen der Preisfindung

Unabhängig von strategischen Überlegungen stellt sich die Frage, ob das Unternehmen den Preis für sein Produkt eher an den Kosten, an den Abnehmern oder an der Konkurrenzsituation orientiert. Letztlich spielen alle Faktoren eine Rolle, die Gewichtung ist aber eine unternehmensindividuelle und situationsabhängige Frage.

Kostenorientierte Preisfindung setzt den Fokus auf die für die Erstellung des Produktes anfallenden Kosten. Die Kosten können entweder als Grundlage für den Verkaufspreis (inklusive Gewinnzuschlag) dienen, wie dies klassischerweise auch aus mikroökonomischen Überlegungen bekannt ist. Oder es wird der umgekehrte Weg gewählt, indem der mögliche Verkaufspreis ermittelt wird (zum Beispiel anhand des Marktpreises) und dann die maximal möglichen Kosten (inklusive Gewinnzuschlag) festgelegt werden. Da im letzten Fall quasi rückwärts vom Markt aus gerechnet wird, wird diese Methode auch als retrograde Zielkostenrechnung bezeichnet.

Im Rahmen der wettbewerbsorientierten Preisfindung berücksichtigt der Unternehmer die Preise der Konkurrenz. Dies kann teilweise zur Orientierung am Marktpreis führen, wie dies in polypolistischen Märkten oft der Fall ist, oder zur Preisführerschaft bzw. Preisfolgerschaft, wie dies in oligopolistischen Märkten betrieben werden kann. Gerade in Letzteren besteht die Gefahr der ruinösen Konkurrenz, da die Reaktionsverbundenheit zwischen den Unternehmen im Markt höher ist als im Polypol. Um dieser Konkurrenz auszuweichen, besteht bei homogenen Gütern nur die Möglichkeit der (illegalen) Absprache, wie dies u. a. im Mineralölmarkt oft vermutet wird und in anderen Märkten und Firmen regelmäßig vom Bundeskartellamt festgestellt wird (hier seien beispielhaft die Firmen BASF AG im sog. Vitaminskandal, die Degussa bei Futtermitteln und organischen Peroxiden oder die Bayer AG bei Kautschukprodukten genannt).

Die abnehmerorientierte Preisfindung macht grundsätzlich daran fest, ob das Produkt die Bedürfnisse des Kunden befriedigt und damit für ihn wahrnehmbaren Nutzen erzeugt. Diesem Nutzen stehen für den Konsumenten die bereits diskutierten Kosten gegenüber, die hier noch einmal der Vollständigkeit halber um die externen Effekte ergänzt sind: Damit sind insbesondere die der Gesellschaft aufgebürdeten Kosten gemeint, die zum Beispiel durch den Konsum potenziell krankmachender Produkte wie Fast Food und Zigaretten anfallen. Diese Kosten werden aber zurzeit nicht, oder nur unzureichend, internalisiert, so dass sie im weiteren Verlauf keine Rolle mehr spielen.[416]

Aus beiden Größen, dem Nutzen und den Kosten ergibt sich der sog. Netto-nutzen. Nur wenn der Nettonutzen mindestens null ist, denkt der Konsument über einen Kauf nach.[417] Für ein Unternehmen bedeutet dies, da es sich in der Regel im Wettbewerb mit anderen Unternehmen befindet, dass der von ihm geleistete Nettonutzen größer sein muss, als der Nettonutzen anderer Unternehmer. Dies kann es entweder über einen relativ höheren Nutzen oder über relativ niedrigere Kosten für den Konsumenten erreichen. Für den Unternehmer, wie für den Konsumenten, ist also der *relative Nettonutzen* wichtig.

---

416 In dem Moment, wo sie internalisiert werden, handelt es sich streng genommen auch nicht mehr um externe Effekte.

417 Mit der Formulierung soll berücksichtigt werden, dass die Tatsache, dass der Konsument über einen Kauf nachdenkt, nicht zwingend heißen muss, dass er tatsächlich kauft. Auch durchläuft der Konsument nicht bei jedem Kauf immer eine vollständige Kosten-Nutzen-Betrachtung. Hier wird von einer Reihe externer und interner Faktoren abstrahiert.

Abbildung 3.14 Monetäre und nichtmonetäre Kosten

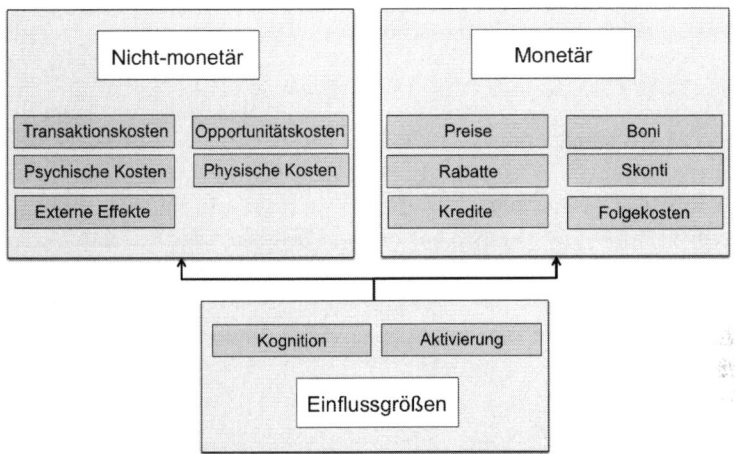

Im Rahmen der monetären Kosten lassen sich zum einen die Instrumente und zum anderen die Einflussgrößen in Bezug auf die Wahrnehmung unterscheiden.

Bei den Instrumenten wird im Allgemeinen zwischen dem Preis, der hier als Grundpreis/Listenpreis verstanden werden soll, verschiedenen Formen der Rabattgewährung (Rabatte, Boni und Skonti), der produktbegleitenden Dienstleistung (Kredit) und den Folgekosten der Nutzung unterschieden.

Der Listenpreis tritt in erster Linie bei Massengütern auf, während eine freie Preisfestsetzung bei Individualgütern üblich ist. Er dient oft als Referenzpreis für ein bestimmtes festgelegtes Angebot (im Automobilmarkt bspw. für die Grundausstattung) und zeigt an, dass alle ergänzenden Ausstattungsmerkmale zusätzliche Kosten mit sich bringen, oder durch bestimmte spezifische Besonderheiten Rabatte gewährt werden können.

Rabatte zeichnet immer aus, dass sie einen Nachlass vom Listenpreis darstellen, aber sich immer auf einen bestimmten Anlass, eine bestimmte Personengruppe oder auch einen bestimmten Zeitraum beziehen und damit keine Allgemeingültigkeit besitzen, wie allgemeine Preissenkungen zum Beispiel aufgrund gesunkener Produktionskosten oder zunehmenden Wettbewerbdrucks.

So stellen Skonti Barzahlungsrabatte dar, die gewährt werden können, wenn innerhalb einer bestimmten Frist die Ware bezahlt wird. Der Bonus wird oft am Ende einer Periode in Form eines Preisnachlasses oder einer Gutschrift gewährt und ähnelt dem Mengen- bzw. Treue- oder Barrabatt. Darüber hinaus können Zeitrabatte und Naturalrabatte gewährt werden, die an einen bestimmten Zeitpunkt der Bestellung oder des Warenübergangs gebunden sind und in Form von Saison- oder Einführungsrabatten üblich sind (die Frühbucherrabatte in der Luftfahrtindustrie oder die Ticketpreise in der Musicalbranche sind Beispiele dafür).

In Zusammenhang mit den produktbegleitenden Dienstleistungen ist bereits auf die Möglichkeit der Kreditgewährung hingewiesen worden. Hierbei ist es aus absatzpolitischer Sicht relativ egal, ob es sich um Leasing oder Kredit handelt, der Zweck ist der gleiche: Die Personengruppe, die sich das Produkt eigentlich nicht leisten kann, soll trotzdem erschlossen werden. Nicht umsonst werden bspw. insbesondere Gebrauchsgüter wie Autos, Kühlschränke oder Fernseher häufig nicht mehr mit den Listenpreisen beworben, sondern mit den monatlichen Raten.

Schließlich kann insbesondere bei Gebrauchsgütern die Frage der Folgekosten eine entscheidende Rolle für den Kauf spielen: Autos werden auch nach ihrem geschätzten Werterhalt oder Wertverlust nach Ablauf der Nutzung gekauft. Darüber hinaus ist hier insbesondere die Frage der nach dem Kauf auftretenden Abnutzung und damit einhergehenden Wartungskosten entscheidungsrelevant.

Wie Abbildung 3.14 zu entnehmen ist, spielen zwei Einflussgrößen eine wichtige Rolle bei der Interpretation der Kosten: die Kognition und die Aktivierung. Abbildung 3.15 zeigt die Zusammenhänge.

Abbildung 3.15 Das SOR-System der psychischen Variablen des Preisverhaltens

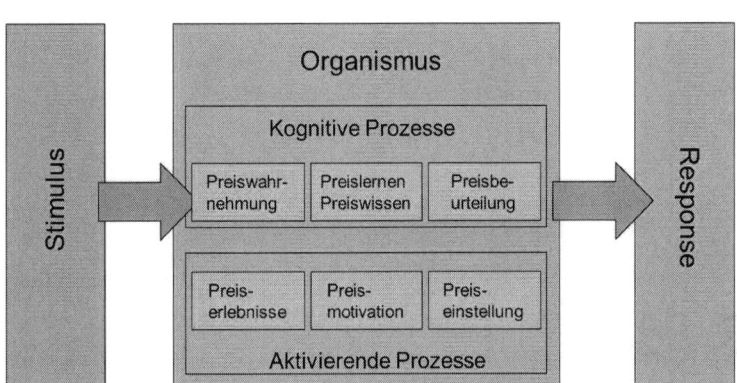

Quelle: Nieschlag et al. 2002, S. 762

Kognition bezieht sich hier auf die Informationsverarbeitung des Menschen. Diese Informationsverarbeitung kann bewusst stattfinden, wie die Aufmerksamkeit, oder unbewusst, wie das unbewusste Lernen. Mit Aktivierung ist die Anregung des vegetativen Nervensystems als Antrieb des Verhaltens gemeint. Die Aktivierung führt zu zunehmender Aufmerksamkeit und Leistungsbereitschaft.[418]

3.2.2.1 Preiswahrnehmung

Unter Preiswahrnehmung ist gemeint, dass der Konsument den Preis tatsächlich subjektiv, im Sinne einer aktiven Aufnahmen und kognitiven Repräsentation der Preisanreize wahrnehmen muss. Oft findet die Preiswahrnehmung vereinfacht statt, so dass Konsumenten nicht den vollständigen Preis erinnern, sondern ggf. auf- oder abrunden und da-

---

418   Dies gilt, entsprechend der Lambda-Hypothese, nur bis zu einem bestimmten Punkt. Tatsächlich verläuft die Leistungsfähigkeit in Abhängigkeit einer zunehmenden Aktivierung eher glockenförmig. Bei zu hoher Aktivierung sinkt die Leistungsfähigkeit wieder ab, was dem einen oder anderen im Rahmen von Prüfungsängsten bekannt sein könnte.

mit Preiskategorien bilden. Hier wird die Bedeutung psychologischer Preisschwellen deutlich.

Aus der Vielzahl der Theorien, die versuchen, das unterschiedliche Preisverhalten zu erklären, sei hier die Theorie des Mental Accounting[419] herausgegriffen:

Die Theorie des Mental Accounting greift die Idee der Prospect-Theorie auf, wonach es eine Nutzenfunktion gibt, die sich entsprechend der Annahmen formulieren lässt und unterschiedliche subjektive Einschätzungen von Verlusten und Gewinnen darstellt. Im Rahmen des Mental Accounting werden Teilaspekte der Preiswahrnehmung auf eine Art Konto übertragen und gedanklich entweder auf der Soll- oder der Habenseite verbucht. Entsprechend erfolgt das Gesamturteil als Summe der Einzelurteile, wie dies schon im Rahmen der Conjoint-Analyse angesprochen wurde. Dabei ist die Preiswahrnehmung nicht immer identisch, sondern hängt davon ab, wie die Nutzenfunktion verläuft, oder, um es anders auszudrücken, um welches Konto es sich handelt: So können 100 Euro viel Geld sein, wenn es sich um Ausgaben für ein Freizeitvergnügen handelt – eine völlig andere Einschätzung wird wahrscheinlich getroffen, wenn es sich um die Finanzierung eines Autos handelt.

3.2.2.2 Preislernen und Preiswissen

Nach der Wahrnehmung kann langfristig das Lernen und Wissen folgen, wobei Lernen den Prozess meint und Wissen das Ergebnis. Wie leicht und gut gelernt und gespeichert wird, hängt von einer Vielzahl inter- und intrapersoneller sowie umfeldbezogener Faktoren ab. Zum einen erleichtert bspw. ein ausgeprägtes Interesse an einem Produkt das Lernen, zum anderen kann es hilfreich sein, die Preisinformation häufiger zu wiederholen. Das Grundprinzip ist hier nicht anders als beim Vokabellernen bei einer Fremdsprache und ähnlich wie beim Vokabellernen das Preiswissen eher passiver als aktiver Natur: Preise werden in bestimmtem Umfang als richtig oder falsch erkannt, tat-

---

419   Vgl. Thaler 1985, S. 199ff.

sächlich sind aber die wenigsten Kunden wirklich in der Lage, selbst direkt nach dem Kauf, die konkreten Preise zu benennen. Hier scheinen die meisten Konsumenten also mit einfachen Einkaufheuristiken auszukommen;[420] teilweise kann sogar von einem Preisimage gesprochen werden, das nicht nur für Produkte, sondern auch für Handelsunternehmen gelten kann: Produkte bei Hard-Discountern scheinen schon deswegen preiswert zu sein, weil sie dort angeboten werden.

3.2.2.3 Preisbeurteilung

Die Preisbeurteilung bezeichnet den kognitiv kontrollierten und bewussten Prozess der Bewertung von Preisen.[421]

Dabei hängt die Beurteilung von Preisen wieder von einer Vielzahl persönlicher und umfeldbezogener Faktoren ab. Entsprechend können nach Diller indikatorgeleitete Preisurteile (bspw. über das Markenimage), Preisgünstigkeitsurteile und Preiswürdigkeitsurteile unterschieden werden.[422]

Wie schon im Rahmen der preispolitischen Ziele beschrieben, bezieht sich Preisgünstigkeit auf das Verhältnis von Preis zu Preisen der Konkurrenzprodukte, was insbesondere bei homogenen Gütern sinnvoll sein kann. Preiswürdigkeit bezieht sich auf das Verhältnis von Preis (oder wie weiter oben formuliert: den Kosten) zu Leistung des Produktes.

3.2.2.4 Preiserlebnis

Preiserlebnisse sind Emotionen, die durch Preisstimuli angeregt werden. Dabei werden mit Preisstimuli neben dem Verkaufspreis auch Preiselemente, Preisdarbietung und Preisumfeld verstanden.

---

420   Vgl. Diller 2000.

421   Vgl. Nieschlag et al. 2002, S. 774.

422   Vgl. Diller 2000, S. 153ff.

Unter Preiselementen werden die bereits angesprochenen monetären Kosten subsumiert, also Rabatte, Kredit und Folgekosten. Preisdarbietung bezeichnet die Art und Weise, wie die Preise am POS ausgezeichnet werden. Neben den gesetzlichen Vorgaben, wie Angabe des Bruttopreises und Angabe der Preise pro Einheit, obliegt die Art und Weise der Auszeichnung dem Handelsunternehmen. Besonders beliebt ist hier die Nutzung von Signalfarben zum Hervorheben von bestimmten Preisen oder Preiselementen.

Das Preisumfeld bezieht sich auf die im Rahmen des Ausstattungspolitik schon diskutierten Kontext-Stimuli, wie die Ladengestaltung, die Anzahl ähnlicher Produkte usw.

3.2.2.5 Preismotivation

Preismotivation meint das Bedürfnis des Kunden, nach Preisinformationen zu suchen und die Informationen im Kaufentscheidungsprozess zu berücksichtigen. Hierzu ist es notwendig, dass der Nachfrager dieses Bedürfnis überhaupt hat, was individuell und situationsbedingt unterschiedlich stark ausgeprägt sein kann. Außerdem ist es wichtig zu wissen, welche Bestandteile des Preises der Konsument tatsächlich berücksichtigt, auch hier wird es individuelle Unterschiede geben: Für den einen mag die Möglichkeit der Ratenzahlung relevant sein, für den anderen nicht. Schließlich muss auch bedacht werden, welche aus seiner Sicht möglichen Alternativen dem Konsumenten bewusst sind und auf welche er tatsächlich zugreifen kann: So kann für einen Konsumenten eine Banane eine Alternative zu einem Hamburger darstellen, sie müsste dann nur auch in der Entscheidungssituation verfügbar sein. Auch allgemeine kulturelle Entwicklungen können Einfluss auf die Preismotivation haben: Das Beispiel des Smartshopper als einem möglichen Käufertyp zeigt dies überdeutlich.

3.2.2.6 Preiseinstellung

Die Preiseinstellung kann beschrieben werden als die Bereitschaft zur Bewertung eines Produktes anhand preisbezogener Kriterien wie

Preisgünstigkeit und Preiswürdigkeit, preisbezogener Aftersales-Maß-
nahmen, wie Garantien, Rückgabemöglichkeiten etc. Zur Erklärung
existieren wieder eine Vielzahl von Ansätzen, wie die Preiszufriedenheit und das Preisvertrauen. Während die Preiszufriedenheit eher an
der kognitiven Ebene festmacht, knüpft letzteres an die aktivierende
Komponente an.

Das Konzept der Preiszufriedenheit ist eng verknüpft mit dem Konzept
der Kundenzufriedenheit und nimmt eine langfristige Sichtweise ein:
Der Kunde soll hinsichtlich der Bepreisung und der sich darin ausdrü-
ckenden Gewichtung aller relevanten Preisfaktoren zufrieden sein. Das
Preisvertrauen bezieht sich auf die in der Realität zunehmende Erwartung, dass der Preis im Sinne einer Preiswürdigkeit fair ist.

3.3 Vertriebspolitik

3.3.1 Definition und Abgrenzung

Insbesondere im Rahmen der Distributionspolitik findet eine große
Diskussion um die Frage statt, ob der Vertrieb Teil der Distributionspolitik ist, oder umgekehrt und ob Vertrieb überhaupt dem Marketing
und damit dem Marketing-Mix zugeordnet werden kann, oder ob er
nicht selbständig neben oder sogar über dem Marketing anzusiedeln
ist.

Es ist schon längere Zeit zu beobachten, dass insbesondere in der praktischen Anwendung der Begriff Distribution keine große Rolle für die
Bezeichnungen von Aktivitäten in Unternehmen spielt. Hier wird der
Begriff Vertrieb benutzt und mindestens ebenso häufig relativ strikt
vom Marketing getrennt. Sehr oft haben gerade die kleinen- und mittelständischen Unternehmen keine eigene Marketingabteilung. Die
Trennung von Marketing und Vertrieb ist aus theoretischer und prak-
tischer Sicht aber eher problematisch, da sich dadurch Reibungsverluste ergeben, die im Rahmen einer Integrierten Kommunikationspolitik,
wie sie u. a. Bruns vertritt, wieder geheilt werden müssen.

Der Begriff Distribution beschreibt „spezielle Marketing-Aktivitäten (...) die die Güterübertragungswege betreffen"[423]und teilt sich in eine akquisitorische und eine logistische Komponente. Während es bei erster um die Wahl des geeigneten Absatzkanals geht, mithin also um die Frage direkter oder indirekter Absatz, beschreibt die logistische Komponente alle Probleme rund um den Transport der Ware vom Produktionsort zum Kunden. Damit würden aber Vertriebspersonal und Kundenkontakte nicht problematisiert werden können. Sie könnten mit viel Wohlwollen im Rahmen der akquisitorischen Komponente diskutiert werden, wenn diese auch als Maßnahme zur Kundengewinnung und Kundenbindung verstanden werden kann.

Darüber hinaus bestehen regelmäßig Überschneidungen mit der Kommunikationspolitik was u. a. dadurch deutlich wird, dass der persönliche Verkauf oft als Instrument der Kommunikationspolitik interpretiert wird, Kundenkontakte also dort verortet werden, sie aber natürlich in hohem Maße vertriebliche Aspekte beinhaltet.

In diesem Fall, wenn die realen Gegebenheiten Berücksichtigung finden sollen und wenn davon ausgegangen wird, dass die Bedeutung der Kundengewinnung und Kundenbindung in den letzten Jahren deutlich zugenommen hat, erscheint der Begriff Vertriebspolitik sinnvoller zu sein und soll wie folgt definiert werden:

„Die Vertriebspolitik umfasst alle Strukturen und Abläufe (Prozesse), Tätigkeiten und Methoden, Instrumente und Systeme zur Gewinnung von Aufträgen (Umsatzgenerierung) und Warenbereitstellung (physische Distribution)

(1) durch eine geeignete Gestaltung des Vertriebssystems, bestehend aus Verkaufsform, Vertriebsorganisation und Vertriebssteuerung,

(2) durch die Gewinnung, Pflege und Sicherung (Bindung) von Kunden (Verkaufspolitik i.e.S.=Akquisitorische Komponente des Vertriebs)

---

423   Specht; Fritz 2005, S. 36.

(3) und die Bereitstellung von Gütern und Dienstleistungen in der richtigen Menge am richtigen Ort zur richtigen Zeit (die logistische Komponente der Vertriebs=Distributionslogistik, Vertriebslogistik oder Marketing-Logistik).

(4) Mit der Vertriebspolitik ist in vielen Märkten die Aufgabe der Gewinnung und Führung von Vertriebspartnern und der Organisation der Absatzwege verbunden (Vertriebskanalpolitik, Absatzwegepolitik, Vertriebspartnerpolitik)."[424]

Abbildung 3.16 Elemente der Vertriebspolitik

Akquisitorisch	Logistisch
Vertriebssystem • Verkaufsform • Vertriebsorganisation (Außendienst, KAM, Innendienst, Kundenservice) • Vertriebssteuerung (Vertriebsinformationssystem, Außendienststeuerung, Reporting)	**Vertriebslogistik** • Lagerkonzepte • Transportkonzepte • Versandinformationssysteme
Verkaufspolitik • Kunden suchen • Kunden qualifizieren • Kunden kontakten • Preis-/ Rabattgestaltung • Abschlüsse gewinnen • Kunden sichern • Kunden rückgewinnen • Auftragsabwicklung • Beschwerdemanagement	
Vertriebskanalpolitik • Suche und Bewertung von Vertriebspartnern, • Führen und Entwickeln von Vertriebspartnern, • Koordination der Vertriebskanäle und Kommunikationsmedien • Spezielle Kanalsteuerung (ECR, SCM)	

Quelle: Winkelmann 2012, S. 38.

---

424   Winkelmann 2012, S. 37.

Abbildung 3.16 macht noch einmal deutlich, in welch hohem Maße die verschiedenen Bereiche des operativen Marketing miteinander verknüpft sind: So finden sich in der Akquisitorischen Komponente der Vertriebspolitik zahlreiche Aspekte der Kontrahierungspolitik und der Kommunikationspolitik wieder.

Auf ausgewählte Elemente der Vertriebspolitik soll nun im Folgenden eingegangen werden.

3.3.2 Vertriebssystem

Das Vertriebssystem besteht aus der Verkaufsform, der Vertriebsorganisation und der Vertriebssteuerung. Im Folgenden werden exemplarisch die Verkaufsformen diskutiert.

Die Verkaufsformen können unterschieden werden nach dem persönlichen Verkauf, dem distanzpersönlichen Verkauf und dem unpersönlichen Verkauf.

Der *persönliche Verkauf* kann nach dem Point-of-Sale unterschieden werden, so dass zum einen der Verkaufsort entweder beim Kunden oder beim Anbieter liegt oder an einem dritten Ort. Ein Beispiel für einen Besuchsverkauf stellte die Arbeit der Außendienstmitarbeiter dar, die den Kunden in seinen Räumlichkeiten beraten, wie dies beispielsweise bei Versicherungsvertretern passiert. Der Haustürverkauf reicht von den eher unaufdringlichen Mitarbeitern der Zeugen Jehovas bis hin zu den Drückerkolonnen diverser Wochenzeitschriften. Eine besondere Form des Direktvertriebs stellt der Strukturvertriebsverkauf dar. Diese Vertriebsformen, die häufiger im Bereich der Finanzdienstleistungen aufzufinden ist, unter anderem bei der Deutschen Vermögensberatung, zeichnet sich dadurch aus, dass Mitarbeiter neue Mitarbeiter werben, die nicht nur die Produkte verkaufen, sondern im Rahmen des Verkaufs auch versuchen ihrerseits neue Mitarbeiter zu generieren. Die Organisationsstruktur ähnelt am Ende einer Pyramide, an deren Spitze eine Person steht, die von jedem Verkauf jedes Mitglieds unterhalb ihrer Ebene prozentual profitiert. Diese Organisationsform wird häufig unter dem Begriff Netzwerk-Marketing beziehungsweise Multi-Level-Marketing beschrieben. Offiziell besteht der Unterschied dieses Netzwerk Marketing zum Schneeballsystem darin, dass bei Letzterem nicht der Verkauf von Produkten im Vordergrund steht, sondern dass Anwerben neuer Mitglieder. Neben Produkten aus der Finanzdienstleistungsbranche werden häufig Kosmetikprodukte, Haushaltsprodukte oder Nahrungsergänzungsmittel auf diesem Weg vertrieben. Als ein Beispiel hierfür wäre die Firma Herbalife International Inc. zu nennen. Sofern der POS beim Kunden liegt wird vom so genannten Domizilprinzip gesprochen.

Entsprechend gilt das Residenzprinzip, wenn der POS beim Verkäufer liegt. Dies kann in Form eines Ladenverkaufs, Kioskverkaufs, Schauraumverkaufs oder Schalterhallenverkaufs geschehen. In allen Fällen gilt, dass die Verkaufsräume aus Sicht der Kunden entsprechend attraktiv gestaltet werden, wie dies weiter unten im Rahmen der Ausstattungspolitik diskutiert wird.

Bei wechselnden POS wird vom Treffprinzip gesprochen. Hierbei kann es sich sowohl um Messen, als auch um Events handeln. Genauso gut fällt aber auch der Verkauf auf Marktplätzen in diese Rubrik.

Die zweite Verkaufsform ist der *distanzpersönliche Verkauf.* Hier wird zwischen dem Telefonverkauf und dem Videokonferenzverkauf unterschieden. Der Telefonverkauf wird in Deutschland in hohem Maße an externe Dienstleister vergeben, die im Rahmen von Callcentern den Kundenkontakt aufrechterhalten. Dies ist insbesondere im B2C-Bereich und dort im Rahmen standardisierter Leistungen üblich. Rechtlich gesehen ist allerdings die aktive Kontaktaufnahme durch das Unternehmen nur dann möglich, wenn der Kunde dem vorher zugestimmt hat. Diese Zustimmung durch den Kunden wird als opt-in Verfahren bezeichnet. Dabei wird häufig die Zustimmung in Form einer Einverständniserklärung per E-Mail verlangt.

Der Videokonferenzverkauf findet in der Regel eher im B2B-Markt Anwendung. Insgesamt stehen Videokonferenzsysteme seit über 25 Jahren in der Diskussion und die Vorteile insbesondere in Bezug auf die Einsparung von Reisekosten und Reisezeit sind hinlänglich bekannt. Das Marktvolumen für Videokonferenzsysteme soll laut einer Studie der Unternehmensberatung Frost & Sullivan alleine in Europa bis zum Jahre 2016 auf 1,43 Milliarden $ anwachsen.[425] Für den B2C-Markt bieten sich solche Systeme aufgrund der damit verbundenen Kosten und der in den meisten Fällen fehlenden Individualität der Lösungen nicht an.

Bei der dritten möglichen Verkaufsform, dem *unpersönlichen* oder Medien geführten Verkauf, gibt es keinen persönlichen Kontakt zwischen Verkäufer und Käufer. Diese Variante wird auch als Distanzprinzip bezeichnet. Der Bundesverband des Deutschen Versandhandels unterscheidet nicht zwischen dem klassischen offline Versandhandel und dem online Versandhandel weist für das Jahr 2012 für diesen von ihm als interaktivem Handel bezeichneten Markt eine Umsatzsteigerung auf 39,3 Milliarden € aus. Dabei macht das online Geschäft über 70 % des Branchenumsatzes aus.[426] Im Vergleich hierzu liegen die Umsätze für Teleshopping in Deutschland in 2012 bei 1,56 Milliarden Euro.[427]

3.3.3 Verkaufspolitik

Wird über die Verkaufspolitik im engeren Sinne (Akquisitionspolitik) gesprochen, so handelt es sich hierbei nach Winkelmann um all die Elemente, die zur Gewinnung, Pflege und Sicherung von Kunden benötigt werden.[428] Hier spielt auch die Preis-und Rabattgestaltung eine wichtige Rolle, die im Rahmen der Kontrahierungspolitik diskutiert wurden.

---

425 Vgl. (http://www.computerwoche.de/a/markt-fuer-videokonferenzen-waechst-stark,2489950, 22.02.2014).

426 Vgl. (http://www.bvh.info/bvh/aktuelles/details/artikel/interaktiver-handel-2012-erneuter-umsatzrekord-e-commerce-anteil-uebersringt-die-27-milliarden-eu/) 20.07.2014.

427 Vgl. (http://www.vprt.de/thema/marktentwicklung/marktdaten/umsätze/teleshopping-umsätze/content/teleshopping-umsätze-steige-0?c=2) 20.07.2014.

428 Vgl. Winkelmann 2012, S. 38.

Im Zentrum solcher Überlegungen steht die Kundenorientierung, die aus den Elementen Kundennähe, Kundenzufriedenheit und Kundenbindung bestehen kann. Dabei ist mit Kundennähe die physische und emotionale Nähe gemeint, mit Kundenzufriedenheit wenigstens die Erfüllung der Erwartungen des Kunden. Kundenzufriedenheit seinerseits kann zu Kundenloyalität führen, die ihrerseits wiederum zur Kundenbindung führen kann. Diese Verknüpfung von der Kundenzufriedenheit zu Kundenbindung ist allerdings nicht dauerhaft, was bedeutet, dass zufriedenheitssteigernde Maßnahmen immer wieder anzubringen sind. Andererseits ist anzumerken, dass Kundenzufriedenheit auch nicht um jeden Preis erreicht werden sollte. In diesem Zusammenhang wird oft der Begriff des Relationship-Marketing benutzt, bei dem die Kontrolle, Initiierung, Stabilisierung, Intensivierung und Wiederaufnahme sowie gegebenenfalls die Beendigung von Geschäftsbeziehungen zu den Anspruchsgruppen im Zentrum steht.[429]

Kundennähe kann beispielsweise durch die Anzahl der Außendienstkontakte, der Innendienstbesuche, dem gemeinsamen Abendessen, den Geburtstagsgrüßen, dem Event beim Kunden, den Werbegeschenken oder einer gemeinsamen Produktentwicklung erzielt werden. Dahinter steht die Grundidee, zum einen eine möglichst optimale Identifikation der tatsächlichen Kundenbedürfnisse zu erreichen und zum anderen, dass der Kunde nicht die Notwendigkeit nicht verspürt, sich mit anderen Wettbewerbern und deren Produkten zu befassen. Dem grundsätzlich positiven Aspekte der Kundennähe stehen eine Reihe von möglichen Problemen gegenüber, die unter anderem darin zu finden sind, dass der Kunde dem Unternehmen Mitarbeiter abwirbt, er Einfluss auf die Geschäftspolitik nimmt, die Kunden des Kunden Einfluss auf die Geschäftspolitik nehmen könnten oder der Zulieferer in totale Abhängigkeit des Kunden gerät. Auch muss klar sein, dass Investitionen in eine Geschäftsbeziehung auch strafrechtliche Aspekte haben können, die im §299 StGB geregelt sind, die Bestechlichkeit und Bestechung im geschäftlichen Verkehr.

---

429   Vgl. Bruhn 2013, S. 10.

Wie bereits beschrieben liegt Kundenzufriedenheit dann vor, wenn der Kunde das an Leistung erhält, was er auch erwartet. Eine Abweichung von der Erwartung kann negativer Natur sein, dann ist der Kunde unzufrieden, oder positiver Natur sein, dann wäre der Kunde gegebenenfalls begeistert. Da davon ausgegangen werden kann, dass begeisterte Kunden tendenziell bereit wären erneut das gleiche oder andere Produkte des selben Unternehmens zu kaufen, stellt die Kundenbegeisterung, die dann zur Kundenloyalität führen würde, einen erstrebenswerten Zustand dar. Andererseits muss darauf hingewiesen werden, dass die Erzielung von Begeisterung, sofern sie nicht völlig überraschend geschieht, auch mit Kosten verbunden ist und darüber hinaus der Kunde ein neues Erwartungsniveau in Bezug auf das Produkt beziehungsweise das Unternehmen hat. Dem Unternehmen müsste es also gelingen, auch beim nächsten Kauf wenigstens das bereits erzielte Erwartungsniveau zu erreichen, bestenfalls es zu übertreffen. Es wird deutlich, dass dies zu immer höheren Erwartungen des Kunden führt und immer höhere Kosten beim Unternehmen verursachen kann. Jedoch ist festzustellen, dass loyaler Kunden durchaus auch bereit sind wenige schlechtere Erfahrungen mit dem Unternehmen und seinen Produkten zu akzeptieren, ohne wechseln zu wollen. Solche Situationen sind unter anderem bei Sportvereinen bekannt, deren Fans nicht zwingend deswegen dem Verein treu bleiben, weil er unentwegt Erfolge erzielt, sondern deswegen weil sie sich mit der grundsätzlichen Ausrichtung des Vereins, der Vereinsidentität, identifizieren.

Auch bei zufriedenen Kunden kann bis zu einem gewissen Grad konstatiert werden, dass zumindest eine Wiederkaufsabsicht und eine Weiterempfehlung festzustellen ist. An dieser Stelle sei noch einmal darauf hingewiesen, dass Kunden deswegen allerdings nicht als Könige zu bezeichnen sind, wie dies häufiger mal insbesondere in der Praxis geschieht, sondern als Partner, mit denen gemeinsam versucht wird, im Rahmen der für ein Unternehmen relevanten ökonomischen Grenzen, diese Zufriedenheit zu erreichen. Abbildung 3.17 zeigt beispielhaft die Determinanten der Kundenzufriedenheit.

Abbildung 3.17 Determinanten der Kundenzufriedenheit

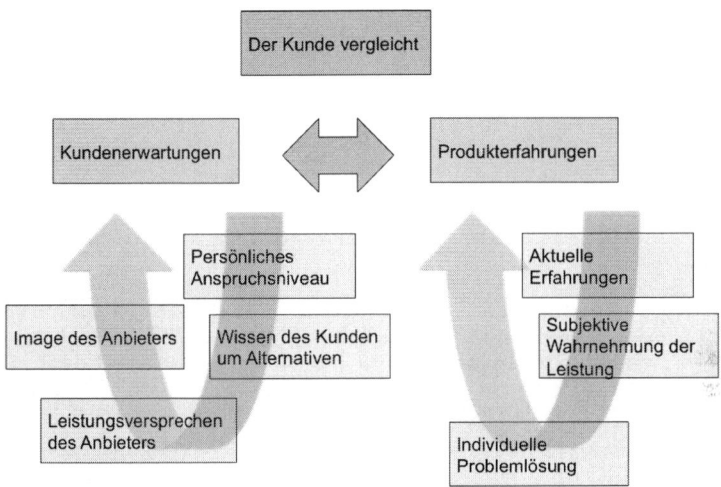

Quelle: Meyer; Dornach (1997), S.166.

An dieser Stelle soll das Modell von Homburg kurz vorgestellt werden, welches mit den Ebenen Dimensionen, Faktoren und Indikatoren für die Kundenzufriedenheit Ansätze liefert, die beispielsweise im Rahmen einer Befragung des Kunden zur Leistungsbeurteilung genutzt werden können.

Abbildung 3.18 Kundenzufriedenheitsmodell nach Homburg

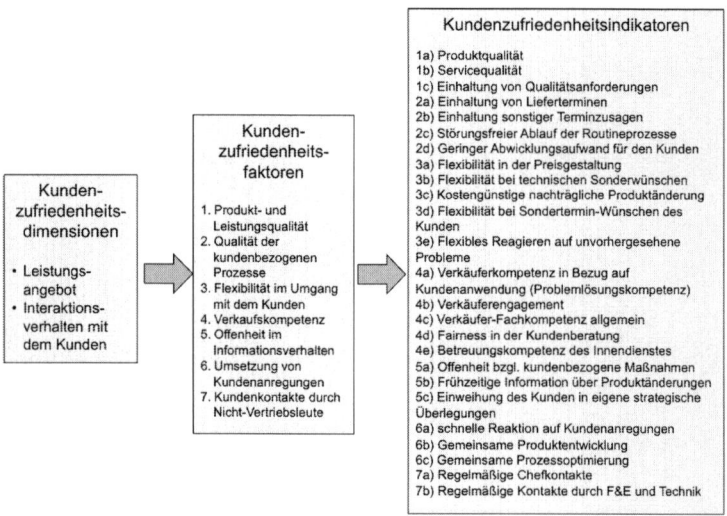

Quelle: Homburg et. al. 2000, S. 82ff.

Das Resultat der Kundenzufriedenheit beziehungsweise der Kundenbegeisterung sollte Kundenbindung sein. Dabei lässt sich Kundenbindung definieren, als „sämtliche Maßnahmen eines Unternehmens, die
darauf abzielen, sowohl die Verhaltensabsichten als auch das tatsächliche Verhalten eines Kunden gegenüber einem Anbieter und dessen
Leistungen positiv zu gestalten, um die Beziehung zu diesem Kunden
für die Zukunft zu stabilisieren bzw. auszuweiten."[430]

Einer Kundenbindung, die auf Kundenbegeisterung beruht und damit eher psychologische Gründe hat wie beispielsweise aufgrund von
Prädispositionen oder Präferenzbindungen, steht eine Kundenbindung gegenüber, die eher technologische, ökonomische oder vertragliche Hintergründe hat. So kann Kundenbindung auch aufgrund von
hohen Wechselkosten vorliegen, die durch proprietäre Software oder
Menüführungen hervorgerufen werden kann oder andererseits durch

---

430   Vgl. Bruhn et. al. 2010, S. 8.

eine zeitlich festgelegte vertragliche Bindung generiert wird. In solchen Fällen muss davon ausgegangen werden, dass derartige faktische Bindungen möglichst durch Faktoren einer weichen Bindung, wie beispielsweise Wertschätzung, ummantelt werden. Abbildung 3.19 zeigt einige Kennziffern zur Messung der Kundenbindung.

Abbildung 3.19 Kennziffern zur Messung der Kundenbindung

> • **Kundenbindungsquotient:**
> Anteil der Kunden, die über einen definierten Zeitraum
> Bestandskunden sind
> • **Nettokunden-Veränderungsrate:**
> (Neukunden − verlorene Kunden) : Bestandskunden
> • **Kundenabwanderungsrate:**
> Verlorene Kunden : Kundenbestand am Anfang der Periode
> • **Bruttokunden-Zuwachsrate:**
> Neukunden : Kundenbestand am Anfang der Periode
> • **Neukundenrate:**
> Neukunden : Kundenbestand am Ende der Periode
> • **Loyalitätsrate:**
> Anzahl kaufender Kunden aus Vorperiode : Gesamtkunden der
> Vorperiode

Quelle: Winkelmann 2012, S. 163.

Eine effiziente Kundenorientierung setzt eine Kundenidentifizierung voraus, die sich mit der Fragestellung beschäftigt, wer eigentlich der Kunde ist und inwieweit wichtige von unwichtigen Kunden unterschieden werden können. In einem nächsten Schritt ist darüber nachzudenken in welcher Form die dann klassifizierten Kunden angesprochen werden sollen: über einen persönlichen Verkauf oder einen nicht-persönlichen Verkauf.

So trivial die Frage nach dem Kunden zu sein scheint, so sehr ist von einer exakten Kenntnis über die Bedürfnisse des Kunden der Erfolg unternehmerischer Aktivitäten abhängig: während Geschäftskunden in erster Linie berufliche Interessen im Rahmen der Kaufaktivitäten verfolgen, liegt das Interesse von Privatpersonen auf der Erfüllung persönlicher Bedürfnisse. Eine sehr klassische Variante der Unterscheidung zwischen wichtigen und unwichtigen Kunden stellt die ABC-Analyse dar. Sie folgt dem so genannten Pareto-Prinzip, wonach bei einer wertmäßigen Betrachtung ungefähr 20 % der Kunden 80 % des unternehmerischen Erfolges aus machen. Diese Kunden werden dann als A-Kunden bezeichnet, die B-Kunden machen etwa 15 % des unternehmerischen Erfolges aus und die C-Kunden die verbleibenden 5 %. Als Resultat dieser Klassifizierung würden dann die unterschiedlichen Kundengruppen eine unterschiedlich intensive Betreuung erfahren: die C-Kunden würden tendenziell eher unpersönlich betreut und mit Standardprodukten versorgt, während die B-Kunden eine etwas individualisiertere Betreuung bekämen und die A-Kunden eine völlig individualisierte Betreuung, wie sie beispielsweise für Geschäftskunden im Rahmen des Key-Account-Managements (KAM) üblich ist.

Neben der grundsätzlichen Entscheidung für den persönlichen oder nicht-persönlichen Verkauf existieren eine Reihe von weiteren Betreuungskonzeptionen, wie dem Stammkunden-Management, bei dem im weitesten Sinne Kundenbindungsprogramme im Vordergrund stehen sowie Beschwerdemanagement, mit dessen Hilfe mögliche Beanstandungen und deren Gründe transparent gemacht werden sollen, um Schadensbegrenzung zu betreiben.

3.3.4 Vetriebskanalpolitik

Neben der Frage der internen Organisation spielt die Frage der Vertriebspartner als externer Organisation eine weitere entscheidende Rolle. Dabei wird zwischen Absatzmittlern und Absatzhelfern unterschieden. Während *Absatzmittler* wirtschaftlich und rechtlich selbständige Betriebe sind, deren Hauptzweck in der Übertragung wirtschaftlicher Verfügungsmacht über Güter gegen Entgelt ist und in Groß- und Einzelhandel unterschieden werden kann, stellen *Absatzhelfer* wirtschaftlich und rechtlich selbständige Unternehmen dar, welche die Absatzmittler bei der Erfüllung ihrer Distributionsfunktionen unterstützen. Letztere werden im Gegensatz zu den Absatzmittlern nicht Eigentümer der Produkte und haben damit auch kein Absatzrisiko. Zu den Absatzhelfern zählen u. a. Transportunternehmen, Lagerhäuser, Medien, Messeunternehmen, Makler oder selbständige Handelsvertreter, aber auch Marktforschungsinstitute oder Versicherungsgesellschaften. Insbesondere Handelsvertreter werden den eigenen Außendienstmitarbeitern immer wieder in einer Break-Even-Analyse gegenübergestellt, da bei den Handelsvertretern das Fixum des Gehalts eher niedrig ist und die Provision hoch, während dies beim Außendienstmitarbeiter genau umgekehrt ist. Es wird dann deutlich, dass der Einsatz von Handelsvertretern bis zu einer bestimmten verkauften Menge kostengünstiger ist als der von Außendienstmitarbeitern, die sich aufgrund des relativ hohen fixen Gehalts erst ab einer bestimmten verkauften Menge rentieren. Deswegen ergibt es insbesondere bei einer Firmenneugründung, bei kleinen Unternehmen oder bei einer Produktinnovation aus Kostengründen Sinn, den Handelsvertreter dem Außendienstmitarbeiter bis zu einer bestimmten Umsatzschwelle vorzuziehen. Nachteilig sei aber wenigstens anzumerken, dass dem Unternehmen Markt-Know-how in dem Maße fehlt, in dem es keine oder nur wenige Außendienstmitarbeiter nutzt.

Sowohl der *Großhandel* als auch der *Einzelhandel* verkaufen in der Regel Waren, unverändert oder nach handelsüblicher Manipulation, in eigenem Namen für eigene oder fremde Rechnung. Der Unterschied besteht darin, dass der Großhandel an andere Handelsunternehmen, Weiterverarbeiter, gewerbliche Verbraucher oder behördliche Großverbraucher absetzt, während der Einzelhandel im Wesentlichen an Konsumenten bzw. private Haushalte verkauft. In dieser Mittlerfunktion diente der Handel zum einen den Produzenten als auch zum anderen dem Konsumenten. Dem Handel werden hierbei grundlegend folgende Funktionen zugeschrieben:

- Räumliche Funktion,

- Zeitliche Funktion,

- Quantitätsfunktion,

- Qualitätsfunktion,

- Kreditfunktion und

- Werbefunktion.[431]

---

431 Vgl. Oberparleiter, 1930.

Die *räumliche Funktion* besteht in der Überbrückung der Distanz zwischen dem Ort der Produktion und dem Wohnort des Konsumenten. Weniger im Sinne einer logistischen Funktion, also dem physischen Transport der Ware, als im Sinne einer geografisch nahen Verkaufsstätte, dies dem Konsumenten erleichtert, die Ware zu beschaffen. Die *zeitliche Funktion* besteht in der Überbrückung der Differenz zwischen dem Zeitpunkt der Produktion und dem Zeitpunkt des Kaufs: die Ware wird in den Regalen, im Rahmen der sich aus den Eigenschaften der Ware ergebenden Möglichkeiten gelagert. Die *Quantitätsfunktion* besteht in der Zurverfügungstellung der von den Endabnehmern gewünschten Menge des Produktes. Hier sollte die 2009 erfolgte Freigabe der Verpackungsgröße durch die EU dafür sorgen, dass die gehandelte Menge flexibler angeboten werden kann, als dies früher der Fall war. Damit sollte reagiert werden auf die sich verändernden Haushaltsgrößen. Tatsächlich haben die produzierenden Unternehmen und der Handel von diesen Flexibilität nur in dem Sinne Gebrauch gemacht, als der Verbraucher in vielen Fällen, wie beispielsweise bei Philadelphia-Käse, Pringles-Chips oder Giotto-Kugeln entweder durch eine geschickte Veränderung der Verpackungsform oder einfach durch weniger Inhalt bei gleicher Verpackungsgröße, getäuscht wurde. Die *Qualitätsfunktion* beinhaltet die Tatsache, dass Produkte vom Handel häufig in der Form veredelt werden, als sie dort wie dies beispielsweise bei Obst der Fall ist reifen können. Darüber hinaus sorgt der Handel unter anderem durch das Zusammenfassen der verschiedenen Waren zu Warengruppen im Sinne des Verbrauchers und durch das Aussortieren kaputter oder abgelaufener Ware ebenfalls dafür, dass der Verbraucher eine gleich bleibende Qualität erleben kann. Die *Kreditfunktion* des Handels besteht in der Überbrückung der zeitlichen Distanz zwischen dem Ankauf und dem Verkauf der Ware. Der Handel kann entweder Zahlungsziele gewähren (oder auch gewährte bekommen), oder Vorauszahlungen an Lieferanten leisten. Die *Werbefunktion* des Handels besteht in der Tatsache, dass Handelsunternehmen im Rahmen ihrer Werbeaktivitäten nicht nur für sich selber, sondern auch und insbesondere für die bei ihnen verfügbaren Produkte werben.

Im weiteren Verlauf werden einige Formen des Großhandels erläutert:

Während der *Zustellgroßhandel* Waren an nachgelagerten Unternehmen liefert, werden mit *Cash-und Carry*-Betrieben solche bezeichnet, bei denen Selbstbedienung, Selbstabholung und Barzahlung erfolgt. Die so genannten *Rack Jobber* sind Großhändler, die im Einzelhandel die Regalpflege für bestimmte Teil-Sortimente, wie beispielsweise Zeitschriften, übernehmen. Die *Streckengroßhändler* finden sich häufig bei Massenprodukten im B2B-Bereich, wie beispielsweise bei Kohle oder Stahl. Hier wird oft direkt vom Produzenten zum Abnehmer geliefert. Der Streckengroßhändler übernimmt nur eine disponierende Funktion im Sinne eines Auftrags-, Rechnungs- und Zahlungsverkehrs, ist aber an der physischen Distribution nicht beteiligt. Die *Sortimentsgroßhändler* zeichnen sich durch ein breites und flaches Sortiment aus, während die *Spezialgroßhändler* ein schmales, dafür aber tiefes Sortiment aufweisen.

Wie bereits geschrieben verkauft der Einzelhandel im Wesentlichen an private Haushalte. Die Betriebsformen des Einzelhandels lassen sich nach drei Kriterien unterscheiden:

- der Struktur des Sortiments,

- der Struktur der Dienstleistungen und

- der Anteil der Dienstleistungen an der Gesamtleistung.[432]

Die Struktur des Sortiments kann ihrerseits unterschieden werden in die Warengruppenstruktur (Spezial-, Fach- und Vollsortiment) und die Qualitätslage, also die Unterscheidung zwischen niedriger, mittlerer und hoher Qualität gemeint ist.

Die *Betriebsform Einzelhandel* lässt sich unterteilen in

- *Fachgeschäfte*, die sich dadurch auszeichnen, dass ihr Warenangebot branchenspezifisch ist und vergleichsweise breit. Persönliche

---

432   Vgl. Specht et al. 2005, S. 81.

Beratung und After-Sales-Services sind von großer Bedeutung, so dass hier Fachpersonal zur Beratung des Kunden eingesetzt wird.

- *Spezialgeschäfte* bieten im Gegensatz dazu ein sehr schmales, aber tiefes Sortiment an. Die in der heutigen Zeit sehr weit verbreiteten Shisha-Geschäfte sind ein Beispiel dafür.

- *Warenhäuser* und *Kaufhäuser*. Sie zeichnen sich durch eine hohe Sortimentsbreite bei einer mittleren Sortimentstiefe aus. Ihre Größe liegt bei mindestens 3000 qm. Diese Betriebsformen richten sich insbesondere an erlebnisorientierte Konsumenten. Während in Warenhäusern auch Lebensmittel angeboten werden, ist dies in Kaufhäusern streng genommen nicht der Fall. Von den SB-Warenhäusern unterscheiden sich die Warenhäuser dadurch, dass das Angebot an Lebensmitteln keine große Rolle spielt, hingegen der Fokus auf Konsumgütern jeder Art liegt. Bei den SB-Warenhäusern ist dies genau umgekehrt. Sie werden auch als ALUEDA-Märkte (Alles-Unter-Einem-Dach-Märkte) bezeichnet, Kaufhof und Karstadt seien hier beispielhaft genannt. Immer häufiger finden sich hier so genannte Shop-in-Shop-Systeme, bei denen der Hersteller seine Ware mit eigenem Verkaufspersonal und eigenem Auftritt im Warenhaus verkauft. Die organisatorische Weiterführung findet diese Idee in der Ausprägung so genannter Shopping Malls, in denen rechtlich selbständige Einzelhändler an einem Standort ihre Waren anbieten können. Sie eint eine einheitliche Planung und gegebenenfalls eine einheitliche Zentrenpolitik. Darüber hinaus wird darauf geachtet, das die Dimensionierung und Zusammensetzung ausgewogen ist und zu starker Wettbewerb vermieden wird.

- *Traditionelle Versandhäuser*. Sie haben ihren Ursprung in der Überlegungen Kunden in ländlichen Gebieten waren per Katalog anbieten zu können. In der heutigen Zeit hat sich der Versandhandel allerdings auch in Ballungsräumen etabliert und wird in der modernen Form durch eine internetbezogene Variante erweitert. Der Wechsel bzw. die Ergänzung des Internetvertriebs im Sinne eines

Online-Handels gelingt allerdings nicht immer, so sind sowohl der Quelle-Versand, als auch Neckermann daran gescheitert und mussten Insolvenz anmelden.

- *Supermärkte.* Hierbei handelt es sich um Betriebe mit einer Verkaufsfläche zwischen 400 und 799 m^2. In den meisten Fällen handelt es sich bei dem Angebot um Produkte mit geringer Beratungsintensität in einer mittleren Preislage. Der Anteil der Erzeugnisse, die nicht für den Verzehr geeignet sind, liegt nicht über 25%. Supermärkte befinden sich häufig in Wohngebieten, ein Beispiel hierfür ist die Handelskette EDEKA. Etwas missbräuchlich findet sich der Begriff als eine Art Gattungsbegriff inzwischen auch bei Onlineshops oder eigentlichen Spezialgeschäften, wie Teppichhändlern oder Händlern von Autoteilen.

- *Verbrauchermärkte/SB-Warenhäuser.* Sie unterscheiden sich von den Supermärkten insbesondere durch ihre Größe, die bei 800 m^2 anfängt (800 qm bis 1499 qm so genannte kleine Verbrauchermärkte, 1500 bis 4900 qm sog. große Verbrauchermärkte) und bei den SB-Warenhäusern ab 5000 m^2 ansteigen kann (auch als Hypermarkt bezeichnet). Das Sortiment besteht im Wesentlichen aus Lebensmitteln und die Verkaufsfläche ist, anders als bei Warenhäusern, eher einem Supermarkt ähnlich angelegt und mit dem Einkaufswagen befahrbar. Diese Einzelhandelsbetriebe befinden sich häufig eher in Stadtrandlagen, so dass neben der großen Verkaufsfläche auch Platz für ausreichende Parkangebote besteht. Ein Beispiel hierfür ist der SB-Markt REAL.

- *Discounter.* Das Sortiment bei Discountern ist vergleichsweise schmal und flach und liegt zwischen den Spezialgeschäften und den Fachgeschäften und die Produkte sind in erster Linie Güter des täglichen Bedarfs, die ohne jede Form von Beratung verkauft werden können, sog. FMCG (fast moving consumer goods). Das Alternativangebot ist entsprechend gering. Die Preise für die Waren liegen am unteren Ende der Preisskala. Das Ziel liegt in einer hohen Umschlagshäufigkeit. Innerhalb der Discounter werden die sog. Harddiscounter noch einmal abgegrenzt, die weniger als 1500 Artikel führen und eine Verkaufsfläche von weniger als 1500 qm haben. Als Beispiel hierfür gelten die Firmen Aldi und Lidl. Der Begriff des Discounters hat sich inzwischen zu einer Art Gattungsbegriff entwickelt und wird auch von Fachgeschäften angewandt, die keine oder nur eine geringe persönliche Beratung anbieten.

- *Verkaufsautomaten* haben den Vorteil, dass sie, aufgestellt an Knotenpunkten mit hohem Publikumsverkehr, wie beispielsweise Bahnhöfen, 24 Stunden am Tag Ware anbieten können. Die Produkte sind häufig eher niedrigpreisig und unverderblich, um den Betreuungsaufwand und das Diebstahlrisiko möglichst zu minimieren.

- *Fachmärkte* bieten dem Kunden ein breites und tiefes Sortiment an, die Verkaufsflächen sind in der Regel groß und es herrscht das Selbstbedienungskonzept vor. Damit unterscheiden sie sich deutlich von den vorab erwähnten Fachgeschäften, zumal Fachmärkte eher im Niedrigpreissegment anbieten und ähnlich wie Discounter deswegen eine hohe Umschlagshäufigkeit präferieren. Fachmärkte befinden sich in der Regel, ähnlich wie Verbrauchermärkte außerhalb der Stadtzentren. Beispiele hierfür sind Heimwerkermärkte wie OBI oder Einrichtungshäuser wie IKEA.

- Zu den *Convenience Stores* zählen Einzelhändler, die aufgrund ihrer Lage oder ihres Geschäftsmodells die Möglichkeit haben, außerhalb auch gesetzlicher Öffnungszeiten Produkte anbieten zu können. Hierzu zählen unter anderem Tankstellen und Kioske, aber auch Bahnhofs-oder Flughafenshops.

- *Onlineshops* stellen eine Betriebsform dar, die dem Versandhandel in vielen Teilen ähnlich ist, die Produkte jedoch nicht in einem Katalog anbietet, sondern über eine Online-Plattform bewirbt. Der Kunde kann über diese Plattform sowohl den Bestellvorgang, als auch den Kaufvorgang abwickeln. Dabei ist es relativ irrelevant, ob der Kunde als Endgerät einen stationären PC, einen mobilen PC oder einen Mobiltelefon benutzt. Um Kaufanreize zu schaffen werden die Produkte nicht nur verbal und optisch präsentiert, sondern in vielen Fällen auch durch Kundenrezensionen unterstützt. Auch wenn inzwischen in einigen Fällen bekannt geworden ist, dass diese Rezensionen gefälscht oder gekauft sind, verbinden die meisten Kunden damit noch eine hohe Glaubwürdigkeit. Neben der Möglichkeit des physischen Versands der erworbenen Produkte besteht insbesondere bei Software, Musik oder Büchern die Alternative des Downloads. Die weltweit bekanntesten Unternehmen sind Amazon, die dem B2C-Bereich (Business to consumer) und eBay, die dem C2C Bereich (Consumer to Consumer) zugeordnet werden.

- *Teleshops* lassen sich, wie bereits weiter oben beschrieben, dem Distanzhandel zuordnen. Der Konsument hat die Möglichkeit die Produkte, die von Fernsehsendern in den entsprechenden Sendungen präsentiert werden auszuwählen und anschließend per Telefon oder auch per Onlineshop, Fax oder E-Mail zu bestellen. Teleshopping funktioniert insbesondere durch Impulskäufe, die durch die Präsentation der Ware, die live-Zuschaltung zufriedener Kunden oder den Countdown der Preise oder der Warenmenge angeregt werden. Bei den Produkten handelt es sich in den meisten Fällen um solche Güter, die entweder im stationären Einzelhandel schwer zu verkaufen sind, da sie durch die reine Präsentation keinen Bedarf wecken, oder es handelt sich um solche Waren, deren tatsächlicher Preis den Kunden aus dem stationären Einzelhandel nicht bekannt ist bzw. die Eigenmarken des Home-Shopping-Senders darstellen. Die Erlöse der Home Shopping Sender lagen in Deutschland im Jahre 2012 bei 1,6 Milliarden €.[433] Abbildung zeigt die Marktanteile der wichtigsten Betriebsformen im Einzelhandel in Deutschland.

---

433   Vgl. (http://www.vprt.de/thema/marktentwicklung/marktdaten/umsätze/content/tv-erlöse-2012?c=2)

Nachdem ausgewählte Elemente des Vertriebs überblicksartig dargestellt wurden, soll nun abschließend die Kommunikationspolitik vorgestellt werden, die in der logischen Abfolge des Marketing-Mix am
Schluss diskutiert wird.

3.4 Kommunikationspolitik

3.4.1 Grundlegende Betrachtungen

Die Kommunikationspolitik kann definiert werden als „sämtliche Entscheidungen [...], die auf die **Gestaltung der Kommunikation** gerichtet
sind"[434]. Dabei wird unter Kommunikation eine „symbolisch vermittelte
Interaktion bzw. ein Prozess wechselseitiger Bedeutungsvermittlung"[435]
verstanden.

Damit soll die Kommunikationspolitik die Profilleistung schaffen,[436]
also auf die Kenntnisse, Einstellungen und Verhaltensweisen der Abnehmer gegenüber dem Produkt oder dem Unternehmen Einfluss nehmen.

Es ist wichtig, dass die Kommunikationspolitik für jeden Stakeholder
eines Unternehmens gedacht ist und nicht, wie dies oft der erste Eindruck ist, sich lediglich auf den Endkunden des Unternehmens bezieht.
So wird Kommunikationspolitik auch für und mit dem Staat gemacht,
anderen Unternehmen, Lieferanten, Aktionären, potenziellen Kunden
und Mitarbeitern. Entsprechend der Anforderungen und Bedürfnisse der verschiedenen Zielgruppen unterscheidet sich auch das Instrument beziehungsweise die Ausgestaltung des Instruments.

Als Träger der Kommunikationspolitik gelten Werbung, Öffentlichkeitsarbeit, Verkaufsförderung, Sponsoring, Product Placement, Direktmar-
keting und Event-Marketing. Im Folgenden sollen aus Platzgründen

---

434 Bruhn 2007, S. 1.

435 Scheufele 2007, S. 90.

436 Vgl. Becker 2002, S. 565.

beispielhaft Werbung, Verkaufsförderung und Öffentlichkeitsarbeit herausgegriffen und beschrieben werden.[437]

Die Tatsache, dass bspw. VW im Monat August 2011 Werbeausgaben in Höhe von 11,8 Millionen Euro hatte, Vodafone/Arcor sogar von 22,1 Millionen und McDonald´s immerhin noch von 14,3 Millionen, zeigt, wie kostenintensiv die Erzielung von Aufmerksamkeit selbst für die bekannten Unternehmen in Deutschland ist. Mit diesen Beträgen erzielten die Unternehmen eine ungestützte Wahrnehmung von gerade einmal 4,7; 2,4 und 1,8 Prozent.[438] Im Zeitablauf kann festgestellt werden, dass es immer teurer wird, von den Kunden noch wahrgenommen zu werden und damit die Differenz zwischen den Ausgaben und den damit erzielten Ergebnissen immer weiter auseinandergeht. Dies hat nicht zuletzt damit zu tun, dass die Menge an Informationen, die dem Konsumenten pro Tag zur Verfügung steht, immer weiter zunimmt. Schon in den 90er-Jahren des letzten Jahrhunderts ergaben Messungen, dass der Konsument gerade einmal 2 Prozent aller auf ihn „einprasselnden" Information tatsächlich wahrnimmt. Der Rest von 98 Prozent verschwindet sozusagen als Hintergrundrauschen in den Tiefen des Weltalls.

In den letzten Jahren hat die Bedeutung der Kommunikation über das Internet immer mehr zugenommen, so dass sich die Ausgaben der werbetreibenden Industrie teilweise in diese Richtung verschoben und die Bruttowerbeaufwendungen für das Radio schon übertroffen haben (siehe Abbildung 3.20).

---

437 Vgl. Becker 2002, S. 489 und 565. Auch hier sei darauf hingewiesen, dass es mehrere Möglichkeiten gibt, die Kommunikationspolitik weiter auszudifferenzieren (siehe u. a. Bruhn 2007, S. 344).

438 Vgl. o.V. (2011), S. 7.

Abbildung 3.20 Bruttowerbevolumen in den
Above-the-Line-Medien 2014 (Angaben in 1.000 Euro)

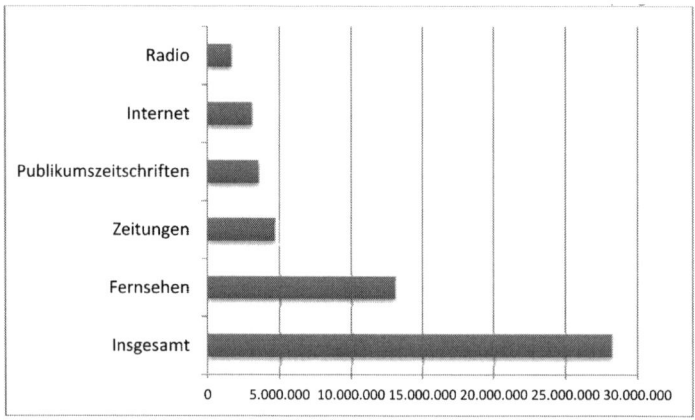

Quelle: de.statista.com, 10.07.2015

3.4.2 Werbung

Im Rahmen der Werbung stellt sich insbesondere die Frage, wie das
Produkt bekannt gemacht und wie ein bestimmtes Image aufgebaut
werden kann. Um Werbung in strukturierter Form durchzuführen,
bietet es sich an, eine Konzeption zu entwerfen, welche die wesentlichen Elemente beinhaltet (siehe Abbildung 3.21).[439]

---

439 Hierzu muss angemerkt werden, dass die Reihenfolge der Aktivitäten
insbesondere in Bezug auf die Festlegung des Budgets eher idealtypisch
so ist, dass aus den Zielen das Budget festgelegt wird. In der Realität ergibt sich das Budget auch öfter aus der Festlegung der Werbemittel, da
erst dann deren tatsächliche Bepreisung bekannt ist.

Abbildung 3.21 Aufbau einer Werbekonzeption

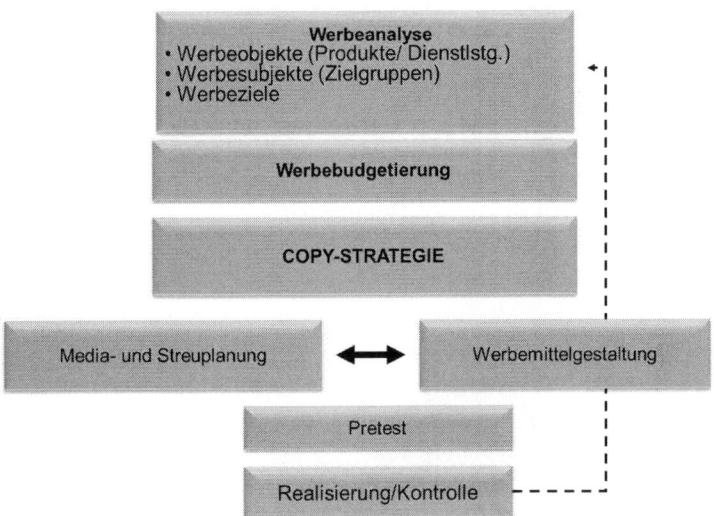

Den Ausgangspunkt der Betrachtungen bildet die Werbeanalyse in Bezug auf die Ziele, die Objekte (Produkte oder Dienstleistungen, die beworben werden sollen) und die Subjekte (Zielgruppen, die mit der Werbemaßnahme erreicht werden sollen) der Werbung.

3.4.2.1 Werbeziele

In Bezug auf die Ziele kann es sich sowohl um ökonomische Ziele (bspw. Umsatzsteigerung), als auch nicht ökonomische/psychologische Ziele (bspw. Steigerung des Bekanntheitsgrads) handeln. Gerade für die Kommunikationspolitik sind, aufgrund des weiter oben beschriebenen Ziels der Kommunikationspolitik in erster Linie die nicht ökonomischen Ziele relevant, da sie als unmittelbare kommunikationspolitische Ziele Voraussetzung für die Erreichung der mittelbaren ökonomischen Ziele sind.[440] Aus diesem Grund geht der häufig geäußerte Vorwurf, man könne den Erfolg der Werbemaßnahmen gar nicht in Abverkaufszahlen messen, am eigentlichen Ziel der Kommunikation vorbei.[441] Dabei ist grundsätzlich darauf zu achten, dass es sich nicht um konkurrierende Ziele handelt und vor allem nicht zu viele Ziele auf einmal in Angriff genommen werden. In der Praxis existiert häufig die Ansicht, dass es machbar ist, neben dem Image auch den Bekanntheitsgrad zu steigern und auch etwas für die Positionierung machen zu können. Von solchen Versuchen ist ebenso abzuraten, wie es nicht sinnvoll ist, bei den ökonomischen Zielen gleichzeitig eine Maximierung des Return on Investment, des Umsatzes und des Gewinns durchführen zu wollen.

Darüber hinaus ist zu berücksichtigen, dass das Erreichen nicht ökonomischer Ziele regelmäßig eine *langfristige* Aufgabe darstellt, da es um Veränderungen in den Köpfen der Konsumenten geht. Der Aufbau von Images ist nicht in wenigen Wochen mit wenigen Maßnahmen zu erzielen. Wer nur einmal eine Anzeige schalten möchte und danach einen Erfolg erwartet, der möge das Geld besser auf ein Sparbuch einzahlen. Die Erträge sind mit großer Wahrscheinlichkeit deutlich höher.

Ein wichtiges Ziel der Kommunikationspolitik ist die Mitteilung der USP, der sog. Unique Selling Proposition (Alleinstellungsmerkmal), oder, in abgewandelter Form, der UAP, der sog. Unique Advertising Proposition. Während es im ersten Fall um ein Alleinstellungsmerkmal geht, welches realiter vorhanden und für den Kunden wahrnehm-

---

440   Hier kann das sog. AIDA-Schema (Attention, Interest, Desire, Action) als ein mögliches Modell der Werbewirkung herangezogen. Unabhängig vom Schema ist das Verständnis für die Tatsache unterschiedlicher und voneinander deutlich zu unterscheidender Stufen der Werbewirkung auf den Konsumenten elementar. Denn dass der Kunde auf das Produkt aufmerksam geworden ist, bedeutet nicht zwingend, dass er es auch kauft.

441   Davon abgesehen, dass sich der Erfolg auch an ökonomischen Zielen messen lässt. Dies ist mitunter allerdings etwas aufwändiger, so dass viele Unternehmen davor zurückschrecken, eine solche Messung überhaupt adäquat durchzuführen.

bar und wichtig ist, geht es im zweiten Fall darum, bei homogenen Produkten einen Unterschied zu schaffen, welcher auf der Werbebotschaft und dem Werbeversprechen aufbaut. Ein gutes Beispiel für Letzteres ist bspw. der Zigarettenmarkt: Hier schafft es Marlboro mit der seit über 40 Jahren genutzten Werbefigur des Cowboys, eine Differenzierung zu anderen Zigarettenmarken zu schaffen, die nicht auf tatsächlich vorliegenden Unterschieden im Produkt begründet ist, sondern auf ein Werbeversprechen aufbaut, das beim Konsumenten für eine Einstellung zur Marke sorgt, die er bei anderen Zigarettenmarken nicht hat und die dazu führt, dass er Marlboro anderen Marken bevorzugt.

3.4.2.2 Budgetierung

Die *Budgetierung* der Werbung kann nach verschiedenen Methoden erfolgen, die sich grundsätzlich in heuristische und Optimierungsansätze unterscheiden lassen.[442] In der Praxis werden in den meisten Fällen aufgrund der vermeintlich einfacheren Nutzbarkeit heuristische Ansätze bevorzugt, die deswegen hier kurz anhand zweier Beispiele diskutiert werden sollen.[443]

Die *Ausrichtung an verfügbaren Finanzmitteln* als Methode der Budgetierung macht das Werbebudget als Restgröße zwar an den Erfolgsgrößen (Umsatz, Gewinn, ...) fest, nicht jedoch an dem mit der Werbung zu verfolgenden Ziel. Dies führt im konkreten Fall dazu, dass bei geringem Umsatz auch das Werbebudget gering ist. Da geringer Umsatz aber bspw. auch mit schlechtem Image oder geringem Bekanntheitsgrad zusammenhängen kann, würde sich in einem solchen Fall eher eine Erhöhung des Werbebudgets zur Steigerung des Bekanntheitsgrades oder zur Änderung des Images anbieten. Diese Methode ist also regelmäßig kontraproduktiv.

---

442 Vgl. auch Meffert 2000, S. 786. Hier wird im Rahmen einer Matrix zwischen der Anzahl der Faktoren und der Art der Ermittlung unterschieden.

443 Für eine weitere Darstellung siehe Bruhn 2001, S. 215ff.

Die Orientierung des Budgets am Ziel erscheint aus diesem Grund wiederum elementar zu sein: Die *Ziel-Aufgaben-Methode* trägt diesem Umstand Rechnung. Es werden zuerst die Ziele festgelegt, dann die mit den einzelnen Maßnahmenalternativen verbundenen Kosten kalkuliert und versucht, entsprechend dem Minimalprinzip die Kosten bei gegebenem Ziel zu minimieren.[444]

3.4.2.3 Copy-Strategie

Für die Konsistenz der verschiedenen Werbemaßnahmen spielt die *Copy-Strategie* eine entscheidende Rolle, da sie die Grundlage für die Werberealisierung darstellt. Dies ist im Rahmen der Kommunikationspolitik deswegen wichtig, weil die sehr unterschiedlichen Träger der Kommunikationspolitik, wie Werbung, Öffentlichkeitsarbeit und Verkaufsförderung, sehr unterschiedliche Möglichkeiten der Kommunikation bieten und selbst innerhalb der Werbung mit Radio, Plakat oder Kino wiederum sehr deutlich differenzierte Wege der Kommunikation beschritten werden, die in dem einen Fall die Möglichkeit bieten, Sprache und Musik einzusetzen, im anderen Fall kommt dem geschriebenen Wort eine herausragende Bedeutung zu. Trotzdem muss die Werbebotschaft immer die gleiche bleiben und das Unternehmen und seine Produkte eindeutig von anderen Unternehmen und ihren Produkten abzugrenzen sein.

Entsprechend ist die Copy-Strategie die sog. Basiskonzeption und setzt sich aus den folgenden Elementen zusammen:

- dem Consumer Benefit,

- dem Reason Why und

- der Tonality.

---

444 Es muss festgehalten werden, dass die heuristischen Methoden, obwohl sie in der praktischen Anwendung deutlich überwiegen, an der Problematik kranken, dass ein eindeutiger Zusammenhang zwischen Ursache und Wirkung nicht abgebildet wird. So unvollkommen diese Abbildung ist, so unvollkommen und unbefriedigend müssen daher die Ergebnisse bleiben.

Der Consumer Benefit wird auch als Werbeversprechen bezeichnet und beschreibt den besonderen Nutzen für den Konsumenten. Hier handelt es sich also um den bereits beschriebenen Zusatznutzen, denn nur der ist dazu geeignet, ein Produkt in einem Markt von einem anderen Produkt zu differenzieren, da annahmegemäß der Grundnutzen bei allen Produkten als gegeben vorausgesetzt wird und keinen Differenzierungscharakter haben kann. Hier kann der Zusatznutzen wieder in den Erbauungsnutzen und den Geltungsnutzen unterteilt werden. Beispielsweise kann der Zusatznutzen eines iPhones darin bestehen, dass diese Produkte einen sehr hohen Imagefaktor haben: wer ein iPhone hat, ist „in".

Der Reason Why beschreibt eine vom Kunden nachvollziehbare Begründung des Produktversprechens. Am besten wäre es, wenn der besondere Nutzen tatsächlich zu beweisen wäre, also bspw. durch die besonders lange Laufleistung einer Batterie, die besonders lange Lebensdauer einer Lampe, durch den besonders hohen Anteil von Wirkstoffen oder durch eine besondere Darreichungsform, wie dies bei Nahrungsergänzungsmitteln gerne der Fall ist. So wirbt EUNOVA® Langzeit bspw. damit, dass sich das Produkt für „eine möglichst gute Ausnutzung der enthaltenen Nährstoffe [...[eine[r[patentierte[n[Technologie von schnell und langsam freisetzenden Inhaltsstoffen zu Nutze macht"[445].

Schließlich geht es bei der Tonality (Tonalität) um den Gestaltungsstil des Kommunikationsmittels, um den werblichen Grundton. Diese atmosphärische Verpackung kann bspw. in Richtung Rationalität oder Emotionalität gehen, humorvoll und witzig sein oder ernst und seriös. So ist die Tonalität bei congstar eher bunt und witzig und zielt auf ein jüngeres Publikum, während die Tonalität bei t-mobile, obwohl beide zu 100 Prozent der Deutschen Telekom angehören, deutlich seriöser ist und sich eher an ein konservativeres Publikum richtet.

In allen drei Elementen der Copy-Strategie wird deutlich, welche Bedeutung sie für die Einheitlichkeit des Auftritts des Produktes im Markt hat: Consumer Benefit, Reason Why und Tonality müs-

---

445   http://www.eunova.de/eunova-technologie/, 21.10.2011

sen **unabhängig** vom Medium so vom Konsumenten gleichermaßen verstanden werden. So muss die Werbebotschaft verstanden werden, egal, ob das Medium das Radio, das Internet, das Fernsehen oder ein Plakat ist. Da die Medien unterschiedliche Möglichkeiten haben, die Sinne anzusprechen, liegt hier die Herausforderung.

Nach der Festlegung der Copy-Stratgie folgt die Entscheidung über die einzusetzenden Werbemedien: Im ersten Schritt findet die Media- und Streuplanung, die sog. Intermediaselektion, statt: Die Entscheidung für einen oder mehrere der potenziell möglichen *Mediengattungen,* bspw. Printmedien (Zeitung, Zeitschrift ...) oder elektronische Medien (Fernsehen, Hörfunk, Internet ...). Diese Entscheidung hängt, neben den Kosten, im Wesentlichen von der räumlichen, quantitativen und qualitativen Reichweite sowie der Kontaktfrequenz und der Kontaktqualität ab.

Die Reichweite beschreibt dabei die Anzahl der Kontakte bei einem Medium. So kann bspw. bei einer Zeitung oder Zeitschrift der sog. LpA-Wert (Leser pro Ausgabe) ermittelt werden, der die durchschnittliche Leserzahl pro Ausgabe erfasst. Darauf aufbauend kann der LpS-Wert (Leser pro Seite) ermittelt werden: Hier wird die Reichweite mit dem Anteil der Seiten multipliziert, die ein Leser aufschlägt.

Die räumliche Reichweite bezieht sich auf ein geografisches Gebiet, die quantitative Reichweite wird ermittelt als verkaufte Auflage multipliziert mit dem sog. LpE-Wert (Leser pro Exemplar), die qualitative Reichweite als Multiplikator aus quantitativer Reichweite und Anteil der Zielgruppe an den Nutzern des Mediums (siehe Tabelle 2).

Tabelle 2 Quantitative Reichweitenmaße

	Einfachbelegung	Mehrfachbelegung
Ein Kommunikationsträger	Einzelreichweite	kumulierte Reichweite = Bruttoreichweite – interne Überschneidungen
Mehrere Kommunikationsträger	kumulierte Reichweite = Bruttoreichweite – externe Überschneidungen	kombinierte Reichweite = Bruttoreichweite – interne Überschneidungen – externe Überschneidungen

Die Kontaktqualität bezieht sich insbesondere auf das Image eines Kommunikationsträgers, was insbesondere bei Medien mit der Glaubwürdigkeit des Mediums einhergeht (siehe hierzu Abbildung 3.22).

Abbildung 3.22 Profile der Fernsehsender: Beurteilung anhand ausgewählter Aussagen zur Informationsleistung

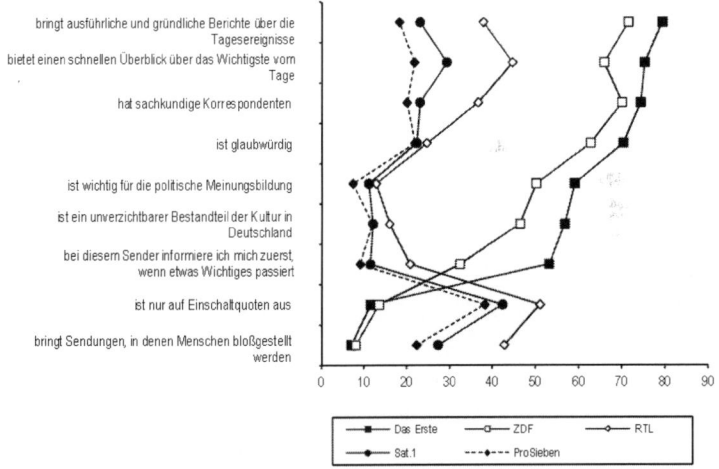

Quelle: Zubayr und Geese 2011, S. 232

Nach der Intermediaselektion wird im zweiten Schritt, der sog. Intramediaselektion, innerhalb einer Mediengattung der geeignete Werbeträger ausgewählt und anschließend das ideale *Werbemittel* (Anzeige, TV-Spot, Homepage ...) identifiziert und produziert (Werbemittelgestaltung).

Die Haupteinflussfaktoren der Intramediaselektion können nach Bruhn in nutzen- und kostenorientierte Entscheidungskriterien unterschieden werden. [446]

Bei den nutzenorientierten Entscheidungskriterien können die beiden Kontaktmaßzahlen Auflage und Reichweite unterschieden werden sowie die Kontaktbewertungen Personen-, Kontaktmengen- und Mediagewichte.

Bei der Auflage ist insbesondere die verkaufte Auflage relevant, da sich in ihr die Zielgruppenkontakte am besten widerspiegeln. Sie werden regelmäßig von der IVW (Informationsgemeinschaft zur Feststellung der Verbreitung von Werbeträgern e.V.) ermittelt bzw. von den Anbietern zur Verfügung gestellt. Die Gewichtung der Personen erfolgt im Wesentlichen ähnlich der Segmentierung nach bspw. sozio-demografischen Kriterien, bei den Kontaktmengengewichtungen muss zwischen Reichweitenmaximierung und Kontaktmengenmaximierung, der sog. effektiven Kontaktfrequenz, entschieden werden. Grundsätzlich ist ein zunehmender Werbedruck bis zu einem gewissen Punkt sinnvoll, da die Werbewirkung steigt, allerdings nimmt die Werbewirkung eher unterproportional zu, so dass die Kontaktmengenbewertungskurve als Darstellung des Zusammenhangs zwischen der Anzahl der Kontakte und der Werbewirkung eher einen degressiven Verlauf hat.

Bei den kostenorientierten Entscheidungskriterien lassen sich Anzeigenpreise, Kosten pro Werbeminuten u. a. unterscheiden. Die Kosten-Nutzen-Relation wird hier durch den sog. Tausenderpreis dargestellt, der in verschiedenen Variationen in Abhängigkeit von unterschiedlichen Zwecken unterschiedlich ermittelt wird. So gibt es den Tausender-Auflagen-Preis (TAP), der die Kosten für 1000 gedruckte, verkauf-

---

446   Vgl. Bruhn 2007.

te oder verbreitete Exemplare angibt, der Tausender-Kontakt-Preis (TKP) ermittelt den Wert in Bezug auf 1000 Kontakte im Verhältnis zu den Insertionskosten. Allgemein kann der TKP auch als TNP (Tausend-Nutzer-Preis) ermittelt werden und gibt dann den Betrag an, der notwendig ist, um 1000 verschiedene Nutzer zu erreichen, unabhängig von der Häufigkeit des Kontaktes.

Aufgrund der vielfältigen Werbeträger und Werbemittel, die für eine effiziente Kommunikationspolitik z.T. parallel genutzt werden müssen, empfiehlt es sich, diese Aktivitäten in einem Mediaplan, bspw. auf Jahresbasis, zusammenzufassen. Damit kann deutlich gemacht werden, welche Überschneidungen eintreten und aufgrund der Werbewirkung verschiedener Träger und Mittel auch sinnvoll sind.

3.4.3 Verkaufsförderung

Die Verkaufsförderung beschäftigt sich in erster Linie mit der Frage der Unterstützung des Verkaufs und umfasst drei Zielgruppen: die Verkäufer, die Händler und die Verbraucher (vgl. Abbildung 3.23). Sie wird häufig als kurzfristig einsetzbares Element zur zeitlich begrenzten Unterstützung der Werbemaßnahmen genutzt.

Abbildung 3.23 Verkaufsförderung

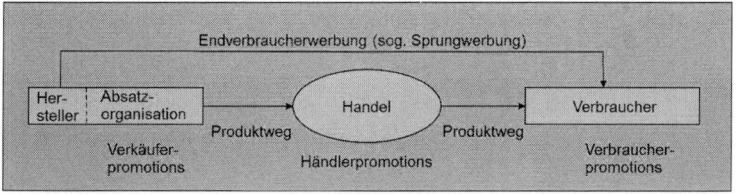

Die Aufgaben bestehen insbesondere darin, Verkäufer zu motivieren, den Kontakt zu Händlern und Kunden herzustellen und die Kunden zum Kauf zu motivieren.

Im Rahmen der Verkäufer(-Promotions) spielen insbesondere Aktionstrainings, Startveranstaltungen, Verkaufswettbewerbe, aber auch Datenbanken und Verkaufsausbildungen eine entscheidende Rolle. Bezüglich

KÜRBLE, HELMOLD, BODE, SCHOLZ: BESCHAFFUNG · PRODUKTION · MARKETING

der Händler kann grundsätzlich zwischen Sell-in- und Sell-out-Aktivitäten unterschieden werden. Hier sind Verkaufsförderungsaktionen, Handelspreisausschreiben, aber auch Handelsmessen und Fachausstellungen sowie Verkaufsdisplays und Verkaufsprogramme für das Handelspersonal relevant.[447] Vergünstigungen, die in diesem Rahmen gewährt werden, haben ähnlich kritischen Charakter, wie sie bereits bei der Preispolitik im Rahmen der handelsbezogenen Ziele beschrieben wurden, und die insbesondere dann kritisch sind, wenn sie aufgrund von Marktmacht durchgesetzt werden.

In beiden Fällen, sowohl in Bezug auf den Außendienst als auch in Bezug auf den Handel, sind die Aktivitäten auf die Erzielung eines Push-Effektes ausgerichtet.

Die Verbraucher sollen u. a. durch Gutscheine, Postwurfsendungen, Verbundangebote und Gewinnspiele, Kundenclubs und audiovisuelle Informationen am Point of Sale (POS) überzeugt werden. Zwar können grundsätzlich auch Rabatte eine verkaufsfördernde Wirkung haben, so dass sie durchaus auch zur VKF gezählt werden könnten, es soll jedoch an dieser Stelle auf eine Vermischung der beiden Instrumente verzichtet werden. Allerdings zeigt sich auch an dieser Stelle deutlich, wie intensiv die Verbindung zwischen den verschiedenen Instrumenten des Marketings ist. Bei jeder dieser Maßnahmen geht es um eine Verbesserung des Preis-Leistungs-Verhältnisses aus Sicht des Verbrauchers. Die Verkaufsförderungsmaßnahmen sollen dabei einen Pull-Effekt erzielen.

Wie bereits angesprochen, dient Verkaufsförderung in erster Linie der zeitlich befristeten Unterstützung. Zu häufig eingesetzt, können Erwartungshaltungen bei den Zielgruppen entstehen, die einer langfristigen Imagewirkung entgegenstehen können.

---

447 An dieser Stelle wird wieder deutlich, wie eng die Verknüpfung zwischen ECR, SCM und den marketingtechnisch relevanten Themengebieten ist.

3.4.4 Öffentlichkeitsarbeit

Die Öffentlichkeitsarbeit bezieht sich, im Gegensatz zu den anderen kommunikationspolitischen Instrumenten, auf das Unternehmen selber und die Frage der Profilierung des Unternehmens in der Öffentlichkeit, insbesondere bei den sog. internen und externen Stakeholdern, wie Mitarbeiter, (potenzielle) Kunden, Lieferanten, Politik und Anteilseigner. Somit spielt das Unternehmensimage als ein wesentliches psychologisches Ziel insbesondere bei der Öffentlichkeitsarbeit eine entscheidende Rolle.

Entsprechend lassen sich unterschiedliche *Kategorien* des PR unterscheiden (Business Relations, Investor Relations, Trade Relations...). Da von einer effizienten PR auch immer verkaufsfördernde Wirkung ausgehen kann, ist es wichtig, die Öffentlichkeitsarbeit in die gesamte Kommunikationspolitik des Unternehmens zu integrieren und die Instrumente aufeinander abzustimmen.[448] Die PR-*Instrumente* lassen sich in klassische PR, PR-Werbung und PR-Veranstaltungen unterscheiden.

Im Rahmen der *klassischen PR*, also der planmäßigen Information der Medien in Form von Pressemitteilungen oder Pressekonferenzen, ist insbesondere die Krisen-PR zu erwähnen, da sie einen der größten Problempunkte bei vielen Unternehmen darstellt. Auch wenn inzwischen die meisten der großen Unternehmen Aktionspläne für Krisensituationen entworfen haben und diese regelmäßig trainieren, stellt die Krisen-PR gerade die kleineren und mittleren Unternehmen vor eine große Herausforderung. Dabei ist die Empfehlung, im Rahmen von Krisen nichts zu tun, genauso falsch, wie überhastete und hinterher eventuell zu dementierende Äußerungen zu veröffentlichen. Die Identifikation eines einzigen kompetenten Verantwortlichen für die Kommunikation mit Unternehmensexternen ist hier entscheidend.

PR-Werbung findet insbesondere in Form von Kundenzeitschriften, Werkzeitschriften und Aktionszeitschriften oder redaktionellen Beiträgen in Fachzeitschriften statt, *PR-Veranstaltungen* können bspw.

---

448   Vgl. Weis 2013, S. 491.

Tage der offenen Tür, Vortragsveranstaltungen oder Ausstellungen sein, oder auch Stiftungen für Forschung, Wissenschaft oder Kunst.

Es zeigt sich somit auch bei der PR, dass eine überschneidungsfreie Betrachtung eines kommunikationspolitischen Instrumentes kaum möglich ist: Allerdings kommt es dann auf die Intention an, redaktionelle Beiträge in Fachzeitschriften bedienen sich eines Instruments der klassischen Werbung, allerdings dem Ziel der Imagepflege des Unternehmens. Tage der offenen Tür können Eventcharakter haben und damit dem Event-Marketing zugeordnet werden, sind aber je nach Ausrichtung eben auch PR-Veranstaltungen.

Diese Überschneidungen machen deutlich, dass es von großer Bedeutung ist, sich die Notwendigkeit eines stimmigen Marketingmixes vor Augen zu führen.

4. Zusammenfassende Betrachtung

Es hat sich gezeigt, dass eine zielgerichtete Beschäftigung mit dem Marketing immer einen Ursprung in der Marktanalyse haben muss. Die Marktanalyse ist die Voraussetzung für die Ausgestaltung sowohl auf der strategischen als auch auf der operativen Ebene.

Die Marktanalyse ihrerseits muss sich mit der aktuellen Situation auf dem relevanten Markt hinsichtlich der dort vorgegebenen Rahmenbedingungen beschäftigen, um dann im Rahmen einer SWOT-Matrix mit den unternehmensinternen Gegebenheiten in Einklang gebracht zu werden. Die daraus sich ergebenen Handlungsempfehlungen dienen als Grundlage für die weitere strategische wie operative Vorgehensweise.

Das operative Marketing setzt sich aus vier oder sieben Instrumenten zusammen, je nachdem, ob es sich um Sachgüter oder Dienstleistungen handelt. Die einzelnen Instrumente werden untereinander im Marketingmix aber auch im Hinblick auf die gesetzte Strategie ausformuliert, um das gesteckte Ziel möglichst effizient zu erreichen. Die Umsetzung des Marketingmix bedarf einer intensiven Steuerung und Kontrolle durch geeignete Kennziffern, um ggf. eine Anpassung vornehmen zu können und den Zielerreichungsgrad ggf. zu erhöhen. Zentral ist die Orientierung am Kunden im Sinne einer partnerschaftlichen Zusammenarbeit.

Literatur

Abell, D. F. (1980): Defining the Business. The Starting Point of Strategic Planing, Englewood Cliffs.

Backhaus, K., Büschken, J., Voeth, M., (2005): International Marketing. London: Palgrave McMillan.

Becker, J. (2002): Marketing-Konzeption, München: Vahlen.

Bruhn, M. (2007): Kommunikationspolitik. München: Vahlen.

Bruhn, M.(2013)9: Qualitätsmanagement für Dienstleistungen. Handbuch für ein erfolgreiches Qualitätsmanagement. Grundlagen, Konzepte, Methoden Berlin. Wiesbaden: Gabler.

Bruhn, M. (2014)12: Marketing. Grundlagen für Studium und Praxis. Wiesbaden: Gabler.

Bruhn, M. & Homburg, C. (2010): Handbuch Kundenbindungsmanagement, Wiesbaden: Gabler.

Buhrmann, C., Meffert, H., & Koers, M. (2005): Stellenwert und Gegenstand des Markenmanagements. In Meffert, H., Burmann, C., & Koers, M. (Hrsg.), Markenmanagement. Wiesbaden: Gabler.

Camp, R.C. (1989): Benchmarking. The search for industry best practices that lead to superior performance.Wisconsin: Quality Resources.

Chesbrough, H.W.(2006): Open Innovation: The new Imperative for Creating and Profitin from Technology. Harvard: Harvard Business Press.

Diller, H. (2000)3: Preispolitik. Stuttgart: Kohlhammer Verlag.

Downes, L. (1997) – Beyond Porter! Context Magazine, Premiere issue.

DSLWEB (2005): Studie: Deutschland bei Breitband in Europa nur Mittelmaß. http://www.dslweb.de/dsl-news/Studie--Deutschland-bei-Breitband-in-Europa-nur-Mittelmass-News-1665.htm, Zugegriffen: 02. Mai 2011

Dülfer, E. (1999): Internationales Management in unterschiedlichen Kulturbereichen. München: Oldenbourg.

Europäische Union (1997). „Bekanntmachung der Kommission über die Definition des relevanten Marktes im Sinne des Wettbewerbsrechts der Gemeinschaft [Amtsblatt C 372 vom 09.12.1997]". http://europa.eu/legislation_summaries/competition/firms/l26073_de.htm. Zugegriffen: 17. August 2011

Franck, G. (1998). Ökonomie der Aufmerksamkeit. München: Carl Hanser.

Gordon, W. (1961): Synectics: The development of creative capacity. New York: Harper.

Gourgé, K. (2001). Ökonomie und Psychoanalyse. Frankfurt am Main: Campus Verlag.

Hippel, E. v. (1986): Lead Users. A Source of novel product concepts. Management Science, 32, S. 791-805.

Homburg, Ch.& Giering, A. (2000): Kundenzufriedenheit: Ein Garant für Kundenloyalität, in: ASW, Nr. 1-2, 2000, S. 82-91.

Homburg, C., Schäfer, H., & Schneider, J. (2003). Sales Excellence. Vertriebsmanagement mit System. Wiesbaden: Gabler.

http://de.statista.com/statistik/daten/studie/158795/umfrage/breitband-penetrationsrate-in-deutschland-und-eu/. Zugegriffen: 20.Juli 2014.

http://de.statista.com/statistik/daten/studie/248844/umfrage/umsatzentwicklung-auf-dem-lebensmittel-gesamtmarkt-und-im-convenience-segment/. Zugegriffen: 20. Juli 2014.

http://www.hsdpa-umts-verfuegbarkeit.de/blog/page/2/. Zugegriffen: 20.Juli 2014.

http://www.bpb.de/nachschlagen/zahlen-und-fakten/soziale-situation-in-deutschland/61594/eltern-und-kinder. Zugegriffen: 20.Juli.2014

http://www.bundesnetzagentur.de/DE/Sachgebiete/Telekommunikation/Unternehmen_Institutionen/Marktbeobachtung/Deutschland/Mobilfunkteilnehmer/Mobilfunkteilnehmer_node.html. Zugegriffen: 20.Juli 2014.

http://www.iglo.de/de-de/Produkte/fisch-und-co/schlemmer_filet_a_la_bordelaise_classic_96002983/. Zugegriffen: 14. Juli 2014.

https://www.imf.org/external/pubs/ft/weo/2014/01/weodata. Zugegriffen: 20.Juli 2014

Koppelmann, U. (2013)6. Produktmarketing. Heidelberg: Springer-Verlag.

Kotler, P. (2000). Marketing Management. The Millenium Edition. New Jersey: Prentice Hall.

Kürble, P. (2000). Spielfilme im Netz multimedialer Entwicklungen, Berlin.

Kürble, P. (2009)a: Marketing im Mittelstand, in: Schauf, Malcolm (Hrsg.): Unternehmensführung im Mittelstand. Rollenwandel kleiner und mittlerer Unternehmen in der Globalisierung, Mering, Rainer Hampp Verlag, S. 119-158.

Kürble, P. (2009)b. Casting-Shows – Wegweiser für eine erfolgreiche Neuproduktentwicklung? In: Bernecker, M., & Pepels, W. (Hrsg.), Jahrbuch Marketing 2009. Köln: Johanna-Verlag.

Kürble, P. (2015): Operatives Marketing, in: Peters, H. (Hrsg.): Business Basics, Kohlhammer: Stuttgart.

Magrath, A. J. (1986). When Marketing Services, 4 Ps Are Not Enough. Business Horizons, 29, S. 44-50.

Maslow, A.H. & Kruntorad, P. (1981). Motivation und Persönlichkeit, Reinbek: Rowolth Verlag.

McCarthy, J. (1960). Basic Marketing: A managerial approach. Chicago: Homewood III.

Meffert, H. (2000). Marketing. Grundlagen marktorientierter Unternehmensführung. Wiesbaden: Gabler.

Meffert, H., Burmann, C., & Kirchgeorg, M. (2008). Marketing. Grundlagen marktorientierter Unternehmensführung. Wiesbaden: Gabler.

Meyer, P.W. (!978): Die Handelsstrukturen sind ausgereift, in: Markenartikel, 40. Jg. Heft 10, 1978, S. 530-534.

Meyer, A. & Dornach, F.(1997): Das deutsche Kundenbarometer – Qualität und Zufriedenheit, in: Simon, H. & Homburg, C.: Kundezufriedenheit, Wiesbaden: Gabler, S. 163-184.

Michel, J. (2011). Tops und Flops des finnischen Handy-Herstellers. http://www.teltarif.de/nokia-handy-top-flop-unterhaltungs-elektronik/news/41600.html. Zugegriffen: 14. Juli 2014

Möbus, P., & Heffler, M. (2011). Die Talfahrt ist gestoppt. MediaPerspektiven. S. 321–330.

Müller-Stewens, G. & Lechner, Chr. (2003). Strategisches Management: Wie strategische Initiativen zum Wandel führen. Stuttgart: Schäffer-Poeschel.

Nieschlag, R., Dichtl, E., & Hörschgen, H. (2002). Marketing. Berlin: Duncker & Humblot.

Oberparleiter, K. (1930). Funktionen und Risiken des Warenhandels, Wien.

O. V. (2011)a. Funkt Vodafon auf dem falschen Kanal? Absatzwirtschaft, 10, S. 7.

O.V. (2011)b. Rebranding. Absatzwirtschaft, Sonderheft Marken 2011, S. 30-33.

Porter, M. E. (1980): Competitive Strategy: Techniques for analyzing industries and competitors : with a new introductionNew York: Free Press.

Reichwald, R.; Piller, F. (2009): Interaktive Wertschöpfung. Wiesbaden: Gabler.

Rogers, E. M. (2003). Diffusion of innovations. New York: Free Press.

Rohrbeck, R., Hölzle, K.& Gemünden, H. G. (2009). Opening up for competitive advantage – How Deutsche Telekom creates an open innovation ecosystem. R&D Management, 39(4), pp. 420–430.

Rother, F. W. (2010). Porsche Cayenne Hybrid: Elefant im Ökoladen. WirtschaftsWoche. http://www.wiwo.de/technologie/auto/autotest-porsche-cayenne-hybrid-elefant-im-oekoladen/5240430.html. Zugegriffen: 14. Juli 2014

Scheufele, B. (2007). Kommunikation und Medien: Grundbegriffe, Theorien und Konzepte. In: Piwinger, M., & Zerfaß, A. (Hrsg.), Handbuch Unternehmenskommunikation, S. 89-122,Wiesbaden: Gabler.

Shapiro, C., & Varian, H. L. (1998). Information Rules: A Strategic Guide to the Network Economy. Harvard: Harvard Press.

Specht, G. & Fritz, W. (2005). Distributionsmanagement. Stuttgart: Kohlhammer.

Thaler, R. (1985). Mental Accounting and Consumer Choice. Marketing Science, 4, S. 199–204.

TÜV Rheinland (Hrsg.) (2014): Bericht zum Breitbandatlas Ende 2014 im Auftrag des Bundesministeriums für Verkehr und digitale Infrastruktur (BMVI), Berlin.

Voeth, M.; Herbst, U.: Marketing-Management, Schäffer Poeschel: Stuttart.

Weis, C. (2012)16. Marketing. Ludwigshafen (Rhein): Kiehl.

Winkelmann, P. Vertriebskonzeption und Vertriebssteuerung, Vahlen: Müchen.

Zubayr, C., & Geese, S. (2011). Die Fernsehsender im Qualitätsurteil des Publikums.MediaPerspektiven, 5, S. 230–241.

Zwicky, F. (1989) Morphologische Forschung. Winterthur, Glarus: Baeschlin.

INDEX